Power Point

福元雅之

最強資料のデザイン教科書

技術評論社

情報はそのままでこれだけ変わる！デザイン改善例 ❶

文字量の多いテキストのみのスライドも段組みでスッキリ読みやすいデザインに

全社共通データ基盤改革プロジェクト成功のための条件

成功のための条件

グループ会社を含む全社規模において創立以来蓄積されたナレッジを今回初めて集約、整理、再構築するプロジェクトであること	現在の社内体制になって以来の初プロジェクトであり、全社共通データ基盤として成功裡なプロジェクト実績を積む必要があること	今後予定している、各プロジェクトとの二重投資の回避と、今後の展開・拡張性を意識する必要があること	次期戦略リーダーを育成し、人財育成や社歴の浅い社員へのモチベーションに繋がるプロジェクトであること

戦略ポイント

1	2	3
グループ全社、自部門、外部環境の観点から経営戦略部門とIT部門が中長期で目指すあるべき姿を明らかにします。事業の成長を牽引するために各部門が担うべき役割と実現に向けた変革テーマ導出が主要ポイントとなります。	あるべき姿を実現するために必要な要素の洗い出しと具体的な将来像を明確化し、現在とのギャップから必要な施策を明確化します。進化する外部環境に的確に適応するための組織・プロセスの変革も大きな戦略ポイントとなります。	当プロジェクトを実行する中長期計画の作成にあたっては施策の優先度と実行難易度を見極めつつ、変革の実現を継続して評価する指標の検討が主要な戦略ポイントとなります。

段組み

「段組み」とは、文章を複数の列に分けて配置することです。文字列1行あたりの長さ＝行長を適切な長さにして、読みやすさを上げることができます。例では表を応用して段組みを作成し、文字だけの資料でも、スペースを集約しながら字面にリズムを持たせ、読み手に読んでもらいやすくなるように作っています。詳細は「2-17 段組みは表を使って作成する」（P.112）を参照してください。

成功のための条件			
グループ会社を含む全社規模において創立以来蓄積されたナレッジを今回初めて集約、整理、再構築するプロジェクトであること	現在の社内体制になって以来の初プロジェクトであり、全社共通データ基盤として成功裡なプロジェクト実績を積む必要があること	今後予定している、各プロジェクトとの二重投資の回避と、今後の展開・拡張性を意識する必要があること	次期戦略リーダーを育成し、人財育成や社歴の浅い社員へのモチベーションに繋がるプロジェクトであること

戦略ポイント		
1	2	3
グループ全社、自部門、外部環境の観点から経営戦略部門とIT部門が中長期で目指すあるべき姿を明らかにします。事業の成長を牽引するために各部門が担うべき役割と実現に向けた変革テーマ導出が主要ポイントとなります。	あるべき姿を実現するために必要な要素の洗い出しと具体的な将来像を明確化し、現在とのギャップから必要な施策を明確化します。進化する外部環境に的確に適応するための組織・プロセスの変革も大きな戦略ポイントとなります。	当プロジェクトを実行する中長期計画の作成にあたっては施策の優先度と実行難易度を見極めつつ、変革の実現を継続して評価する指標の検討が主要な戦略ポイントとなります。

実際には情報の構造に沿って表を作り、セルにテキストを入力して段組みを作っている

情報はそのままでこれだけ変わる！ デザイン改善例 ❷

箇条書きも一目で読む人の興味を引くデザインに

社内改革プロジェクト実行方針

1 柔軟な基盤や拡張性・保守性
- 社員メンバーが活き活きと個々人の実力をいかんなく発揮できる基盤の整備
- クラウド等の活用による柔軟な拡張と運用コストを最適化

2 ワークスペース環境の統一化
- 統合・共通化されたワークスペースによる、リソースの最適化や業務運用の効率化
- 多様な働き方を受け入れるデータやAIなどの先端テクノロジーの積極的な活用を促進

3 業務データの一元化・最適化
- データの整合性・信頼性や安全性を確保
- 全社的な改革のための部門の垣根を超えたデータの共有化

4 最新デジタル技術の活用
- クラウドやモバイルデバイスによる迅速なサービス提供
- AIや自然言語解析などの先端テクノロジーをふんだんに活用したイノベーションを推進

5 ガバナンス強化
- IT、情報、セキュリティにおけるガバナンスの強化とリスク管理の徹底

箇条書きフォーム

例では表を応用した「箇条書きフォーム」で、読みやすい箇条書きを作っています。テキストの情報しか書かれていない箇条書きを読みやく、視覚にも訴えかけられる、魅力的なものにすることができます。詳細は「8-8 表を「箇条書きのテンプレート」として使う」（P.326）を参照してください。

1 柔軟な基盤や拡張性・保守性
- 社員メンバーが活き活きと個々人の実力をいかんなく発揮できる基盤の整備
- クラウド等の活用による柔軟な拡張と運用コストを最適化

2 ワークスペース環境の統一化
- 統合・共通化されたワークスペースによる、リソースの最適化や業務運用の効率化
- 多様な働き方を受け入れるデータやAIなどの先端テクノロジーの積極的な活用を促進

3 業務データの一元化・最適化
- データの整合性・信頼性や安全性を確保
- 全社的な改革のための部門の垣根を超えたデータの共有化

4 最新デジタル技術の活用
- クラウドやモバイルデバイスによる迅速なサービス提供
- AIや自然言語解析などの先端テクノロジーをふんだんに活用したイノベーションを推進

5 ガバナンス強化
- IT、情報、セキュリティにおけるガバナンスの強化とリスク管理の徹底

情報の塊を崩さないように余白も含めて表を作り、セルに情報を入力し、色を塗って箇条書きを作っている

情報はそのままでこれだけ変わる！デザイン改善例 ❸

将来構想などの時系列を表現する資料もクールなデザインで読みやすく

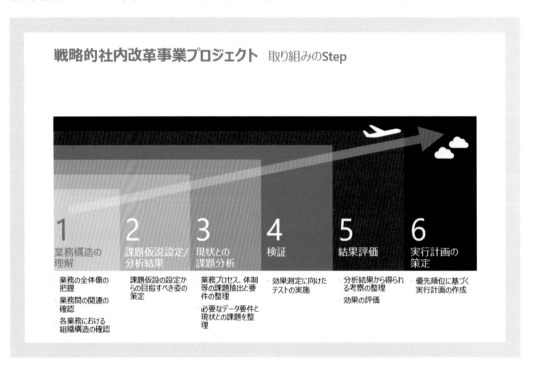

Step図

例の資料は、表を応用した「Step図」を用いて作られています。現在（左）から将来（右）に向けて、段階的に上昇していくデザインを維持しながら、左上→右下の視線の流れに沿ったチャートを作ることができます。Step図を使うと、スライド上の無駄なスペースをおさえることもでき、読み手に洗練されたイメージと視覚的に安定した印象を与えます。詳細は「8-10 表をStep図に応用する」（P.336）を参照してください。

情報の単位ごとに必要なセルを数えて表を作り、テキストを入力し、罫線、セルの色を設定する

情報はそのままでこれだけ変わる！デザイン改善例 ④

複雑な構造の情報も、思わず読みたくなってしまうデザインに

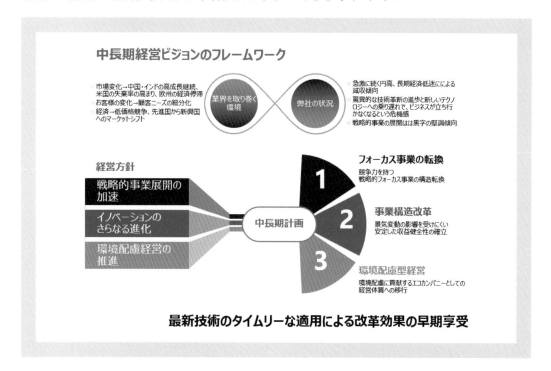

涙形コンバイン

「涙形コンバイン」は、図形の「涙形」を元に「図形の結合」で作ったパーツです。詳細は「9-4 円チャートを結合の図に応用する」の補足「「涙形」で「コンバイン」の派生形を作る」（P.366）を参照してください。

円チャート

「円チャート」は円グラフを応用して作成したパーツで、箇条書きを視覚的に広がりを感じさせるデザインに変更し、読み手が思わず「何が書いてあるのかな？」と興味を抱くように視線を誘導する効果をもたらします。詳細は「9-3 円グラフで箇条書きを魅力的に装飾する」（P.351）を参照してください。

リボン

「リボン」は表を応用した箇条書きのフォームで、立体的に浮き出ているように見える躍動感のあるデザインが、読み手に「どのようなことが書かれているのだろう？」と興味を抱かせる効果があります。詳細は「8-9 表を応用して立体的な箇条書きを作る～リボンチャート」（P.332）を参照してください。

PowerPoint 資料

情報はそのままでこれだけ変わる！ デザイン改善例 ❺

グラデーションを用いて、洗練された印象のデザインに

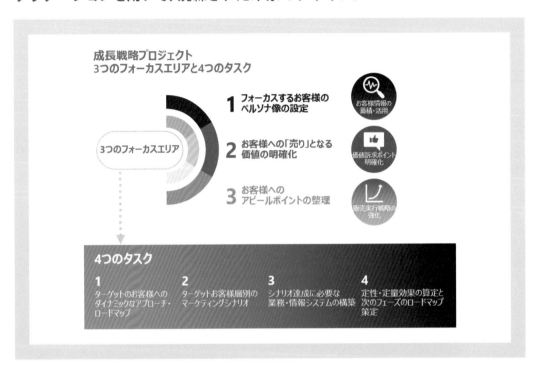

円チャート（二重円）

「円チャート（二重円）」は円グラフを応用して作成したパーツです。テキストの箇条書きを華やかにして、読み手の興味を引く洗練されたビジュアルを作り上げます。詳細は「9-4 円チャートを結合の図に応用する」（P.361）を参照してください。

洗練グラデーション

「洗練グラデーション」を使うと、テキストだけの単調なスライドを読み手に洗練された印象を与えるデザインに変化させることができます。詳細は「7-7 POINT 洗練グラデーションを使いこなす」（P.276）を参照してください。

情報はそのままでこれだけ変わる！デザイン改善例 ❻

グラフもひと手間加えることでデザイン性のある魅力的なものに変身

「円弧」を使った円グラフ

読み手が直感的に理解できる円グラフを作るには、グラフの機能ではなく「円弧」を使って作る方が効果的です。例では、図形の円と「円弧」を組み合わせて円グラフを作っています。詳細は「9-2 円グラフは円弧で作り直す」（P.348）を参照してください。

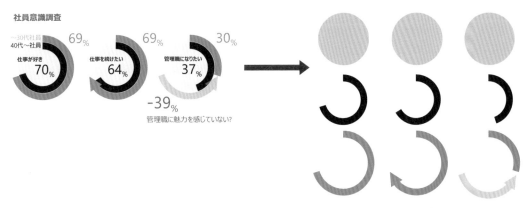

正円と円弧を組み合わせて円グラフを作っている

● 筆者の自己紹介

私は1999年に某IT企業に新卒で入社し、2009年から、営業用に使われるPowerPoint資料の見た目を読み手の視点で改善する仕事に取り組み始めました。

2014年からは営業用の資料作成の支援を専門に行う部署の立ち上げに参画し、ここ数年は年間でおよそ100冊を超える資料の製作に携わっています。日々の業務を通じて、いかに読み手に魅力的でわかりやすいPowerPointの資料を作ることができるかについて工夫を重ねています。

このような自己紹介をすると、一部の人には「要するにただの見た目でしょ」とか「PowerPointなら自力でできるのであなたの支援は必要はありません」などといわれることもあります。

しかし、これからこの本で私がご紹介する内容は、業務用の資料はもちろんのこと、習得すればあとで必ず「身につけておいてよかった」と思ってもらえる、世間一般に幅広く応用が利く有用なスキルです。それは「**読み手に読まれる、読み手を魅せるPowerPointの作り方**」です。

PowerPointは自分でやるからいいです

任せてくれれば力になるのに…

● "King of Proposal"としてのスキルを本にしました

ビジネスシーンにおける日常の営業活動やプロジェクトの運営において、特にスライド数が100ページを超えるような資料を短期間で作らなければならないという時には、**とかく資料の見た目（デザイン）は軽視される**傾向にあるのではないかと思います。以前は、社内で私が「資料を綺麗にする作業をお手伝いします」などと申し出ても、「せっかくですが今回は時間がないので、あなたの作業はショートカットしてなしにします」と言われてしまうことがたびたびありました。しかし、そのような時にも「ほんの数枚でもよいから作業をさせてください」と食い下がって資料を読みやすくする…このような仕事を地道に続けていくと、次第に会社の中で「ぜひあなたに資料を美しく読みやすくしてほしい」とわざわざ頼んでくれる人が現れるようになってきました。さらには、私の作業を期限の直前に頼むのではなく、内容の事前の検討・作成の段階から呼んでもらい、この内容を読みやすく、読み手であるお客様の印象に残るようにするにはどうしたらよいかを一緒に考えてほしい、という相談をもらうようになりました。まさに、ただ単にPowerPointを綺麗にする人から、内容と見た目を融合するために必要なパートナーとして認めてもらえるようになったのです。今では会社から"King of Proposal"の称号をもらい、これまでの仕事に加え、エグゼクティブの方々のプレゼン資料のデザインを担当したり、スキルリーダーとして同僚の指導育成に積極的に取り組んでいます。

この本では、そんな筆者の私が「思わず読みたくなる資料を作る」という観点で、これまでに身につけてきたスキル・ノウハウを皆さんにお伝えしていきます。

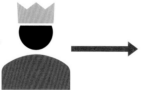

会社から
"King of Proposal"
の称号をもらう

スキルリーダーとして
同僚のスキルアップ
にも注力しています

● デザインとPowerPointを橋渡しする本を届けたい

世の中には、数多くのPowerPointの解説書が存在しています。しかし、その多くはPowerPointの機能解説に終始したものです。また作例を載せている場合も、PowerPointのどの機能を、どのように設定すれば作例と同じものを再現できるのかというHow Toにフォーカスしたものはほとんどないと思います。

特に作例中心の本については、筆者の私が仕事で苦戦する中、そのヒントを書籍に求めようと本屋さんでそれらしき本を手にするたびに、これはよいモチーフになりそうだという例が載っている本に限って、その例をどうやって作るのかについては書かれておらず、これじゃあ参考にして作ろうにも作り方がわからないじゃないかと、歯がゆい思いをすることが多々ありました。こうした体験が、この本を書こうと思ったきっかけです。

デザインに照らし合わせてPowerPointの
具体的な設定方法が書いてある本は少ない…

この本では、資料を作る過程で日常的に起こる場面に即して、PowerPointのどの機能をどのように使うと読みやすい魅力的な資料を作ることができるのかについて、PowerPointを作る側でありながら、同時に読み手の立場で客観的に読み解くという双方の目を持つ筆者の私が身につけたPowerPointのテクニックのすべてを書き出しています。

資料は内容が何よりも大事だという方こそ、自信作である資料の内容を読んでもらいたい人に確実に読んでもらい伝わるように、内容の充実とあわせてこの本に書かれているテクニックを用いて読みやすさを徹底的に磨き上げてほしいと切に願っています。

自身が発する情報を伝えたい人に確実に届けるためにも、
この本で「読み手に読まれるPowerPointの作り方」を身につけてください。

CONTENTS

CHAPTER 01 読まれる資料の基本ルール

CHAPTER 02 テキストのルール＆テクニック

CHAPTER 03 オブジェクト（図形）のルール＆テクニック

CHAPTER 04 線のルール＆テクニック

CHAPTER 05 矢印のルール＆テクニック

CONTENTS

表のルール＆テクニック

グラフのルール＆テクニック

CONTENTS

CHAPTER 10 スライドマスターのルール＆テクニック

APPENDIX

特典テンプレートのダウンロードについて

本書の解説で使用しているPowerPointファイルを、「特典テンプレート」として下記のURLからダウンロードすることができます。ファイルは圧縮されているため、解凍してご利用ください。

https://gihyo.jp/book/2021/978-4-297-12357-4/support

特典テンプレートには、次のような活用方法があります。

❶ スライドマスターの設定を確認・利用できます
❷ 通常スライドのデザインを確認・利用できます
❸ 表を活用した段組みを確認・利用できます
❹ リボンチャート、円チャート、コンバインなどの図を確認・利用できます

特典テンプレートは下記の点をご確認の上、ご利用ください。

● 特典テンプレートは、スライドのサイズが「標準（4：3）」「ワイド（16：9）」の2種類があります
● 各ページの右上に、本書で解説している該当ページを載せているのであわせて参照してください
● 特典テンプレートの中で使用されている固有名詞などは、すべて架空のものです

読まれる資料の
基本ルール

CHAPTER 01
01 読み手が思わず読みたくなる資料を作る

● 内容はまったく同じなのに印象がまるで違う

まずは、以下の左右2つのPowerPointのスライドを見比べてみてください。同時に2つの資料を渡されて同じ内容を読むなら、どちらを先に読みたいでしょうか？　ほとんどの人が、右のスライドの方を先に興味を持って読むだろうと思います。

左のスライドの内容は、右のスライドとまったく同じです。それなのに、見た目から受ける印象でかなり損をしています。もし自身の作った資料でこのようなことが起きていたとしたら、とても笑い事ではすまされないでしょう。

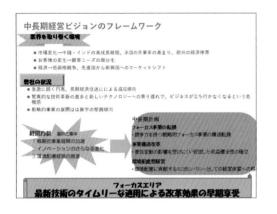

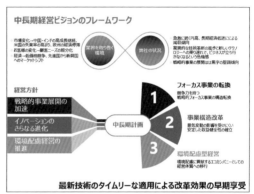

同じ内容のスライドでも、どちらの方が説得力があるだろうか？

● 重要なのは、読み手にとって魅力的な資料を作るということ

資料で重要なのは中身、内容であって、見た目はPowerPointで作っているのだからある程度は整えられているし、2の次でよいという人が、筆者の私のまわりにもよくいます。しかし、本当にそうなのでしょうか？

例えば、味はとても美味しいのに、見た目がまずそうな料理があるとします。料理を作った人がどんなに「味は美味しいから、ぜひ食べてほしい」と主張しても、見た目のせいで多くの人が食べずに前を通り過ぎてしまうとしたらどうでしょうか？　せっかくの美味しい料理も、料理を作った人のスキルも台無しです。

PowerPointの資料でも、これとまったく同じことがあてはまります。

読み手が資料を見た時の第一印象が悪く、読む気にならない資料しか作れないようであれば、どんなに内容のよさを主張してもまったくの無駄であり、資料作りのスタートラインにすら立てていないと言えるでしょう。

このように、資料の内容うんぬんを考慮する前に、**読み手の視覚に訴える資料を作る**ということはとても大切なことなのです。

● 読みやすさが上がると、おのずと資料の改善点が明らかになる

PowerPointの見た目をよくして読み手を惹きつける資料を作ることが重要だとしても、肝心な内容のことは考慮しなくてよいのでしょうか？　最終的には、やはり内容が鍵を握るはずだと誰もが思うでしょう。

筆者の私も、何よりも資料の内容が重要だと考えるからこそ、その資料の見た目やデザインに気を配るのです。**資料の見た目という一見表面的に思われることが、実は内容と密接な関係がある**本質的な問題なのです。

例えば全体に薄汚れている服ならば、多少の汚れぐらいは気になりません。しかし、もしそれがきれいな服であれば、ほんのちょっとのシミでも目立って

しまいます。これと同じことが、資料においても言えます。

資料を美しく、読みやすくすることで、情報の作り手である私たちも、読み手の視線で読むことができるようになります。すると、情報の中に潜んでいるロジックエラーを見つけやすくなったり、本来ならば不要であるはずの余計な情報が紛れ込んでいることに気づくことができたりするのです。そしてこれらの不具合に気づくことによって、資料はより充実した内容になるように改善され、内容の精度が上がっていきます。つまり、きれいな服のように資料の読みやすさが上がることによって、おのずと資料の改善点が明らかになるというわけです。

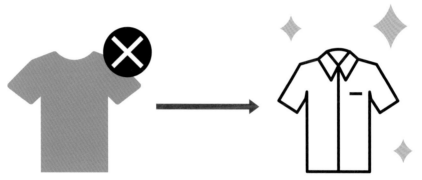

全体に汚れた服なら
気にならない汚れも…

きれいな服だとちょっとした
シミ1つでも気になってしまう

資料の見た目をよくするということは、単に飾り立てればよいというものではありません。情報やメッセージをより効率よく伝えるために工夫をこらすことであり、見た目がよくなることで内容の充実にもつながる作業なのです。

情報やメッセージを効率よく伝えるためには、その情報やメッセージの内容を正しく理解している必要があります。その資料は、何を、どんな目的で、誰に、いつ、どのように読んでもらいたいのかという基本事項をよく確認、考察し、内容と見た目が釣り合うように資料を作り上げていくのです。

資料内容と見た目が釣り合い、
バランスが取れるように作る

● 読み手は資料を積極的に読んでくれない、という前提で取り組む

資料を作る上では、「読み手はこちらの思うようには資料を読んでくれない」ということを前提としておく必要があります。こちらが提供する情報を「よく読みたい」「詳しく知りたい」と強く思ってる人であれば、情報を整理しないまま羅列したとしても、なんとかして読んでくれるかもしれません。しかし、**ほとんどの場合、資料の読み手はそれほど積極的になってはくれません。**例えそれが相手から依頼されたものであった場合でも、です。
読み手に、伝えるこちら側の意図を汲み上げようという親切な気持ちはなく、読み手が自身で必要と考える情報以外には興味を持つこともないでしょう。

この時、伝える側の私たちに必要になるのは、伝えたい情報を正しく整理し、消極的なスタンスの情報の受け手(ここでいう消極的とは、こちらが発する情報にネガティブという意味では必ずしもありません)が「**何が書いてあるのだろう?」と興味を持って読みたくなるような資料を作るためのテクニック**です。
資料の中でもっとも重要なメッセージが強調されて目に飛び込んでくれば、全体を見たり、読んだりしなくても、資料の主旨や意図を理解してもらいやすくなります。あるいは、視覚的に強い印象を与えるスライドを見せることによって関心を引きつけ、より詳細な情報へと導くことも可能になるでしょう。
同じ内容でも、**情報の構造に配慮しながら、情報を魅力的に見せる工夫をすることで、読み手は興味を持って読み始めてくれます。**資料の見た目を工夫するということは、読み手の興味を刺激する上でとても重要な役割を果たしているのです。

このあたりは、皆さんも自分が読み手になった時のことを振り返ればすぐに理解できると思います。

読み手はこちらの思うようには資料を読んでくれない

ここで注意してほしいのが、作り手が内容を斟酌して、情報の構造に沿って作らない限り、「魅力的な資料」は成り立たないということです。情報が氾濫していたり、ロジックエラーがあったり、ストーリーに一貫性がなかったりする状態では、こうした工夫は単なる「無秩序」になり、「ノイズ」になってしまいます。読み手の見てほしい部分に視線を止める仕掛けや、読みやすくなるリズムを生み出すためのアクセントなど、**内容に沿って変化をつける工夫**が必要になるのです。これは、**読み手の気持ちや立場を配慮するということです。読みやすい資料を作るということは、読み手への「思いやり」につながります。**

読み手に配慮しながら資料を作ることは、読み手への「思いやり」につながる

何が書いてあるのだろう!?
興味がわいてくる!!

02 良質なPowerPoint資料を作るための3つの条件

良質なPowerPointの資料を作るための3つの条件を理解し、条件を満たすためのテクニックを学んでいきましょう。

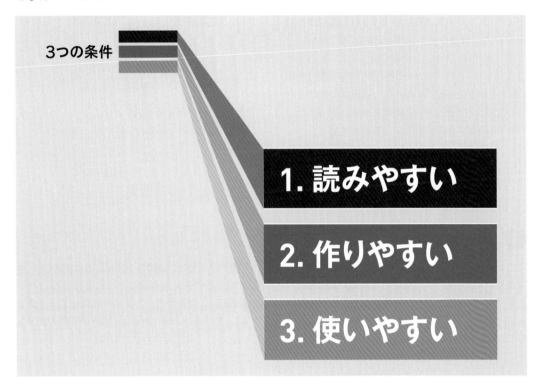

● 良質なPowerPoint資料が満たす3つの条件

毎年、年間でおよそ100冊を超えるPowerPoint資料の製作に携わっている私の見地から、「これは良質なPowerPoint資料だな」と思う資料は、以下の3つの条件を満たしているものです。

1. 読みやすい
2. 作りやすい
3. 使いやすい

これら3つの条件は、この本の全編に渡って適用される重要なものですので、必ず頭に入れておいてください。これらの条件は、資料の読み手に対する配慮はもちろんのこと、作り手である私たちにとっても、できるだけ少ない労力と時間で資料を制作し、その効果を最大限に引き出すために満たすべきものです。良質なPowerPoint資料が満たすべき条件とはどのようなものなのか、以降のページでそれぞれの解説を行っていきます。

● 条件1 「読みやすい」こと

最初の条件は、「読みやすい」ことです。良質な PowerPoint 資料を作る上で、「読みやすい」を満たすことがなにより重要であることはいうまでもありません。それでは、「読みやすい」資料とは具体的にはどのような資料のことを指しているのでしょうか？ 一見当たり前のように思える「読みやすい」という条件ですが、いざその具体的な内容を問われたときに、すぐさま簡潔に答えを出せる人は意外と少ないのではないでしょうか。また「読みやすい」という条件は、フォントは適切か、フォントの大きさは適切か、行の長さや行間は適切か、情報の配置（レイアウト）は適切かといった複雑な条件が絡み合ってはじめて成立するとも言えるので、一概に「こうだ」と定義するのは難しいとも言えます。

「読みやすい」とは何だ？

一言では定義しきれない？

行間？
フォント？　　　　　　　　レイアウト？
行の長さ？

❶ 筆者が考える「読みやすい」の定義

こうした定義しづらい「読みやすい」について、筆者の私は「作り手が『こう読んでほしい』と意図した通りに、読み手がストレスを感じることなく資料を読めること」と定義しています。対象となる資料について、「ストレスなく読みたい」という読み手側の要求と「自分が意図した通りに読んでほしい（願わくば自分の考えを理解してほしい）」という作り手側の要求、双方がバランスよく成立している状態になっていると、その資料は「読みやすい」とみなすことができると考えるわけです。

ストレスなく読みたい　　　　　　　　意図した順番通りに読んでほしい

双方の欲求の均衡がとれている状態

❷ 「視線の流れに沿って情報を配置する」ことが最初の一歩

こうした「読みやすい資料」を作る上で最初に必要になるのが、「視線の流れに沿って情報を配置する」ということです。資料は、「内容に即して情報が配置されている」ことが大切です。それは、作り手が「こう読んでほしい」と意図した通りに読み手が読める状態になっていること、つまり「**視線の流れに沿って情報が配置されている**」ということです。

人の視線は、資料が横書きなら左上から右下に、縦書きなら右上から左下に向かって流れていきます。こうした「視線の流れに沿って情報を配置する」ということは、「**人の直感に合うように資料を作る**」ということを意味します。直感から外れるレイアウトは、それだけで読み手の負担になってしまいます。

人の視線は…
● 横書きなら左上から右下に動く

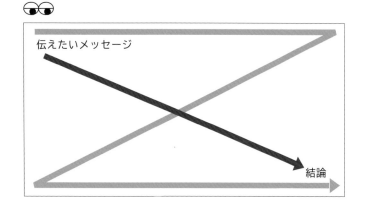

● 縦書きなら右上から左下に動く

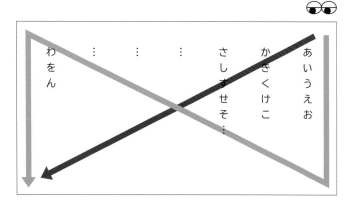

❸ 人は斜め読みすることが当たり前

この「視線の流れに沿って情報を配置する」という条件は、もう1つ隠れた大事なことを指し示しています。それは「人は斜め読みすることが当たり前」ということです。

皆さんは普段、書籍やPowerPoint、Wordなどの資料、Webページをじっくり読んでいるでしょうか。自分が興味を持っている内容で満たされたページであれば、じっくり読むことはあるかもしれません。しかしそれですら、自分が探し求めている情報がそのページにあるという確信を持ててはじめて、じっくり読み始めるものです。

例え目的の情報が得られるページだろうと思って読み始めても、そのページを1行ずつ、すべてじっくり読むということは、あまり無いと思います。ましてや、その目的のページに至る過程で目にした数々のページは、「自分の求める情報があるか、ないか？」という観点で「さっと斜め読み」してきたものであることがほとんどだと思います。まさに、

横書きならば左上から右下に、縦書きならば右上から左下に視線が流れて斜め読みされるのです。

ましてや、P.22で「**読み手はこちらの思うようには資料を読んでくれない**」と述べたように、読み手は作り手であるこちらの意図を積極的に汲み取ってくれようとはしません。であればなおのこと、**読み手の視線の流れに沿って情報を配置すること、読む順番と内容を一致させること**が大事になります。

人は基本的に
斜め読みしてしまう…

❹ 読み手の視線の流れを先回りする

「人の視線の流れが左上から右下に流れる」ということは、万有引力の法則と同じくらい不変のものであり、この流れを変えることはできません。であれば、「**意識的に読む**」から「**眺めていたら思わず読んでしまった**」へと読み手を自然に誘導するように先回りし、読み手の視線の流れに沿って情報の起承転

結を配置して、読み手の読む順番をコントロールするのです。視線の流れが適切に誘導されていれば、読み手はストレスなく内容を理解できます。そこではじめて、作り手である私たちと読み手との間にコミュニケーションが成立し、筆者が考える「読みやすい」状態が整うのです。

作り手である私たちが伝えたい情報

起 承 転 結

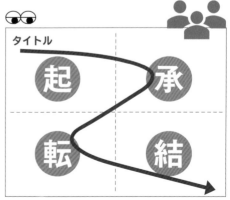

タイトル

起 承

転 結

読み手の視線の流れを先回りして、
伝えたい情報の起承転結を配置する

● 条件2 「作りやすい」こと

良質なPowerPoint資料を作るための2番目の条件は、「作りやすい」ことです。読みやすく、見た目に美しい資料が作れたとしても、作るのに難しい作業が必要だったり、作る手間や時間がかかりすぎてしまっては本末転倒です。限られた時間の中で、できるだけ手間をかけずに、読みやすい、美しい資料を作ることが求められます。

ここで言う「作りやすい」とは、「手抜きをする、楽をする」ということではありません。センスや勘といった属人的な能力に頼るのではなく、一定の条件・ルールや手順、テクニックを1つずつ丁寧に実行することで、読みやすく美しい資料を誰でも同じように作ることができるという「再現性」を意味しています。

再現性を重視

誰もが等しく読みやすい、
美しい資料を作ることができる

① 必要な操作は「マウスのカーソル操作とクリック」の2つだけ

筆者の私は、身のまわりにある魅力的な資料をよく見ながら、市販されているPowerPointの本やWebページなどで調べた断片的な情報を頼りに、PowerPointでもデザイン性のある資料を作ることができないか、試行錯誤をくり返してきました。そのようにして蓄積されてきたのが、本書で紹介する手順やテクニックです。

これらの手順やテクニックは、日常的にパソコンを使っている人なら必ず実行できるスキル「マウスのカーソル操作とクリック」の2つだけを使用しています。この本を読む人で、これらの2つの動作ができないという人はおそらくいないでしょう。書い

てある手順の通りにマウス操作を行えば、必ず例に載っているような資料を再現することができます。筆者の私自身、デザインの専門的な勉強をしているわけでもなく、学校で美術の成績もよくなかった、絵もまともには描けない、「センスのない人」です。そんな私がセンスがよいと言われる資料を確実に作れるようにするには、デザインを専門的に勉強した人にしかわからないような知識や特別なテクニックがなくても実行できる方法でなければなりません。つまり、この本に書かれていることはすべて最初はセンスのない私自身のために生み出したものなのです。

デザインの専門知識も
センスもない筆者の私でも
デザイン性のある資料を
確実に作れる方法

この本で紹介する手順・テクニックは
「マウスのカーソル操作とクリック」
の2つだけですべて実行できる

● 条件3 「使いやすい」こと

良質なPowerPoint資料を作るための3番目の条件は、「使いやすい」ことです。ここでいう「使いやすい」には、作り手である私たちにとってだけでなく、制作物としてのPowerPointファイルを受け取った人たちが、その**ファイルを編集して再利用する際**に「**使いやすい**」という意味も含まれています。PowerPointがここまで広く浸透している要因の1つに、ファイルの受け渡しのしやすさがあります。

つまり自分が作ったファイルを手軽に共有できる、もしくは人が作ったファイルを受け取って、そのファイルを再編集して活用できるということです。良質な情報が書かれているPowerPoint資料は、作り手だけでなく、読み手にとっても有用なものになります。その結果、その資料は人づてに共有され、活用されていくのです。

良質なPowerPoint資料は
人づてに共有され再利用されていく

多くの人に有用な情報が書かれているPowerPoint資料は、世に広く出回って再利用され続ける

作る人にも受け取る人にも使いやすい
（再利用・編集しやすい）資料を作りましょう

他の人にも使いやすい資料を作るということは、**自身の情報、ナレッジを広く人と共有し、さらに発展させること**につながっていきます。この時、PowerPointを使って資料を作成する際に「**再利用される可能性を考慮して、他の人にも使いやすいように作る**」ことが、極めて重要になります。どん

なに読みやすく、見た目に美しい資料を作ったとしても、そのあとにそのファイルを受け取って再利用しようとする人にとって編集がしにくいものでは、せっかくのファイルも台無しです。そのようなことがないように、「使いやすい」資料の条件を考慮しておくことが重要です。

使いやすい（再利用・編集しすい）
資料作りは自分の情報、
ナレッジの知財化になる

① 人は情報の構造を直感的に把握する

PowerPointの資料を添付ファイルなどで受け取りその資料を再利用しようとする人は、最初は資料の読み手として読み進め、**情報の構造を直感的に把握**しようとします。そして、自身が作ろうとしている資料に有用な情報が書かれていれば、それを再利用しようとするでしょう。

例えば以下のような情報を目にした時、資料の読み手は箇条書きの赤い線で囲った範囲を、情報の1つの単位として把握するはずです。また、1〜5の5つの情報の塊が揃ってはじめて、箇条書き全体の情報が成立すると考え、これら全体を1つの情報の塊と捉える人もいるかもしれません。

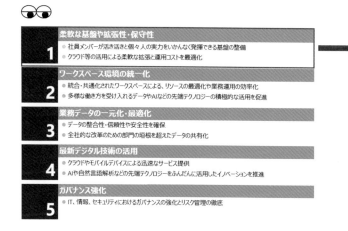

直感的に捉えられる
情報の塊の1単位

② 再利用しにくい情報は価値が下がってしまう

この時、資料の読み手が元になる資料を編集して再利用しようと考えたとします。この場合、読み手は自分が理解した情報の構造に沿って資料が作られているだろうと想像するはずです。しかし、いざ編集を始めてみると、最初に理解していた情報の構造に反するように資料が作られていたとしたら、混乱し、編集の作業に強いストレスを感じるはずです。

上の例では、箇条書きの大きな項目ごとに赤い線で囲った範囲を情報の塊として把握したにも関わらず、いざ編集してみると、すべての情報がバラバラに作られていることがわかったとします。これではナレッジの知財化どころか、資料の情報としての価値が落ちてしまいます。せっかくの有用な情報なのに、あまりにもったいない結果になってしまいます。

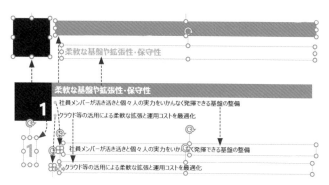

1つの情報の塊として認識したものが、編集しようとしたら実はすべてバラバラに作られていたとしたらどうでしょうか？　想像しただけでうんざりしてしまいます

❸ 人が直感的に把握する情報の構造に沿って資料を作る

それでは、「使いやすい」資料を作るには具体的にどうすればよいのでしょうか。条件1の「読みやすい」の解説では、作り手は読み手が資料を読む時の挙動を先回りし、読み手の視線の流れ、読む順番と情報の内容を一致させるようにPowerPoint資料を作りましょう、と説明しました。

この条件1の応用が、条件3につながっていきます。条件3では、条件1の読み手の視線の流れを意識す

ることに加え、**人が直感的に把握する情報の構造に沿って、情報の塊を崩さないように資料を作る**ことが求められます。皆さんが作った資料のファイルを受け取った読み手が資料を再利用する際、情報の塊をどのように把握するかを先回りして考え、どのような作り方がされていると編集しやすいかを計算して資料を作るのです。

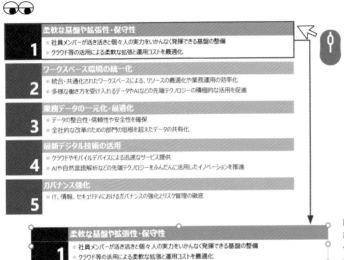

四角形や箇条書きの項番、項目タイトル、詳細内容といった複数の要素が、情報の塊の単位に連動して1つのオブジェクトして構成されている

例えば前ページの例で、読み手が箇条書きの大きな項目ごとに赤い線で囲った範囲を1つの情報の単位として把握すると考える場合は、箇条書きの大項目ごとに1つのオブジェクトとして作るのがよいでしょう。もしくは、1～5の情報の箇条書き全体を1つの情報の単位として把握すると考える場合は、

1～5のまとまりを1つのオブジェクトとして作るのがよいでしょう。

このように、複数種類の情報を1つのオブジェクトの単位として構成する方法は、主に第8章で紹介しているので参照してください。

 人が情報の構造を把握する直感に沿う → 情報の塊を崩さないように資料を作成する

▶ COLUMN │ アニメーションはあえて扱わない

良質なPowerPoint資料を作るための3番目の条件「使いやすい」を満たすもう1つの重要なポイントが、「アニメーションを使わない」ということです。この本では、静止している資料のみを対象にしており、アニメーションの機能についてはあえて扱っていません。

世の中には「これは本当にPowerPointで作ったの！？」と目を疑ってしまうほどの高度なテクニックで作られた、動画のようなPowerPoint資料も存在します。筆者の私も、そのようなものを見た時に、自分も同じようにインパクトのあるPowerPoint資料を作ろうと、アニメーションに凝ってしまったことが以前にはありました。

しかし凝ったアニメーションを組み込んだPowerPoint資料に熱中する私に、まわりの人の反応はイマイチでした。ほぼすべての人が「そういうもの（アニメーションの組まれたPowerPoint資料）はカッコいいかもしれないが、自分（私の作業を依頼してくれる人）にとっては邪魔になるから取り除いてほしい」と頼んできたのです。プレゼンテーションを終えたあとに、アニ

メーションが組まれたファイルとは別に、アニメーションを取り除いたものを配布用に作ってくれと頼まれることもありました。しかも、私の作ったファイルが会社の中で人づてに渡り、長期に渡って再利用がくり返されていくのは、まさにアニメーションを取り除いた方の資料だったのです。

このようなことから、筆者の私はアニメーションを用いた資料は「使いやすい・再利用しやすい」という条件にはそぐわないものだということを学びました。

アニメーションを使っていない
PowerPoint資料の方が人気で、
人づてに再利用されていく

● 最後は「静止している、読まれる資料」が生き残る

ビジネスのシーンにおいて重要な事項を検討する場合に、アニメーションが組まれたプレゼンテーションを実施することはあるかもしれません。しかし、一度のプレゼンテーションだけで決定がなされることは稀でしょう。むしろ、文字ベースの静止している資料を読み込みながら検討をくり返すことで最終的な決定に至ることの方が圧倒的に多いのではないかと思います。

デジタル技術がこれだけ発展し、さまざまなメディアが浸透しても紙の書物がなくならないよ

うに、資料作りにおいても静止した、読まれる資料がなくなることはないでしょう。筆者の私は、PowerPointで本当に実効力のある資料を作ろうと思うのならば、人に「読まれる」資料＝静止している資料に注力するのが最短コースだと考えています。そのためには、PowerPointの高度なテクニックが要求されるアニメーションよりも、静止した資料を作る上で必要なベーシックなスキルを固めることの方に重点を置くべきだ、という方針に至っています。

ビジネスの重要な決定は、落ち着いて
文書を読み込みながら検討したいもの
（紙の印刷だけでなく、PCやタブレットなどでも）

03 この本の前提

◉ この本の前提

この本は、Microsoft PowerPoint for Microsoft 365 MSO 64ビットをベースに、機能や設定方法を紹介しています。ただし、PowerPointのすべての機能を網羅しているわけではありません。

また、可能な限り他のバージョンもカバーできるように記載していますが、完全ではないことをご了承ください。PowerPoint for Macについても著者の知る範囲で可能な限り言及していますが、紹介

している機能がPowerPoint for Macでは使えないことがあります。あわせてご了承ください。

また一部の記載内容には、著者の独自研究が含まれている箇所があります。これらについて、Microsoft社の公式な見解は得ておりません。よって、紹介している機能や結果を必ず保証するものではないこともご承知おきください。

◉ PowerPointの基本画面

PowerPointの初期設定の画面は、「タブ」「リボン」と呼ばれるツールバーが上部に、スライドの一覧が表示される「サムネイルウィンドウ」が左側に、「作業ウィンドウ」が右側に、スライド編集画面が中央

に表示されます。これらの用語は頻繁に登場するので、確実に覚えておいてください。最下部にある「表示モード」のボタンから、「標準」「スライド一覧」「閲覧表示」「スライドショー」を選択できます。

タブ　クイックアクセスツールバー　リボン　作業ウィンドウ

サムネイルウィンドウ　スライド編集画面　表示モード　ズーム

● リボン／クイックアクセスツールバーをカスタマイズして使いやすくする

リボン上の任意の場所で右クリック→「リボンのユーザー設定」で、リボンをカスタマイズすることができます。標準のリボンでもひと通りの機能は揃っていますが、実は「リボンにないコマンド」という隠し機能も存在し、設定と用途次第で作業の効率を上げることができます。

「PowerPointのオプション」画面の「コマンドの選択」のドロップダウンリストから「リボンにないコマンド」を選択し、右側の「リボンのユーザー設定」で追加したいタブを選択して、機能を追加します。

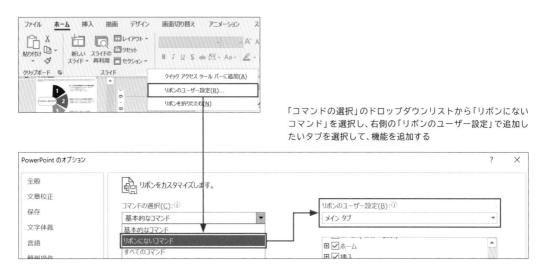

「コマンドの選択」のドロップダウンリストから「リボンにないコマンド」を選択し、右側の「リボンのユーザー設定」で追加したいタブを選択して、機能を追加する

また、リボンにある機能の中で頻繁に使うものをクイックアクセスツールバーに設定することで、タブ→リボン→機能の選択というアクションを縮める

ことができます。クイックアクセスツールバーを設定するには、画面上部にある「▼」のボタンから「その他のコマンド」を選択します。

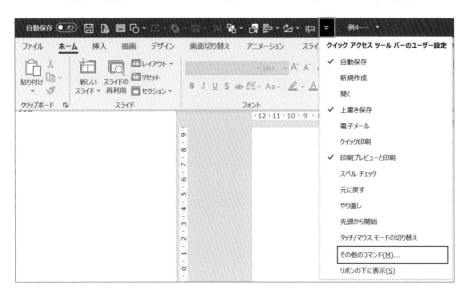

すると「PowerPointオプション」画面が表示されるので、追加したい機能を選択し、「追加」をクリックします。反対に削除したい機能は、「削除」をクリックするとクイックアクセスツールバーからコマンドが消えます。

特に使用頻度の高い、整列のコマンド、スライドマスターの表示、図形の変更、図形の結合などをクイックアクセスツールバーに設定しておくと、作業効率が大幅に上がります。用途に応じて、上手に活用してください。

また、「▼」のボタンから「リボンの下に表示」を選択すると、クイックアクセスツールバーをリボンの下に表示することができます。「スライド編集画面」からの距離が短くなり、効率的に操作できるようになります。

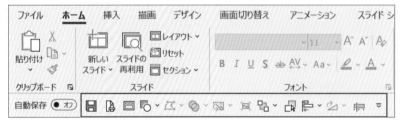

クイックアクセスツールバーをリボンの下に表示した

テキストのルール＆
テクニック

CHAPTER 02
01 「テキスト」と「オブジェクト」は一体と考える

資料の「テキスト」は、情報が関連付けられている「オブジェクト」に挿入するようにしましょう。テキストとオブジェクトを一体化させることで、情報の塊を崩すことなく資料を作成できます。

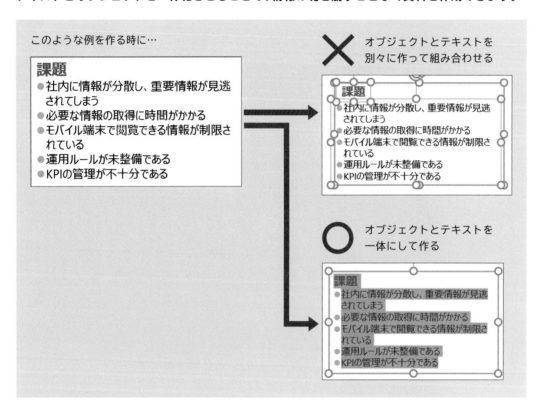

● テキストとオブジェクトを別々にしない

PowerPointで上の例のようなオブジェクトを作る時、「長方形のオブジェクト」と「テキストを入れたテキストボックス」を別々に作成し、あとから組み合わせるようなことをしてはいけません。テキストとオブジェクトは一体として考えることが重要です。**オブジェクト上で右クリックし、「テキストの編集」でオブジェクトにテキストを挿入する**という操作を、基本的なルールとして身につけるようにしましょう。

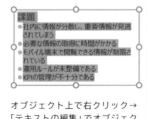

オブジェクト上で右クリック→「テキストの編集」でオブジェクトにテキストを挿入する

● テキストとオブジェクトを別々にすると情報の塊が崩れてしまう

テキストとオブジェクトを別々に作る方法と、オブジェクトの中にテキストを挿入する方法、「どちらの方法でも結果は同じなんだから、作りやすい方でよいのではないか？」と思う人もいるでしょう。しかし、これは**PowerPointを触る皆さんに必ず守ってもらいたい最重要ルール**の1つなのです。

例えば、皆さんが下のような資料を見た時、どのような単位で情報の塊を把握するでしょうか？　おそらく、スライドの左側にある2つのブロックと、右側にある2つのブロック。それから、スライド下部にあるブロック、合計5つのブロックとして情報の塊を捉えるのではないでしょうか？　そして、これら5つの情報の単位で、PowerPointで編集できると思うに違いありません。

ところが、この資料を他の人から受け取って、それを開いた時、右のような構造で作られていたとした

らどうでしょうか？　あなたが情報の塊を把握し、いざ編集をかけようと上段の四角を触ると、1つのブロックの中の数字と見出し、テキスト、長方形のオブジェクトがすべて別々の要素として作られていることがわかります。そして、テキストとオブジェクトが一体になっていないために、1つを動かそうとすると、長方形またはテキストだけが動いてしまう、ということが起きてしまいます。

これでは、テキストとオブジェクトの大きさや位置をそれぞれ個別に調節しなくてはならないので、とても面倒です。しかも、これがこのスライド1枚だけでなく、100ページ以上の資料だとしたら…。手直しには気の遠くなるほどの時間が必要になってしまいます。これは、そもそもこの資料が情報の構造に沿って作られていないことが原因なのです。

👓 赤の点線の範囲を情報の塊の単位としてとらえるはずが…　➡

最初に認識した情報の構造と
資料の実際の構造が連動していない

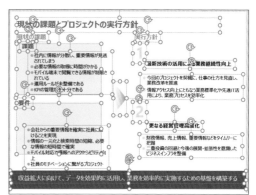

● 情報の構造、塊にテキストを関連づける

PowerPointにおいて、スライドの作りやすさ、使いやすさを実現するためには、**オブジェクトとテキスト（テキストボックス）を個別に作るのではなく、1つのオブジェクトとして作成し、情報の構造と資料の作り方を一致させる**ことが重要です。オブジェクトとテキストを1つの情報の塊として捉え、オブジェクトの中にテキストを挿入した情報は、統一感

があって読みやすく、再編集する時にも作業しやすい資料になります。PowerPointで資料を作る上でのもっとも重要なルールとして、テキストとオブジェクトを絶対に切り離さない→テキストとオブジェクトを一体と考えることを徹底するようにしましょう。

CHAPTER 02

02 「グループ化」は使用しない

グループ化は「オブジェクトにテキストを挿入する」の代用にはなりません。グループ化によって
情報の塊を作り出すことはやめましょう。

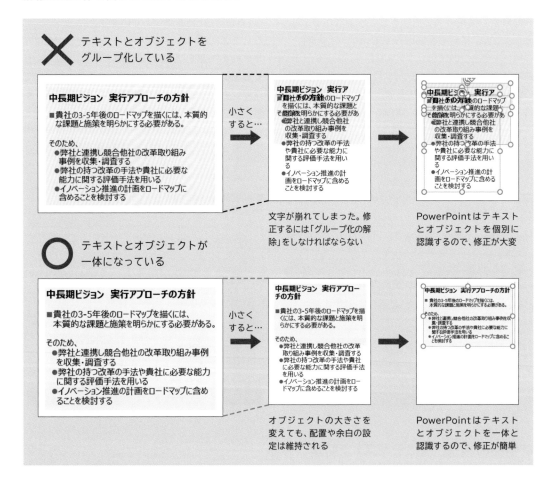

❌ テキストとオブジェクトを
グループ化している

小さく
すると…

文字が崩れてしまった。修
正するには「グループ化の解
除」をしなければならない

PowerPointはテキスト
とオブジェクトを個別に
認識するので、修正が大変

⭕ テキストとオブジェクトが
一体になっている

小さく
すると…

オブジェクトの大きさを
変えても、配置や余白の設
定は維持される

PowerPointはテキスト
とオブジェクトを一体と
認識するので、修正が簡単

◉ グループ化は「テキストとオブジェクトの一体化」の代用にならない

「テキストとオブジェクトを一体と考えるのならば、
グループ化してしまえばよいのではないか」と考え
る人もいるかもしれません。果たして本当にそう
でしょうか？ グループ化を行ったオブジェクト
では、PowerPointはオブジェクトとテキストを
いまだ別々のものとして認識しています。そのため、

グループ化したオブジェクトの大きさを変えると、
オブジェクトとテキストボックスは個別に大きさ
が変わり、見た目も崩れてしまいます。テキストと
オブジェクトの一体化をグループ化によって代用
しようとすると、このような弊害が起きてしまうの
です。

● テキストとオブジェクトが一体になっていれば修正作業が楽になる

それに対してオブジェクトにテキストを挿入した場合、PowerPointはテキストとオブジェクトを一体のものとして認識します。そのため、オブジェクトの大きさを変更しても、オブジェクトに設定されているテキストの配置や図形の書式設定、余白の

値などは保持されます。これらの設定が変わらないので、オブジェクトの大きさを変えたあとは、オブジェクトに関わるテキストの設定を微調節するだけで作業は終わります。

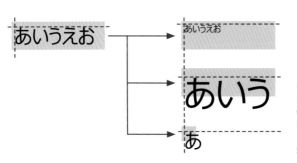

オブジェクトにテキストを挿入すると、オブジェクトやテキストのサイズを変更してもテキストの上下左右の余白や文字の配置（左揃え、上揃えなど）は意図的に設定を変えない限り保持される。そのためサイズの変更によるテキストの崩れを最小限に抑えることができる

● 大量のグループ化の罠にはまる悲劇

グループ化が行われた資料を渡された場合、1つや2つくらいであれば、個別に修正してもそれほど大変ではありません。しかし下の例のような資料でオブジェクトの大きさや位置を整え直すには、「グループ化を解除」→「テキストボックスの位置やサイズを修正」→「テキストとオブジェクトの配置を調整」→「あらためてグループ化」といった煩雑な作業を、

すべてのオブジェクトに対して行う必要が出てきてしまいます。このような作業が、PowerPointのファイルごとに10ページ、20ページ…100ページと続いたら…。膨大な手間と時間がかかることになります。グループ化の罠にはまらないよう、グループ化によってテキストとオブジェクトをまとめることはやめましょう。

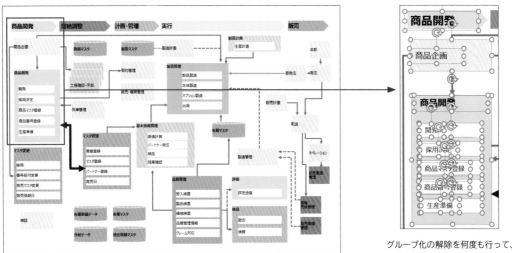

細かいオブジェクトとテキストが詰まった図が何ページも続く資料でテキストとオブジェクトが別々に作られ何重にもグループ化されていたら…

グループ化の解除を何度も行って、テキストボックスとオブジェクトの大きさや位置を1つずつコツコツと直さなければいけない

03 テキストの位置は 「文字のオプション」で調整する

テキストは「オブジェクトの右クリック→テキストの編集」でオブジェクトに挿入し、「文字のオプション」で位置を調整しましょう。

○ 本当はこのように 作りたい

弊社のビジネス状況や文化的背景を考慮し、過去のプロジェクト経験や知見をもとにプロジェクトの成功裡な完了を実現

✕ 文字の量に合わせて オブジェクトの大きさが 自動修正されてしまう

弊社のビジネス状況や文化的背景を考慮し、過去のプロジェクト経験や知見をもとにプロジェクトの成功裡な完了を実現

▲ 文字の上下に余白を作りたいのに、PowerPointが文字の量に合わせて長方形の高さを自動調整してしまう。手動で直そうとしても、強制的に戻されてしまう ▼

✕ オブジェクト内の テキストの折り返し 位置がおかしい

弊社のビジネス状況や文化的背景を考慮し、過去のプロジェクト経験や知見をもとにプロジェクトの成功裡な完了を実現 ←←←

文節や単語の途中で、PowerPointが強制的にテキストを折り返してしまう。その結果、余計な余白ができてしまう

● テキストの位置は「文字のオプション」で調整できる

テキストを「オブジェクトの右クリック→テキストの編集」で挿入すると、テキストが自分の望む位置にうまく収まらず、調整が利かない。だからテキストとオブジェクトを別々に作ってしまう、という人がいます。オブジェクト内に挿入したテキストの位置は、「オブジェクトの右クリック→図形の書式設定」で表示される「図形の書式設定」の「文字のオプション」で調整することができます。「図形の書式設定」では、図形と文字に関するほとんどの設定が行えるようになっています。

弊社のビジネス状況や文化的背景を考慮し、過去のプロジェクト経験や知見をもとにプロジェクトの成功裡な完了を実現

代替テキストの編集(A)...
既定の図形に設定(D)
配置とサイズ(Z)...
図形の書式設定(Q)...

オブジェクトを選択して右クリック→「図形の書式設定」を選ぶ

●「文字のオプション」でテキストの位置を調整する

テキストを挿入したオブジェクトを右クリックし、「図形の書式設定」を選ぶと、画面の右側に「図形の書式設定」が表示されます。次の手順で、オブジェクトに挿入したテキストの位置を調整します。

1 「文字のオプション」をクリックし、左上に「A」の文字が描かれているアイコンをクリックします。

2 テキストを挿入したオブジェクト（テキストボックス長方形）には、初期設定で「テキストに合わせて図形のサイズを調整する」にチェックがついています。これはPowerPointの既定の設定で、テキストのボリュームに合わせて図形のサイズを強制的に調整するというものです。この状態では、文字の量に応じてオブジェクトのサイズが自動調整されてしまいます。テキストと図形を個別に調整したい場合は、このチェックを「自動調整なし」に変更します。

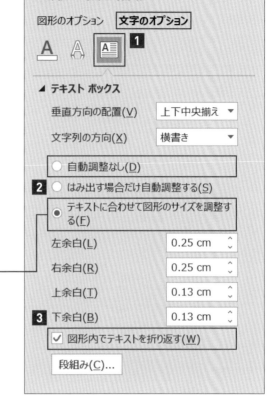

「テキストに合わせて図形のサイズを調整する」にチェックがついていると、文字の量に合わせてオブジェクトのサイズが自動調整されてしまう

弊社のビジネス状況や文化的背景を考慮し、過去のプロジェクト経験や知見をもとにプロジェクトの成功裡な完了を実現

3 「図形内でテキストを折り返す」にチェックを入れておくと、オブジェクトの余白のサイズにあわせて、テキストが自動的に折り返されます。PowerPointに自動調整されたくない場合はチェックを外すようにしましょう。

弊社のビジネス状況や文化的背景を考慮し、過去のプロジェクト経験や知見をもとにプロジェクトの成功裡な完了を実現

弊社のビジネス状況や文化的背景を考慮し、過去のプロジェクト経験や知見をもとにプロジェクトの成功裡な完了を実現

「図形内でテキストを折り返す」のチェックを外すと、意図的に改行しない限り、テキストが折り返されることはない

4 次のオブジェクトは、「テキストに合わせて図形のサイズを調整する」のチェックを「自動調整なし」に変更した状態です。これで、オブジェクトのサイズを手動で調整できるようになります。

5 続いて「文字のオプション」でテキストの余白を調節し、位置を整えます。PowerPointでは、「左余白」「右余白」の既定の設定値が0.25cm、上下余白が0.13cmになっているので、これらを増減させます。左右の余白を0.1cmに詰めると、以下の例のように洗練されたデザインになります。

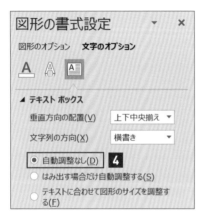

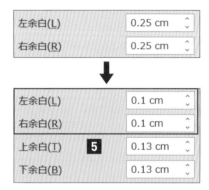

テキストの余白はデフォルトで左右は0.25㎝、上下は0.13㎝に設定されているので増減させて微調節する

なお、「余白」には小数点第二位まで入力できますが、なるべく小数点第一位までにしましょう。PowerPointでは、余白に限らず、数値欄の横にある上下のボタンをクリックすると小数点第二位がくり上げられ、第一位に揃えられてしまうからです。第二位を入力するにはいちいち手入力しなければならず、手間なのでやめましょう。ちなみに、「はみ出す場合だけ自動調整する」にチェックを入れると、オブジェクトのサイズにテキストが収まるようにテキストのサイズが自動調整されます。便利な機能のように見えますが、テキストのサイズが不揃いになってしまうので使用しないようにしましょう。

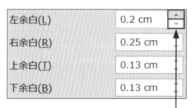

このボタンをクリックすると小数点第二位がくり上げられ第一位に揃えられてしまう

オブジェクトのサイズに合わせてテキストのサイズが自動調整された

● テキストのサイズや色は小ウィンドウで設定する

テキストのサイズや色など、テキストそのものの設定は、残念ながら「文字のオプション」ではできません。Windowsでは、設定を変更したいテキストをドラッグすると、使用頻度の高い設定項目が小ウィンドウとして表示されます。テキストの位置を「文字のオプション」で調整しながら、テキストそのものの設定はこの小ウィンドウで行うなど、うまく使い分けて効率よく設定しましょう。

テキストそのものの設定
は小ウィンドウで行う

● テキストボックスと図形のどちらを使う？

前ページでは、オブジェクト（テキストボックス長方形）のサイズとテキストの位置を調整する際には、「自動調整なし」にチェックを入れることを解説しました。PowerPointでは、テキストボックスは初期設定で必ず「テキストに合わせて図形のサイズを調整する」にチェックがついています。そして「図形内でテキストを折り返す」のチェックは外れています。これに対し、「正方形／長方形」をはじめとする図形オブジェクトでは、初期設定で「テキストに合わせて図形のサイズを調整する」にチェックは入っておらず、「自動調整なし」「図形内でテキストを折り返す」にチェックが入っています。

これらの特性は、文字を入力する際にテキストボックスを使うのか、「正方形／長方形」を使うのかの判断基準になるので、覚えておきましょ

う。例えば、あらかじめテキストを入れるスペースが決まっている場合、テキストボックスを使うのであれば、スペースの大きさにテキストボックスを作り、テキストを入力する前に「テキストに合わせて図形のサイズを調整する」から「自動調整なし」にチェックをつけ替え、「図形内でテキストを折り返す」にチェックを入れる必要があります。

それに対して「正方形／長方形」を使う場合、これらの事前設定が必要ない代わりに、図形オブジェクトにあらかじめ設定された塗りつぶしの色や線の調整が必要になります。

いずれの方法を使っても結果的には同じ状態になるので、どちらを使うかで迷った場合に、どの設定を優先させるかの判断基準を持っておくようにしましょう。

テキストボックスの
初期設定

⦿ 自動調整なし(D)	
○ はみ出す場合だけ自動調整する(S)	
○ テキストに合わせて図形のサイズを調整する(F)	
左余白(L)	0.25 cm
右余白(R)	0.25 cm
上余白(T)	0.13 cm
下余白(B)	0.13 cm
☐ 図形内でテキストを折り返す(W)	

「正方形／長方形」など、図形オブジェクトの初期設定はすべてこうなっている

⦿ 自動調整なし(D)	
○ はみ出す場合だけ自動調整する(S)	
○ テキストに合わせて図形のサイズを調整する(F)	
左余白(L)	0.25 cm
右余白(R)	0.25 cm
上余白(T)	0.13 cm
下余白(B)	0.13 cm
☑ 図形内でテキストを折り返す(W)	

04 フォントサイズは 「選択できる数値」を使う

テキストに設定するフォントサイズは、手入力するのではなく、「ドロップダウンリストから選択できる数値」のみを使うようにしましょう。

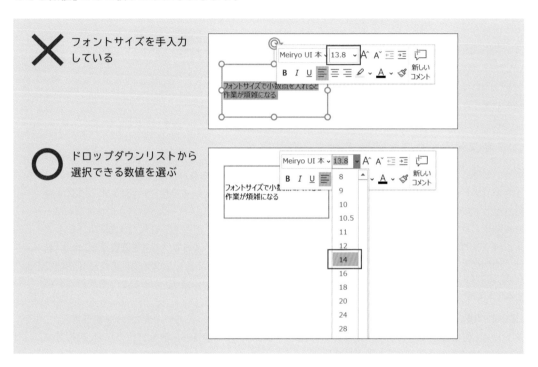

✕ フォントサイズを手入力している

◯ ドロップダウンリストから選択できる数値を選ぶ

● フォントサイズは0.1ptから入力できるが…

PowerPointでは、フォントに関するほぼすべての設定を「ホーム」タブ、テキストをドラッグした時に現れる小ウィンドウ、「図形の書式設定」の「文字のオプション」のいずれかで行うことができます。単位はpt（ポイント）が採用されていて、1ptはおよそ0.35mmです。この単位は、PowerPointでしばしば活用することになるので覚えておきましょう。フォントのサイズは小数点第一位の0.1pt単位で変更できます。しかし、小数点以下の数値やドロップダウンリストにない数値は毎回手入力しなければならず、作業が煩雑になります。また小数点を入れるとptをcmに換算する際に細かい計算が必要

になり、面倒な作業が増えてしまいます。ドロップダウンリストに用意されている数値のみを使うようにしましょう。

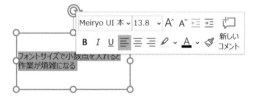

1pt＝0.35mmなので、
13.8pt＝0.35×13.8＝4.83mmになる

● リストにないサイズはくり上げ／くり下げられてしまう

PowerPointのフォントサイズは、ドロップダウンリストから選ぶ他に、リストのすぐ右側にある「フォントサイズの拡大・縮小」ボタンで変更することもできます。ところが、ドロップダウンリストにない数値を入力した状態でこのボタンをクリックすると、**ドロップダウンリストにある数値の中で、入力した数値にもっとも近い値に自動でくり上げもしくはくり下げられてしまいます。**こうなると、リストにないフォントサイズの設定は意味がなくなってしまいますし、それでもあえてリストにない任意のサイズを入力するとなると、もう一度手入力するしかありません。テキストの編集を効率的に行うには、**フォントサイズはPowerPointにあらかじめ設定されている数値を使う**ようにしましょう。

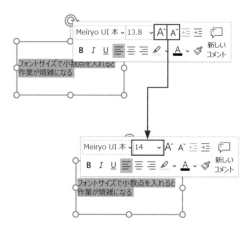

「フォントサイズの拡大・縮小」ボタンをクリックすると「13.8」の近似値である「14」か「12」に変更されてしまう

● フォントサイズの一括変換もリストの数値に揃えられてしまう

スライド上にあるテキストを一括で拡大・縮小したい時は、対象となるテキストをすべて選択した状態で「フォントサイズの拡大・縮小」ボタンをクリックします。すると、それぞれのテキストのサイズにもっとも近いドロップダウンリストの数値に、一括で拡大／縮小が行われます。

同じ階層にあるテキストのサイズをドロップダウ

ンリストにあるフォントサイズで統一するようにしておくと、この機能を使った時にフォントサイズを揃えて拡大・縮小できるのでとても便利です。反対にリストにない数値を設定していると、ここでもリストに用意された数値に強制的に揃えられてしまいます。

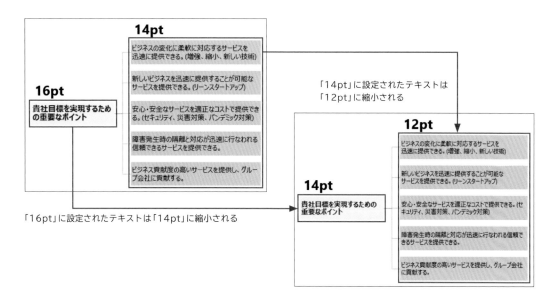

◉ フォントサイズが小数点以下を含む値に自動変換されてしまう場合がある

せっかく設定したテキストのサイズですが、スライドの編集を行う際に、小数点以下を含む値に自動変換されてしまう場合があります。それは、「ワイド画面(16:9)」などのスライドサイズで作った資料を、「標準(4:3)」のサイズに変換する際、「サイズに合わせて調整」の機能を選

択してしまった場合です。16:9から4:3へはサイズが75%縮小されるので、テキストのサイズも同様に、75%縮小されてしまうのです。
以下の例では、元は「ワイド画面(16:9)」のスライドサイズで「18pt」のフォントサイズであったものが、「標準(4:3)」に変換された際に、「18×0.75=13.5pt」に自動変換されてしまいました。このような時は、対象となるテキストをすべて選択した状態で「フォントサイズの拡大・縮小」ボタンをクリックし、それぞれのサイズにもっとも近いドロップダウンリストの数値に一括で拡大／縮小するようにしましょう。

スライドサイズを変更する際、「サイズに合わせて調整」を選択するとPowerPointがフォントサイズを自動変換し、小数点以下を含む数値になってしまうことがある

スライドサイズを変更する際、「サイズに合わせて調整」ではなく「最大化」をクリックすると、元の資料のサイズを維持したままスライドのサイズだけが変更されます。スライドサイズを変えても、フォントサイズやオブジェクトの大き

さは自動調整されたくないという場合は「最大化」をクリックして、自分でサイズの調整を行うようにしてください。なおスライドサイズの調整は、P.394で詳しく説明します。

「最大化」を選択すると、元の資料のサイズを維持したままスライドサイズのみが変更される。この例では「ワイド画面(16:9)」の資料が、スライドサイズだけ「標準(4:3)」に変わったため、オブジェクトがスライドの外にはみ出してしまった

05 フォントはむやみに飾らない

大事な内容だからといって、強調するために文字に余計な効果をつけるとかえって読みづらくなってしまいます。むやみに太字にしたり、文字に下線や影などの効果を足すのはやめましょう。

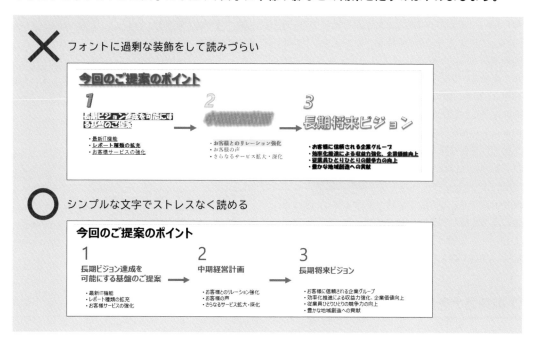

✕ フォントに過剰な装飾をして読みづらい

○ シンプルな文字でストレスなく読める

● フォントを飾るのはノイズになるだけ

強調したい箇所を目立たせるために、フォントを太字にすることはよくあると思います。しかし、ここぞという時に効果的に使うのはよいとして、むやみに太字を使いすぎるとかえって読みづらくなってしまいます。

また、太字と同様、頻繁に見かける斜体、下線、影や反射、光彩、ぼかし、蛍光ペンの効果、立体感や遠近感を出す効果、ワードアートなどは、ノイズとなって可読性、視認性、判読性を下げてしまいます。

特に本文のフォントは、正確に読まれてこそ価値を発揮するものであり、余計なノイズを足すと読み手の理解を妨げてしまいます。文字の効果は最小限に、シンプルにすることを心がけましょう。

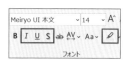

斜体、下線、影、蛍光ペンの色の効果をつけない

図形の書式設定の「図形のオプション」「文字のオプション」にある効果をつけない

「ワードアート」に関連する効果も使用しない

● 「フォントの影」は2種類あるので要注意

図形や文字に設定する影は、もっとも乱用しがちな効果です。特に、フォントの影には注意が必要です。PowerPointは、テキストボックスを四角形などと同様の図形オブジェクトとして認識しています。つまりテキストボックスは、透明の四角形にテキストを挿入しているのと同じ状態です。このテキストボックスに設定できる影には、「図形のオプション」の「効果」で設定できる影と「文字のオプション」の「効果」で設定できる影の2種類があります。1つは図形そのものにかかる影、もう1つはテキストにかかる影です。つまり1つのオブジェクト内のテキストには、影を二重にかけることが可能なのです。

他の人が作ったPowerPoint資料を再編集する時、テキストの影を除去したつもりが、図形に設定された影だけを取り除いていて、テキストの影は残ったままだったということがあります。このようなことのないように、テキストボックスの影の設定には注意が必要です。影の設定が残っているなど、ほぼ誤差のように思われるかもしれませんが、こうした小さなノイズの積み重ねが読み手にとってストレスになっていくので、慎重にならないといけません。

文字の影には二種類ある
「図形のオプション」でかけた影

文字の影には二種類ある
「文字のオプション」でかけた影

文字の影には二種類ある
両方でかけた影

特にテキストボックスの影を扱う時には、図形と文字の両方に影を設定できるので注意する

● 半角カナを使わない

影と同様、つい使いがちなのが半角カナです。スペース不足という理由で、小さいスペースにできるだけ多くの文字を入れこもうと、半角カナを使ってしまった資料をよく見かけます。しかし半角カナを使った資料は見た目が悪く、読みづらく、いかにも素人っぽい資料になってしまうので、絶対にやめましょう。

✕ 半角カナを使用している

東京ﾃﾞｨｽﾞﾆｰﾗﾝﾄﾞで、
ﾃﾞｨｽﾞﾆｰﾘｿﾞｰﾄﾗｲﾝというモノレールに乗りました。

○ 全角カナを使用している

東京ディズニーランドで、
ディズニーリゾートラインというモノレールに乗りました。

● 斜体は正しい使用法以外では使わない

太字と同様、斜体は強調の手段として気軽に使われることの多い設定です。しかし、そもそも和文フォントは斜体に対応していないことが多いので、使わない方が無難です。斜体に対応していないフォントに斜体の設定を行うと、PowerPoint側でフォ

ントを無理やり斜めに傾けるため、いたずらに文字をゆがめるだけで、可読性が下がってしまいます。欧文の場合も、欧文における斜体の正しい使用法に則っている場合にのみ使うようにしましょう。

◉ 太字に対応しているフォント／していないフォント

資料の中で太字を使った時は、使用しているフォントが太字に対応しているかどうかを確認することも大切です。例えばOffice 2016からPowerPointのデフォルトフォントになっている游ゴシックであれば、太字に対応しているので気にする必要はありません。しかし、MSゴシック、MS Pゴシックなど、Windows XP以前からのフォントは太字に対応していないため、ソフト側で対象のフォントをずらして重ね合わせることで、疑似的に太くする処理がなされています。これでは本来の文字の形が崩れたり、きれいに表示されなくなったりしてしまいます。資料の中で太字を使う場合は、太字に対応したフォントを選択するようにしましょう。

また太字に対応したフォントの場合に、複数の太さ（ウェイト）が用意されているものは、単に「B」ボタンをクリックするのではなく、フォントの一覧から手動で選ぶようにしましょう。この方法だと、通常の太さよりも細いフォントを選択できる場合があります。

● 太字に対応していないフォント

MSゴシック、MS Pゴシック
MS明朝
HG創英角ゴシックUB
Century

● 太字に対応しているフォント

游ゴシック
游明朝
メイリオ、Meiryo UI
Times
Segoe UI
小塚ゴシック
小塚明朝

小塚ゴシック、小塚明朝などは文字の太さが細かく設定されているので、手動で選択するようにする

◉ フォントの一覧に太字がないものもある

厄介なことに、フォントの一覧に太字のウェイトが載っていないにも関わらず、太字が用意されているフォントがあります。皆さんがよく使うフォントでは、游ゴシックやメイリオ、この本で推薦しているMeiryo UIも、太字に対応していながらドロップダウンリストには太字が載っていないフォントです。

これらのフォントは、太字の「B」ボタンをクリックすれば、自動的に太字用のフォントにウェイトが置き換えられます。使いたいフォントが太字に対応しているかどうかは、メジャーな書体であればWikipediaなどで調べれば情報が載っているので、事前に確認してから使用するようにしましょう。

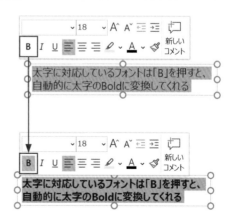

メイリオやMeiryo UIは「B」ボタンをクリックすると、標準のレギュラーから太字のボールドにフォントのウェイトが変更される

CHAPTER 02

06 「テーマのフォント」を設定する

PowerPoint には「テーマのフォント」という、既定のフォントを設定しておく機能があります。よく使うフォントを「テーマのフォント」に設定しておけば、スライドごとにフォントを変更する必要がなくなります。

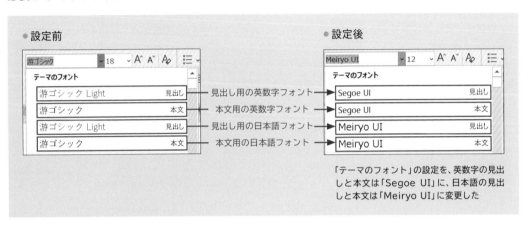

「テーマのフォント」の設定を、英数字の見出しと本文は「Segoe UI」に、日本語の見出しと本文は「Meiryo UI」に変更した

◉「テーマのフォント」＝「既定のフォント」を設定する

資料を作る時に、テキストを入力しようとすると自分が使いたいフォントが表示されずイライラする、ということはありませんか？　こういう場合に、「テーマのフォント」に自分がよく利用するフォントを設定しておくと、常にそのフォントで入力を始めることができます。

テキストの入力時に「フォント」のドロップダウンリストを表示すると、一番上に「テーマのフォント」というセクションが出てきます。上2つが英数字の「テーマのフォント」、下2つが日本語の「テーマのフォント」です。PowerPoint では Office 2016 から、新規ファイルの作成時には英数字、日本語ともに「テーマのフォント」として「游ゴシック」が設定されています。

「テーマのフォント」に自分がよく使うフォントを設定しておくと、テキストを入力する際、特に指定をしなければあらかじめ設定した「テーマのフォント」が使用され、いちいちフォントを選び直す必要がなくなります。この時、「テーマのフォント」に設定した日本語のフォントと英数字のフォントは、入力する文字が全角か半角かによって、自動的に使い分けられます。

頻繁に使うフォントで資料全体を統一したいのに、毎回テキストを入力するたびに違うフォントになってしまい、いちいち変更するのが面倒、ということにならないよう、必ず「テーマのフォント」を設定しておくようにしましょう。

◉「見出し用のフォント」は任意に設定する

「テーマのフォント」には、英数字と日本語という分類の他に、「見出し」と「本文」という分類があります。この「見出し」と「本文」は、PowerPointの機能として厳密に定義されているものではありません。テキストを入力する際、見出しと本文でフォントを使い分けたい時に、ユーザーが任意で選択し、設定するものです。

例えば、日本語の「本文」のフォントは「Meiryo UI」でよいが、「見出し」は「游明朝」に設定したいという時、日本語の「見出し」のフォントを「游明朝」に設定しておくと、「ここはタイトルだ」という箇所にドロップダウンリストの「テーマのフォント」から「見出し」に設定した「游明朝」を選択し適用することができる、という程度のゆるやかなものとして理解しておいてください。

日本語の見出しのフォントを游明朝Demiboldに設定しておけば、タイトルの箇所で見出しのフォントを選択するだけで作業が終わる

◉「テーマのフォント」の設定方法

「テーマのフォント」は、以下の方法で設定することができます。「テーマのフォント」の設定は、第10章で解説する「スライドマスター」を設定する際、同時に行うのが一般的です。しかし、「デザイン」タブからの方が手軽に設定できるので、両方の設定方法を知っておくようにしましょう。

1 「デザイン」タブをクリックします。

2 「バリエーション」の右下にある「その他」ボタンをクリックします。

3 「フォント」をクリックします。

4 表示されるメニューで、一番下の「フォントのカスタマイズ」をクリックします。

5 「テーマのフォントの編集」ダイアログボックスで、「英数字用のフォント」の「見出しのフォント」「本文のフォント」、「日本語文字用のフォント」の「見出しのフォント」「本文のフォント」で、それぞれフォントを選択します。

6 「名前」に、設定した「テーマのフォント」を識別するための名前を入力します。別のファイルで同じ設定を適用する時に選びやすくなり、管理もしやすくなります。

7 登録した「テーマのフォント」は、「その他」ボタンの「フォント」をクリックして表示されるメニューの「ユーザー定義」の欄と、「フォント」を選択するドロップダウンリストの「テーマのフォント」に反映されます。

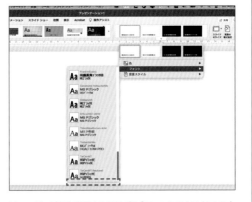

▶ HINT

Macでは「テーマのフォント」に任意のフォントを設定できない

「テーマのフォント」の設定は、PowerPointを使った資料作成における最重要事項と言えるものです。しかし、残念ながらPowerPoint for Macでは「テーマのフォント」はPowerPointにもともと設定されている「Office」のセクションからしか選ぶことができません。さらに、「フォントのカスタマイズ」の機能がないため、「テーマのフォント」に任意のフォントを設定できないという謎の仕様になっています。「テーマのフォント」を強制的にカスタマイズできるXMLを組み、インストールするという解決方法もありますが、あくまでもPowerPointの仕様の中で解決策を考えるのであれば、「Office」セクションの一番最初にある「Office」を使うのが無難でしょう。英数字、日本語ともに「見出しのフォント」が「游ゴシックLight」、「本文のフォント」が「游ゴシック」という組み合わせです。英数字は「游ゴシック」の従属欧文（P.61参照）になってしまいますが、「游ゴシック」は従属欧文も日本語フォントとの相性を考慮して設計されているフォントなので、使用してもほぼ問題ないでしょう。また、PowerPoint for Macでは「ホーム」タブの「フォント詳細設定」ボタンも表示されないので、P.55で紹介する Command ＋ T キーのショートカットでフォントの詳細設定のダイアログボックスを表示させ、「テーマのフォント」を適用するようにしましょう。

Macでは一番下に表示されるはずの「フォントのカスタマイズ」がなく、「テーマのフォント」に任意のフォントが設定ができない

◉「テーマのフォント」の特性を活用し使いやすい環境を整えましょう

登録した「テーマのフォント」は、同じPC内の別のPowerPointのファイルでも利用できます。例えば人から送られてきたファイルを開き、「デザイン」タブ→「バリエーション」の「その他」→「フォント」→「ユーザー定義」から自分が登録した「テーマのフォント」を選択すると、元のファイルで「テーマのフォント」が適用されていたすべてのテキストが、一括で自分の登録した「テーマのフォント」に置き換わります。

従って、ファイル全体で使用するフォントが「テーマのフォント」に登録したフォントで統一されていれば、「ユーザー定義」に登録してある「テーマのフォント」を選択するだけで一括変換でき、あとからフォントを変えたくなった時にとても便利です。

つまり、PowerPointにおいてテキストを扱う時には、該当箇所のフォントをその都度、選択・変更するのではなく、最初に「テーマのフォント」を設定し、それをベースに特定の箇所だけ個別にフォントを設定する方法が効率的なのです。

このように「テーマのフォント」は、設定しておくととても便利な機能です。PowerPointを開いたら、最初に「テーマのフォント」を設定しておく習慣をつけましょう。

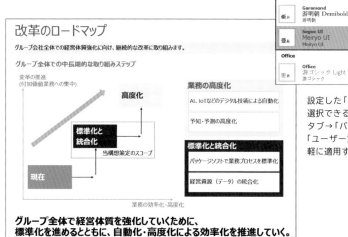

設定した「テーマのフォント」は、「ユーザー定義」から選択できる。別のファイルを開いた時にも、「デザイン」タブ→「バリエーション」の「その他」→「フォント」で「ユーザー定義」を表示し、一覧から選択するだけで手軽に適用することができる

「テーマのフォント」の設定を変えると、「テーマのフォント」が適用されているテキストは一括でフォントの種類が変更される

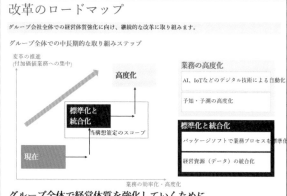

元のファイルでは、「テーマのフォント」として英数字は「Segoe UI」、日本語は「Meiryo UI」が適用されていたが、「テーマのフォント」を変更したことで英数字は「Garamond」、日本語は「游明朝」に一括変換された

●「テーマのフォント」は複数登録できる

設定した「テーマのフォント」が表示される「ユーザー定義」には、複数のフォントの組み合わせを登録できます。資料の種類によってフォントを使い分けたい時は、その数だけ登録しておくと便利です。「ユーザー定義」に表示される「テーマのフォント」は、登録する時につけた「名前」「見出しに使う日本語フォント」「本文に使う日本語フォント」の順に表示されます。

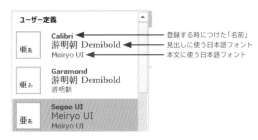

登録する時につけた「名前」
見出しに使う日本語フォント
本文に使う日本語フォント

この例では、「名前」に本文に使う英数字フォントを設定して、登録してあるフォントの種類を識別しやすくしている

●「テーマのフォント」を1つのテキストボックスに適用する

自分で作成したファイルではなく、人から送られてきたファイルに対して手を加えなければならない場合、「テーマのフォント」はどのように適用し、フォントを揃えていけばよいのでしょうか？

まず、人から送られたファイルの1つのテキストボックスに対して「テーマのフォント」を適用する場合、テキストボックス内のすべてのテキストを選択し、右クリックして「フォント」を選択します。すると「フォント」ダイアログボックスが表示されるので、ここから設定を行います。

以下の例では、「フォント」ダイアログボックスの「英数字用のフォント」には「（日本語のフォントを使用）」と表示されています。これは、英数字を入力した際に使用されるフォントが、「日本語用のフォン

ト」に設定された日本語フォントの従属欧文（P.61参照）であり、設定した英数字の「テーマのフォント」が正しく適用されていないということを意味しています。また、「日本語用のフォント」には「MS Pゴシック」が表示されています。これは日本語には「テーマのフォント」ではなく、「MS Pゴシック」が決め打ちで設定されていることを示しています。これらのドロップダウンリストから、それぞれ「見出しのフォント」または「本文のフォント」を選択すると、自分の設定した「テーマのフォント」が適用されます。このように、適用されているフォントが「テーマのフォント」かそうではないかを確認するには、オブジェクトごとに個別にフォントのダイアログボックスを確認するしか方法はありません。

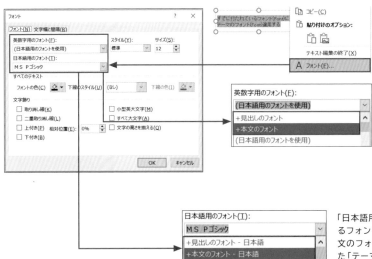

「英数字用のフォント」を「（日本語用のフォントを使用）」から「見出しのフォント」または「本文のフォント」に変更すると、英数字に設定した「テーマのフォント」が適用される。日本語のフォントには語尾に「- 日本語」とつくが、英数字には表示がないので注意が必要

「日本語用のフォント」も、現在選択されているフォントから「見出しのフォント」または「本文のフォント」に変更すると、日本語に設定した「テーマのフォント」が適用される

● 「テーマのフォント」を複数のテキストボックスに適用する

適用されているフォントが「テーマのフォント」かそうでないかが判別できない時には、まとめて一括で「テーマのフォント」を適用した方が手っ取り早いでしょう。しかし、「テーマのフォント」を複数のテキストボックスにまとめて適用しようと複数のテキストボックスを選択して右クリックしても、「フォント」コマンドは出てきません。

例えば1つのスライド上にあるすべてのテキストボックスに「テーマのフォント」を一括で適用したい場合は、対象のテキストボックスをすべて選択し、「ホーム」タブの「フォント詳細設定」ボタン 🔽 をクリックします。すると「フォント」ダイアログボックスが表示されるので、「テーマのフォント」を適用します。

さらに、「フォント」ダイアログボックスは Ctrl + T のショートカットキーでも表示させることができます。

このショートカットキーを使えば、「テーマのフォント」を複数のテキストボックスにまとめて適用したい時に、いちいち「ホーム」タブに戻って「フォントの詳細設定」ボタン 🔽 を押さなくても「フォント」ダイアログボックスを表示させることができます。**Macの場合も、Command + T キーで同様に「フォント」のダイアログボックスを表示させることができます。**Macでは「ホーム」タブに「フォントの詳細設定」ボタン 🔽 が表示されず、このショートカットキーを知らないと「フォント」ダイアログボックスを表示させることができません。とても重要なショートカットなので、必ず覚えるようにしましょう。

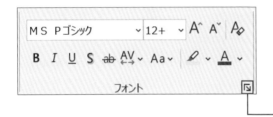

「テーマのフォント」を適用したいテキストボックスをすべて選択し、「フォントの詳細設定」ボタンをクリックするか、Ctrl + T のショートカットキーを押す。「フォント」ダイアログボックスで、英数字、日本語それぞれのドロップダウンリストから「テーマのフォント」を選択して適用する

「テーマのフォント」を適用し、英数字は「Segoe UI」、日本語は「Meiryo UI」に一括で変換された

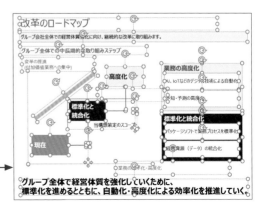

◉「テーマのフォント」をファイル全体に適用する

前ページで紹介した、複数のテキストボックスに「テーマのフォント」をまとめて適用する方法は、あくまでも1つのスライド内でのみ有効な方法です。PowerPointファイル全体に一括で「テーマのフォント」を適用することはできません。「テーマのフォント」をファイル全体に適用するには、1つ1つ直していくしかないのです。

第10章で紹介するスライドマスターの設定に沿って資料が作られていれば、スライドマスターの設定によって、ある程度までは切り抜けられるかもしれません。それでも、かなりの労力がかかります。どうしても一括でファイル全体に適用したいという場合は、専用のVBAを組むしかありません。興味がある人は、市販されているVBAの本などで研究してみてください。

しかしなによりも、**PowerPointにおいてテキストを扱う時には、該当箇所のフォントをその都度、選択・変更するのではなく、まず「テーマのフォント」を設定し、それをベースに特定の箇所だけ個別にフォントを設定する**というアプローチで資料を作るように普段から心がけるようにしましょう。資料を作る人が皆この方法で「テーマのフォント」を設定していれば、フォントを置き換える際にも、ファイルの作成元の「テーマのフォント」を自分の「テーマのフォント」に置き換えるだけですべての操作が完了します。

◉「テーマのフォント」を適用する際の注意点

自分が使いたい特定のフォントを「テーマのフォント」に登録したにも関わらず、フォントを選択する際、これまで紹介した方法ではなく、「フォント」のドロップダウンリストの「すべてのフォント」のセクションにあるフォントを選択してしまうと、**登録してある「テーマのフォント」と自分が選択したフォントの種類が同じであったとしても、PowerPointは選択したフォントを「テーマのフォント」として認識してくれない**ので注意が必要です。例えば、本文に使う日本語フォントとして「Meiryo UI」を「テーマのフォント」に設定していたとします。しかし、フォントの種類を選択する際に、ドロップダウンリストの「テーマのフォント」にある「Meiryo UI」ではなく、「すべてのフォント」にある「Meiryo UI」を選択してしまうと、その「Meiryo UI」は「テーマのフォント」としては認識されないのです。そのため、「テーマのフォント」で別のフォントの組み合わせを選択した場合、「すべてのフォント」から選択した「Meiryo UI」はテーマのフォントとして認識されないので、その部分だけは「Meiryo UI」のまま残ってしまいます。

裏を返すと、「テーマのフォント」の設定を変更しても、特定の箇所だけはフォントの種類を変えたくないという場合は、「すべてのフォント」から任意のフォントを選ぶようにすればよいということです。

フォントの種類が同じであっても、「テーマのフォント」のカテゴリーから選択しない限り、PowerPointは「テーマのフォント」として認識しない

◉「フォントの置換」で特定のフォントを置き換える

このセクションでは、「テーマのフォントをファイル全体に適用するには1つ1つ直していくしかない」と紹介しました。しかし、「テーマのフォント」とは関係なく、ある特定のフォントを任意のフォントに一括変換する方法に「フォントの置換」があります。これは、例えば複数の人が作ったスライドを集めて1つのファイルにした際に、ページごとにフォントがばらばらになってしまった場合などに有効な手段です。この置換の作業をファイル内に使用されているフォントすべてに対してくり返すと、ファイル全体でフォントを統一することができます。

右の4枚のスライドの例では、英数字はSegoe UIに揃えるまでに3回、日本語はMeiryo UIに揃えるまでに3回の、合計6回置換の作業を実施することになります。

ただし、「フォントの置換」によって可能になるのは、特定のフォントを別のフォントに置き換えるということにすぎません。あくまでも、PowerPointでテキストを扱う基本は、資料作成の最初の段階で「テーマのフォント」を設定し、ファイル作成中は設定した「テーマのフォント」を適用しながらテキストを入力していくという

ことです。

「フォントの置換」は便利な機能ですが、**ファイルを作成し終えた最後にチェックの意味で実行する時の方法として、またファイル全体に「テーマのフォント」を適用している時間がない場合の緊急時の方法として**理解しておきましょう。

「フォントの置換」は、以下の手順で行うことができます。

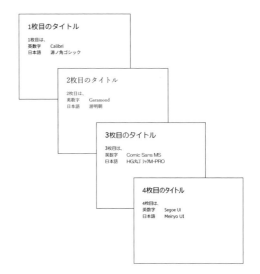

1 「ホーム」タブにある「置換」の「▼」をクリックし、「フォントの置換」をクリックします。

2 「置換前のフォント」には、ファイル内で使われているすべてのフォントが出てきます。置き換えたいフォントを選びます。

3 同様に「置換後のフォント」で、置き換えたい任意のフォントを選択します。例では、「Calibri」から「Segoe UI」に置き換えるように設定しました。

4 「置換」をクリックすると、指定したフォントへの置き換えが行われます。

◉「フォント」ダイアログボックスにある「文字飾り」の仕様

「フォント」ダイアログボックスには、「テーマのフォント」を設定する以外にも「文字飾り」のさまざまな機能が用意されています。

●取り消し線／二重取り消し線

フォントに取り消し線／二重取り消し線を設定できます。線の色はフォントの色に連動します。下線のように線の種類や色を変更することはできません。

あいうえおかきくけこ

あいうえおかきくけこ

●上付き／下付き

パーセント (%)、乗数、「H₂O」などの化学式の記号を上付き、もしくは下付きの文字に設定することができます。「上付き」もしくは「下付き」にしたいテキストを選択し、ボックスにチェックを入れると、選択されたフォントはもともと設定されていたフォントサイズの約70%のサイズに強制的に縮小されます。また「相対位置」の数値を変更することで「上付き」「下付き」のテキストの位置を調整することができます。既定は「上付き」が30%、「下付き」が-25%に設定されています。特別な事情がない限り、この数値は触らない方が無難でしょう。

なお、PowerPointでは特別な設定をしていない限り、登録商標マークの「®」、著作権マークの「©」は半角で「(r)」または「(c)」と入力すればオートコレクト機能で自動的に変換されるようになっています。これらに対して「上付き」「下付き」の設定をすることも可能です。

上付き

40% ➡ 40%

下付き

40% ➡ 40%

また、Trademarkの略語である「TM」など、「上付き」を設定するよりも「挿入」タブ→「記号と特殊文字」からあらかじめ用意されている記号を用いる方がきれいに入力できる場合もあります。

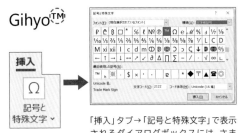

「挿入」タブ→「記号と特殊文字」で表示されるダイアログボックスには、さまざまな特殊記号が用意されている

● 小型英大文字

大文字でありながら小文字の「x」と同じ高さで作られた英字のことを、小型英大文字と言います。これは、欧文において特別な場合にのみ使用されるものです。「小型英大文字」にチェックを入れると、アルファベットなどの大文字が大文字の形態のまま小文字の「x」と同じ高さに揃えられます。

ABCDEFGX abcdefgx

小文字の「x」と同じ高さに大文字が揃えられる

● すべて大文字

「すべて大文字」にチェックを入れると、テキストボックスに入力された英数字がすべて大文字に変換されます。他にも「ホーム」タブの「フォント」にある「文字種の変換」に5種類の設定があるので、用途に応じて使い分けてください。

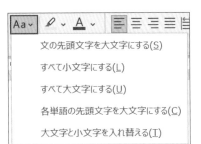

● 文字の高さを揃える

「文字の高さを揃える」にチェックを入れると、テキストボックスに入力された英数字の高さをアセンダーラインとディセンダーラインの高さに揃えることができます。

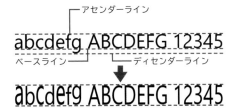

英数字は本来、小文字の「x」の高さを基準として、大文字の高さのアセンダーラインと「g」や「q」のように下に飛び出る部分のディセンダーラインが設定される。「文字の高さを揃える」を設定すると、すべての文字がこのアセンダーラインとディセンダーラインの高さに揃えられてしまう

日本語と英数字が混在する資料を作る場合は、日本語と英数字のフォントの組み合わせに注意しましょう。

 フォントの組み合わせが悪く、読みづらい

> SEOとは、"Search Engine Optimization"の略であり、「検索エンジン最適化」のことを意味します。
> つまり、インターネット検索結果でWebサイトを上位表示させたり、より多く露出するための一連の取り組みのことを「SEO」と呼びます。

 フォントの組み合わせがよく、読みやすい

> SEOとは、"Search Engine Optimization"の略であり、「検索エンジン最適化」のことを意味します。
> つまり、インターネット検索結果でWebサイトを上位表示させたり、より多く露出するための一連の取り組みのことを「SEO」と呼びます。

● 日本語の明朝体とゴシック体／英数字（欧文）のセリフ体とサンセリフ体

日本語には「明朝体」と「ゴシック体」、英数字（欧文）には「セリフ体」と「サンセリフ体」という、大まかな書体の分類があります。書体やフォントの選択は、資料の印象や読みやすさを大きく左右します。用途に応じて、慎重に見極めましょう。特に強調の意図で個性的な書体を使うと、多くの場合に逆効果になってしまいます。飾り気のない、シンプルな書体とフォントを選ぶようにしましょう。

なお、書体とフォントという2つの言葉は、混同されて使われることがよくあります。「書体」とは、活字そのものの形の違い、様式、意匠のことを指します。これに対して「フォント」とは、同一の書体における大文字、小文字、数字、記号類などテキストを組むために必要な各種字形が揃ったもののことを指します。

明朝体

都営バスで東京駅に行きます。

毛筆の文字を整理・単純化し、横線を細く、縦線を太くして活字化した書体。文字に、筆のとめ、はね、はらいなどが残されている（使用フォントは游明朝）

ゴシック体

都営バスで東京駅に行きます。

明朝体のとめ、はらいなどを除去し、すべての線がほぼ同じ太さになるように作られている書体（使用フォントは游ゴシック）

セリフ体

The quick brown fox jumps over the lazy dog.

文字のストロークの端に、セリフと呼ばれる突起を持つ書体（使用フォントはGaramond）

サンセリフ体

The quick brown fox jumps over the lazy dog.

「サン」はフランス語で「ない」を意味し、セリフ体に対し、突起がない書体（使用フォントはFranklin Gothic）

● ゴシック体にはサンセリフ体、明朝体にはセリフ体を組み合わせる

資料の中で日本語と英数字が混在する場合は、原則としてゴシック体にはサンセリフ体、明朝体にはセリフ体を組み合わせるようにしましょう。こうすることで、お互いの文字がなじみやすくなり、読みやすさが向上します。

また、英数字のフォントは日本語フォントに比べて、同じフォントサイズでも小さく見えるものがあるので注意しましょう。日本語と英数字を組み合わせた時に英数字が小さく見える場合は、英数字のみフォントサイズをワンサイズ上げるなど、細かい気配りが重要です。しかし、こうした作業は煩雑にな

PCやサーバー、スマホなどのIT機器を悪意のある攻撃から守るサイバーセキュリティの最新動向は、日々変化しています。

PCやServer、スマホなどのIT機器を悪意のある攻撃から守るCyberSecurityの最新動向は、日々変化しています。

明朝体にはセリフ体を、ゴシック体にはサンセリフ体を組み合わせる。上の例は「游明朝＋Garamond」「Meiryo UI＋Segoe UI」の組み合わせ

りがちなので、基本的には英数字でも字面の大きいフォントを選ぶのがよいでしょう。

また、フォントの太さにも気を配る必要があります。特に明朝体とセリフ体を組み合わせた場合に、お互いのフォントの縦線の太さがまちまちだと、文字どうしの濃度が均一にならず、読みにくくなってしまいます。

Pizzaを2ピース食べました。
Pizzaを2ピース食べました。

日本語に「游ゴシック」、英数字に「Calibri」を使用した例。上の文はフォントサイズをともに14ptにしているが、「Calibri」の字面が游ゴシックに比べてひと回り小さい。下の文では「Calibri」のみ16ptにしたことで文字の大きさが整った

Pizzaを**2**ピース食べました。
Pizzaを2ピース食べました。

明朝体とセリフ体の組み合わせだが、上の文では英数字の「Elephant」の縦線が太すぎて、日本語の「游明朝」とのバランスが悪い。下の文では英数字を「Garamond」にして、バランスが整った

● 英数字には日本語フォントを使わない

日本語と英数字が混在する文章を入力する際、日本語で使っているフォントをそのまま英数字でも使ってしまいがちです。しかし、**日本語と英数字ではフォントを使い分けることが望ましい**です。日本語には日本語フォント、英数字には欧文フォントを使うようにしましょう。

日本語フォントに付随するアルファベットや半角数字・記号などを、「**従属欧文**」と言います。従属欧

文は通常使用される欧文フォントの英数字と異なり、日本語フォントを基準に設計されているため、美しい文字組みが考慮されていません。また、日本語フォントに対応していない海外のパソコンなどでは正しく表示されない可能性もあるので、使わない方が無難でしょう。基本的に、日本語には日本語フォント、英数字には欧文フォントを使用しましょう。

BYODとは、"Bring Your Own Device"の頭文字を取った言葉で、従業員の私物であるiPhone, iPad, Apple Watchなどのモバイルデバイスを職場内に持ち込んで業務に利用することです。

BYODとは、"Bring Your Own Device"の頭文字を取った言葉で、従業員の私物である(iPhone, iPad, Apple Watchなどのモバイルデバイスを職場内に持ち込んで業務に利用することです。

今でも広く使われている「MSゴシック」のみの例(上)と、日本語は「MSゴシック」、英数字は「Segoe UI」を使った例(下)を比べると、英数字は欧文フォントを使った方が読みやすいことがわかる

BYODとは、"Bring Your Own Device"の頭文字を取った言葉で、従業員の私物であるiPhone, iPad, Apple Watchなどのモバイルデバイスを職場内に持ち込んで業務に利用することです。

BYODとは、"Bring Your Own Device"の頭文字を取った言葉で、従業員の私物である(iPhone, iPad, Apple Watchなどのモバイルデバイスを職場内に持ち込んで業務に利用することです。

同様に「MS明朝」のみの例(上)と、英数字は「Garamond」を使った例(下)を比べてみると、英数字は欧文フォントを使った方が読みやすいことがわかる

08 カーニングは諦める

カーニングとは、隣り合う文字の間隔を調整することです。PowerPoint では「文字幅と間隔」でカーニングの調節ができますが、この機能はあまりお勧めできるものではありません。

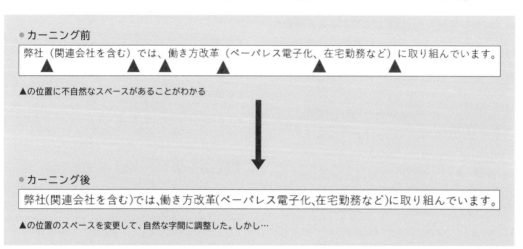

● カーニング前

弊社（関連会社を含む）では、働き方改革（ペーパレス電子化、在宅勤務など）に取り組んでいます。

▲の位置に不自然なスペースがあることがわかる

● カーニング後

弊社(関連会社を含む)では、働き方改革(ペーパレス電子化、在宅勤務など)に取り組んでいます。

▲の位置のスペースを変更して、自然な字間に調整した。しかし…

◎ 仮想ボディとカーニング

日本語の全角フォントは、すべて同じサイズの正方形に収まるように作られています。この正方形のことを「仮想ボディ」と呼びます。そして、右図のように**仮想ボディごとに1文字ずつ等しい幅で組まれていくフォントを「等幅フォント」**と言います。

等幅フォントで文字を入力すると、この仮想ボディの単位で文字が組まれていきます。そのため、場合によっては文字と文字の間にスペースができてしまい、文字の並びが不自然に見える箇所がでてくることがあります。このような場合に、文字と文字の間隔を広げたり、逆に狭めたりして字間を調節することを「カーニング」と言います。

PowerPoint でも、「文字幅と間隔」の設定を使って1文字ずつ字間を調整すればカーニングを実行できます。この機能は「選択した文字の直後の幅を広げる／狭める」もので、入力した数値の分だけ、選択した文字の直後の文字の仮想ボディが左側に強制的にずらされていきます。

働 き 方 改 革 （ 在 宅 勤 務 ）

「仮想ボディ」という呼び方は、金属活字を使って印刷を行っていた時代のなごりである。金属活字は、文字通り鉛を主成分とする金属でできているため、「仮想的」ではなく「物理的」なボディだった。現在はソフトウェアを使って文字組みができるようになったため、物理的なボディではなく、仮想の枠という意味で「仮想ボディ」と呼ぶ

働き方改革(在宅勤務)

「文字幅と間隔」で字間を狭めると、空白が狭まるのではなく、狭める側の文字が強制的に左側にずらされ、仮想ボディが前の文字の領域に食い込んでいくしくみになっている

● カーニングの設定方法

PowerPointのカーニング機能では、字間を狭くしたい直前の文字をドラッグして選択し、右クリック→「フォント」を選択します。「文字幅と間隔」で「文字間隔をつめる」を選択し、「幅」に狭めたい数値を入力します。

一見便利な機能のように見えますが、この機能は1文字ずつ調整を終えるたびに「OK」をクリックして作業を完結させなければならず煩雑な上、広げる／狭める数値の単位がpt（ポイント）なので、計算が面倒です。

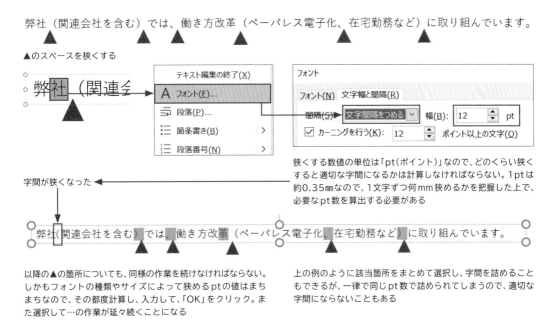

弊社（関連会社を含む）では、働き方改革（ペーパレス電子化、在宅勤務など）に取り組んでいます。

▲のスペースを狭くする

字間が狭くなった

狭くする数値の単位は「pt（ポイント）」なので、どのくらい狭くすると適切な字間になるかは計算しなければならない。1ptは約0.35㎜なので、1文字ずつ何㎜狭めるかを把握した上で、必要なpt数を算出する必要がある

以降の▲の箇所についても、同様の作業を続けなければならない。しかもフォントの種類やサイズによって狭めるptの値はまちまちなので、その都度計算し、入力して、「OK」をクリック。また選択して…の作業が延々続くことになる

上の例のように該当箇所をまとめて選択し、字間を詰めることもできるが、一律で同じpt数で詰められてしまうので、適切な字間にならないこともある

● PowerPointでカーニングは難しい

カーニングで字間を調整する場合、同じ文字の字間であっても、フォントの種類によって適切な字間の数値はまちまちです。そして、いったんカーニングを終えたとしても、対象のフォントの種類やサイズを変えた途端に、カーニングをした箇所の文字組みが崩れてしまいます。

一度きりのドキュメント用であれば、手間をかけてカーニングを実施してもよいでしょう。しかし、大量のページ数、大量の文字が書かれているドキュメントでこのような作業を行うと、手間がかかりすぎる上に再編集が困難になります。

このようにPowerPointのカーニングの仕様は、AdobeのIllustratorやInDesignと違い、大量の文字の字間を調整することには向いていません。だからといって、PowerPointでは読みやすい資料が作れないかというと、決してそんなことはありません。PowerPointでは考え方を変え、フォントの選択など他の運用方法で、カーニングをせずに読みやすい資料を作ることができます。

詳しくは、次節の「2-9　日本語は「Meiryo UI」英数字は「Segoe UI」を使う」で解説を行います。

弊社関連会社を含むでは働き方改革ペーパレス電子化在宅勤務などに

カーニングで調節した字間は、フォントサイズを変更しても維持されてしまう。PowerPointは自動調節をしてくれないので、フォントの大きさを変えると字間を調節した箇所が崩れてしまう

09 日本語は「Meiryo UI」英数字は「Segoe UI」を使う

ビジネスシーンで使う資料では、「相手に情報を正確に伝える」という目的を達成するために、洗練された読みやすいフォントを選ぶ必要があります。

● 「Meiryo UI」と「Segoe UI」の組み合わせの例

10年後の将来像に向けたアプローチ

プロジェクトの目的

グループ会社全体の
10年後の姿を描く

想定成果物

▶ グループ会社全体の
10年後IT Vision

アプローチの方針

■ グループ会社全体の戦略の確認とビジネス環境変化の分析、将来のトレンドを分析して整理する。トレンドは外部調査機関のレポート等からまとめる
■ プロジェクトメンバーとのSessionを実施し、将来像のアイディアを導出する。セッションはDesign Thinkingのフレームワークを適用する

3-5年後に到達すべき
姿を明確にする

▶ グローバルの競合他
社が抱えている課題と
施策
▶ 3-5年後のRoadmap
とMilestone

■ 10年後の姿を実現するための3-5年後のRoadmapを描くには、貴社の本質的な課題と施策を明らかにする。
● 競合他社の改革取り組み事例を収集・調査する
● 外部評価機関の法を用いる
● Innovation推進の計画をRoadmapに含める

1年間で実施するプロ
ジェクト計画を策定する

▶ 直近1年間のプロジェ
クト実行計画

■ 効果と実現性の軸で評価した上で、優先的に実施すべきプロジェクトの候補を選定し、実行計画を作成する
■ プロジェクトを成功させるには、グループ会社のExectiveを巻き込み、推進することが不可欠。実行するための想定体制や計画も検討する

読みやすく、ほどよく引き締まった字面の資料になるので、文字数の多い資料の強い味方になる

● 「Meiryo UI」の「UI」とは？

「Meiryo UI」と聞いて、「メイリオ」ではないのか？と思った人がいるかもしれません。「メイリオ」と「Meiryo UI」は親戚関係にありますが、文字の幅が異なるという違いがあります。「Meiryo UI」の「UI」は「User Interface」の略で、タブなど限られた領域にできるだけ多くの文字を表示するために開発されたフォントです。等幅フォント（P.62参照）の「メイリオ」をベースに、ひらがな・カタカナの字幅を約3分の2に圧縮し、**スペースを節約しな**がら読みやすさを実現した、筆者お勧めのフォントです。

愛のあるユニークで豊かな書体
愛のあるユニークで豊かな書体

等幅フォントの「メイリオ」（上）と「Meiryo UI」（下）を比較すると、かなの字幅が約3分の2に狭められているため、その分スペースが節約できていることがわかる

⦿ 省スペースで読みやすい、すぐれもののフォント

等幅のフォントでは、ひらがな、カタカナと漢字を比較すると、仮想ボディに占める文字の割合が漢字の方が多いために、ひらがな、カタカナは余白が空きすぎて間延びした印象になってしまうことがあります。「Meiryo UI」はひらがな、カタカナの字幅を漢字よりも狭めたことで、適度な字間を保ちながら、ほどよく引き締まった字面が形成できます。また、フォントそのものが読みやすさを考慮した設計になっているので、文字が詰まると読みにくくなるのでは？　という心配もいりません。さらにタブなど限られた領域にできるだけ多くの文字を表示するために、コンピューターのスクリーンの解像度を調整して画面上の小さな文字もつぶれることなく読みやすくする、MicrosoftのClear Type技術に最適化されたフォントです。
ビジネスシーンでは、PowerPointを使い、相手にしっかりと読んでもらうための文字ベースの資料を作ることが求められます。こうした場面で、文字サイズが小さくても読みやすさを維持できるようにデザインされた「Meiryo UI」は、心強い味方になってくれます。

「Meiryo UI」では、ひらがな・カタカナの不要な余白を詰めている

⦿ 「Segoe UI」は「Meiryo UI」になじむ欧文フォント

欧文フォントである「Segoe（シーゴー）」は、Microsoft社のロゴにも使用されているフォントで、Microsoft社のさまざまな製品で使用されています。温かみがあって読みやすい文字としてデザインされ、どのような言語で書かれた文章でも閲覧できるように設計された、すぐれたフォントです。英数字としてはタイプフェイスが大きめに作られているので、「Meiryo UI」とあわせても違和感がなく、読みやすい文字組みが実現できます。

Segoe UIは「シーゴーユーアイ」と読みます。
Meiryo UIとの相性がとてもよい英数字フォントです。

「Segoe UI」は「Meiryo UI」の従属欧文ではないか？　と見まちがえるほど、「Meiryo UI」との親和性が高く、読みやすいフォントである。「Meiryo UI」も「Segoe UI」もWindowsやOfficeに標準搭載されているフォントなので、Windowsどうしのファイルのやり取りの際に互換性を気にする必要もない

⦿ 使うフォントのセットを決めておく

「テーマのフォント」を設定する際に、たくさんあるフォントの中から適切なものを選ぶのは難しいと感じる人もいるでしょう。そのような人に、「Meiryo UI」と「Segoe UI」の組み合わせはお勧めです。この2つのセットは万能の組み合わせでとても使いやすいので、P.50の方法で「テーマのフォント」に設定しておくようにしましょう。

いつも使うフォントのセットを「テーマのフォント」に登録しておけば、フォント選びに迷う時間がなくなり、効率的にテキストの編集ができるようになる

◎ 「Meiryo UI」で注意するべきこと

読みやすく使いやすい「Meiryo UI」ですが、いくつかの注意点があります。「Meiryo UI」を利用する際には、下記の点に気をつけるようにしましょう。

① 縦書きフォントが存在しない

「Meiryo UI」は、もともと横書きのタブ用に開発されたフォントです。そのため、縦書きフォントが用意されていません。「Meiryo UI」で文字列の方向を縦書きに変更すると、強制的に「メイリオ」に変換されてしまいます。

しかし、そもそも全体が横書きで作成された資料の中で変則的に縦書きを使うのは、読みやすさの観点からも避けるべきです。「Meiryo UI」を使う際には特に、縦書きはやめましょう。

縦書きにしたことで「メイリオ」に強制変換されてしまった。そもそも縦書きは読みやすさの観点から避けるべき

スペースの関係などから縦書きにしたい時も、工夫次第で横書きにできる

② Macには「Meiryo UI」が搭載されていない

他の人とファイルをやり取りする時に、自分の資料で使用したフォントが相手のパソコンにインストールされておらず、こちらが意図した通りに表示されないという問題が生じることがあります。だからといって、「フォントの埋め込み」はお勧めできません。なぜなら、すべてのフォントが埋め込めるわけではなく、また埋め込めるフォントであっても、フォントの設定によってはPowerPointファイルを開いた時の挙動が異なることがあるからです。また、Macでは一部のバージョンを除いて埋め込みの機能そのものが搭載されていないので、この機能では根本的な問題解決には至りません。

本書でお勧めするフォントは「Meiryo UI」と「Segoe UI」ですが、Office for Macには「Meiryo UI」「Segoe UI」がともに入っていないため、インストールしなければ使うことができません。別のフォントで代用する場合、Macにも搭載されている「游ゴシック」で代用

するのがもっとも無難な方法です。「Segoe UI」はMacの機種やOfficeの種類によってはインストールされている場合もありますが、使用できない場合は、日本語フォントとの相性が考慮されている游ゴシックの従属欧文を使用するとよいでしょう。

なお、資料作成でよく使われる「メイリオ」はMacに標準搭載されているものの、Windowsで作成したファイルをMacで開くと表示がずれてしまうなど、互換性に乏しいのが実情です。また「游ゴシック」も、OS内部のフォントの処理が原因でWindowsとMacの間でファイルをやり取りすると表示がずれてしまうことがあります。これは設定ではどうすることもできないので、地道に直していくしかありません。

WindowsとMacの間でPowerPointのファイルのやり取りをする時は、ある程度の修正を覚悟して行いましょう。

◉「メイリオ」の特徴と弱点

ここまで読まれた人の中には、「Meiryo UI」の特徴は理解できたが、馴染みのある「メイリオ」も「Meiryo UI」の親戚のようなものなのだからどちらでもよいのではないか？　なぜ「メイリオ」は推奨されないのか？　と思う人もいるかもしれません。資料作成にとても人気のある「メイリオ」は、読みやすさが徹底的に考慮されたフォントです。特に横書きを意識して作られており、文字幅が一定になるように設計され、

英数字との相性も考慮されています。しかし文字幅を一定にするということは、P.65で解説したように幅の大きい文字に合わせてデザインされているということであり、文字が横長に広がって見えるといった弱点もあります。以下に「メイリオ」の特徴と弱点についてまとめましたので、「メイリオ」を使用する際にはよく確認しましょう。

① 全体に字面が大きい

「メイリオ」はディスプレイ上ではっきり見えることが考慮され、字面が仮想ボディいっぱいに大きく作られています。その分、漢字に比べて、かなは仮想ボディに占める文字の割合が少ないため空きが多くなり、漢字とかなで濃度が均一にならず間延びした印象になるという欠点があります。

ひらがな、カタカナは、漢字に対して空きの割合が多くなるため、字間が空いてしまったり、文字と余白のバランスが悪くなってしまう

② 英数字との相性、バランスが考慮されている

「メイリオ」は英数字のベースラインを基準に文字が設計されているため、英数字のディセンダーを確保するために高さを調節した設計になっています。しかし、それが仇となり、他のフォントに比べて字面が横長に広がって見えます。またテキストボックスの中心に対して若干上寄りの配置になってしまうため、中央に配置するには、下の余白に比べて上の余白を多めにとる必要があります。

ベースライン
ディセンダー

「メイリオ」は英数字のベースラインに合わせて作られているため、テキストボックスの上下中央に配置しても、上寄りの配置になってしまう（例は「メイリオ」と「Segoe UI」の組み合わせ）

◉ 括弧は全角と半角のどちらを使うのか?

あらかじめ字間が調節されている使い勝手のよい「Meiryo UI」ですが、括弧「（ ）」だけは、全角の括弧を使うと字間が空いてしまうという欠点があります。半角括弧（半角は英数字扱いなので「Segoe UI」になる）を使うと字間は詰まりますが、ディセンダー（j,gやq,yなどの文字でベースラインより下に突き抜ける部分）を考慮して下に長く作られているため、「Meiryo UI」と組み合わせると文字の高さが少しだけ下に下がって見えてしまいます。

どちらを使うにしても一長一短ですが、迷った場合は**半角括弧を使う方が無難**でしょう。全角括弧を使うと、字間が空いていることで、本来補促的な意味合いであるはずの括弧が変に目立ってしまいます。半角括弧は字間が詰まり、ディセンダーのはみ出しも16pt以下の文字であれば気にならないレベルです。反対に、14pt以下の文字サイズが中心となる文字数の多い資料では、全角括弧のスペースであっても大きな影響が出るケースもあるので見過ごせません。ただし、文字サイズを大きく表示するプレゼンテーション用のスライドでは、ディセンダーのはみ出しが目立ってしまうため、全角括弧を使った方がよいでしょう。

メイリオユーアイ　（Meiryo UI）

全角の括弧を使うと字間が空いてしまう

メイリオユーアイ(Meiryo UI)

「Segeo UI」を使うと文字の高さが下がって見える

⊡◉ HINT

ドロップダウンリストになぜ10.5ptという半端な数値があるのか?

フォントサイズを選ぶ上では、ドロップダウンリストの中で自分がよく使うフォントサイズとその前後の数値を覚えておき、資料内ではそれらのフォントサイズのみに統一して使うようにしましょう。そうすることで、全体に一貫性のある整然とした資料が作れるようになります。ちなみに、フォントサイズのドロップダウンリストには、8ptから、9、10、10.5、11、12、14…と数値が並んでいます。なぜ、10.5のみ小数点の中途半端な数値が用意されているのでしょうか?

活字のサイズには、PowerPointで採用されているpt（ポイント）の他に、Q数（きゅうすう）、号数（ごうすう）、Pixel（ピクセル）といった規格があります。日本では金属活字が伝来して以降、「5号」のフォントサイズが本文用に多く使われてきました。この「5号」をポイントに換算した時、ほぼ同じくらいのサイズになるのが謎の「10.5ポイント」なのです。1962年にJIS・日本工業規格の「活字の基準寸法」が制定されて以降、使い勝手がよかったことから現在でもスタンダードなフォントサイズとして使用され続けています。

● 設定の取捨選択の基準を持っておくことが重要

括弧を入力する上で半角と全角のどちらを選ぶべきかの判断は、どのポイントを重要視するかにかかっています。例えば文字の高さが下がってしまう半角括弧を使うというのはあり得ない、あえてP.62で紹介した方法を使って、面倒でも美しい文字組みを作りたいという人は、カーニングを実施するのも1つの方法です。

ちなみに筆者の私は、カーニングをせずに、かつできるだけ適切な字間を保ちたいという点を優先して、文字の高さには目をつぶって半角括弧を使用しています。このような考え方は、一般的なタイポグラフィやDTPの世界では批判の対象になりえるものであることも承知の上で、です。なぜならPowerPointは、一般に広く浸透するべく、専門的なデザインのスキルや知識がなくても資料を作成できるようにアジャストされたツールであるという位置づけを理解しているからです。

文字を美しく組むという機能においては、Power

Pointよりも IllustratorやInDesignの方がはるかに勝っています。しかしこれらのソフトウェアは、パラメーターの精度が高すぎたり、種類が多すぎたりするので、設定がとても大変です。かつ、Illustrator や InDesign は、PowerPointのような自動調整を一切してくれないので融通が利かず、不便を感じたり、極端に専門的な知識を必要とするものなので、一般のビジネスマンが手軽に使えるツールとは言えないでしょう（決してIllustratorやInDesignを非難しているわけではありません）。そのため、筆者は PowerPoint ではカーニングは選択肢として捨てて、括弧は半角括弧を使うという運用で切り抜けながら、別の方法を用いて徹底的に読みやすい資料を作る方法を模索しています。このように、資料の性質や目的に応じて、設定の取捨選択の基準を持っておくことも、読みやすい資料を作る上で重要なことです。

HINT

プロポーショナルフォントについて

プロポーショナルフォントとは、フォント（書体）の分類の1つで、文字ごとに適した幅が設定されたフォントのことです。各文字の字間が、文字の実際の幅に合わせてあらかじめ調整されています。日本語フォントの代表的なプロポーショナルフォントとして、「MS Pゴシック」があります。「P」は「Proportional」の頭文字の「P」のことです。

MS ゴシック　あいうアイウABCabc
MS Pゴシック　あいうアイウABCabc

等幅フォントの「MSゴシック」とプロポーショナルフォントの「MS Pゴシック」を比較すると、「MS Pゴシック」では文字ごとに字間が調整されていることがわかる

10 テキストの貼り付けは 「テキストのみ保持」を選ぶ

テキストをコピー＆ペーストする際に、貼り付け前のテキストに設定していた書式が貼り付け先にも引き継がれてしまい、修正するのに手間がかかった、ということがあると思います。これは「貼り付けのオプション」を使いこなすことで解決できます。

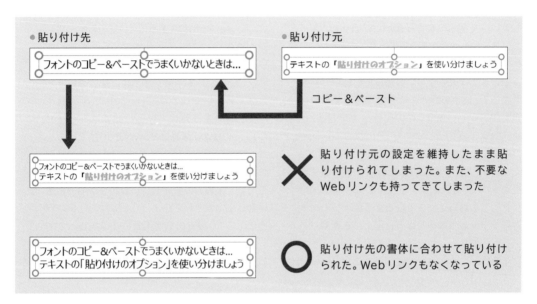

「貼り付けのオプション」を使いこなすと作業スピードが上がる

資料を作る時、その資料の元になる情報（Webページ、Word、Excel、PowerPointなど）から必要なテキストをコピー＆ペーストすることは、日常的に行われています。しかし、上の例のように、テキストが思うような形式で貼り付けられずに困ったという経験はよくあることだと思います。

テキストの貼り付けを実行すると、テキストボックスの近くに「貼り付けのオプション」ボタンが現れます。この「貼り付けのオプション」を正しく使いこなすことで、作業のストレスが減り、スピードアップにつながります。「貼り付けのオプション」を理解して、使いこなせるようにしましょう。

なお「貼り付けのオプション」ボタンは、貼り付けのアクションをしたあとに別の場所をクリックすると消えてしまいます。しかし、テキストボックスを一切動かさず、何の編集もしなければ、クリックし直すと再び登場します。ボタンが消えても慌てないようにしましょう。

「貼り付けのオプション」ボタンは、貼り付けを実行した直後、テキストボックスの近くに現れる

● テキストの「貼り付けのオプション」は4種類

「貼り付けのオプション」は、貼り付けるオブジェクトの種類によって内容が変化します。テキストの貼り付けの場合は、4種類あります。オプションを選択せずに貼り付けを行うと、原則として「貼り付け先のテーマを使用」が適用されます。この場合、フォントのサイズと段落設定以外は、コピー元のテキストの設定が引き継がれます。

 貼り付け先のテーマを使用

デフォルトの設定です。貼り付けた先の「テーマ」の設定が適用されます（「テーマ」の詳細はP.376参照）。

 元の書式を保持

コピー元のテキストに設定されている書式を引き継いで、貼り付け先の書式にも適用します。

 図

コピー元のテキストを画像（png）として貼り付けます。テキストの編集はできなくなります。

 テキストのみ保持

コピー元のテキストに設定されている書式を外し、テキストだけを貼り付けます。設定は、コピー先の設定が適用されます。

● 「貼り付けのオプション」は「テキストのみ保持」を使う

4種類の「貼り付けのオプション」の内、テキストを貼り付ける場合は「テキストのみ保持」を選ぶのがお勧めです。貼り付け元の設定がすべて外され、貼り付け先の設定が適用された状態でテキストが貼り付けられます。この時、Webページからテキスト情報をコピーした場合についてくるリンクのデータも、すべて無効になります。

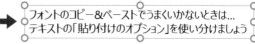

「テキストのみ保持」を選択すると、テキスト上にかかっているWebリンクのデータなどはすべて消えてしまう

11 文字の配置は「左揃え」で統一する

文字揃えは、視線の流れの開始位置を決める重要な機能です。「中央揃え」を使用せず、「左揃え」で統一するようにしましょう。

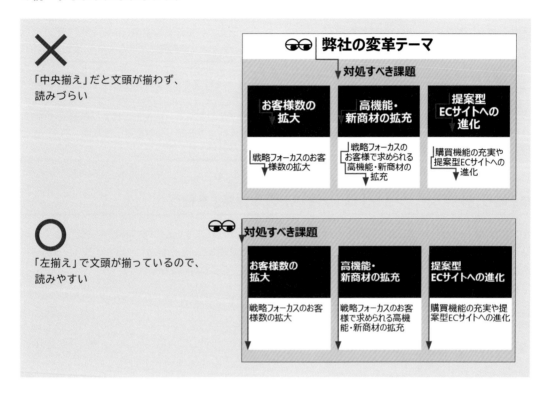

× 「中央揃え」だと文頭が揃わず、読みづらい

○ 「左揃え」で文頭が揃っているので、読みやすい

◉ 文頭を揃えて視線の開始位置を合わせる

複数の行に渡るテキストを入力する場合、どこを基準に揃えるかによって、読みやすさや受ける印象が大きく変わってきます。PowerPointでは、行揃えの設定として「左揃え」「中央揃え」「右揃え」「両端揃え」「均等割り付け」の5種類が用意されています。資料を作成する上では、原則として**「左揃え」のみを使用する**ようにしましょう。「中央揃え」は文頭が揃わず、行が変わるごとにテキストの開始位置がずれてしまいます。視線で追いにくくなるので、使わないようにしましょう。

● 中央揃え

中央揃えは文頭が揃わず、
基準線もわかりづらい。
使わないほうが無難です。

● 左揃え

左揃えは文頭と基準線が
一致するのでとても便利です。
視線の流れを考慮しましょう。

● テキストの「左揃え」を設定する

テキストの「左揃え」は、以下の手順で設定できます。

1 行揃えを設定したいテキストをドラッグして選択すると、使用頻度の高い設定を集めた小ウィンドウが現れます。1つのオブジェクト内のテキストのみに「左揃え」を設定する場合、このウィンドウで「左揃え」をクリックすると、テキストが左揃えに設定されます。

2 複数のオブジェクトのテキストに一括で「左揃え」を設定する場合は、対象となるオブジェクトをすべて選択し、「ホーム」タブの「段落」で「左揃え」をクリックします。

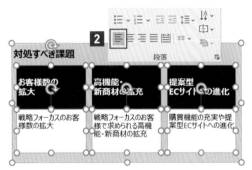

● 項目タイトルを「左揃え」にする

人の視線は、横書きの資料であれば左から右、上から下に流れていきます。資料全体と同様、個別の項目についても同じです。資料の項目を「左揃え」で統一すると、読み手の視線は左→右、上→下の原則が崩れることなくスムーズに読まれ、見た目も洗練された印象になります。

この時、本文が「左揃え」になっているのに、項目のタイトルだけが「中央揃え」だと、視線の流れが阻害され読みづらくなってしまいます。項目タイトルも、「左揃え」で統一するようにしましょう。資料を作成する上では、こうしたちょっとした負担も読み手にかけないように配慮することが、とても重要です。

人の視線は左→右、上→下に流れていくので、読み手の視線を誘導するには「左揃え」が適している

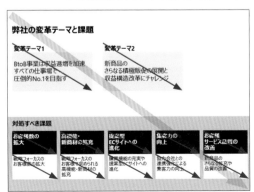

項目タイトルも「左揃え」にしないと視線の始点が定まらず、読みづらくなる

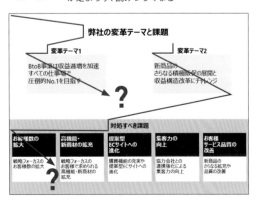

◉「両端揃え」「均等割り付け」は字間が空きすぎてしまう

行揃えの設定には、「両端揃え」「均等割り付け」とい
う設定があります。「両端揃え」は、文頭が左揃えに
なるのと同時に、行末が右揃えになるように文字を
配置する設定です。配置する文字の量に応じて字間
が自動調整され、字間が空きすぎてしまったり、揃
わなくなったりするので使わないようにしましょう。
「均等割り付け」は、文字数の異なる文字列を、すべ
ての行でオブジェクトや表のセルの幅に合わせて

左右均等に配置する設定です。「両端揃え」と同様、
使わないようにしましょう。
PowerPointで「両端揃え」や「均等割り付け」を
精緻に行おうとすると、フォントサイズ(pt)と1行
に文字を何文字入れるかを計算しながら、テキスト
ボックスのサイズを決めなければならず、煩雑で難
易度の高い作業になってしまいます。文字揃えは、
「左揃え」に統一するようにしましょう。

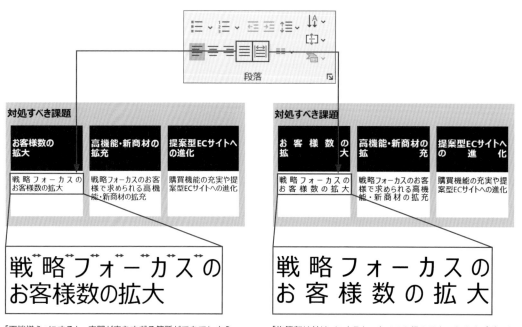

「両端揃え」にすると、字間が空きすぎる箇所ができてしまう

「均等割り付け」にすると、すべての行のテキストをオブジェク
トの左右の幅に均等に配置してしまう

◉ 桁数の異なる数字は「右揃え」を使う

テキストの「右揃え」の設定は、桁数の異なる数字
を下一桁に揃える場合など、限られた場面でのみ使
用します。P.96「2-14 タブで文字を整列する」

で、「右揃え」タブの設定方法を紹介しているので、
あわせて参考にしてください。

	価格(単位:円)
商品A	50,000
商品B	4,500
商品C	78,000
商品D	980
商品E	120,000

数字を下一桁で揃える場合、
例外的に右揃えを使う

目次　　　　　　　　　　　文字列の右側が揃えられる →

「右揃え」タブでは、1つのテキストボックスの中で特定の位置
のテキストにのみ「右揃え」を設定できる

● 垂直方向の文字の配置

PowerPointでは、左、中央、右の文字揃えと同様、上、中央、下の文字揃えを設定できます。上、中央、下の文字揃えは、「ホーム」タブ→「段落」の「文字の配置」ボタンか、「図形の書式設定」→「文字のオプション」の「垂直方向の配置」から設定できます。

垂直方向の文字の配置は、「左揃え」が徹底されていれば、垂直方向の中央揃え(「上下中央揃え」)を使っても問題はありません。ただし、これもあくまで、文字を読む際の視線の開始位置に極端なばらつきが生じない範囲で、という条件付きです。

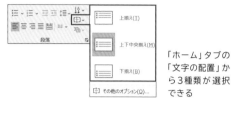

「ホーム」タブの「文字の配置」から3種類が選択できる

「上下中央揃え」は、「左揃え」が設定されていれば、絶対に使ってはいけないというものではない。しかし、例のように文字の量によっては視線の開始位置がずれてしまうので、あまり好ましいものではない

● 「垂直方向の配置」に注意

上、中央、下の文字揃えで「ホーム」タブの「段落」の「文字の配置」をクリックして一番下にある「その他のオプション」を選択すると、「図形の書式設定」の「文字のオプション」が表示されます。ここでの「その他のオプション」とは、「文字のオプション」の「垂直方向の配置」のドロップダウンリストの設定のことを指します。

ここには「上揃え」「上下中央揃え」「下揃え」の他に「上中央」「中心」「下中央」の設定があります。例えば「上中央」を選択すると、文字の配置がオブジェクトの上、かつ中央に配置されます。ここで注意しなければならないのは「上中央」「中心」「下中央」を選択すると、例え「文字の左揃え」を設定していても、強制的に文字がオブジェクトの中央に配置されてしまうということです。次ページから、この「上中央」「中心」「下中央」を原因としたよくあるトラブル事例をご紹介します。

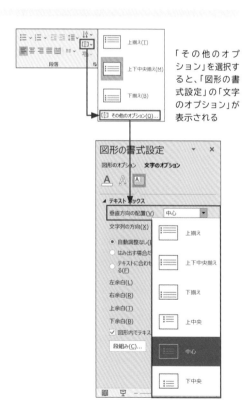

「その他のオプション」を選択すると、「図形の書式設定」の「文字のオプション」が表示される

11 ▶ POINT

◎「上中央」「中心」「下中央」のよくあるトラブル

例えば以下の例では、テキストがすべて中央揃えになっています。そこで、すべての四角形を選択し、「ホーム」タブの「段落」から「左揃え」を設定します。

ところが一番下にある白い四角形のテキストは左揃えになりましたが、一番上の「対処すべき課題」とその下のネイビーの3つの四角形はオブジェクトの中央に配置されたままです。特にネイビーの3つの四角形はテキストそのものは左揃えになっているのに、全体としてはオブジェクトの中央に配置されているという状態になっています。

すべての四角形を選択し、「左揃え」を設定する

「左揃え」を設定したのに、テキストがオブジェクトの中央に配置されてしまっている

そこで、左に揃えたいテキストの前にスペースが入っているのではないかと疑い、確認してみますが、特に余計なスペースはありません。

次に「文字のオプション」の「左余白」の値を確認してみますが、特に変わった設定はしていません。こうなると、設定で怪しいと思われる箇所が見つからないので途方に暮れてしまうかもしれません。

対処すべき課題	
■お客様数の拡大	高機能・新商材の拡充	提案型ECサイトへの進化
戦略フォーカスのお客様数の拡大	戦略フォーカスのお客様で求められる高機能・新商材の拡充	購買機能の充実や提案型ECサイトへの進化

特に余分なスペースは入っていない

左余白(L)	0.1 cm
右余白(R)	0.1 cm
上余白(T)	0 cm
下余白(B)	0 cm

文字の余白も特に設定していない、となると原因がわからず困ってしまう

このような場合は、「文字のオプション」の「垂直方向の配置」のドロップダウンリストを確認してみましょう。すると、「対処すべき課題」のテキストには「上中央」が、ネイビーの3つの四角形には「中心」が設定されていることがわかります。

このようにドロップダウンリストで「上中央」「中心」「下中央」のいずれかが選択されている場合

は、「上揃え」「上下中央揃え」「下揃え」のいずれかを選択し直しましょう。その上であらためて「左揃え」のボタンをクリックして、テキストを左に揃えるようにします。

基本的に「垂直方向の配置」は、「上揃え」「上下中央揃え」「下揃え」の3つのみを使用するようにしましょう。

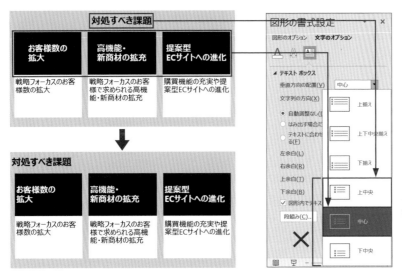

「対処すべき課題」には「上中央」が、下の3つの四角形には「中心」が設定されていた。「対処すべき課題」は「上揃え」を設定し直し、3つの四角形には「上下中央揃え」を設定し直す

● 余白を応用してテキストを左揃えにする

PowerPointで作成できるオブジェクトの中には、「テキストをオブジェクト内に入力すること」と「文字の配置を『左揃え』で統一すること」の2つの条件を同時に満たすことが難しいものもあります。

例えば円の場合、テキストを円のオブジェクト内に入力し、「文字のオプション」で左右の余白を0㎝にしたとします。その上で「左揃え」に設定すると、円の左側に文字を入れられる余白があるのに、文字が左まで行ってくれないということが起きます。結局、2つの条件を同時に満たすことは断念して、テキストボックスを別に用

意して、円の上に重ねて配置したという経験がある人もいるでしょう。

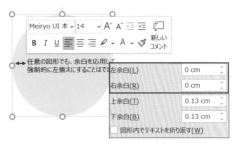

円にテキストを挿入し、「左揃え」で左右の余白を0㎝にしても、PowerPointの仕様で余分な余白ができてしまう。この状態では、これ以上文字を左に寄せることはできない

このような場合は、左右の余白を使って強制的に文字の位置を調整します。調整というよりも、余白を大きくとって文字を押し出すという方が正確かもしれません。この例では、文字が左側にずれていくまで、「右余白」の数値を上げてい

きます。この時、「図形内でテキストを折り返す」のチェックを外しておきましょう。この方法なら、テキストを入力できるオブジェクトであれば、自由に文字の位置を決めることができます。

任意の図形でも、余白を応用して強制的に左揃えにすることはできます。

左余白(L)	0 cm
右余白(R)	7.2 cm
上余白(T)	0.13 cm
下余白(B)	0.13 cm
☐ 図形内でテキストを折り返す(W)	

「図形内でテキストを折り返す」のチェックを外しておかないと、任意の箇所でテキストの改行ができなくなってしまう

● 下揃えだけど上揃え?

この方法は「左揃え」だけでなく、テキストを「上揃え」で設定したいが、テキストを配置したいのはオブジェクトの中央から下側にかけてなので、上側に余白を空けなければならない、という場合にも有効です。
例えば、例のように四角の下側に文字列を配置しつつ、上揃えにしたいとします。このような

場合は、文字の配置を「上揃え」に設定した上で、「上余白」の数値を増やして調節していくと、視線の開始位置を揃えながら「上揃え」を実現することができます。オブジェクトの上側に配置されていたテキストが、余白を増やすことで強制的に下に押し出されていっている、という考え方です。

オブジェクトの下側に文字列を配置するのだから「下揃え」でよいのではないかと思う人もいるかもしれないが、「下揃え」は文字列の最下列を揃える機能なので、例のようにテキストの量によって上の高さがずれ、視線の開始位置が揃わなくなってしまう

上余白を増やすことで強制的に作られた余白

オブジェクトの下側に文字列を配置しつつ「上揃え」にするには、「文字のオプション」で「垂直方向の配置」を「上揃え」にした状態で、「上余白」の数値を増やして調節していく

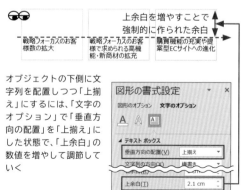

●テキストが動き出すまで余白の数値を上げ続ける

余白の調節によってテキストの位置を揃えるテクニックは、さまざまなシーンで応用できます。例えば右のような例を作成する場合、素直に考えると「変革テーマ」のテキストボックスは、その下にある水色の四角とは別々に作ると考えるでしょう。しかし「変革テーマ」は水色の四角の項目タイトルなので、情報の塊としてはセットとして考えるべきです。このように、四角と切り離して個別にテキストボックスを作るのは好ましくありません。

このような場合は、以下の手順で余白の数値を増やし、オブジェクト内のテキストをオブジェクトの外側に押し出すことで解決できます。ここでオブジェクトの外側に配置されたテキストは、実際にはオブジェクト内に挿入されているテキストです。そのため、情報の塊を崩すことなくレイアウトできているのです。こうした方法は、一見、非常に例外的でトリッキーに感じるかもしれません。しかし、実際には余白を大きくして文字を押し出しているだけなので、し

くみがわかれば簡単に設定できます。

コツは、テキストが動き出すまでしつこく余白の数値を上げ続けることです。余白の数値を少し増やしたくらいでは、テキストは動きません。テキストが動き出すまで、あきらめずに余白の数値を上げるようにしましょう。

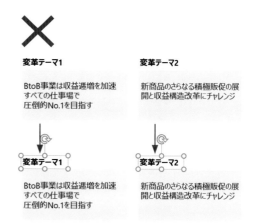

四角とタイトルを切り離して作るのは好ましくない

1 「変革テーマ」のテキストを四角の内側に入力します。「垂直方向の配置」は、「上揃え」に設定します。

2 「変革テーマ」がオブジェクトの外側の適切な位置に移動するまで、「下余白」の数値を増やしていきます。

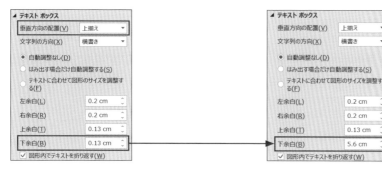

「上揃え」にしたまま「下余白」の数値を増やすことで文字列全体が下から押し上げられ、「変革テーマ」が四角の外に配置された

12 箇条書きは「箇条書き」「段落番号」で作成する

箇条書きは、記号や番号をテキストとして入力するのではなく、「段落」にある「箇条書き」「段落番号」の機能を使って作成しましょう。

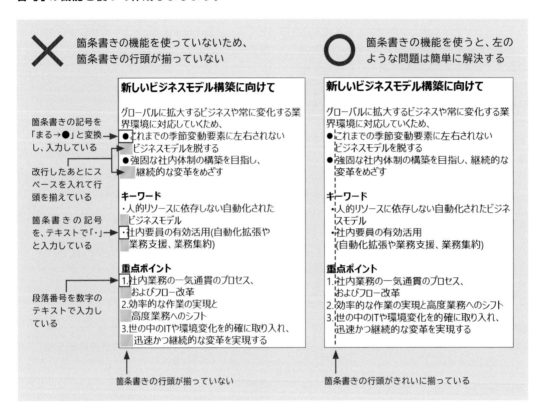

✗ 箇条書きの機能を使っていないため、箇条書きの行頭が揃っていない

○ 箇条書きの機能を使うと、左のような問題は簡単に解決する

箇条書きの記号を「まる→●」と変換し、入力している

改行したあとにスペースを入れて行頭を揃えている

箇条書きの記号を、テキストで「・」と入力している

段落番号を数字のテキストで入力している

新しいビジネスモデル構築に向けて
グローバルに拡大するビジネスや常に変化する業界環境に対応していくため、
●これまでの季節変動要素に左右されないビジネスモデルを脱する
●強固な社内体制の構築を目指し、継続的な変革をめざす

キーワード
・人的リソースに依存しない自動化されたビジネスモデル
・社内要員の有効活用(自動化拡張や業務支援、業務集約)

重点ポイント
1.社内業務の一気通貫のプロセス、およびフロー改革
2.効率的な作業の実現と高度業務へのシフト
3.世の中のITや環境変化を的確に取り入れ、迅速かつ継続的な変革を実現する

新しいビジネスモデル構築に向けて
グローバルに拡大するビジネスや常に変化する業界環境に対応していくため、
●これまでの季節変動要素に左右されないビジネスモデルを脱する
●強固な社内体制の構築を目指し、継続的な変革をめざす

キーワード
・人的リソースに依存しない自動化されたビジネスモデル
・社内要員の有効活用(自動化拡張や業務支援、業務集約)

重点ポイント
1.社内業務の一気通貫のプロセス、およびフロー改革
2.効率的な作業の実現と高度業務へのシフト
3.世の中のITや環境変化を的確に取り入れ、迅速かつ継続的な変革を実現する

箇条書きの行頭が揃っていない

箇条書きの行頭がきれいに揃っている

◉ 箇条書きの機能で正確に文字を揃える

文字の配置を揃える場合に、前節の「文字揃え」とともに重要な機能が、「箇条書き」と「段落番号」です。この2つの機能を使うと、箇条書きの前の「・」「●」といった記号や段落番号の配置、行頭の揃えを自動で設定することができます。
箇条書きを作る際、記号や番号をテキストとして入力したり、スペースを入れて文字の位置を調整すると、行頭の位置が揃わず、美しく読みやすい資料になりません。「箇条書き」と「段落番号」の機能を使うことで、効率よく、正確に箇条書きを作るようにしましょう。

● 同じ項目内で改行する

「箇条書き」や「段落番号」の機能を使うと、同じ項目の中で意図的に改行したい場合に Enter キーを押すと、改行した次の行にも箇条書きの記号や段落番号が現れます。

PowerPointでは、**テキストを入力する際に** Enter **キーを押したところまでを1段落と数えます。**「段落」とは「項目の1つのまとまり」ということであり、箇条書き記号や段落番号が現れるということは、**改行と同時に改段落された**ことを意味しています。

段落を変えずに改行するには、改行したい位置で Shift キーを押しながら Enter キーを押します。これで、同じ項目内で改行が行われます。

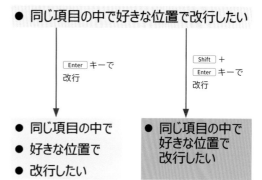

Enter キーを押すと改段落され、 Shift + Enter キーを押すと段落内で改行される

● 箇条書きの設定方法

箇条書きは、以下の方法で設定を行います。

1 箇条書きにしたいテキストをドラッグして選択します。その上で右クリックすると、メニューが表示されます。このメニューで「箇条書き」や「段落番号」をクリックし、記号や段落番号を選択すると、箇条書きが作成されます。

2 メニュー下部にある「箇条書きと段落番号」をクリックすると、「箇条書き」と「段落番号」の詳細な設定を行う画面が表示されます。

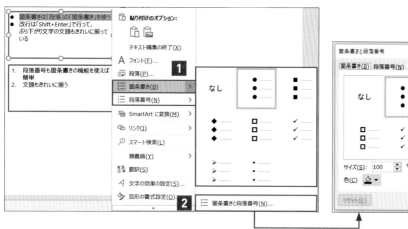

3 「箇条書きと段落番号」の詳細設定では、箇条書きや段落番号の種類、サイズ、色などが設定できます。サイズは現在のフォントのサイズ＝100％を基準に、25〜400までの数値を設定できます。

4 「段落番号」の詳細設定では、番号を何番から開始するかを設定できます。例えば「開始」の数値を「5」に設定すると、5番から開始できます。

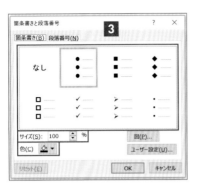

> 5. 段落番号の開始を「5」にすれば、5番から始まります
> 6. 改行すれば6番になります。

「ユーザー設定」は使用しない

「箇条書き」の詳細設定の下部にある「図」や「ユーザー設定」をクリックすると、特殊文字を含む記号を一覧から選ぶ画面が表示されます。しかしこの機能は、基本的に使わないようにしましょう。なぜなら、「図」や「ユーザー設定」から任意の記号を設定すると、「なし」を含めた8つの箇条書き記号や段落番号の一覧の最後尾に表示されるものと入れ替わって表示されます。この時、特に箇条書き記号ではPowerPointでもっとも頻繁に使用される「塗りつぶし丸の行頭文字」の小さいサイズが一覧から消え、任意の記号が追加されることになります。一時的に任意の記号を使用したとして、そのあとに「塗りつぶし丸の行頭文字」の小さいサイズを元に戻そうと「ユーザー設定」のボタンを押すと、おびただしい数の記号が表示されます。この中に紛れ込んでしまった「塗りつぶし丸の行頭文字」の小さいサイズを探し出すことは極めて困難です。さらに、図や特殊記号は他のPCでファイルを開いた時に文字化けするなど正しく表示されないリスクも高いので、使わない方が無難です。

同様に箇条書き記号のサイズの変更も必要最低限にとどめ、「サイズ」は100％のままで箇条書きを作るようにしましょう。

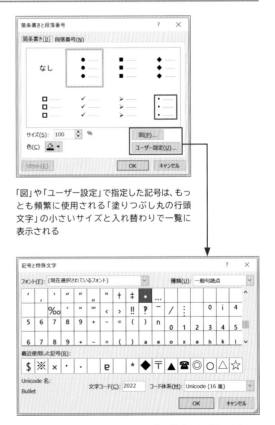

「図」や「ユーザー設定」で指定した記号は、もっとも頻繁に使用される「塗りつぶし丸の行頭文字」の小さいサイズと入れ替わりで一覧に表示される

「ユーザー設定」では、おびただしい数の特殊記号が表示される

● 箇条書きの上下関係（レベル）の設定

箇条書きに上下関係がある場合は、箇条書きの開始位置をずらすと階層関係がわかりやすくなります。この箇条書きの階層の深さを、「レベル」と言います。例えば図形オブジェクトやテキストボックスに箇条書きのテキストを記入する時、1行目を入力したあとに Enter キーを押して Tab キーを押すと、2行目の箇条書き記号や段落番号とテキストの開始位置が右にずれ、箇条書きの「レベル」が1つ下がります（レベルの番号は上昇しますが、ここでは便宜的に「下がる」と表現します）。

反対に Shift ＋ Tab キーを押すと、箇条書きのレベルを1段階ずつ上げることができます。ただし、あまりレベル分けしすぎると複雑になってわかりにくくなるため、2〜3段階くらいの階層にとどめておくとよいでしょう。

なお、図形オブジェクトやテキストボックスでの箇条書きの設定は、2行目以降も1行目の設定が引き継がれます。1行目の第1レベル→ Tab キー→第2レベルと続いても、意的に設定を変えない限り、変わることはありません。

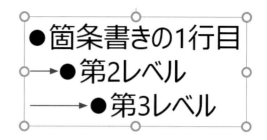

Tab キーを1回押せば第2レベル、2回押せば第3レベルになる。反対に、 Shift ＋ Tab キーを押せば、第3レベル→第2レベルとレベルが上がる

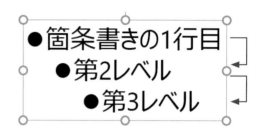

通常のテキストボックスでは Enter キーで改行（改段落）しても、1行目（第1レベル）のテキストの設定が2行目（第2レベル）以降にも引き継がれる

● 使用する記号のルールを明確にする

1つの資料の中で、数種類の箇条書き記号を無秩序に混ぜて使うことは避けましょう。数種類の記号を使う場合は、記号の優先順位を明確にして使うようにします。例えば「■」と「●」と「・」の3種類を使う場合、優先順位の1位が「■」、2位が「●」、3位が「・」と決めたら、資料全体でこのルールを一貫して使い、他の記号や優先順位は使わないようにします。こうすることで、資料の読み手は箇条書きのルールを理解しやすくなり、読みやすさが向上します。さらに、資料の見た目に統一感が生まれます。

資料全体でこのルールを徹底する
- ■大項目 ← 優先順位 第1レベル
  - ●中項目 ← 第2レベル
    - •小項目 ← 第3レベル

箇条書き記号は優先順位のルールを決めて使用する

13 「インデント」で 文字の開始位置を調整する

インデントの機能を正しく活用して、文字の開始位置をきれいに揃えましょう。

●字下げインデント

→お客様に信頼され、愛される
企業
→効率化推進による収益力強
化、企業価値向上
→社員ひとりひとりのコンサルティ
ング力や提案力の向上
→豊かな地域創造への貢献

行頭に空白を設けて、文字開始位置を他行よりも下がった位置から始めるインデント

●ぶら下げインデント

お客様に信頼され、愛される企業
効率化推進による収益力強化、
→企業価値向上
社員ひとりひとりのコンサルティング
→力や提案力の向上
豊かな地域創造への貢献

段落の2行目以降の開始位置を1行目よりも右側に下げるインデント

○「インデント」で行頭の位置を調整する

「インデント」とは、段落の書き出し位置を設定するための機能のことです。「インデント」の機能を利用することで、例えば「行頭を1文字分右にずらす」といった、「字下げ」の設定が行えます。また段落の1行目に見出し項目があるテキストでは、項目を目立たせるために2行目以降を字下げすることがあります。このような字下げを「ぶら下げインデント」と言います。箇条書き記号や段落番号を用いた箇条書きで「ぶら下げインデント」を使うと、文章の先頭が揃い、読みやすくなります。

インデントを調節する際は、PowerPoint上に「ルーラー」と呼ばれる定規を表示させると便利です。ルーラーは、テキストやオブジェクトを配置する際の目安になるガイド線です。PowerPointの初期設定ではルーラーは表示されないので、「表示」タブの「表示」にある「ルーラー」にチェックを入れて、常に表示させるようにしましょう。

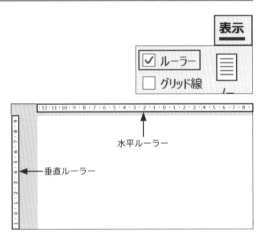

水平ルーラー

垂直ルーラー

● PowerPointのルーラーのしくみ

PowerPointのルーラーは、0.25cm単位で目盛りが表示されています。そして、選択中のオブジェクト内にあるテキストの開始位置が、「0cm」の基準としてセットされます。ズーム機能で表示倍率を上げると、それに合わせてルーラーの目盛りも大きくなります。PowerPointでは、Wordのようにルーラーの単位を文字単位にすることはできません。ルーラーには、下向きと上向きの三角形、そして四角形のアイコンが表示されています。以下で、それぞれのアイコンの利用方法について解説していきます。

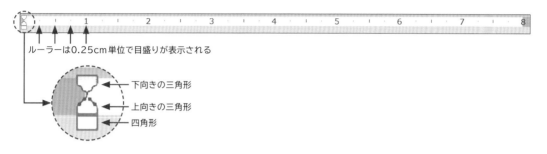

ルーラーは0.25cm単位で目盛りが表示される

下向きの三角形
上向きの三角形
四角形

・ 下向きの三角形
ルーラーの下向きの三角形をドラッグすると、選択している段落の1行目の開始位置を調整できます。これが字下げインデントです。

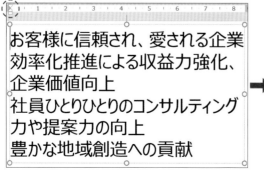

・ 上向きの三角形
上向きの三角形をドラッグすると、2行目以降の開始位置を調整できます。これがぶら下げインデントです。

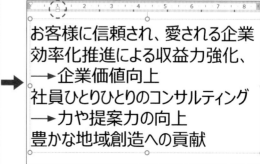

- **四角形**

四角形をドラッグすると、段落全体の開始位置を調整できます。これは、「ホーム」タブの「段落」の「インデントを減らす」および「インデントを増やす」と同様の機能です。

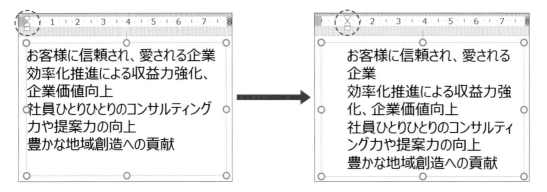

● インデントを数値で管理する

インデントの位置は、ルーラーを使って手動で調節することができますが、フリーハンドのためずれが生じたり、PowerPointが自動調整してしまい思い通りにならないことがあります。また、複数のオブジェクト内のインデントを一括して調整したり、統一したりしたい場合は1つずつ設定しなければならず、面倒です。

インデントは、「段落」ダイアログボックスを使って、数値で設定することができます。「段落」ダイアログボックスを使うと、ずれが生じることもなく、複数のオブジェクト内のインデントを一括で設定できるので便利です。ただし、このパラメーターはしくみがややこしいので、正しく理解して使うことが重要です。

1 「段落」ダイアログボックスは、インデントを設定したいテキストの範囲を選択した状態で右クリックし、「段落」を選択して表示します。ただし、複数のテキストボックスを選択した状態では、右クリックしても「段落」は表示されません。その場合は、「ホーム」タブの「段落」にある 🔽 ボタンをクリックして表示させます。

2 「段落」ダイアログボックスが表示されます。「段落」ダイアログボックスの中央に、インデントの設定項目があります。

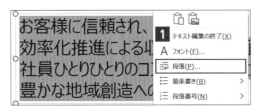

複数のテキストボックスを選択している場合は、「ホーム」タブの「段落」の 🔽 をクリックする

3 「テキストの前」の右隣にある「最初の行」を「（なし）」にしたままテキストボックス全体を選択し、「テキストの前」に1cmと入力すると、文字の開始位置の前に1cmのインデントができます。これは、「文字のオプション」で「左余白」に1cmと入力したのと同じ状態と言えます。

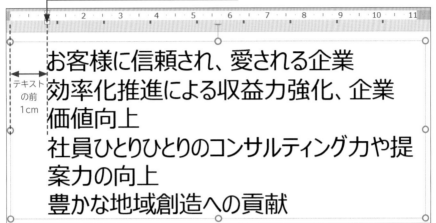

4 続いて「最初の行」のドロップダウンリストで「字下げ」を選択し、「幅」を1cmに設定すると、各段落ごとの最初の行で1cmの字下げインデントが設定されます。「幅」の単位はcmで、入力する数値は小数点第二位まで入力できます。

「テキストの前」の1cmのインデントに加えて、さらに各段落の最初の行の行頭に1cmの字下げインデントが設定される

テキストの前　字下げインデント
1cm　　　　　1cm

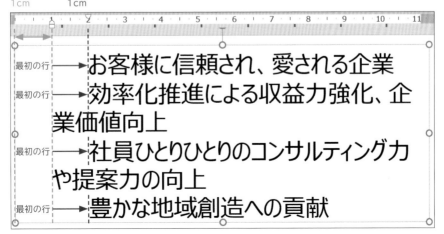

5 「ぶら下げ」は、段落の2行目以降の行を最初の行より下げて表示する機能です。「ぶら下げ」の「最初の行」は、「字下げ」と同様に各段落ごとの最初の行を指します。

また「最初の行」で「ぶら下げ」を選択した場合、「テキストの前」のインデントは段落の2行目以降に設定されます。例えば以下の例で「最初の行」

で「ぶら下げ」を選択し、「幅」に0.5cmと入力すると、段落の最初の行には0.5cmのインデントが設定され、2行目以降は「テキストの前」の1cmのインデントが設定されます。

このように、「ぶら下げ」のしくみは複雑なのですが、これが箇条書きの場合になるとさらにややこしくなります。詳しくはP.90で詳しく説明します。

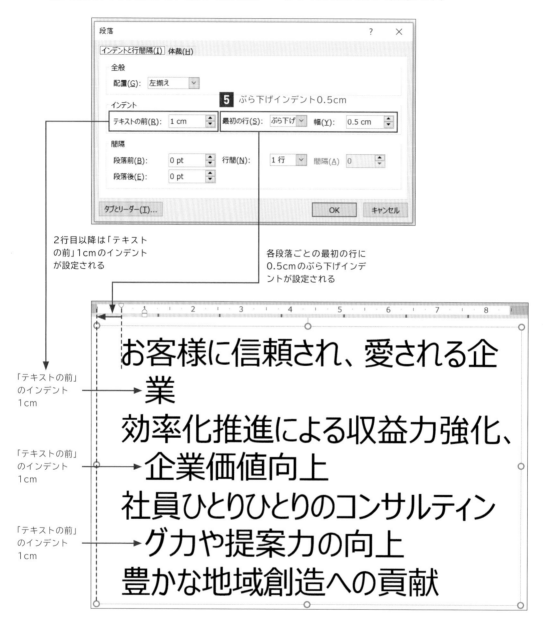

2行目以降は「テキストの前」1cmのインデントが設定される

各段落ごとの最初の行に0.5cmのぶら下げインデントが設定される

「テキストの前」のインデント1cm

「テキストの前」のインデント1cm

「テキストの前」のインデント1cm

● インデントの設定で箇条書き記号や段落番号の位置や行頭との間を調節する

PowerPointでは、箇条書き記号や段落番号を使って箇条書きを作成すると自動的に「ぶら下げ」のインデントが設定され、特に何もしない限り、箇条書きの1行目と「ぶら下げ」の最初の行にあたる2行目とそれ以降の行頭が揃うようになっています。

この時、初期設定では箇条書き記号や段落番号と箇条書きの行頭の間が空きすぎるので、これをインデントの設定で狭めることで、引き締まった字面にすることができます。

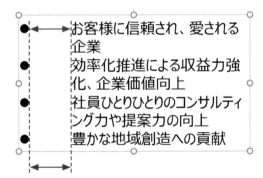

箇条書き記号と行頭の間が空きすぎている

適切なインデントで、行頭がちょうどいい位置に来ている

反対に箇条書き記号や段落番号と箇条書きの行頭の間を意図的にさらに空ける場合にも、インデントの設定で調節していきます。

また、箇条書き記号や段落番号の位置を他の段落の行頭の前後にずらすこともできます。

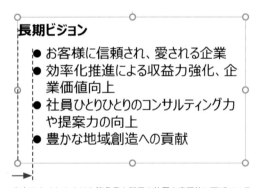

箇条書き記号と行頭の間を意図的に空けることもできる

太字のタイトルよりも箇条書き記号の位置を意図的に下げている

● 箇条書きの場合にややこしくなるインデントのしくみ

P.88でも触れたように、インデントの設定は箇条書きの場合にさらにややこしくなります。例えば、箇条書き記号を使って右のような普通の箇条書きを作ってみます。「文字のオプション」で、テキストボックスの左右の余白はあらかじめ「0cm」に設定しておきます。

- お客様に信頼され、愛される企業
- 効率化推進による収益力強化、企業価値向上
- 社員ひとりひとりのコンサルティング力や提案力の向上
- 豊かな地域創造への貢献

1 「段落」ダイアログボックスを見ると、「インデント」の「最初の行」では「ぶら下げ」が自動的に設定され、「幅」は「0.79cm」とあらかじめ入力されています（自動的に入力される値は、フォントのサイズと箇条書き記号の種類やサイズによって異なります）。

2 「テキストの前」にも、「幅」と同じ0.79cmが設定されています。これは、段落の最初の行に設定される0.79cmのぶら下げインデントと同じ段落内の2行目以降のテキストの開始位置を0.79cmに合わせ、かつ、ルーラーの0cmがインデントの開始位置になるようにPowerPointが自動的に設定したものです。

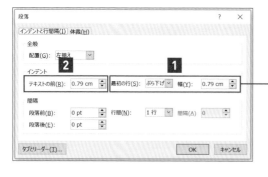

1 最初の行に0.79cmのインデントが設定される。段落内の2行目以降のインデントは「ぶら下げ」に設定される

2 段落内で改行される2行目以降の「テキストの前」にも0.79cmのぶら下げインデントが設定される

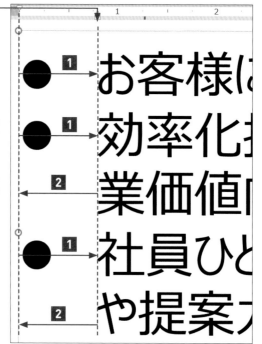

3 ここで、段落の最初の行の「ぶら下げ」の「幅」が空きすぎているので、狭めるために「最初の行」の「幅」を0.5cmに変更してみます。

4 段落の最初の行の「ぶら下げ」の「幅」が0.5cmに設定されたことで、箇条書き記号と最初の行の行頭の間が狭くなりました。

5 「テキストの前」のインデントは、0.79cmに設定されたままです。

6 しかし、先ほどまでテキストボックスの左端0cmから開始していた箇条書きの開始位置の前に、謎の余白ができています。これは「ぶら下げ」の「幅」を0.5cmにした結果、「テキストの前」の0.79cmから「ぶら下げ」の「幅」の0.5cmを差し引いた0.29cmが箇条書きの開始位置より前の空白インデントとして設定されたものです。「テキストの前」の値が「ぶら下げ」の「幅」よりも大きいと、その差分が箇条書きの開始位置より前の空白インデントとして反映されるのです。

6 「テキストの前」の0.79cm−「ぶら下げ」の「幅」の0.5cm ＝ 0.29cmが、箇条書きの開始位置より前に空白インデントとして設定された。「テキストの前」−「ぶら下げ」の「幅」の値が ＞ 0の時に、差分が箇条書きの開始位置より前の空白インデントとして設定される

7 そこで「テキストの前」の値を「ぶら下げ」の「幅」と同じ0.5cmにすると、箇条書きの開始位置が0cmに揃います。つまり、箇条書き記号や段落番号を使う場合に、「テキストの前」と「ぶら下げ」の「幅」の値を同じにすると箇条書きの開始位置をルーラーの0cmに設定することができるというわけです。このようにぶら下げインデントの仕様はややこしいしくみになっていますが、とても大事なものなので確実に理解するようにしましょう。

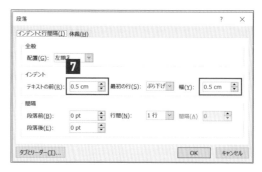

「テキストの前」と「ぶら下げ」の「幅」に同じ値を入れると、ルーラーの0cmに箇条書きの開始位置が設定される

7 0.5cmのぶら下げインデント

7 0.5cmの「テキストの前」のインデント

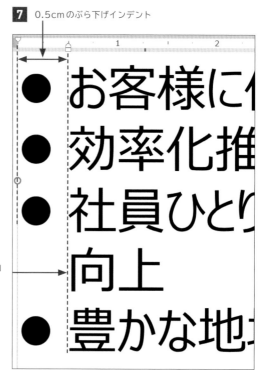

● 箇条書きの開始位置より前にインデントを設定する

続いて、右のような開始位置より前にインデントが設定された箇条書きを作ってみます。「文字のオプション」で、左右の「余白」はあらかじめ0cmに設定しておきます。

ここでは箇条書きの開始位置を1cm空け、「ぶら下げ」の「幅」を0.5cmとして作ります。この時、「段落」ダイアログボックスの「テキストの前」と「ぶら下げ」の「幅」の値は、次のように設定します。

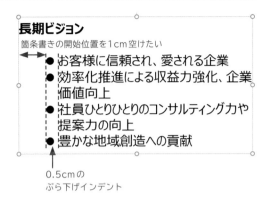

0.5cmの
ぶら下げインデント

1 「ぶら下げ」の「幅」は、まちがえようがないので「0.5cm」と入力します。

2 「テキストの前」の値は、箇条書きの開始位置より前の1cmのインデント＋「ぶら下げ」の「幅」の「0.5cm」＝「1.5cm」と入力します。つまり、箇条書きの開始位置より前にインデントを設定したい時は、「テキストの前」に「箇条書きの開始位置＋ぶら下げ」の「幅」の値の合計」を入力すればよいということになります。

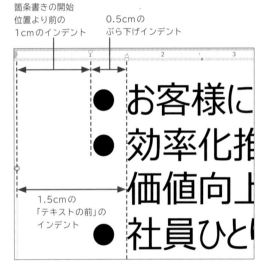

箇条書きの開始
位置より前の
1cmのインデント

0.5cmの
ぶら下げインデント

1.5cmの
「テキストの前」の
インデント

● 箇条書き記号とテキストの位置を調節する

次に、右のような箇条書き記号とテキストの間を大きく空けた箇条書きを作ってみます。「文字のオプション」で、左右の「余白」はあらかじめ0cmに設定しておきます。ここでは箇条書きの開始位置より前に空白インデントとして1cmを空け、「ぶら下げ」の「幅」を2cmとして作りたいと思います。「段落」ダイアログボックスの「テキストの前」よりも「ぶら下げ」の「幅」の値が大きくなるように設定する実験をしてみましょう。

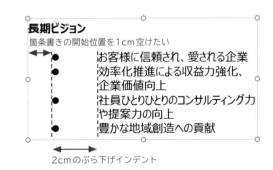

2cmのぶら下げインデント

1 まず、「テキストの前」に1cmと入力します。

2 続いて、「ぶら下げ」の「幅」を2cmと入力します。

3 「テキストの前」のインデントが1cmで設定されました。

4 ぶら下げインデントも、設定通り2cmで設定されています。

5 ところがルーラーの下向きの三角形が、テキストボックスの外のマイナス1cmのところに設定されています。本来、「ぶら下げ」は段落の2行目以降の行を最初の行より下げて表示する機能です。ところがここでは段落の最初の行に設定される「ぶら下げ」の「幅」の値よりも「テキストの前」の値を小さく設定しているため、このような結果となっています。これは本来であれば誤った設定なのですが、PowerPointでは柔軟な文字組みができるように、あえてエラーとしてはじかれない仕様になっていると思われます。
箇条書きで右のようなインデントを設定することはまず考えられないので、「テキストの前」の値は、「ぶら下げ」の「幅」よりも必ず大きい値を設定するようにしましょう。

6 正しい設定は、箇条書きの開始位置より前に空白インデントとして1cmを空け、「ぶら下げ」の「幅」を2cmとするのであれば、「テキストの前」の値は箇条書きの開始位置より前の1cmの余白＋「ぶら下げ」の「幅」の「2cm」＝「3cm」で入力します。「テキストの前」の値 ≧「ぶら下げ」の「値」、すなわち「テキストの前」−「ぶら下げ」の「値」＝プラスの値を守るようにします。

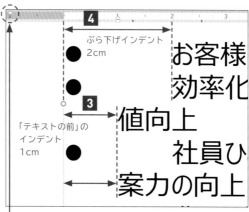

5 「ぶら下げ」の「幅」よりも「テキストの前」の値が小さいと、開始インデントがマイナスになってしまう

箇条書きの
開始位置より前のインデント
1cm

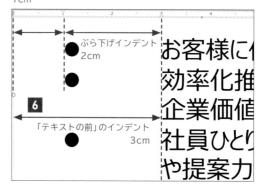

◉ 箇条書き記号／段落番号とインデントの相関関係

箇条書き記号や段落番号は、「テキストの前」で設定されるインデントとぶら下げインデントの間（つまり、ルーラーの下向きと上向きの三角形の間）に配置されます。

ただし、「ぶら下げ」の「幅」の値が箇条書き記号や段落番号の大きさよりも小さいと、最初の行のテキストは「ぶら下げ」の「幅」よりもうしろの位置から開始され、2行目以降の行頭は箇条書き記号や段落番号よりも前に食い込んで配置されるので注意が必要です。

箇条書き記号の「塗りつぶし丸の行頭文字」は、フォントサイズが14ptの場合、「ぶら下げ」の余白を0.4～0.5cmに設定するときれいに収まるようです。小さい方の「・」では、「ぶら下げ」の余白は0.3cm

に設定するときれいに収まります。この辺りはご自身でルーラーで確認し、頻繁に使うものは設定する数値を覚えておくとよいでしょう。

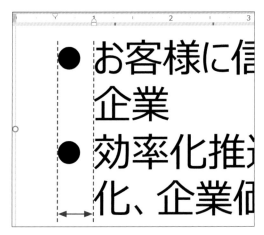

箇条書き記号や段落番号は「テキストの前」のインデントとぶら下げインデントの間に設定される

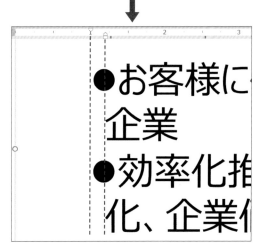

設定する箇条書き記号や段落番号の大きさに対して「ぶら下げ」の「幅」が小さいと、最初の行は「ぶら下げ」の「幅」よりも後ろに、2行目以降は箇条書き記号や段落番号よりも前に食い込んでしまう

◉ 箇条書きで正しくインデントを設定するための3つのポイント

ここまで、箇条書きのインデントの設定について詳しく解説してきました。ややこしく感じると思いますが、右の3点を忠実に実行すれば、常に正確な箇条書きのインデントを設定することができます。このスキルがあると、インデントを自由自在に設定することができるので必ず身につけておくようにしましょう。

1. 「テキストの前」－「ぶら下げ」の「幅」が必ずプラスの値になるように設定する
2. 引き算の結果が、箇条書き記号を含むテキストの開始位置になる
3. 箇条書きの開始位置より前に空白インデントを設定したい時は、箇条書きの開始位置＋「ぶら下げ」の「幅」の値の合計を「テキストの前」に入力する

CHAPTER 02
14 「タブ」で文字を整列する

タブの機能を正しく使えば、基準となる位置にテキストを簡単に揃えることができます。

お問い合わせは下記にお願いします。

正式社名　　　　　　豊野田都市鉄道株式会社
代表者氏名　　代表取締役社長　福元雅之
本社住所　　　　〒123-4567
　　　　　　　　　東京都＊＊区＊＊＊＊12-345
電話番号　　　　　03-1234-1111(代表)
Webアドレス　　http://www.toyonodaintercityrailway.co.jp

■の部分をスペースを入力して作成しているため、各項目の文字の先頭が揃っていない

お問い合わせは下記にお願いします。

正式社名　　　　　豊野田都市鉄道株式会社
代表者氏名　　　　代表取締役社長　　福元雅之
本社住所　　　　　〒123-4567
　　　　　　　　　東京都＊＊区＊＊＊＊12-345
電話番号　　　　　03-1234-1111(代表)
Webアドレス　　　http://www.toyonodaintercityrailway.co.jp

タブを使うことで、文字の先頭がきれいに揃えられている

● 4種類のタブを使って文字を揃える

テキストの位置を正確に揃える場合に、タブの機能を使うことがあります。PowerPointでも、タブを使うことでテキストとテキストの間隔を空け、複数段落のテキストの開始位置や終了位置を揃えることができます。スペースの入力ではうまく揃えられない場合も、タブを使うときれいに揃えること

ができます。また、文字を追加したり、削除したりしても、位置がずれることがありません。タブのしくみを理解して、美しい文字揃えを行いましょう。タブでは、もっともよく使われる「左揃え」の他、以下の4つの文字揃えが実現できます。しくみを覚えておくと便利な機能です。

● 左揃え

本日のプレゼンター			
● ＊＊＊株式会社	＊＊＊＊部	部長	山田郁夫
● ＊＊＊大学	＊＊学部	助教諭	田山大輔
● ＊＊＊＊研究所	＊＊＊部	所長	野川京一

文字列の左側が揃えられる

● 中央揃え

本日のコースメニュー		
● 前菜	前菜の盛り合わせ	又は 本日のサラダ
● パスタ	お好みのパスタ・リゾット・グラタン・ピッツァ	
● メイン	お好みの魚料理　又は 肉料理	
● デザート	アイスクリーム　又は チーズ	
● お飲み物	コーヒー又は 紅茶 ・ パン	

文字列の中央に揃えられる

● 右揃え

目次	
● はじめに	3
● ご提案の趣旨	8
● お客様環境における弊社の分析	15
● ご提案の前提	22

文字列の右側が揃えられる

● 小数点揃え

長さの単位 （単位はm）	
1里	3927.27
1フィート	0.3048
1ヤード	0.9144
1マイル	1609.344

小数点に揃えられる

● タブはルーラーとタブセレクターを基準に設定する

タブを設定する際は、ルーラーが重要な役割を果たします。位置を調整したいテキストが含まれているテキストボックスを選択すると、ルーラーの左端に「タブセレクター」が表示されます。タブセレクターは、タブを挿入した時にどの位置を基準に移動するかを指定するための機能です。

タブセレクターには、前ページで紹介した4つの種類があります。タブセレクターをクリックするたびに、タブの種類が切り替わります。

テキストボックスをクリックすると、4種類のタブセレクターが表示される

左揃え	中央揃え	右揃え	小数点揃え

● 「左揃え」のタブを設定する

最初に、もっともよく利用される「左揃え」のタブを設定してみましょう。例ではあらかじめタブで区切ったテキストが入力されている前提で操作を進めます。

1 テキストボックスをクリックし、タブセレクターを「左揃え」に設定します。

2 「左揃え」に設定したいテキストの範囲をもれなく選択した状態で、ルーラー上のタブを設定したい位置（＝文字を揃えたい先頭位置）をクリックします。すると、左揃えのタブセレクターに表示されている記号と同じアイコン（タブマーカー）が表示されます。**範囲はもれなく選択しないと、カーソルのある段落のみに設定される**ので注意してください。

3 同じように、2番目に揃えたい位置、3番目…と、ルーラー上でクリックしていきます。

4 Tab キーを押します。すると、タブマーカーの位置までテキストが移動します。

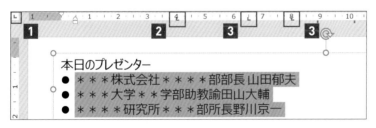

クリックした箇所に「左揃え」のタブマーカーが表示される

タブマーカーを設定した箇所に、タブで区切ったテキストが揃えられた

● タブを数値で設定する

インデントと同様、タブも手動で調節するとずれが
生じたり、PowerPointが自動調整して思うよう
にならないことがあります。また、複数のテキスト
ボックスやオブジェクト内のタブを一括して調整、
統一したい時には、1つずつ設定しなければならず
面倒です。

タブもまた、インデントと同じ「段落」ダイアログ

ボックスを使って、数値で設定することができます。
「段落」ダイアログボックスを使えば、複数のテキ
ストボックスを選択した場合、**選択されたテキスト
ボックスのすべての範囲に、タブの設定が適用され
ます。**ただし、インデントと同じくこのパラメーター
もしくみがややこしいので、正しく理解しましょう。
タブの数値は、以下の方法で設定することができます。

1 テキストボックスの、**タブを設定したいテキス
トの範囲をすべて選択した状態**で右クリックし、
「段落」をクリックします。すると、「段落」ダイ
アログボックスが表示されます。ただし、複数の
テキストボックスを選択した状態では、右クリッ
クしても「段落」は表示されません。その場合は、
「ホーム」タブの「段落」にある ⬔ ボタンをクリッ
クして表示させます。

複数のテキストボックスを
選択した場合は、「ホーム」
タブの「段落」で ⬔ ボタン
をクリックする

2 「段落」ダイアログボックスの下部にある「タブ
とリーダー」をクリックします。なお、「タブとリー
ダー」とあるものの、PowerPointではリーダー
の設定はできません。

3 「タブ」ダイアログボックスが表示されます。前
ページで設定したタブの位置が、数値で確認で
きます。「タブ」ダイアログボックスでは、タブの
位置の設定、現在のタブの位置の確認や、クリア
ができます。

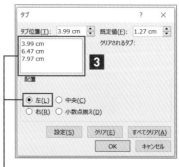

4 現在設定されているタブ位置を確認すると、左
から順に3.99cm、6.47cm、7.97cmの位置
に「左揃え」のタブが設定されています。ルーラー
上で正確に配置したつもりでも、微妙にずれて
いることがわかります。

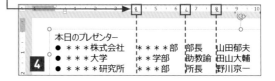

5 タブの位置を変更するには、最初に現在の設定を削除します。削除したい値をクリックして選択し、「クリア」をクリックします。すべて一括で削除したい場合は、「すべてクリア」をクリックします。

6 「配置」で、新しく設定したいタブの種類を選択します。続いて新しいタブの位置を「タブ位置」に入力し、「設定」をクリックします。これで、タブの位置が新しく設定されます。すべてのタブ位置を設定できたら、「OK」をクリックします。

7 結果を確認すると、新しく設定した場所にタブが設定されたことがわかります。同様の方法で、中央揃え、右揃え、小数点揃えも設定できます。ただし、中央揃えは読みやすさの点からお勧めしないので、使わないようにしましょう。

8 「タブ」ダイアログボックスでは、複数の種類のタブを連続して設定することもできます。例えば「左揃え」の値を設定したあとに、「配置」で「右」を選択すれば、続けて「右揃え」の値を設定できます。

7 設定した数値でタブの位置が設定されている　　**8** 右揃えのタブの位置を「18cm」で追加した

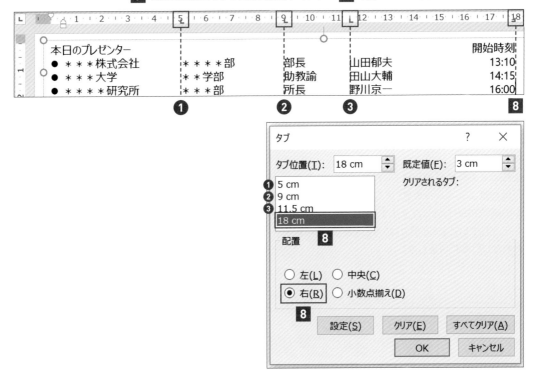

◉ タブの「既定値」を設定する

テキストボックスや図形オブジェクトには、個別にタブの位置を設定しなくても、Tabキーを押せばあらかじめ設定した間隔が空けられる「既定値」を設定することができます。「既定値」は、これまでの手順と同様、「タブ」ダイアログボックスに数値を入力して設定します。「既定値」の設定は、単発でタブの機能が必要になった時に使いこなせると、とても便利です。

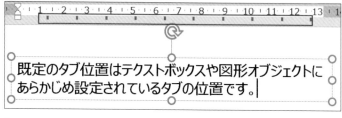

「既定値」に設定されたタブの位置は、ルーラーの下に黒い■で表示される

この例では、「既定値」は1.27cmに設定されている

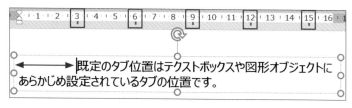

「既定値」を1.27cmから3cmに変更すると、黒い■の位置も3cm間隔に変更される

既定値は直接入力して変更できる

「既定値」は「タブ位置」に関係なく、入力された値の間隔で設定されます。例えば、以下の例のように「タブ位置」が5cm、9cm、11.5cm、18cmと設定されていても、「既定値」は「タブ位置」に関係なく、3cm刻みで3cm、6cm、9cm、12cm…と設定されます。

ただしこの時に、「既定値」は設定されているタブの最後尾よりうしろの値（例だと18cmよりうしろの値）でのみ有効になります。**「既定値」はタブが設定されている範囲（例では18cmまで）には適用されないことに留意しましょう。**

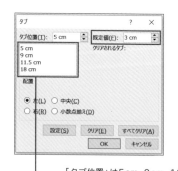

「タブ位置」は5cm、9cm、10.5cm、18cmと設定されているが、「既定値」は3cm、6cm、9cm、12cm、15cm、18cmと3cm刻みでタブ位置に関係なく設定される。「既定値」が有効になるのはタブの最後尾よりうしろなので、18cmよりうしろから21cm、24cm、27cm…と設定される

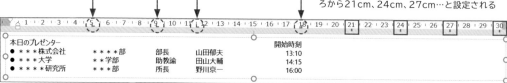

● タブマーカーを削除する

タブマーカーを削除する場合は、テキストの範囲を選択した状態で、タブマーカーにマウスカーソルを当てます。続いて水平ルーラーの下側へドラッグすると、タブマーカーを削除することができます。また、前ページで紹介した「タブ」ダイアログボックスの「クリア」または「すべてクリア」をクリック

する方法もあります。

複数のタブマーカーが設定されている場合、最後尾以外のマーカーを削除すると、**テキストは削除したマーカーの次のタブ位置にくり下がって配置されます。**

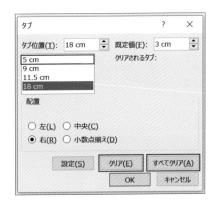

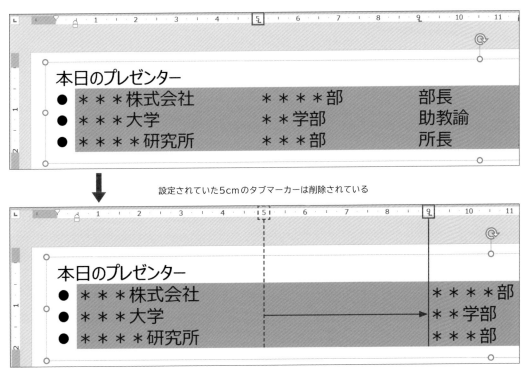

設定されていた5cmのタブマーカーは削除されている

5cmのタブマーカーを削除すると、1つうしろに設定されている9cmまでテキストがくり下がって配置される

◉ 最後尾のタブマーカーを削除する

右の画面のように設定されていた場合、最後尾のタブマーカーを削除すると、テキストは設定されていた位置（18cm）から3cm刻みで設定されている「既定値」にもっとも近い位置（15cm）に、設定されていたタブの種類に関係なく、「左揃え」で移動します。

設定されていた18cmの「右揃え」のタブマーカーを削除すると、「既定値」として設定されている3cm刻みのもっとも近い位置に「左揃え」で移動する

この時、選択されていなかった最初の行（「開始時刻」）にタブマーカーの削除は適用されないので、「開始時刻」の位置は「右揃え」の18cmのまま維持されている

◉ すべてのタブマーカーを削除する

すべてのタブマーカーを削除すると、タブ位置は「既定値」の間隔に変更されます。テキストは、もともと設定されていた位置からもっとも近い「既定値」の位置に、タブの種類に関係なく「左揃え」で移動します。

すべてのタブの設定を削除すると、「既定値」の間隔（ここでは「3cm」）で設定されたタブマーカーが現れる。テキストの位置は、3cm間隔の既定値のもっとも近いところに「左揃え」で移動する

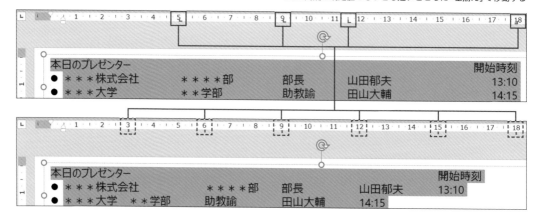

● タブで「小数点揃え」を設定する

複数の数値を比較する時、小数点の位置が揃っていると数値の大小がわかりやすくなります。タブの「小数点揃え」は、「左揃え」と同様の方法で設定することができますが、手動で設定を行うと位置がずれやすいので、数値による設定をお勧めします。

「小数点揃え」は、PowerPointの他の機能では代替ができません。使えると大変有効な機能なので、マスターしておきましょう。

「小数点揃え」を手動で設定するには、タブセレクターを「小数点揃え」に変更した上で、ルーラーの小数点を揃えたい位置でクリックし、タブマーカーを設定する

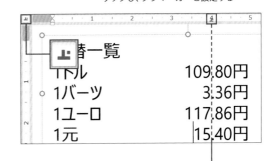

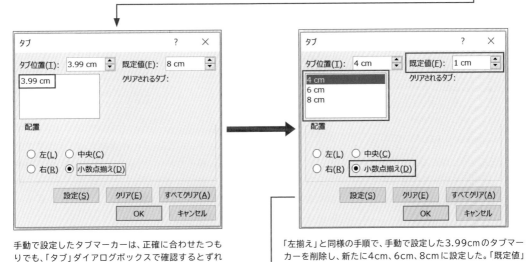

手動で設定したタブマーカーは、正確に合わせたつもりでも、「タブ」ダイアログボックスで確認するとずれていることがある

「左揃え」と同様の手順で、手動で設定した3.99cmのタブマーカーを削除し、新たに4cm、6cm、8cmに設定した。「既定値」は1cmに設定した

4cm、6cm、8cmの位置に、「小数点揃え」が設定された

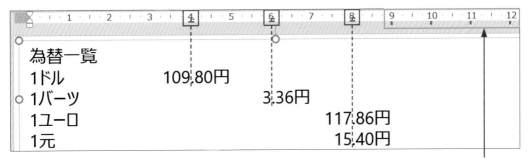

以降のタブマーカーは、「既定値」に設定した1cm刻みで、9cm、10cm、11cm、12cmと続いていく。「小数点揃え」の場合、設定したタブマーカー以降の「既定値」には「左揃え」で移動するので注意

● タブは「表」で代用できる

これまで紹介してきたように、タブの機能は読みやすい資料を作る上で重要なものではありますが、しくみが複雑で、大量のテキスト情報の整理には向いていません。例えばタブを使って作成した次のような例で、テキストの一部を修正する際に誤ってタブの余白も削除してしまうと、テキストの配置が崩れてしまいます。また、タブの間隔を広げたり狭めたりしたい時や、項目列の一部を削除したい時など、テキストの量が多くなると作業が面倒になります。

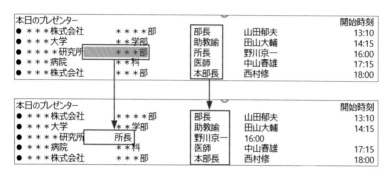

テキストの一部を削除する際、誤ってタブの空白も削除してしまうと、当然のことながらタブで区切ったあとの項目がくり上がってしまう。また列全体を削除する時の操作も、列をまとめて削除するということができず、煩雑になってしまう

このような場合に、タブの代わりに表を活用することで、ほとんどの問題は解決してしまいます。下の例はタブで作成したものと見た目はほとんど変わりありませんが、タブではなく表によって作られています。

表で作ると、上の例のように文字列が崩れてしまうこともなく、特定の行の高さや列幅を広げる/狭めることや、行や列の追加、削除も簡単に行えます。タブの機能で手こずるようであれば、表を活用する選択肢を覚えておくようにしましょう。ただし、「小数点揃え」だけはタブの機能に頼らないと実現できないので、タブの機能が不要になるということではありません。表の活用方法について、詳しくは第8章を参照してください。

なお表のセル内でタブを入力するには、Ctrl キーを押しながら Tab キーを押すと実行できます。これもあわせて覚えておきましょう（ただしMacではこの設定はできません）。

本日のプレゼンター				開始時刻
●＊＊＊株式会社	＊＊＊＊部	部長	山田郁夫	13:10
●＊＊＊大学	＊＊学部	助教諭	田山大輔	14:15
●＊＊＊＊研究所	＊＊＊部	所長	野川京一	16:00
●＊＊＊病院	＊＊科	医師	中山春雄	17:15
●＊＊＊株式会社	＊＊＊部	本部長	西村修	18:00

本日のプレゼンター				開始時刻
●＊＊＊株式会社	＊＊＊＊部	部長	山田郁夫	13:10
●＊＊＊大学	＊＊学部	助教諭	田山大輔	14:15
●＊＊＊＊研究所	＊＊＊部	所長	野川京一	16:00
●＊＊＊病院	＊＊科	医師	中山春雄	17:15
●＊＊＊株式会社	＊＊＊部	本部長	西村修	18:00

見た目はほとんど変わらないが、実際には表で作られている。セルに色をつけると、各項目がセルで区切られていることがわかる

▶ COLUMN │ インストールされていないフォントなのに ドロップダウンリストに名前が表示される！？

Macに標準でインストールされていて、読みやすいと定評のある「ヒラギノ」フォントですが、Windowsでは標準では搭載されていません。したがって、MacのPowerPointでフォントを「ヒラギノ」に指定して作成したファイルをWindows上で開くと、フォントは「游ゴシック」か「MSゴシック」に変換されて表示されます。これは「ヒラギノ」に限らず、インストールされていないフォントはPCのOSが使用する初期設定フォントに強制的に置き換えられて表示されるようになっているためです。

Mac上で指定した「ヒラギノ」のフォントは、インストールされていないWindows上では「游ゴシック」に変換されて表示される

ところが、MacのPowerPointでフォントを「ヒラギノ」に指定して作成したファイルをWindows上で開いた時に、スライド上のテキストは「游ゴシック」で表示されているにも関わらず、対象のテキストボックスを選択し、フォントのドロップダウンリストを確認すると「Hiragino Kaku Gothic Pro W3」と表示されてしまいます。つまり、インストールされていないフォントであるにも関わらず、ドロップダウンリストには元のPCで指定したフォントの名前が表示されるので注意が必要です。自身が使用したことのないフォントがドロップダウンリストに表示されている場合は、フォントが正しく適用されているかどうかを確認するようにしましょう。

スライド上のテキストは「游ゴシック」で表示されているにも関わらず、ドロップダウンリストには「Hiragino Kaku Gothic」とインストールされていないフォントの名称が表示されてしまう

このような場合はP.50で紹介した「既定のフォント（テーマのフォント）」が対象となるテキストに適用されているかを確認し、適用されていなければ「テーマのフォント」に設定し直すようにしましょう。Mac側のPowerPointの「テーマのフォント」が「ヒラギノ」に設定されていても、Windows上で「テーマのフォント」をインストールされているフォントに設定すれば、自動的に変換されるからです。反対に、Windowsで作成したファイルをMacに持ってきた場合、Mac側のPowerPointの「テーマのフォント」が「ヒラギノ」に設定されていれば、Windows上で設定したフォントの種類に関係なく、自動的にフォントは「ヒラギノ」に変換されます。もちろん、これらの設定は「ヒラギノ」以外のフォントに対しても有効です。ファイルのやり取りをする際にも、「テーマのフォント」の性質を上手に活用するようにしましょう。

15 「行間」「段落前後間隔」で読みやすい行間を作る

「行間」や「段落前後間隔」の設定は、資料の読みやすさと美しさを決定づけます。正しく設定するようにしましょう。

 行間は適切だが、段落前後の間隔がないため箇条書きの単位を把握しづらい

新システムの検討方針
- 新システムへのアップグレードにおいて、システム改編の影響度、既存機能の廃止、新機能の追加、権限設定の影響度などについて、工数やプロジェクト期間を算出するためにテストの実施
- パッケージソフトの導入における比較検討として、各製品の導入実績をもとにした規模感、費用感、マーケット情報をもとにした製品評価をベースとして比較検討実施
- テストの結果とパッケージソフトの導入における費用感、実績をベースとしたシステム構成案の検討内容をもとに、比較検討結果資料を作成

✕ 行間が空きすぎてしまい、読みにくくなっている

新システムの検討方針
- 新システムへのアップグレードにおいて、システム改編の影響度、既存機能の廃止、新機能の追加、権限設定の影響度などについて、工数やプロジェクト期間を算出するためにテストの実施
- パッケージソフトの導入における比較検討として、各製品の導入実績をもとにした規模感、費用感、マーケット情報をもとにした製品評価をベースとして比較検討実施
- テストの結果とパッケージソフトの導入における費用感、実績をベースとしたシステム構成案の検討内容をもとに、比較検討結果資料を作成

 行間、段落前後間隔ともに適切なスペースが保たれている

新システムの検討方針
- 新システムへのアップグレードにおいて、システム改編の影響度、既存機能の廃止、新機能の追加、権限設定の影響度などについて、工数やプロジェクト期間を算出するためにテストの実施
- パッケージソフトの導入における比較検討として、各製品の導入実績をもとにした規模感、費用感、マーケット情報をもとにした製品評価をベースとして比較検討実施
- テストの結果とパッケージソフトの導入における費用感、実績をベースとしたシステム構成案の検討内容をもとに、比較検討結果資料を作成

◉「行間」や「段落前後の間隔」を設定すると読みやすさが格段に上がる

資料における「行間」の設定は、読み手が現在読んでいる行から次の行へまちがえずに視線を移すのに重要な役割を果たします。「行間」をどのように設定するかによって、テキストの印象はがらりと変わります。また箇条書きなど、段落前と段落後に「段落前後間隔」を設定することで、項目（段落）の単位

をわかりやすくすることができます。
本文の内容や文字量のバランスを見ながら、行の長さや文字サイズに合わせた「行間」や、箇条書きの項目の大きさに見合った「段落前後間隔」を適切に設定していきましょう。

◎「行間」は「段落」ダイアログボックスから設定する

「行間」の設定は、「段落」ダイアログボックスで行うことができます。

1 「段落」ダイアログボックスは、**「行間」を設定したい文字の範囲を選択した状態**で右クリックし、「段落」をクリックすると表示されます。ただし、複数のテキストボックスを選択した状態では、右クリックしても「段落」は表示されません。その場合は、「ホーム」タブの「段落」にある 🔽 ボタンをクリックして表示させます。複数のテキストボックスを選択した場合、**選択されたテキストボックスのすべての範囲に、行間の設定が適用されます。**

2 「段落」ダイアログボックスの「間隔」に、「段落前」「段落後」の間隔と「行間」の設定項目があります。

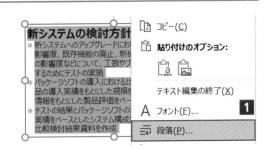

複数のテキストボックスを選択した場合は、「ホーム」タブの「段落」の 🔽 ボタンをクリックする

1

◎ 一般的な「行間」とは

「行間」は、一般的に「行と行の間の距離」、つまりフォントの仮想ボディと仮想ボディの間の距離を指す言葉として使われます。またこれに似た用語として、フォントのベースラインどうしの距離を指す「行送り」という言葉があります。

「行間」には一般的に「行間」と「行送り」の2種類の意味がある。「行送り」はベースラインからベースラインまでの距離の他に、上端から上端、中央から中央の距離を指す場合もある

● PowerPointの「行間」は意味が違う

ところが、PowerPointの「行間」はこれらとはまったく異なる意味があります。PowerPointでは、**テキストを何行分のスペースに配置するのかという「行取り」のことを、「行間」と呼ぶ**のです。

例えば「段落」ダイアログボックスの「行間」にデフォルトで設定されている「1行」は、1行分のスペースに1行のテキストを配置する「1行取り」を意味します。この設定を「2行」に変更すると、2行分のスペースに1行のテキストを配置する「2行取り」に

なります。

「行間」の設定を変更すると、選択した行の前後にスペースを入れることで行取りが行われます。その際、挿入されるスペースの大きさは、フォントの種類によって異なります。数値を指定して詳細に設定することもできますが、行取りの数値であることに変わりはないので、本来の意味での「行間」の調整はPowerPointでは不可能です。

行間の設定が「1行」

- 新システムへのアップグレードにおいて、システム改編の影響度、既存機能の廃止、新機能の追加、権限設定の影響度などについて、工数やプロジェクト期間を算出するためにテストの実施
- パッケージソフトの導入における比較検討として、各製品の導入実績をもとにした規模感、費用感、マーケット情報をもとにした製品評価をベースとして比較検討実施

行間の設定が「2行」

- 新システムへのアップグレードにおいて、システム改編の
- 影響度、既存機能の廃止、新機能の追加、権限設
- 定の影響度などについて、工数やプロジェクト期間を算
- 出するためにテストの実施

同じ内容のテキストで、「行間」の設定を「1行」と「2行」で比較すると、「2行」のものは2行分の「行取り」がされていることがわかる

● 「行間」のパラメーターは5種類

「行間」のドロップダウンリストには、初期設定の「1行」の他に、「1.5行」「2行」「固定値」「倍数」の5種類があります。

「1.5行」は、1.5行分の行取りが設定されます。「2行」は、2行分の行取りが設定されます。「固定値」は、フォントサイズと同じpt（ポイント）の単位で行取りの大きさを指定できます。値は0から1584ptまでの数値を小数点第二位まで入力できます。「固定値」を選択すると、初期設定で、使用しているフォントサイズの1.2倍の値が設定されます。例えば14ptのフォントを使用していた場合、1.2倍の14×1.2＝16.8ptの行取りがされます。「倍数」は、1行分の行取りに対して、設定した倍数をかけた値の行取りがされます。例えば「倍数」として「1.3」を設定すると、1.3行分の行取りになります。

このようにPowerPointの「行間」のしくみはわかりにくいものになっています。**慣れないうちは初期設定の「1行」のまま触らない方が無難でしょう。**

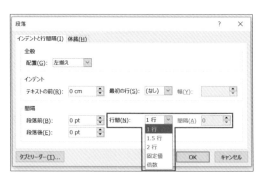

「行間」では、「1行」「1.5行」「2行」「固定値」「倍数」の5種類の設定を選択できる

● 「段落前」「段落後」の間隔とは？

「段落」ダイアログボックスには、「行間」の左隣に、「段落前」「段落後」という設定項目が存在します。これは読んで字のごとく、段落前と段落後に間隔を設定するための項目で、箇条書きなどをわかりやすく配置するためのものです。「段落後」の間隔を設定すれば、段落を変えた時に、空白の行を入れずにほどよい間隔を空けることができます。

「段落前」「段落後」の値は、右側の上下ボタンをクリックすると6pt単位で増減します。数値を入力して細かく設定することもできますが、PowerPointにあらかじめ設定されている6pt単位で設定するようにしましょう。

また「段落前」「段落後」は、基本的には「段落後」のみ設定することをお勧めします。なぜなら次の例のように、「段落前」の設定が意図通りに反映されるのは文字列の一番最初の行のみで、以降の行で「段落前」間隔を設定すると、「段落後」間隔と二重になってしまうからです。これでは「段落前」と「段落後」を足した値が実際の間隔となり、計算が面倒です。また、「段落前」の値を設定したければ「図形の書式設定」の「文字オプション」で「上余白」を調整した方が、単位を「cm」で設定することができ、融通が利きます。「段落前」を設定したい場合は、こちらを利用することをお勧めします。

右側の上下ボタンで6pt単位で調整できる

例では「段落前」（青）「段落後」（赤）ともに12ptを設定したが、段落前後の余白が重複していることがわかる

● 「行間」と「段落後間隔」の最適解は自分で見つけるしかない

「行間」や「段落後間隔」は、テキストの内容や構造、字面と連動し、読み手の理解を促す上で重要な役割を持ちます。筆者の私は、フォントはこの本で推奨している「Meiryo UI」（日本語）、「Segoe UI」（英数字）、フォントサイズは10.5〜14ptのいずれかを使用した場合、「行間」は「倍数」の「0.9」、「段落後間隔」は「6pt」に設定するようにしています。このように設定することで、引き締まった字面が作れます。文字量の多い資料作成では汎用性も高いので、参考にしてみてください。

とはいえ「行間」や「段落後間隔」は、扱うテキスト情報の性質や内容、量に応じてケースバイケースであり、一概にこれが正解というものは存在しません。

ご自身のよく使用されるケースで、最適な「行間」と「段落後間隔」を見つけてください。

筆者の私は「行間」を「倍数」の「0.9」に設定し、行間をやや詰めている

16 「禁則処理」で句読点や記号を正しく配置する

句読点や記号の配置は、禁則処理を確実に行って読みやすい文書作成を心がけましょう。

 括弧や読点（約物）が行頭や行末に来てしまい、読みにくい

IoTとは、"Internet of Things"の略で「モノのインターネット」と訳されています。モノがインターネット経由で通信することを意味します。現実世界の物理的なモノに通信機能を搭載し、インターネットに接続・連携させることで、それぞれのモノから個別の情報を取得でき、その情報をもとに最適な方法でそのモノを制御できるという仕組みです

 禁則処理と句読点のぶら下げが設定されている

IoTとは、"Internet of Things"の略で「モノのインターネット」と訳されています。モノがインターネット経由で通信することを意味します。現実世界の物理的なモノに通信機能を搭載し、インターネットに接続・連携させることで、それぞれのモノから個別の情報を取得でき、その情報をもとに最適な方法でそのモノを制御できるという仕組みです。

◉ 禁則処理は文法のルールの基本

日本語の文法のルールでは、行頭に来てはいけない文字や記号、行末に来てはいけない文字や記号、行をまたいで分離してはいけない表記というものが定められています。特に印刷物などでは、禁止されている配置を避けるよう、文字の位置などが調整されています。このような調整を「禁則処理」と言い、対象となる文字や記号は、主に右の3種類があります。

禁則処理は、資料を読みやすくするためのもっとも基本的な設定であり、非常に重要なものです。**禁則処理が正しくなされていない資料は、それだけで一気に説得力が落ちてしまいます。**また資料の読み手にとっては、気が散って内容に集中できなくなってしまいます。漏れがないように、必ず設定するようにしましょう。

1. 行頭禁則文字

疑問符（？）、感嘆符（！）、句読点（、。., など）、閉じ括弧（終わり括弧）のように終わりを表す区切り文字（」』など）、「っ」のような小さいかな文字、ハイフンや長音記号など。

2. 行末禁則文字

開き括弧（始め括弧）のように始まりを表す区切り文字（「『【など）。

3. 分離禁止文字

数値や組数字、英単語など、行をまたいで分離してはいけないもの。

◎ 禁則処理は「段落」ダイアログボックスから設定する

PowerPointでは、初期設定で禁則処理が設定されています。しかし古いファイルのテキストボックスなどでは、バージョンが古いことが原因で禁則処理がされていないこともしばしばあります。そのため人から受け取ったファイルなどでは、テキス

1 P.107の方法で、「段落」ダイアログボックスを表示します。

2 「体裁」タブをクリックし、「全般」にある「禁則処理を行う」と「句読点のぶら下げを行う」にチェックが入っていることを確認します。入っていなければ、チェックを入れます。

なお「英単語の途中で改行する」は、英単語の途中で(強制的に)改行する、という設定です。例えば「I think PowerPoint skill is very important.」という一文があった時に、通常のチェックが入っていない設定だと、単語単位で改行されます(上)。反対にチェックを入れると、行の末尾まで文字が来た段階で、単語の途中であっても強制的に改行された状態になります(下)。

トボックスやオブジェクトごとに禁則処理が設定されているどうかを自分で確認しなければなりません。禁則処理は、インデントや行間と同様、「段落」ダイアログボックスから確認、設定することができます。

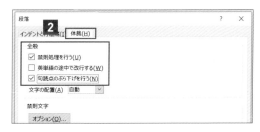

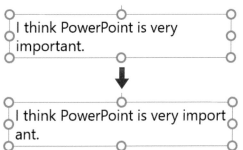

◎ 禁則処理の行末調整は3種類ある

印刷物などで行われる一般的な禁則処理では、行末の禁則文字は以下の3つのいずれかの方法で対処されます。

1. 追い込み
字間を詰めて禁則文字を押し込める。
2. 追い出し
句点とその前に来る文字を次の行へ送る。
3. ぶら下がり
テキストのエリアから句読点をはみ出させる。

PowerPointでは「追い込み」は使用されず、「追い出し」と「ぶら下がり」のどちらかが自動で適用されます。細かいことですが、テキストの配置をする上で読みやすさやテキストのスペースに影響が出ることがあるので、考慮しておきましょう。

● 追い出し

> 情報を取得でき、その情報をもとに最適な方法でそのモノを制御できるという仕組みです。

「追い出し」は句点とその前に来る文字を次の行へ送るため、改行前に若干のスペースができてしまう

● ぶら下がり

> の情報を取得でき、そ
> きるという仕組みです。

「ぶら下がり」によって、読点がテキストボックスの外にはみ出している

17 段組みは「表」を使って作成する

長い文章を読みやすくするには、適切な行長と段組みが必要です。PowerPointでは、表の機能を利用して段組みを作成することができます。

 行長が長すぎて間延びし読みにくい

全社改革プロジェクト成功のための条件
- グループ会社を含む全社規模において創立以来蓄積されたナレッジを今回初めて集約、整理、再構築するプロジェクトであること
- 現在の社内体制になって以来の初プロジェクトであり、全社共通データ基盤として成功裡なプロジェクト実績を積む必要があること
- 今後予定している、各プロジェクトとの二重投資の回避と、今後の展開・拡張性を意識する必要があること
- 次期戦略リーダーを育成し、人財育成や社歴の浅い社員へのモチベーションに繋がるプロジェクトであること

 段組みによる適切な行長で読みやすい

全社改革プロジェクト成功のための条件

- グループ会社を含む全社規模において創立以来蓄積されて集約、整理、再構築するプロジェクトであること

- 現在の社内体制になって以来の初プロジェクトであり、全社共通データ基盤として成功裡なプロジェクト実績を積む必要があること

- 今後予定している、各プロジェクトとの二重投資の回避と、今後の展開・拡張性を意識する必要があること

- 次期戦略リーダーを育成し、人財育成や社歴の浅い社員へのモチベーションに繋がるプロジェクトであること

◉ 段組みを利用して読みやすい行長にする

読みやすい資料を作る上で、フォントの種類やサイズはもちろんのこと、1行の長さ、すなわち「行長」も重要な要素になります。文字列1行あたりの長さが長すぎると、読み手は視線を大きく動かさなければならず、負担が増えてしまいます。また、どこを読んでいるのかわからなくなる、同じ行を何度も読んでしまうといった読解の妨げになってしまいます。行長を適切な長さにして読みやすさを上げる手段として、「段組み」があります。段組みは新聞や雑誌などで日ごろから見かけるもので、文章を複数の列に分けて配置することです。段組みは行長を読みやすい長さにするだけでなく、複数のページにまたがる資料の「情報の構造」のルールを把握しやすくすることにも役立ちます。資料を見た時の印象は、段組みをどのように設計するかによって大きく変わります。情報量が多い資料を作る際に、段組みは絶大な効果を発揮するので積極的に使うようにしましょう。

● 段組みのメリット① スペースを集約できる

段組みを使うとスペースを効率的に使えるため、読みやすさを上げるのに効果的な余白を作りやすくなります。また、同じスペースにより多くの情報を載せられるようになるため、情報を配置しやすくなります。

- グループ会社を含む全社規模において創立以来蓄積されたナレッジを今回初めて集約、整理、再構築するプロジェクトであること　　無駄なスペース
- 現在の社内体制になって以来の初プロジェクトであり、全社共通データ基盤として成功裡なプロジェクト実績を積む必要があること　　無駄なスペース
- 今後予定している、各プロジェクトとの二重投資の回避と、今後の展開・拡張性を意識する必要があること
- 次期戦略リーダーを育成し、人財育成や社歴の浅い社員へのモチベーションに繋がるプロジェクトであること

同じテキストボックスの大きさ、同じテキストの量でも、段組みを使うとスペースを節約して使えることがわかる

- グループ会社を含む全社規模において創立以来蓄積されたナレッジを今回初めて集約、整理、再構築するプロジェクトであること
- 現在の社内体制になって以来の初プロジェクトであり、全社共通データ基盤として成功裡なプロジェクト実績を積む必要があること
- 今後予定している、各プロジェクトとの二重投資の回避と、今後の展開・拡張性を意識する必要があること
- 次期戦略リーダーを育成し、人財育成や社歴の浅い社員へのモチベーションに繋がるプロジェクトであること

節約されたスペース

● 段組みのメリット② 字面にリズムを持たせて読んでもらいやすくなる

普通にテキストを入力しただけでは間延びしてしまい読みにくくなる長い文章も、段組みを使うと情報が細分化されるので、読み手は適度なリズムを保ちながら読み進められるようになります。

複雑で長い文章でも、読み手は負担を感じることなく読むことができるので、文章を読むことに対するとっつきにくさを押さえ、読んでもらいやすくなります。

段組みを使うと情報の塊が細分化され、読んでもらいやすくなる

- グループ会社を含む全社規模において創立以来蓄積されたナレッジを今回初めて集約、整理、再構築するプロジェクトであること
- 現在の社内体制になって以来の初プロジェクトであり、全社共通データ基盤として成功裡なプロジェクト実績を積む必要があること
- 今後予定している、各プロジェクトとの二重投資の回避と、今後の展開・拡張性を意識する必要があること
- 次期戦略リーダーを育成し、人財育成や社歴の浅い社員へのモチベーションに繋がるプロジェクトであること

● 表の機能を使うと段組みが簡単に作れる

PowerPointでは、表の機能を応用することで簡単に段組みを作ることができます。この節の最初のページに載せている段組みの例は、表で作られています。表の機能で作成した段組みでセルの罫線を表示させると、以下のような構造になっていることがわかります。

表は、複数個のテキストボックスをブロックのように柔軟につなぎ合わせることができる、とても便利な機能です。表の設定の詳細は第8章で紹介しますが、ここでは表を使ってテキストの段組みを作る手順を紹介します。

全社改革プロジェクト成功のための条件			
●グループ会社を含む全社規模において創立以来蓄積されたナレッジを今回初めて集約、整理、再構築するプロジェクトであること	●現在の社内体制になって以来の初プロジェクトであり、全社共通データ基盤として成功裡なプロジェクト実績を積む必要があること	●今後予定している、各プロジェクトとの二重投資の回避と、今後の展開・拡張性を意識する必要があること	●次期戦略リーダーを育成し、人財育成や社歴の浅い社員へのモチベーションに繋がるプロジェクトであること

表を使うと、テキストボックスをブロックで組み合わせたような文字の組み方ができる。例ではわかりやすくするため、罫の上に赤線を入れている

● 段組みに必要なセルを先に数えておく

それでは上の例のような段組みを、表を使って作成してみましょう。ここでポイントになるのは、段組みに必要なセルの数を先に数えておくということです。この時、段と段の「余白」も1つのセルとして数えておきます。上の例では4つの段の間の余白は3つなので、4＋3＝7列のセルを作成します。行や列はあとから削除できるので、セルに入れる情報の単位をできるだけ細かく数えた方が、あとの作業が楽になります。追加も可能ですが、セルを追加すると表の形が崩れてしまい、作業がしにくくなります。

1 「挿入」タブの「表」をクリックし、必要な数のセルをドラッグします。

2 ドラッグの方法では最大で「8行×10列」までの表を作成できます。これより多い数のセルを作りたい場合は、下にある「表の挿入」をクリックしてダイアログボックスを表示し、必要な数を入力します。

3 表が作成されると、「テーブルデザイン」と「レイアウト」の2つのタブが表示されます。これらのタブは、表が選択された時のみ表示されます。表の設定は、基本的にこの2つのタブから行います。タブの詳細はP.284もあわせて参照してください。

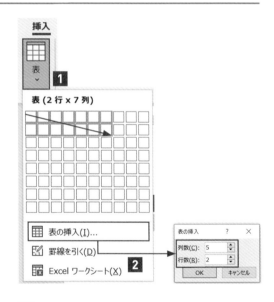

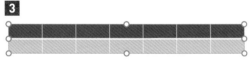

「テーブルデザイン」タブと「レイアウト」タブは、表を選択した時のみ表示される

● セルにテキストを入力する

続いて、作成したセルにテキストを入力していきます。直接入力してもよいのですが、あらかじめ用意しておいたテキストをコピー＆ペーストで貼り付けていく方がまちがいがなく、お勧めです。

1 最初に、1行目にタイトルを入れます。すると、1つのセル内に文字が入力され、セルが縦長になってしまいます。そこで、1行目のセルをドラッグしてすべて選択し、「レイアウト」タブの「セルの結合」をクリックします。これで、1行目が1つのセルに結合されます。

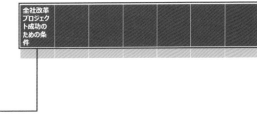

2 2行目のセルにテキストを入れていきます。この時点ではまだ完成形が見えず不安になるかもしれませんが、整形はあとで行うので、とにかくすべてのテキストを入れていきます。

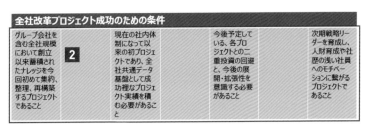

3 この時点でセルが足りなければ、「レイアウト」タブの「行と列」で、行や列を挿入していきます。不要な場合は「削除」で行か列を削除します。表の形が大きく崩れてしまいますが、気にせずに進めてください。テキストの入力が完了したら、いよいよ表の整形作業に入ります。

● 表のセルの考え方

表のセルは、基本的にテキストボックスと同じ方法で設定できます。ただし、セルの大きさは「**上下左右の余白＋フォントの大きさ**」によって**構成されている**ので注意が必要です。特にセルを小さくしたい時に、一定の大きさ以上に小さくならない場合は「上下左右の余白」が残っていることが多いので、気をつけてください。

またセルの大きさを変えるには、**対象となるセルの行または列全体を選択**します。対象のセルだけ設定を変えても、他のセルの設定は以前のままなので、思うように大きさが変わりません。

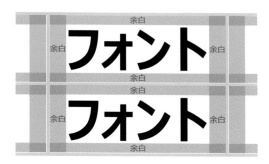

セルの大きさは「フォントの大きさ＋上下左右の余白」で構成されている

● 段と段の間の余白セルを設定する

表を作成する際、段と段の間の余白もセルとして数えて作成しました。セルの大きさの考え方を考慮しながら、セルの大きさを調節しましょう。セルの大きさは、「レイアウト」タブから設定します。今回は余白用の列を設けるため、セル内の上下左右の余白は必要ありません。そこで最初に「上下左右の余白」の設定を「0cm」にして、すべての余白を削除してしまいます。

1 表全体を選択し、「レイアウト」タブの「セルの余白」から「なし」をクリックします。これで、表のすべてのセルの上下左右の余白が一括で0cmに設定されます。

「レイアウト」タブの「セルの余白」から表のすべてのセルの上下左右の余白を一括で0cmに設定できる

表のテキストは図形オブジェクトと同様、初期設定で「自動調整なし」の「図形内でテキストを折り返す」になっている（P.40）。禁則処理もあらかじめ設定されているので、安心して利用できる

2 「ホーム」タブで、余白セルのフォントサイズを最小の「1pt」に設定します。フォントサイズはドロップダウンリストでは「8」までしか選択できないので、直接「1」と入力し、Enterキーを押します。

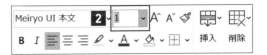

3 「レイアウト」タブをクリックし、「セルのサイズ」の「幅」に、余白セルの幅を入力します。表のセルは、上下左右の余白を0cm、フォントサイズを1ptに設定した場合、幅、高さともに0.07cmまで縮小できます。例ではいったん余白セルの「幅」を0.5cmに設定します。余白セルは3つあるので、すべてについてフォントサイズと幅の設定を行います。

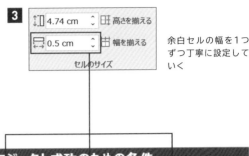

余白セルの幅を1つずつ丁寧に設定していく

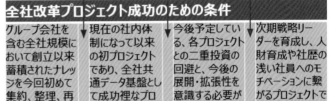

● テキストのセルを設定する

余白セルと同様の方法で、テキストが入力されているセルの大きさも設定します。

1 「レイアウト」タブを選択し、「セルのサイズ」の「幅」を必要なサイズに調整します。ここでは暫定で5cmと入力します。

2 ここで「表のサイズ」を確認すると、表全体の「幅」が21.5cmになっていることがわかります。これを、設定したい表のサイズに調整します。今回は、スライドのサイズに合わせて24cmに設定します。同様に、「高さ」を4cmに設定します。

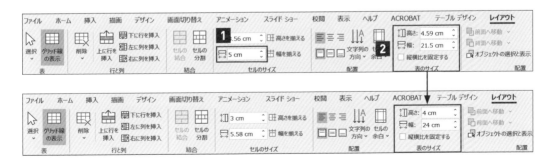

「表のサイズ」で「縦横比を固定する」にチェックが入っていない初期状態で「高さ」の値を大きくすると、大きくした値が各行の表全体の高さに占める割合に応じて配分されます。「幅」も同様の仕様で、各列の幅が均等に大きくなります。今回の例だと、24cm−21.5cm＝2.5cmが、表に占める列の割合に応じて分割され配分されます。テキストのセルは5cmから5.58cm、余白セルは0.5cmから0.56cmになり、徐々に形が整ってきました。

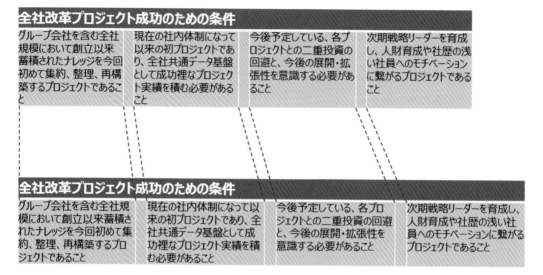

24cm−21.5cmの差分の2.5cmがセルの幅の割合に応じて等分される

●「テーブルデザイン」でビジュアルを整える

表の罫線や色など見た目の設定項目は、「テーブルデザイン」タブに用意されています。今回は色も罫線もないテキストのみの段組みなので、設定はとても簡単です。

1 表を選択し、「テーブルデザイン」タブの「表のスタイル」の「その他」をクリックします。

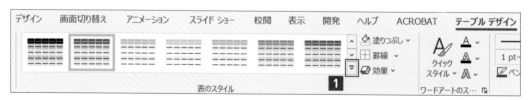

「表のスタイル」を用いると、表の見た目をすばやく変更することができる。リスト内のスタイルの上にマウスカーソルを置くと、表がどのように表示されるのかを確認できる

2 表示されるリストの一番上にある「ドキュメントに最適なスタイル」の、「スタイルなし、表のグリッド線なし」をクリックします。これで、完成が見えてきました。

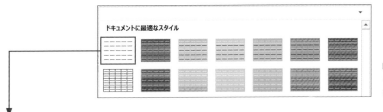

「ドキュメントに最適なスタイル」の「スタイルなし、表のグリッド線なし」を適用する

全社改革プロジェクト成功のための条件

グループ会社を含む全社規模において創立以来蓄積されたナレッジを今回初めて集約、整理、再構築するプロジェクトであること	現在の社内体制になって以来の初プロジェクトであり、全社共通データ基盤として成功裡なプロジェクト実績を積む必要があること	今後予定している、各プロジェクトとの二重投資の回避と、今後の展開・拡張性を意識する必要があること	次期戦略リーダーを育成し、人財育成や社歴の浅い社員へのモチベーションに繋がるプロジェクトであること

3 あとは、この章の各節で紹介したテキストの設定を1つずつ丁寧に行っていけば完成です。箇条書きの記号をつけ、インデントを整備し、行間を調整し、最後に表全体の大きさを微調整します。

全社改革プロジェクト成功のための条件

● グループ会社を含む全社規模において創立以来蓄積されたナレッジを今回初めて集約、整理、再構築するプロジェクトであること	● 現在の社内体制になって以来の初プロジェクトであり、全社共通データ基盤として成功裡なプロジェクト実績を積む必要があること	● 今後予定している、各プロジェクトとの二重投資の回避と、今後の展開・拡張性を意識する必要があること	● 次期戦略リーダーを育成し、人財育成や社歴の浅い社員へのモチベーションに繋がるプロジェクトであること

◉ 余白を空白行や列で作成する意味

余白をわざわざセルで作る意味は何ですか？　という質問を受けることがあります。確かにわざわざセルの設定を1つずつ行うよりも、「図形の書式設定」の「文字のオプション」を使い、上下左右の余白の設定とテキストの設定と同時に行う方が効率的に感じるかもしれません。しかし、そこをあえてセルで設定するのは、次のようなメリットがあるからです。

メリット **1** 設定が楽

まず、余白をセルによって作成することで、テキストと余白の設定を考えるのが楽になります。例えば余白を0.5cmで設定したい時に、テキストの余白として設定すると、左と右に2分割して0.25cmずつで設定しなければなりません。余白をセルで作れば、0.5cm幅の余白を設定するだけです。

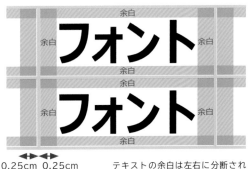

0.25cm　0.25cm

0.5cm

テキストの余白は左右に分断されるので、ややこしい設定をしなければならなくなる

メリット ② 逆算しやすい

表全体の大きさが決まっている場合に、個々の要素の大きさを逆算しやすくなります。例えば今回の例で表全体の大きさを24cmとした場合、空白セルを0.5cmとすると「24－0.5×3＝22.5cm」が、テキストに使えるセル幅の値になります。テキストは4列で構成するので、「22.5÷4＝5.625cm」となりますが、小数点第二位までしか入力できないため、5.62cmで設定するとします。

すると、合計は「5.62×4＋0.5×3」で23.98cmになるので、残りの0.02cmをどう割り振るかが問題になります。この時、「レイアウト」タブの「表のサイズ」の「幅」の値を24cmに変更するとPowerPointが各セルの割合を維持したまま、残りの0.02cmをPowerPointが等分に自動調整してくれます。PowerPointの自動調整機能が役に立つ瞬間です。

「レイアウト」タブで「表のサイズ」の「幅」を24cmに設定した

セルの数値上は5.62cmで変わりないが、PowerPointの内部で残りの0.02cmを割り振っている

メリット ③ スペースが増える

テキストの余白の設定が0cmだと、セルの内部の文字を入力できるスペースがそれだけ多くなります。PowerPointは禁則処理の際に、語尾にできる小さい隙間を使って句点のぶら下げ処理をしようとします。そのため、文章の末尾の数文字が行頭にはみ出してしまうといったテキストの乱れが緩和されることになります。

句読点を「ぶら下がり」で処理するのか「追い出し」にするのかの差は大きい

メリット ④ 段組みが美しい

段組みが美しく仕上がります。これまで紹介した方法で丁寧に設定された段組みのテキストは、スペースを節約しながら、読みやすいという2つの条件をクリアする、とても優れた手法です。

表を使った段組みによって作成した資料を見た方から「これはInDesignで作ったのですか？」と聞かれたことがたびたびあります。そのたびに「これはPowerPointで作っています」と答えると、皆さん一様に驚きます。InDesignは、印刷物のデザインやレイアウトを行うためのプロ向けソフトです。

PowerPointでも、設定をしっかり行って丁寧に文字を組めば、プロ用のソフトに勝るとも劣らない高い品質にまで持っていけるということです。

表を使った段組みは、最初は面倒で難しいと感じるかもしれませんが、慣れると簡単に設定できるようになります。また、一度作成した表を保存しておけば、いくらでも使い回しができます。筆者の私も、段組みの数に応じて2段パターン、3段パターン、4段パターン、5段パターンとストックをたくさん用意しています。

◉ PowerPointの段組みの機能は使いにくい

PowerPointにも、段組みの機能はあります。わざわざ表の機能を使わなくても、あらかじめ用意されている段組みの機能を使えばいいじゃないか？　という方もいるかもしれません。しかし、PowerPointの段組みの機能は非常に使いづらく、使用をお勧めできるものではありません。例えば今回の例を段組み機能を利用して作成すると、以下のような不具合が起きます。

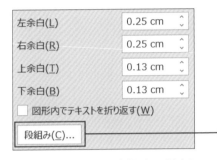

「段組み」ボタンは、「図形の書式設定」の「文字のオプション」の最下部にひっそりと用意されている

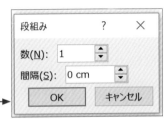

「段組み」で設定できるパラメーターは、段の数と段と段の間隔のみという単純なもの

◉ 不具合①　開始点を設定できない

PowerPointの段組み機能では、段の開始点を設定できません。例のように1行目に項目タイトル（「全社改革プロジェクト成功のための条件」）がある場合、タイトルのうしろの箇条書きから段組みを開始することができず、タイトルも含めた段組みに分割されてしまいます。これはPowerPointの段組み機能が、テキストボックスを指定された段数に分割するだけのものだからです。

全社改革プロジェクト成功のための条件
● グループ会社を含む全社規模において創立以来蓄積されたナレッジを今回初めて集約、整理、再構築するプロジェクトであること
● 現在の社内体制になって以来の初プロジェクトであり、全社共通データ基盤として成功裡なプロジェクト実績を積む必要があること
● 今後予定している、各プロジェクトとの二重投資の回避と、今後の展開・拡張性を意識する必要があること
● 次期戦略リーダーを育成し、人財育成や社歴の浅い社員へのモチベーションに繋がるプロジェクトであること

全社改革プロジェクト成功のための条件
●グループ会社を含む全社規模において創立以来蓄積されたナレッジを今回初めて集約、整理、再構築するプ

ロジェクトであること
●現在の社内体制になって以来の初プロジェクトであり、全社共通データ基盤として成功裡なプロジェクト実績を積む必要があること
●今後予定している、各プロジェクトとの二重投資の回

避と、今後の展開・拡張性を意識する必要があること
●次期戦略リーダーを育成し、人財育成や社歴の浅い社員へのモチベーションに繋がるプロジェクトであること

段組みはあくまでもテキストボックスを指定された段数に分割するだけの機能なので、このようなことが起きてしまう

段組みに項目タイトルを含めてしまうと、箇条書きの各項目の1行目の高さを揃えられません。改行や段落後間隔を調整しても、1行目の高さを合わせるのは困難です。

全社改革プロジェクト成功のための条件

- グループ会社を含む全社規模において創立以来蓄積されたナレッジを今回初めて集約、整理、再構築するプロジェクトであること
- 現在の社内体制になって以来の初プロジェクトであり、全社共通データ基盤として成功裡なプロジェクト実績を積む必要があること
- 今後予定している、各プロジェクトとの二重投資の回避と、今後の展開・拡張性を意識する必要があること
- 次期戦略リーダーを育成し、人財育成や社歴の浅い社員へのモチベーションに繋がるプロジェクトであること

◯ 不具合②　情報の塊が分断される

項目タイトルを段組みの対象にせず、本文のみを段組みにしようとすると、タイトルと本文、2つのテキストボックスを別々に作るしかありません。これでは情報の塊が分断されてしまうので、やるべきではありません。

全社改革プロジェクト成功のための条件

- グループ会社を含む全社規模において創立以来蓄積されたナレッジを今回初めて集約、整理、再構築するプロジェクトであること
- 現在の社内体制になって以来の初プロジェクトであり、全社共通データ基盤として成功裡なプロジェクト実績を積む必要があること
- 今後予定している、各プロジェクトとの二重投資の回避と、今後の展開・拡張性を意識する必要があること
- 次期戦略リーダーを育成し、人財育成や社歴の浅い社員へのモチベーションに繋がるプロジェクトであること

◯ 不具合③　サイズを変えると崩れてしまう

仮に情報の分断に目をつぶって項目タイトルだけ分割して作ったとしても、段組みのテキストボックスは少しでもサイズを変えると各段落の開始位置がずれてしまいます。このようにPowerPointの段組み機能は、お世辞にも使い勝手のよいものではありません。

全社改革プロジェクト成功のための条件

- グループ会社を含む全社規模において創立以来蓄積されたナレッジを今回初めて集約、整理、再構築するプロジェクトであること
- 現在の社内体制になって

以来の初プロジェクトであり、全社共通データ基盤として成功裡なプロジェクト実績を積む必要があること

- 今後予定している、各プロ

ジェクトとの二重投資の回避と、今後の展開・拡張性を意識する必要があること

- 次期戦略リーダーを育成

し、人財育成や社歴の浅い社員へのモチベーションに繋がるプロジェクトであること

オブジェクト（図形）の
ルール＆テクニック

01 図形は四角と正円だけで十分

図形オブジェクトは複雑な形のものは使用せず、シンプルなものだけを使うようにしましょう。

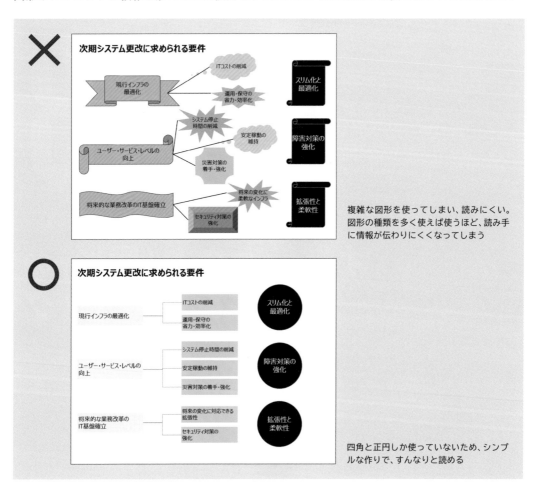

複雑な図形を使ってしまい、読みにくい。図形の種類を多く使えば使うほど、読み手に情報が伝わりにくくなってしまう

四角と正円しか使っていないため、シンプルな作りで、すんなりと読める

● PowerPointに用意されている図形は多すぎる

PowerPointでの資料作成において、四角や丸などの図形で文字を囲むことは、文字や文章を強調したり、整列したり、図解したりする時にとても重宝します。

PowerPointには、多種多様な図形オブジェクトが用意されています。四角、丸、三角といったシンプルなものから、ブロック矢印、フローチャート、星、リボン、吹き出しといった複雑な形状のものまで、その数は170を超えます。しかし、この豊富な種類が仇となり、上の悪い例のように無秩序に使うと、オブジェクトの形ばかりが目立ってしまい、かえってわかりづらくなります。

● 複雑な図形を使うほど「伝わる」から遠ざかってしまう

1つの資料の中で、さまざまな図形を無秩序に使うのは絶対に避けましょう。特に、同じレイヤーや粒度の情報に対して、一方では四角を使い、一方では丸を使うなど、使用する図形が統一されない資料では、読み手がその資料における情報のルールを把握できず、混乱の原因になります。また見た目の上でも、素人くささが目立ってしまいます。

図形オブジェクトは極力シンプルなものを使うようにし、1つの資料の中で同じ性質、粒度、レイヤーを持つ情報は、できるだけ同じ図形を使うようにしましょう。シンプルな図形オブジェクトを使うと資料の読みやすさが上がり、同時に洗練された印象を与えることができます。

シンプルで計画的なデザインの条件としては、次のように色や図形による装飾に頼らず、基本的なフォント、図形、色を使って情報の構造を表すことが重要です。

フォント

書体が統一され、読みやすく書かれている

図形

シンプルな図形に統一され、読み手に情報のルールがわかるように使い分けされている

色

色数が限定され、配色のルールが読み手にわかるように使われている

● 「楕円」は使わない

前ページのよい例のチャートでは、円として正円を使っています。資料の中では、同じ円でも、楕円は使わないようにしましょう。楕円は不安定な形状のものが多く、読み手に不安を与えてしまいます。**図形は、安定感のある四角と正円だけを使うように**しましょう。四角と正円さえあれば、十分にわかりやすい資料を作ることができます。

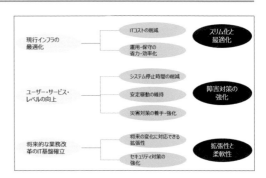

楕円は安定感がなく、歪みが気になり情報が入ってこない。しかもスペースを食う割に、入力できるテキストの量は少ない

● 頻繁に使う図形を決めておく

PowerPointの図形のボタンを押すと大量の図形が選択できますが、実際に使えるものは右の図のように数えるほどです。資料作成の作業スピードと効率を上げるためには、**使う図形を限定し、それ以外のものは使わないように決めておく**ことが重要です。使う図形が決まっていれば、図形の選択に迷うことがなくなり、その分の時間を短縮できます。また図形の種類が限定されると、資料に統一感が生まれやすくなります。シンプルな図形を使い続けると、資料に情報の秩序が生まれるようになるということを意識しましょう。

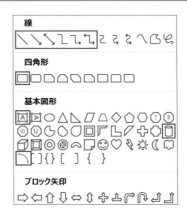

この本では、赤線で囲んだもの以外の図形は、一部の例外を除いて使われていない。つまり、線、四角形、基本図形の一部以外は、ほぼ不要ということになる

02 角丸四角は使わない方が無難

角丸四角形は一見便利なように見えますが、形が崩れやすく美しくないので使わないようにしましょう。

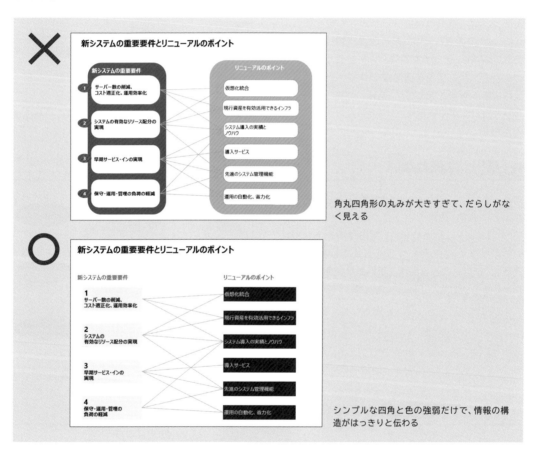

角丸四角形の丸みが大きすぎて、だらしがなく見える

シンプルな四角と色の強弱だけで、情報の構造がはっきりと伝わる

「角丸四角」は実は使いにくい

四角の四隅が丸みを帯びている「角丸四角」は、上手に使うと柔らかい印象を与えることができるので、好んで使う人も多くいます。しかしPowerPointの角丸四角は、サイズを大きくすると角丸の大きさもそれに比例して大きく変化してしまいます。その上、角丸の大きさは手動でしか変えられないため、正確な調整ができず、使いづらいものになっています。また角丸の部分が仇となって、同じ大きさの四角形に比べて入力できるテキストの量が少ないというデメリットもあります。

角丸の大きさを1つずつ手で細かく調整していく手間を考えると、使用する図形を四角に統一してしまった方が、見た目も美しく、作業も簡単です。角丸四角は使わないようにしましょう。

⬤ 角丸四角の丸みの調節

PowerPointの角丸四角は、四隅に円が内包されています。四隅の丸み付近に現れる黄色い「調整ハンドル」をドラッグすると、角丸の丸みを調節することができます。この調整ハンドルは角丸四角に限らず、PowerPointの多くの図形で現れる機能です。調整ハンドルが表示されている間は、図形の縦横比や大きさを変更したあとからでも、変形をやり直すことができます。

ただし、この調整ハンドルはあくまでも手動でしか操作ができません。例えばIllustratorでは角丸の円の半径を数値で設定できますが、PowerPointにはこのようなパラメーターは存在せず、数値による設定ができないのが最大の弱点です。

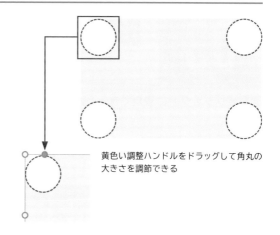

黄色い調整ハンドルをドラッグして角丸の大きさを調節できる

⬤ 角丸四角を使う時は丸みを小さくする

それでも、どうしても角丸四角を使いたいという場合は、複数の角丸四角の丸みを統一することが重要です。ただし、あくまでも手動での調節なので、完全に合わせることはできません。そこで、「調整ハンドル」を使って**角丸の大きさをできるだけ小さくする**ことで、角丸四角どうしの丸みの違いが目立たないようにするとよいでしょう。しかし、**丸みを小さくすると結果的には四角形に近づいていきます。**それならば、わざわざこのような手間をかけなくても、はじめから四角形を使った方がずっとすばやく正確な図形が描けるので、やはり角丸四角の使用はお勧めしません。

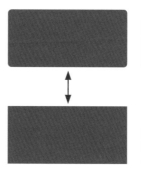

角丸の大きさを小さく調整していくと、結果的に四角形とほぼ変わらなくなってしまう

ならばはじめから四角形を使った方がずっと効率がよく、正確な図形が描ける

⬤ 角丸の円は歪みやすい

作成した角丸四角をコピーして使い回す際、角丸四角の縦横比を変えると、もともと正円だった角丸部分が歪んで楕円に変わり、不格好になってしまいます。こうなると調整ハンドルでの修正にも限界があり、直しきれない場合があります。その場合は、あらためて角丸四角を描き直し、調整ハンドルで調節しながら角丸の正円を崩さないように作るのが近道ですが、やはり手間がかかります。このように、PowerPointの角丸四角は非常に扱いにくい図形オブジェクトです。極力使わないようにしましょう。

角丸四角の縦横比を変えたことで、角丸の正円が縦長の楕円に歪んでしまった。こうなると、調整ハンドルでは直しきれないことがある

03 影はノイズになるのでつけない

図形オブジェクトに設定できる「効果」をむやみに使うとノイズになり、読みやすさを損ねてしまいます。

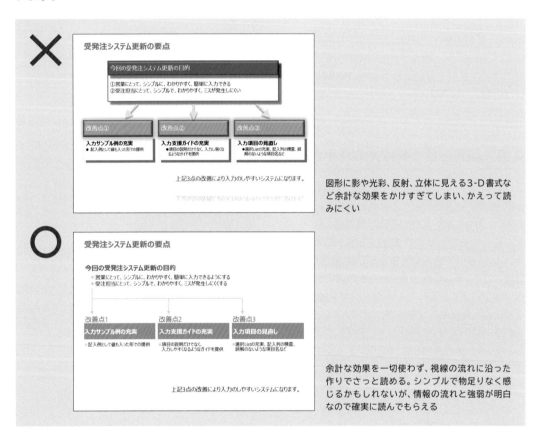

図形に影や光彩、反射、立体に見える3-D書式など余計な効果をかけすぎてしまい、かえって読みにくい

余計な効果を一切使わず、視線の流れに沿った作りでさっと読める。シンプルで物足りなく感じるかもしれないが、情報の流れと強弱が明白なので確実に読んでもらえる

● PowerPointの図形の「効果」はほぼ不要

PowerPointの図形には、「塗りつぶし」「線」「影」「反射」「光彩」「ぼかし」「3-D書式」「3-D回転」といった、6つの「効果」を設定することができます。しかしこれらの効果を無秩序に使うのは逆効果です。特に、頻繁に使われている「影」はただのノイズです。資料が読みにくくなってしまうだけなので、使わないようにしましょう。また、受け取った資料に影が使われていたら取り除くようにしましょう。

受け取った資料で図形に影が設定されていたら、「図形の書式設定」→「図形のオプション」→「効果」の「影」から「影なし」を選択し、もれなく取り除く。その他の効果も同様に「なし」を選択する

● 塗りつぶしもシンプルなものを使う

図形の塗りつぶしにも、「塗りつぶしなし」や「単色」「グラデーション」「図またはテクスチャ」「パターン」といったさまざまな効果が用意されています。しかし、実際に使うのは「なし」「単色」「グラデーション」の3つのみで、他は一切使いません（グラデーションの使い方は第7章で解説します）。「図またはテクスチャ」や「パターン」は一見便利な機能のように見えますが、悪目立ちしてしまい、影と同様、ただのノイズになるだけです。絶対に使用しないようにしましょう。

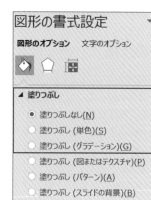

塗りつぶしは基本的に「なし」か「単色」しか使わない。限られた場合にグラデーションを使うこともある

● 3-D書式、3-D回転は「リセット」で除去する

図形に立体的に見える効果がかけられる3-D書式は、「面取り：上」「面取り：下」などパラメーターがいくつもあり、複雑な効果がかけられます。これらのパラメーターは設定方法が難しい上に、苦労して設定しても期待したほどの効果は得られず、資料が読みにくくなるだけなので使わないようにしましょう。

また、受け取った資料の中に3-D書式がかけられた図形があった場合は、地雷を取り払うように1つずつ丁寧に除去していきます。パラメーターの最下部にある「リセット」をクリックして、もれなく初期化するようにしましょう。

同様に、x、y、z軸方向にオブジェクトを回転させて立体的に見せることができる3-D回転も、パラメーターの下部に「リセット」があるので、効果がかかっている図形は初期化するようにしましょう。

3-D書式、3-D回転の最下部にある「リセット」をクリックすると、設定されている効果を一括で除去できる。見つけにくい位置にあるが、効果がかかっている図形を見つけたら必ずリセットするようにしたい

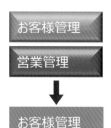

「リセット」をクリックするとエンボスの効果が除去されて、普通の四角形に戻る

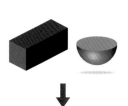

3-D回転がかかっているオブジェクトも、「リセット」をクリックすると初期状態に戻される

● 各種効果の仕様

本編では「効果」は使ってはいけない、と再三に渡って書いてきましたが、ここでは内容の網羅性を上げるために、各種効果の仕様について解説しておきます。紹介するそれぞれの効果を正しく活用すれば、オブジェクトの質感をより現実的な雰囲気に高めることができます。

「効果」には、「影」「反射」「光彩」「ぼかし」「3-D書式」「3-D回転」の6つが用意されています。

ここでは「影」「反射」「光彩」「ぼかし」の4つについて紹介します。「3-D書式」「3-D回転」については P.133「3-D効果と回転を使って球体を作る」と P.135「3-D効果と回転を使って立方体を作る」で紹介します。

なお「影」「反射」「光彩」「ぼかし」については、作業ウィンドウの「図形の書式設定」の「効果」で、より詳細に設定することができます。

● 影の仕様

「影」の効果を設定すると、図形の外側、内側、さらに投影的に影を作ることができます。また、作成した影に対して、透明度、影のサイズ（図形の大きさを100%としてサイズの調整をします）、エッジのぼかし、影の角度、図形からの距離を設定できます。

一般的に物体の近くにできる影のサイズは対象となる物体の大きさに近く、色が濃く、エッジは明瞭になります。逆に物体の遠くにできる影は、物体の大きさよりも大きくなり、色は薄く、エッジもぼやけたものになります。影を設定する時には、このことを考慮しなければなりません。また物体を照らす光源の方角と角度も考慮しないと、影を設定することでかえって物理的な矛盾を生じさせることになってしまい、読者に違和感を抱かせることになりかねません。

なまじこのような大きなリスクを負うのであれば、影は設定しない方が無難だということです。

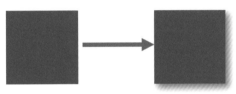

「影なし」から「標準スタイル」の「オフセット：右下」を設定した

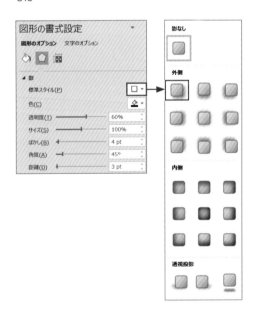

● 反射の仕様

「反射」の効果を設定すると、光沢のある床に写り込むような、図形の反射を作ることができます。反射に対して、透明度、縦方向に写り込むサイズ、エッジのぼかし、図形の下辺と反射の距離を設定できます。ただし、反射の角度は設定できないので、正面に写り込む反射しか作ることができません。

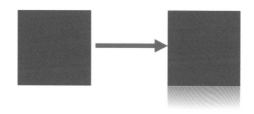

「反射なし」から「標準スタイル」の「反射(弱):オフセットなし」を設定した

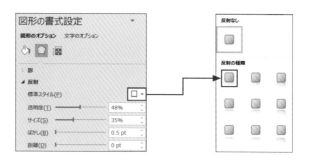

● 光彩の仕様

「光彩」の効果を設定すると、図形の背面にぼやけた色を配置し、図形からぼんやりと光が発せられているような光彩を作ることができます。光彩に対して、色、サイズ、透明度を設定できます。ただし、光彩のぼけ具合を変更することはできないので、サイズと透明度を調節することでぼけ具合を調整します。

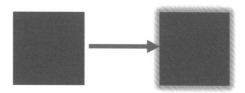

「光彩なし」から「標準スタイル」の「光彩:5pt;青 アクセント カラー 1」を設定した

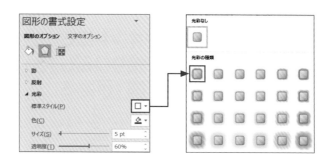

●ぼかしの仕様

「ぼかし」の効果を設定すると、図形のエッジを
ぼかすことができます。「標準スタイル」のドロッ
プダウンリストからぼかしの種類を選ぶことも
できますが、設定項目はエッジのサイズのみな
ので比較的簡単に設定することができます。

「ぼかしなし」から「標準スタイル」の「5pt」を設定した

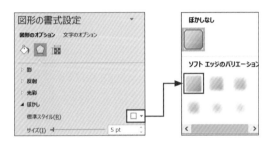

◉ フォントにも「塗りつぶし」と「線」がある

「図形の書式設定」の「文字のオプション」をよ
く見ると、図形などのオブジェクトと同様、フォ
ントにも「文字の塗りつぶし」と「文字の輪郭」
という項目があります。通常、フォントの色は
「文字の塗りつぶし」の「色」に、文字の輪郭＝線
は「線なし」に設定されています。文字の輪郭は、
高度なデザインスキルを使うような特別な条件
の下では力を発揮しますが、原則は使わない方
が無難です。

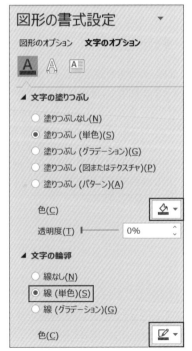

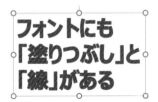

この例の場合、「文字の塗りつぶし」
に「青」、「文字の輪郭」に「線（単色）」
で「ピンク」を設定している

● 3-D効果と回転を使って球体を作る

ここからは、3-D効果と回転を使った応用技について解説していきます。3-D効果と回転を正しく活用すれば、PowerPoint上に空間的な広がりや奥行きを持たせることができます。下の例にあるような素材は、作り方さえ覚えておけ

ば、簡単に用意することができ、さらに独特の浮遊感や奥行き、球体の光沢といった「あしらい」としての質感も出せるので、表現に幅を持たせることができます。

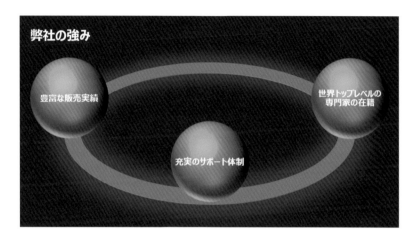

1 最初に円を描きます。今回は「高さ」「幅」ともに10cmの円にします。サイズを正確に決めておくことでこのあとの設定が簡単になるので、意識して行ってください。

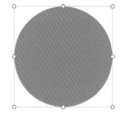

2 「図形の書式設定」の「図形のオプション」の「効果」をクリックし、「3-D書式」を設定します。「面取り：上」「面取り：下」ともに「丸」を選びます。

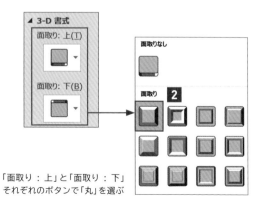

「面取り：上」と「面取り：下」
それぞれのボタンで「丸」を選ぶ

3 次に、面取りの大きさを設定します。パラメーターの単位は「pt」になっています。1ptは約0.35mmなので、10cmの円の場合、100mmに直して「100mm ÷ 0.35 ＝ 285.71…」となります。「面取り：上」と「面取り：下」で、それぞれ半径5cmなので、285.7÷2＝142.8ptと入力するところですが、なんとここでは「5cm」と入力すると、PowerPointがptに自動計算してくれます。ちなみに、ptの数値は小数点第一位まで入力できます。

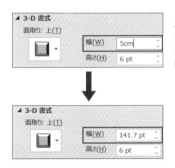

単位はptだが、5cmと入力すると自動的にptに換算される

4 次は「質感」と「光源」をつけていきます。「3-D書式」の下にある「質感」を「つや消し（明るめ）」に、「光源」を「3点」に設定します。これで、球体らしい光沢と陰影ができました。色や透過性を変更すればそのまま色が変わるので、パラメーターのしくみさえ理解しておけば、さまざまなバリエーションを生み出すことができます。

また、浮遊感を出す時に効果が高いのが、「影」をPowerPointの機能に頼るのではなく、オブジェクトを使って別個に作る手法です。球の下に楕円を作ってぼかしを作り、調節していきます。透過性も考慮すると、なおよいでしょう。

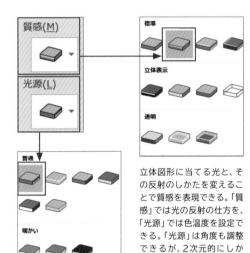

完成した球体。球体の影は、球体の下部に楕円を足している。楕円を意図的に使う非常にレアなケースである

立体図形に当てる光と、その反射のしかたを変えることで質感を表現できる。「質感」では光の反射の仕方を、「光源」では色温度を設定できる。「光源」は角度も調整できるが、2次元的にしか設定ができないので使い勝手がいまひとつ悪い

また、大きさのパラメーターを設定する際、「面取り：上」か「面取り：下」のいずれかを0ptに設定し、3-D回転で回転させると、右のような輪切りの球体を作ることができます。3-Dのパラメーターは、しくみを理解し、ここぞという場面で使うとその威力を発揮します。

「面取り：下」を0ptにして、Y軸方向に120度回転させると右のような形状になる

● 3-D効果と回転を使って立方体を作る

球体と同様、立方体は右の例のようなアイソメトリックなチャートを作る時に、空間の広がりや奥行きを醸し出し、チャートの意味やニュアンスを広げる小道具として球体以上に威力を発揮します。

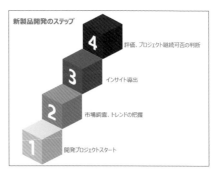

立方体が作れるようになると、右のような階段などを作れるようになる。図に変化を出したり、伝えたい内容のニュアンスを増したりすることができる

1 円と同じように、正確に四角形を描きます。「高さ」と「幅」をそれぞれ3.5cmにします。

2 次に、円と同じように「3-D書式」の「面取り」を「丸」に設定します。立方体の場合、「面取り」では図形平面に対して角が立体方向に曲がる量を「幅」で、立体を盛る量を「高さ」で設定します。立方体の場合、「幅」は不要なので0ptと入力し、「面取り：上」の「高さ」のみに3.5cmと入力します。すると、PowerPointが自動計算して、99.2ptと変換されます。これですでに立方体になっているのですが、見た目は四角のままです。これは、立方体を真正面から見ているからです。

3 立方体の角度を変えることで、立体化されている様子がはっきりとわかります。「3-D回転」の「標準スタイル」にはあらかじめx、y、z方向の回転がプリセットされているので、この中から「平行投影」の「等角投影：左下」を選択します。これができるようになると、2次元のPowerPointで3次元的な空間の広がりを演出できるようになり、使い方次第でいろいろな可能性が出てきます。

「面取り」の高さと幅を設定して、回転させると左のような状態になる。幅と高さの値の関係が理解できる

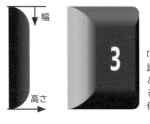

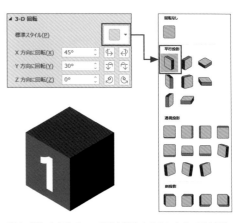

高さ、幅ともに3.5cmの正方形を立方体にした。正方形に入力する文字も同様に回転してくれるので、可読性の落ちない範囲で変化をつけるのには有効な手段となる

CHAPTER 03
04 オブジェクトの枠線は「なし」にする

オブジェクトの枠線は、基本的には「線なし」に設定し、線をつける場合も目立たないようにしましょう。

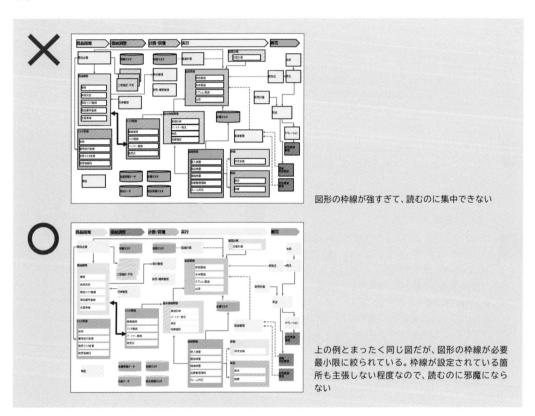

図形の枠線が強すぎて、読むのに集中できない

上の例とまったく同じ図だが、図形の枠線が必要最小限に絞られている。枠線が設定されている箇所も主張しない程度なので、読むのに邪魔にならない

◉ 図形の線は基本は「なし」にするのがコツ

図形オブジェクトには、「塗りつぶし」と「線」の両方の効果がかけられます。しかし、特に「線」は曲者です。オブジェクトに不用意に線をつけてしまうと、ページの左上から右下に進む視線が流れにくくなってしまいます。特に縦線は、視線の左から右へ流れる導線を遮ってしまうので要注意です。複雑な図が描かれている資料ほど、オブジェクトの線を丁寧に除去するだけで読みやすくなります。オブジェクトの線はできるだけ「なし」にしましょう。

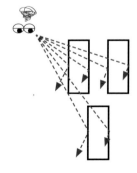

縦の線は左→右の視線の流れを遮ってしまう厄介な存在

● 線は薄いグレーが最適

オブジェクトが重なり合ったりする場合など、個々のオブジェクトを識別できるようにやむをえず線をつける、といった場合は、**線の色は薄いグレーにする**ようにしましょう。グレーはどんな色に対しても馴染む色であり、目立たない線を設定することができます。オブジェクトの色によっては、グレーの線では識別がしにくいという場合も、グレーの色の濃淡を調節することで対処しましょう。線の幅も1pt以下の細さに設定するなど、線が目立たないようにすることがポイントです。

重なり合っているオブジェクトを識別するために線をつける場合は、1pt以下の幅で薄いグレーの線にすると、主張しない線が設定できる

オブジェクトの色が薄く、グレーの線との差が出せない場合は、グレーの濃淡を調整する。あくまでも線を目立たせないようにすることが重要

● 線を目立たなくするだけで資料は読みやすくなる

既存の資料を短時間で読みやすくしたい場合にすぐにできることとして、資料にあるオブジェクトの線を片っ端から「線なし」に設定することは、意外に大きな効果が得られる手段です。

重なり合ったオブジェクトの線を取り除くことは面倒な作業ですが、その場合、**スライドの外側のオブジェクトから優先的に「線なし」にする**のがポイントです。内側になるほどオブジェクトの識別がしずらくなるので、線を取り除くのではなく、薄いグレーの線を引くようにします。このひと手間で、

不思議なくらいに美しく読みやすい資料になります。

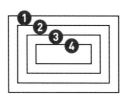

スライドの外側にあるオブジェクトから「線なし」にする。例の場合❶→❹の順に線を除去していくか、グレーの線を引く場合には❶→❹の順に濃くしていく

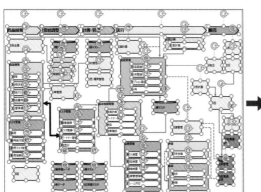

線を除去するオブジェクトを1つずつ丁寧に選択する。線を残すオブジェクトは選択から外し、薄いグレーの線に設定し直す

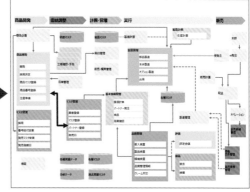

オブジェクトの選択作業が面倒に感じられるかもしれないが、丁寧に選んでいけば5分もかからない

05 オブジェクトを触ったら タブを確認する

図形、画像、表、グラフなど、対象のオブジェクトを選択した時には必ずタブを確認しましょう。

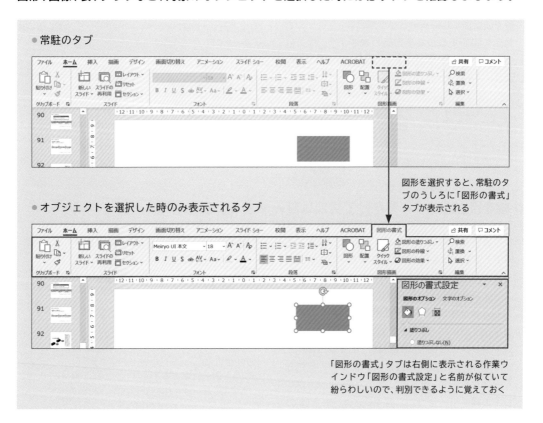

● 常駐のタブ

● オブジェクトを選択した時のみ表示されるタブ

図形を選択すると、常駐のタブのうしろに「図形の書式」タブが表示される

「図形の書式」タブは右側に表示される作業ウィンドウ「図形の書式設定」と名前が似ていて紛らわしいので、判別できるように覚えておく

◉ オブジェクトの設定はタブと「図形の書式設定」を同時に確認する

PowerPoint のほとんどの機能やパラメーターは、タブ→リボンから設定できます。リボンは機能ごとにタブによって分類され、タブを切り替えることによって設定したい機能やパラメーターをリボンの中から探します。**タブには、常時表示されているものと、対象のオブジェクトを選択した時にのみ表示されるものとの2種類があります。**図形オブジェクトの設定は「図形の書式」タブに加え、同じくオブジェクト選択時に右側に表示される作業ウィンドウ「図形の書式設定」とセットで使います。

作業ウィンドウは、選択したオブジェクトの性質によって名称が変わります。特に何も選択されてない状態では「背景の書式設定」が表示されています。特に図形オブジェクトの選択時は、タブが「図形の書式」、右側の作業ウィンドウが「図形の書式設定」と名称が紛らわしいので、注意が必要です。本書では頻繁に「～の書式設定」という言葉が文中に登場します。その都度、何のことかわからない、ということがないようにしっかり理解するようにしましょう。

● 同時に複数のタブが表示されることもある

タブは、選択したオブジェクトの属性に合わせて、関係するタブがもれなく表示されます。そのため、場合によっては同時に複数のタブが表示されることもあります。例えば表を選択すると、「テーブルデザイン」と「レイアウト」のタブが同時に表示されます。

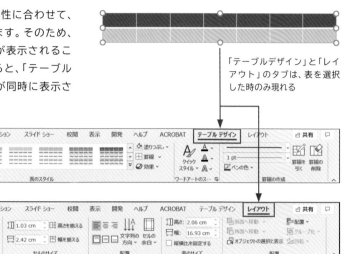

「テーブルデザイン」と「レイアウト」のタブは、表を選択した時のみ現れる

また、グラフを選択すると「グラフのデザイン」と「書式」のタブが同時に表示されます。PowerPointでグラフを設定する時にはいきなりグラフエリアそのものを触るのではなく、これらのリボンを確認してから設定するのがポイントです。

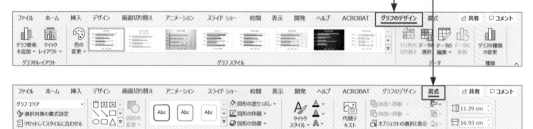

● 画像のタブは「図の形式」

画像を選択すると、「図の形式」タブが表示されます。図形オブジェクトの「図形の書式」タブとまちがえやすい名称なので、気をつけましょう（PowerPointでは画像のことを「図」と表記します）。詳細は第6章で紹介しますが、「図の形式」タ

ブでは画像の簡単な編集や圧縮、スタイルの変更などを設定できます。また、画像と図形オブジェクトを同時に選択した時には「図形の書式」と「図の形式」が同時に表示されることもあるので、見まちがえないように注意が必要です。

CHAPTER
03

オブジェクト（図形）のルール＆テクニック

06 オブジェクトの「貼り付け」の種類を理解する

オブジェクトの貼り付けには、大きく3つの種類があります。さらに細かい設定もできるので、しっかりと理解しておきましょう。

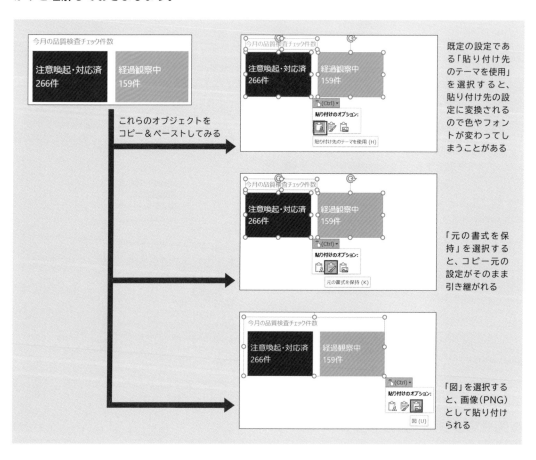

これらのオブジェクトをコピー&ペーストしてみる

既定の設定である「貼り付け先のテーマを使用」を選択すると、貼り付け先の設定に変換されるので色やフォントが変わってしまうことがある

「元の書式を保持」を選択すると、コピー元の設定がそのまま引き継がれる

「図」を選択すると、画像（PNG）として貼り付けられる

● オブジェクトの貼り付けには3種類ある

オブジェクトをコピーして別の場所に貼り付けると、オブジェクトの近くに「貼り付けのオプション」ボタンが表示されます。このボタンをクリックすることで、オブジェクトを貼り付ける方法を選択することができます。それが、上の例で紹介した「貼り付け先のテーマを使用」「元の書式を保持」「図」の3種類です。オブジェクトの貼り付けは、この3種類を

使いこなせばほとんどのケースで対応が可能です。なお、貼り付けのあとに何らかのアクションをすると、「貼り付けのオプション」ボタンは消えてしまいます。その場合も、オブジェクトを一切動かさず、何も編集していなければ、オブジェクトをクリックし直すと再び表示されます。ボタンが消えても慌てないようにしましょう。

●「形式を選択して貼り付け」の表示方法

「貼り付けのオプション」の3種類のボタン以外に
も、オブジェクトを貼り付ける方法があります。オ
ブジェクトをコピーした状態で、「ホーム」タブの
「貼り付け」ボタンの下側の矢印をクリックします。
メニュー下部にある「形式を選択して貼り付け」を
クリックすると、「形式を選択して貼り付け」ダイ
アログボックスが表示されます。これは、コピーし
たオブジェクトを画像として貼り付ける際のデー
タ形式を選べるものです。「貼り付けのオプション」
では自分が貼り付けたいデータの形式が見つから
なかった場合に利用するとよいでしょう。

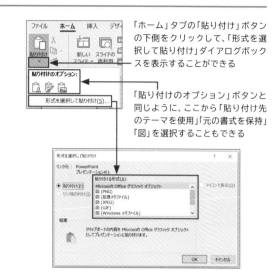

「ホーム」タブの「貼り付け」ボタン
の下側をクリックして、「形式を選
択して貼り付け」ダイアログボック
スを表示することができる

「貼り付けのオプション」ボタンと
同じように、ここから「貼り付け先
のテーマを使用」「元の書式を保持」
「図」を選択することもできる

●「貼り付ける形式」の種類は8種類

「形式を選択して貼り付け」ダイアログボックスの
「貼り付ける形式」には、以下の8種類があります。
オブジェクトを画像として貼り付ける際のデータ
形式を選択できますが、画像に詳しくない人には馴

染みの薄いものばかりです。筆者の経験では「PNG」
で十分で、ごくまれに「拡張メタファイル」を使っ
たことがある程度です。知識として、一通り理解し
ておく程度でよいでしょう。

形式	説明
Microsoft Office グラフィック オブジェクト	PowerPoint上で編集できる通常のオブジェクトとして貼り付けられます。
図(PNG)	PNGファイルとして貼り付けられます。「貼り付けのオプション」で「図」を選択した場合もPNG形式で貼り付けられるため、同じ結果になります。画質を低下させることなく、保存、復元、再保存することができ、写真にも、絵や文字にも適した、もっとも無難な形式です。
図(拡張メタファイル)	PowerPoint上で作成した図形などをベクター画像として貼り付けることができます。ベクター画像は、拡大／縮小しても画質が変化しないメリットがあります。
図(JPEG)	デジカメなどで幅広く使用される形式ですが、PowerPoint上で保存をくり返すたびに不可逆圧縮が行われ、画質が悪くなっていきます。また背景が白くなってしまう（透明にできない）ので、使用はお勧めしません。
図(GIF)	簡易的なアニメーションを表示することができる形式です。最新のPowerPointには、アニメーションGIFの作成機能が備わっています。
図(Windowsメタファイル)	拡張メタファイルの古い形式です。拡張メタファイルはWindowsメタファイルの改良形式なので、拡張メタファイルを選ぶ方が無難です。
デバイスに依存しないビットマップ	ビットマップの色が表示される環境（表現できる色数の少ない古いディスプレイなど）の影響を受けない形式です。無圧縮でファイルサイズが大きくなるため、使わない方が無難です。
ビットマップ	ビットマップの色が表示される環境に左右されてしまう形式です。無圧縮でファイルサイズが大きくなるため、使わない方が無難です。

◉「クリップボード」を使えばコピーの履歴を再利用できる

前のページでは「貼り付けのオプション」について解説しましたが、「コピー」にもオプションと言えるような機能があります。コピー＆ペーストをする際に、コピーのアクションは直前のものしか有効ではありません。場合によっては同じオブジェクトやテキストを何度もコピーし

直さなければならず、煩わしい時があります。このような場合に「クリップボード」を使用すると、コピーの履歴を保存することができるので、以前にコピーしたオブジェクトやテキストを選択して貼り付けることができます。別のアプリケーションでコピーしたものも保存されます。

1 「ホーム」タブの一番左側にある「クリップボード」の▣ボタンをクリックします。コピーの履歴が表示されます。

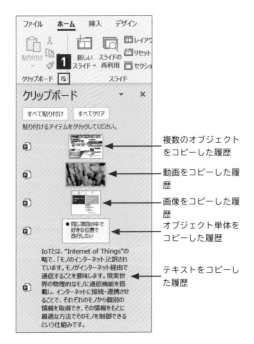

複数のオブジェクトをコピーした履歴

動画をコピーした履歴

画像をコピーした履歴

オブジェクト単体をコピーした履歴

テキストをコピーした履歴

2 「クリップボード」にある履歴を貼り付けるには、貼り付けたい対象の右側にある「▼」をクリックし、「貼り付け」をクリックします。削除も同様です。

3 履歴にあるすべてのオブジェクトやテキストを貼り付ける、または削除するには、「クリップボード」の「すべて貼り付け」または「すべてクリア」をクリックします。

クリップボードの履歴は、最大24個まで保存できます。25個目をコピーすると、「クリップボード」にあるもっとも古い履歴が削除されます。PowerPointを終了すると、クリップボードの履歴はすべて削除されます。
またPowerPointの初期設定では、コピーのアクションをした直後、Windowsのタスクバーの近く（PC画面の右下あたり）に、クリップボー

ドに収集されたコピーの履歴のメッセージが表示されます。現時点で何個のコピーの履歴が保存されているかを確認できます。

コピーした直後、PC画面の右下あたりにこのようなメッセージが一瞬表示される

● 「書式のコピー／貼り付け」で同じ書式をくり返し設定する

1つのオブジェクトやテキストに設定した書式を他の複数のオブジェクトやテキストにも設定しなければならない場合、いちいち同じ設定作業をくり返すのは煩わしいものです。

そのような時にコピーしたい書式が設定されたオブジェクトやテキストを選択し、「書式のコピー／貼り付け」の機能を使うことで、コピーしたい書式のみをコピー＆ペーストすることができます。「書式のコピー／貼り付け」は、右の方法で設定します。

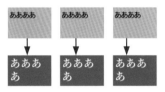

上段の青い四角を選択して「書式のコピー」→黄色い四角に「書式の貼り付け」を行うと、コピー元の青い四角形の書式が黄色い四角形に上書きされる

1 コピーしたい書式が設定されたオブジェクトやテキストを選択し、[ホーム]タブの[書式のコピー／貼り付け]をクリックします。

2 マウスカーソルの横に「はけ」のマークが現れます。この状態でテキストを選択するとテキストの書式が、オブジェクト全体を選択するとオブジェクトの書式が貼り付けられます。

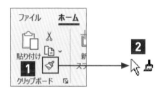

3 同じ書式を複数の貼り付け先にくり返し設定するには、「書式のコピー／貼り付け」をダブルクリックして、貼り付け先を次々とクリックまたはドラッグします。作業が終わったら、Esc キーを押すか、もう一度「書式のコピー／貼り付け」をクリックして解除します。

「書式のコピー／貼り付け」は一見便利な機能にも見えますが、コピーできる書式は1つのみであり、複数の設定がされているオブジェクトには、その設定されている数のコピー＆ペーストをくり返さなければなりません。また、マウスカーソルの横に表示される「はけ」の使い勝手が悪く、誤操作を引き起こしやすい仕様になっているので注意が必要です。

例えば、右の図の水色の四角のようにフォントのサイズやウェイトが複数条件で設定されているオブジェクト全体をコピーしても、コピーされる書式は1つだけなので、右側の白い四角に書式を貼り付けると1行目の青い太字のフォントの設定がすべてのテキストに適用されてしまいます。これでは結局元に戻して、設定作業を

くり返した方が早いので、筆者の私はあまり使わない機能です。

なお、書式のコピーは Ctrl + Shift + c キー、書式の貼り付けは Ctrl + Shift + v キーのショートカットでも実行できます。

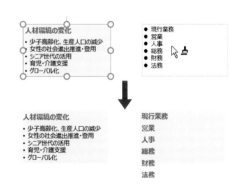

● 同じ操作をくり返すショートカットキー F4

「書式のコピー / 貼り付け」に対して、筆者の私が頻繁に使うのが F4 キーです。これは「直前の操作をくり返す」というもので、覚えておくとPowerPointだけでなく、WordやExcelにも共通で使える非常に便利な機能です。
たとえば、右の四角形を赤から青に変更したとします。

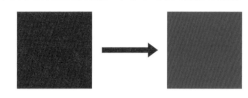

これと同じ色の設定を右の4つの四角形にも同様に行わなければならない時に、いちいち1つずつ選んで色の設定をするというのは面倒な話です。

この時、赤い四角形を青に変えたあと、黄色い四角形を選択し F4 キーを押すと、直前の動作がくり返されて四角形が黄色から青に変化します。

同様に茶色、緑、紫の四角形も順に選択し F4 キーを押すと、直前の動作がくり返されるので四角形が青に変化します。
複数のオブジェクトを選択した場合には、選択したすべてのオブジェクトに直前の動作のくり返しが適用されます。

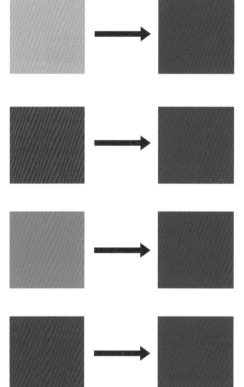

黄色、茶色、緑、紫の四角形を順に選択して F4 キーを押すと、それぞれの四角形の色が青に変更される

ここでのポイントは、「**くり返されるのは最後に行われた操作になる**」というところです。

例えば右の例のように「あ」と書かれている赤い四角形を、青の四角形に色を変更します。

続いて赤い四角形に入力されている「あ」のフォントサイズを18ptから32ptに変更します。

黄色い四角形を選択して F4 キーを押すと黄色い四角形の色は変化せず、入力されている「あ」のフォントサイズが赤い四角形と同じ32ptに変化します。

このように F4 キーは「**直前の操作をくり返す**」ものであり、くり返す操作の選択はできないことに留意しましょう。便利な操作なのですが、慣れないとどの操作がくり返されるのかが、ちょっとわかりにくいという面もあります。何度か操作をして、何がくり返されるのかを確認してみてください。

赤の四角形のフォントのサイズを変えたあとに黄色い四角形を選択し F4 キーを押すと、赤の四角形と同じフォントサイズが適用される

この操作に慣れておくと、第8章で紹介する表の設定の際にセルの色の塗りの設定や罫線の設定などの操作が楽になることがあります。

例えば下の例の表のいくつかのセルの塗りつぶしを緑から白に変える時に、白にしたい任意のセルを1つだけ選び、白に変えるとします。

このあとは同様に白に塗りつぶしたいセルを選択し、 F4 キーを押せば、セルごとにいちいち塗りつぶしの設定作業をしなくても同様の動作がくり返されます。

この時も途中で別の操作を行ってしまうと F4 キーは直前の動作をくり返すので、白に塗りつぶす動作をくり返したい場合は任意のセルを白に塗りつぶす動作を再び実行しなければいけません。

白に塗りつぶしたい任意のセルを1つだけ選び白に変えたあとは、同様に白にしたいセルを選びながら F4 キーを押せば白に塗りつぶされる作業がくり返される

07 オブジェクトの重なりを把握／操作する

重なり合っているオブジェクトは、「オブジェクトの選択と表示」を使って一発で選択しましょう。

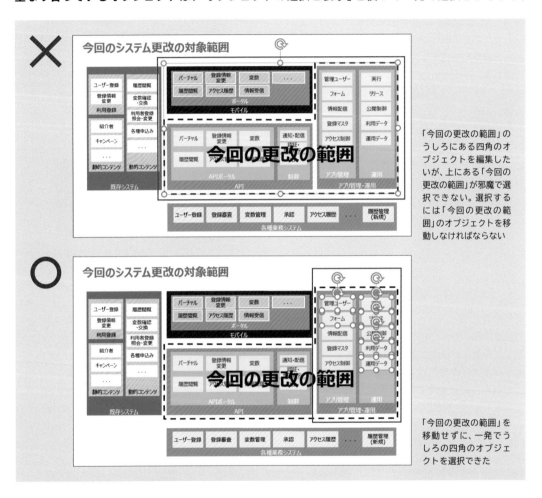

「今回の更改の範囲」のうしろにある四角のオブジェクトを編集したいが、上にある「今回の更改の範囲」が邪魔で選択できない。選択するには「今回の更改の範囲」のオブジェクトを移動しなければならない

「今回の更改の範囲」を移動せずに、一発でうしろの四角のオブジェクトを選択できた

● 重なり合ったオブジェクトは「オブジェクトの選択と表示」で選択する

重なり合ったオブジェクトの中から特定のものだけを選択して編集したい時に、選択したいものよりも上にあるオブジェクトが邪魔で選べなかったり、ドラッグで範囲を選択しても、必要ないものまで選択されてしまったりと、思うようにいかずイライラしてしまうことがあります。

このような時に「オブジェクトの選択と表示」を利用すると、スライド上のオブジェクトの上下関係を確認、変更したり、表示／非表示を設定したりすることができます。オブジェクトを複雑に重ねて配置する資料を作成する際には大変重宝する機能なので、使いこなせるようになりましょう。

●「オブジェクトの選択と表示」の表示方法

「オブジェクトの選択と表示」は「ホーム」タブの「配置」をクリックし、表示されるメニューの最下部から実行できます。また、図形オブジェクトを選択した時に表示される「図形の書式」タブから実行することもできます。

「オブジェクトの選択と表示」をクリックすると、画面右側に「選択」画面が表示されます。「選択」画面に表示されているオブジェクトを上下にドラッグすると、前面／背面の配置を移動させることがで

きます。ただし、グループ化されているオブジェクトの場合、グループ内での上下関係は変更できますが、グループを超えた移動はできません。オブジェクトをグループの外に出すには、いったんグループ化を解除する必要があります。

「選択」画面は「図形の書式設定」など、他の画面と同時に表示させることができます。また、表示サイズを変えることもできます。

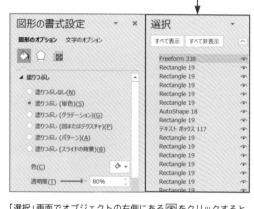

「選択」画面でオブジェクトの右側にある　をクリックすると、オブジェクトが非表示になる。非表示にするとアイコンの形状が　になり、目が閉じた状態になる

● オブジェクトに名前をつけておく

オブジェクトに挿入されたテキストは、「選択」画面の一覧には反映されません。そのため、一覧ではどれがどのオブジェクトなのかがわからず、特定のオブジェクトを見つけるには、1つずつクリックして探す必要があります。そのため、オブジェクトを判別できるように名前をつけておくと、オブジェクトの上下関係を変更する時に便利です。「選択」画面上で名前を変更したいオブジェクトをクリックすると、名前を編集できる状態になります。

名称を変更したいオブジェクトをクリックして、名前を編集する

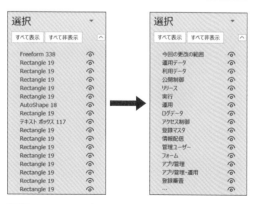

「選択」画面では、オブジェクトはRectangle（四角）やテキストボックスなどの名称でしか表示されない。そこで、判別できるように名前をつけておくと管理が楽になる。特にアニメーションを設定する資料などでは、オブジェクトが重なり合うことが多いので名前をつけておくとよい

● 「選択」画面上でのグループ化の方法

「グループ化」はオブジェクトを選択する際に頻繁に行う動作ですが、ここでは「グループ化」されたオブジェクトの「選択」画面上での挙動について解説します。「選択」画面で Ctrl キーを押しながら複数のオブジェクトをクリックすると、クリックしたオブジェクトを選択することができます。選択したオブジェクトのいずれかの上で右クリックし、「グ

ループ化」→「グループ化」を選択すると、対象のオブジェクトをグループ化できます。グループは何度でも入れ子状にすることができます。

また、グループ化はグループ化される対象のオブジェクトのうち、一番上にあるものに階層が合わせられます。

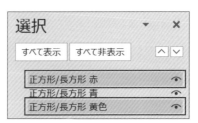

複数のオブジェクトを選択する際は、「選択」画面上で Ctrl キーを押しながら対象のオブジェクトをクリックする

選択したオブジェクト上で右クリックし、「グループ化」→「グループ化」を選択する

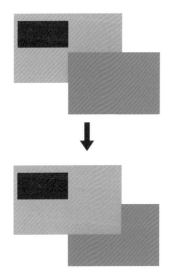

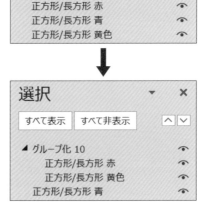

赤い四角と黄色い四角をグループ化した結果、一番下にあった黄色い四角は、一番上の赤の四角と同じ階層に移動する

● 作業ウィンドウの「タブ」を活用する

「選択」画面は、「図形の書式設定」画面などと同時に表示させることができます。しかし、複数の作業ウィンドウを表示させると、画面の中央に向かって作業ウィンドウが連なって表示されてしまい、編集画面での作業がしづらくなってしまうという不便が生じていました。

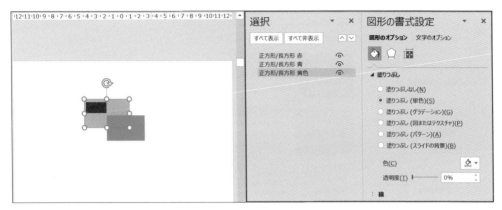

これまでは、作業ウィンドウを複数表示させるとスライド編集画面が狭くなってしまうので作業しづらかった

ところが、2020年8月上～中旬ごろから作業ウィンドウに「タブ」の機能が実装され、作業ウィンドウの右側に複数の作業ウィンドウをアイコン化して格納することができるようになりました。アイコンをクリックすれば、スライド編集画面が侵食されることなく複数の作業ウィンドウをスムーズに切り替えられるので、とても便利です。この機能が実装されているバージョンを使っている場合は、「選択」画面をアイコン化して常に表示させておくことをお勧めします。

作業ウィンドウをタブではなく、これまでのように複数並べて表示させたい場合は、作業ウィンドウの名称の右側にある「▼」をクリックして「タブから移動」を選択します。反対に作業ウィンドウをタブにしまいたい場合は、「タブへ移動」を選択します。
作業ウィンドウが表示されている状態でタブのアイコンをクリックすると作業ウィンドウが非表示になり、アイコンだけがタブに表示されます。

右側のタブに作業ウィンドウをアイコン化して格納することができる。アイコンは上から「図形の書式設定」「選択」「アニメーションウィンドウ」の順に並んでいる

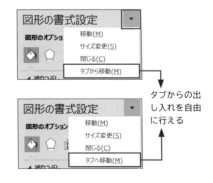

タブからの出し入れを自由に行える

CHAPTER 03
08 複数のオブジェクトは「配置」で揃える

オブジェクトを揃える時はフリーハンドで行うのではなく、「配置」の整列機能で位置を揃えるようにしましょう。

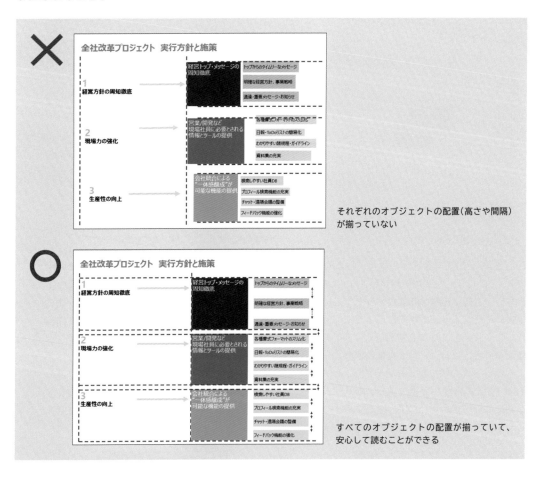

それぞれのオブジェクトの配置（高さや間隔）が揃っていない

すべてのオブジェクトの配置が揃っていて、安心して読むことができる

○「配置」ボタンで徹底的に揃える

複数のテキストやオブジェクトの位置を特定の基準に従って揃えることは、読みやすい資料を作る上で極めて重要です。揃えることによって、オブジェクトの配置に意味やルールが生まれます。読み手は配置のルールを視覚的に理解しながら、安心して読むことができます。

オブジェクトの配置は手動で揃えることもできますが、手間がかかる上、正確に行うのはなかなか難しいです。「ホーム」タブの「配置」にある整列機能を使うと、簡単に、かつ正確に揃えることができます。整列機能はPowerPointの中でも特に頻繁に使う機能なので、必ず使えるようにしておきましょう。

●「配置」の表示方法

「配置」は、「ホーム」タブの「配置」をクリックして表示されるメニューの「配置」の中から選択できます。また、図形オブジェクトを選択した時に表示される「図形の書式」タブの「配置」からも表示することができます。

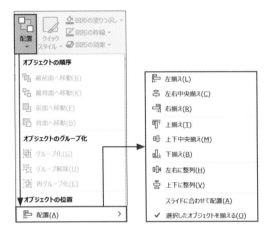

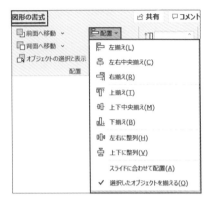

●「配置」の基準となるオブジェクト

「配置」からオブジェクトの揃え方を選択すると、選択している複数のオブジェクトの中で、揃える方向のもっとも先端にあるオブジェクトを基準に配置が揃えられます。例えば「左揃え」を選択した場合、複数のオブジェクトのうち、もっとも左側にあるオブジェクトを基準に、その他のオブジェクトの位置が揃えられます。また「中央揃え」の場合は、選択しているオブジェクトのうち、幅や高さがもっとも大きいオブジェクトを基準に揃えられます。

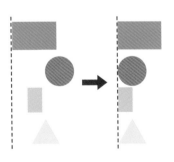

「左揃え」では、4つのオブジェクトのうちもっとも左側にある青い長方形を基準に揃えられる

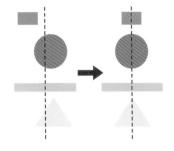

「中央揃え」では、4つのオブジェクトのうちもっとも左と右にある図形の中間に揃えられる

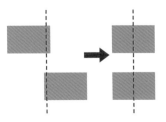

「中央揃え」でオブジェクトのサイズが同じだった場合は、両方のオブジェクトの中間の位置に揃えられる

◎ スライドの中心や隅にも揃えられる

「配置」のメニューの下部に、「スライドに合わせて配置」と「選択したオブジェクトを揃える」の2つの項目があります。オブジェクトを1つだけ選択している場合は、「スライドに合わせて配置」のみが選択できます。

「スライドに合わせて配置」を選択しチェックが入った状態では、スライドの左右や上下、中央を基準にオブジェクトを配置することができます。例えば「スライドに合わせて配置」を選択し、「左右中央揃え」→「上下中央揃え」の順番で選択すると、対象のオブジェクトがスライドの中心に揃えられます。

オブジェクトを1つだけ選択している時は、自動的に「スライドに合わせて配置」が選択される

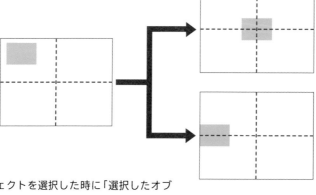

スライドの左上にある四角を「左右中央揃え」→「上下中央揃え」でスライドの中央に揃えられる

「左揃え」→「上下中央揃え」で左端の中央に揃えられる

複数のオブジェクトを選択した時に「選択したオブジェクトを揃える」にチェックが入っている場合は、「スライドに合わせて配置」にチェックを入れてから、揃えたい位置を選択します。

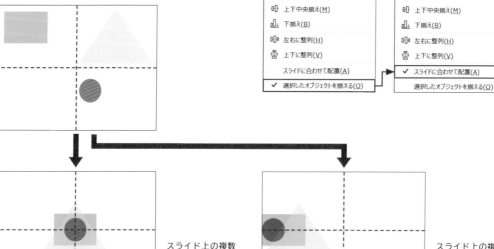

スライド上の複数のオブジェクトをスライドの中央に揃えられる

スライド上の複数のオブジェクトを左端の中央に揃えられる

152

◉ 「左右に整列」「上下に整列」で等間隔に揃える

オブジェクトを等間隔に配置したい時は、「配置」のメニューで「左右に整列」「上下に整列」を選択します。「選択したオブジェクトを揃える」にチェックが入った状態で「左右に整列」を選ぶと、左右の一番端にあるオブジェクトが整列の基準になります。「上下に整列」を選ぶと、上下の一番端にあるオブジェクトが整列の基準になります。左と右、上と下にあるオブジェクトの位置を決めてから整列の操作を行うと、思い通りの位置にすばやく揃えることができます。

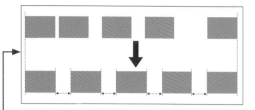

「左右に整列」を選択すると、左端と右端にあるオブジェクトを基準に等間隔に揃えられる

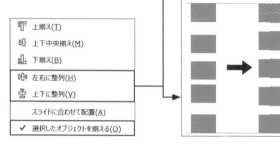

「上下に整列」を選択すると、上と下の端にあるオブジェクトを基準に等間隔に揃えられる

上揃え(T)	
上下中央揃え(M)	
下揃え(B)	
左右に整列(H)	
上下に整列(V)	
スライドに合わせて配置(A)	
✓ 選択したオブジェクトを揃える(O)	

「選択したオブジェクトを揃える」にチェックが入っている

また「スライドに合わせて配置」にチェックが入った状態で「左右に整列」「上下に整列」を選択すると、スライドの左右、上下を基準に整列されます。

左揃え(L)
左右中央揃え(C)
右揃え(R)
上揃え(T)
上下中央揃え(M)
下揃え(B)
左右に整列(H)
上下に整列(V)
✓ スライドに合わせて配置(A)
選択したオブジェクトを揃える(O)

「スライドに合わせて配置」にチェックが入っている

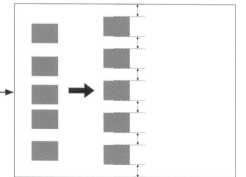

スライドの左右を基準に等間隔に揃えられる

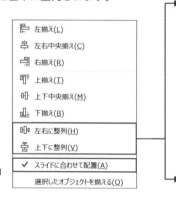

スライドの上下を基準に等間隔に揃えられる

● オブジェクトはグリッドにスナップする

オブジェクトを揃える時に「配置」の機能と同様に重要になるのが、グリッドとスナップの機能です。PowerPointには、あらかじめ仮想のグリッド線（オブジェクトなどの要素を揃えるための格子状のガイドライン）が設定されています。グリッド線は、「表示」タブの「グリッド線」のチェックによって表示／非表示を切り替えることができます。詳細は次ページの「グリッドとスナップの設定を理解しておく」を参照してください。

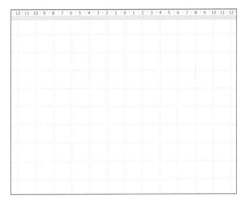

「表示」タブの「グリッド線」にチェックを入れると、スライド上にグリッド線が現れる

グリッド線の表示／非表示に関わらず、初期設定でオブジェクトはグリッドにスナップ（自動的に合うように調節）するようになっています。これは一見便利な機能に思えますが、位置の微妙な調整ができないというデメリットがあります。

オブジェクトを移動しようとした時に自動調整されてしまい、任意の場所に配置できないことがある。これはオブジェクトがグリッドにスナップするようになっているためである

そこで、**設定されたグリッド線の単位よりも細かい単位でオブジェクトの大きさや位置を調節したい時は、**Alt**キーを押しながらドラッグすることで、一時的にグリッドへのスナップを無効にし、細かい移動やサイズ変更ができるように**なります。

設定した間隔のグリッド線に合わせてオブジェクトがスナップされる

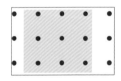

Alt キー ＋ ドラッグで、スナップを一時的に解除できる

● グリッドとスナップの設定を理解しておく

グリッドとスナップは、以下の手順で詳細な設定を行うことができます。なお、「図形の整列時にスマートガイドを表示する」の上にある「ガ

1 「表示」タブの「表示」で🗗ボタンをクリックし、「グリッドとガイド」ダイアログボックスを表示させます。

2 「グリッドとガイド」ダイアログボックスの「描画オブジェクトをグリッド線に合わせる」にチェックが入っていると、オブジェクトのサイズを手動で変える時や移動させる時に、グリッド線に合わせてオブジェクトがスナップされるようになります。

イドを表示」については、P.400「10-7「テーマのフォント」「テーマの色」「ガイド」を設定する」を参照してください。

3 「グリッドを表示」にチェックを入れると、スライド上にグリッド線が表示されます。グリッド線は、標準で0.2cm間隔に設定されています。「間隔」で、最小0.1cm間隔まで変更できます。

4 「図形の整列時にスマートガイドを表示する」にチェックが入っていると、オブジェクトのサイズを手動で変える時や移動する時にスマートガイドと呼ばれるガイド線が表示され、オブジェクトの配置と間隔の調整を行うことができます。

5 「既定値に設定」をクリックすると、ここで設定した内容が他のファイルの設定にも反映されます。

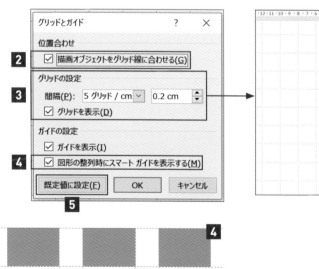

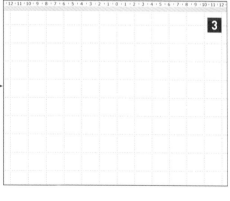

3つの四角について、上下の揃えと左右等間隔のスマートガイドが表示されている

09 オブジェクトのサイズと位置は「数値で設定」する

図形オブジェクトの大きさや位置は、「図形の書式設定」の「サイズ」と「位置」から数値で正確に設定しましょう。

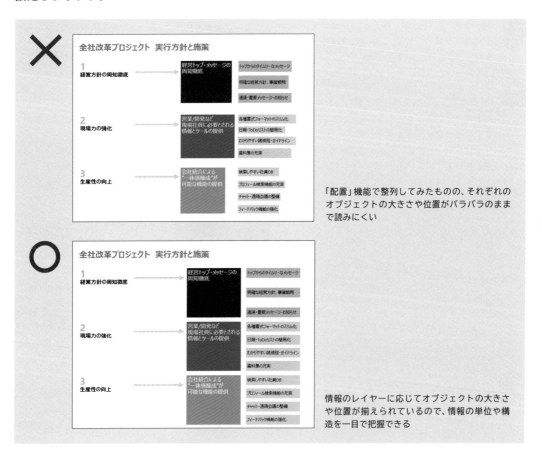

「配置」機能で整列してみたものの、それぞれのオブジェクトの大きさや位置がバラバラのままで読みにくい

情報のレイヤーに応じてオブジェクトの大きさや位置が揃えられているので、情報の単位や構造を一目で把握できる

● オブジェクトを手動で作成・移動するとずれてしまう

前節では整列、グリッドとスナップの機能、スマートガイドなど、オブジェクトを正確に配置する上で必要な機能を紹介しました。しかし、図形オブジェクトの作成や移動をマウスを使った手動で行うと、サイズや位置が微妙にずれてしまいます。スナップの機能も、補助的なガイドの役割としては便利ですが、精度が高いものではなく、小さな誤差が生まれやすい仕様になっています。

PowerPoint上のすべてのオブジェクトは、「図形の書式設定」の「サイズ」と「位置」からパラメーターを設定することで、数値による管理ができます。オブジェクトの作成や移動をより正確に、詳細に行うには、これらの作業を手動で行うのではなく、数値で設定・管理するようにしましょう。

● オブジェクトの「サイズ」を数値で設定する

オブジェクトのサイズは「図形の書式設定」（対象となるオブジェクトの種類によって「図形」「図」「グラフエリア」など名称は変わります）の「サイズとプロパティ」の「サイズ」から、「高さ」「幅」「高さの倍率」「幅の倍率」に数値を入力して設定することができます。

「高さ」と「幅」は小数点第二位まで入力できますが、極力、**小数点第一位までにしましょう。** PowerPointでは、数値の設定欄の横にある上下のボタンをクリックすると**小数点第二位がくり上げられ、第一位に揃えられてしまいます。** 第二位の値を修正するにはいちいち手入力しなければならず、手間ばかりかかってしまいます。

「高さの倍率」と「幅の倍率」には、%の値を入力します。小数点以下の数値は入力できません。ファイルを開いて一番最初に作成した図形オブジェクトのサイズが、100%の基準になります。PowerPointでは、Illustratorのように図形オブジェクトを作る前にサイズを指定する機能はありません。よって、例えば5cm四方の正方形を「高さの倍率」の100%の基準にしたいと思っても、PowerPointを開き最初に正方形を5cm四方で作っておくといった使い方はできないという、いまいちな仕様になっています。

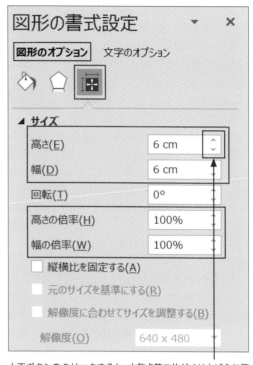

上下ボタンをクリックすると、小数点第二位がくり上げられ第一位に揃えられてしまう

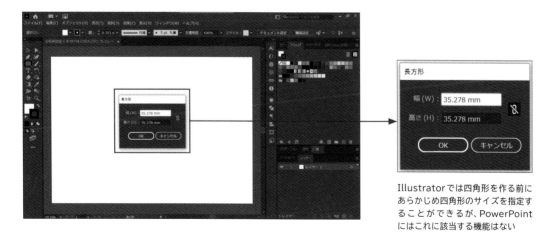

Illustratorでは四角形を作る前にあらかじめ四角形のサイズを指定することができるが、PowerPointにはこれに該当する機能はない

● オブジェクトの「位置」を数値で設定する

オブジェクトの位置は、「図形の書式設定」の「サイズとプロパティ」の「位置」から、「横位置」「縦位置」に数値を入力することで指定することができます。なお、「位置」のセクションが「サイズ」の下に折りたたまれ、見つけにくいことがあるので注意しましょう。基本的なパラメーターの仕様は、サイズとまったく同じです。

「位置」の「始点」は、初期設定ではスライドの「左上隅」に設定されています。スライド左上を位置の0cm地点として、「横位置」はそこから右方向に何cm、「縦位置」は下方向に何cmのところにオブジェクトが配置されているかを表しています。「横位置」「縦位置」の値を設定すると、設定された位置がオブジェクトの左上隅になるようにオブジェクトが移動します。

例えば紺の四角形が横位置13cm、縦位置10cmの地点に置かれているとすると、四角形の左上隅の赤丸の地点がそこに該当します。ここから位置のパラメーターに横位置、縦位置ともに2cmと設定すると、四角形の左上隅が横位置、縦位置2cmの地点に移動します。

「始点」を「中央」に設定すると、位置の基準がスライドの左上隅から中央に変更されます。この設定を触ることはまずないと思いますが、しくみを理解しておきましょう。

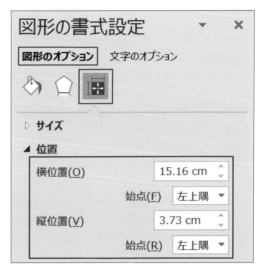

「位置」は「サイズ」の下にあるが、セクションが折りたたまれていることがあるので注意する

左上隅

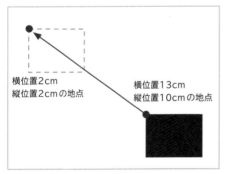

横位置2cm
縦位置2cmの地点

横位置13cm
縦位置10cmの地点

オブジェクトは、オブジェクトの左上隅が位置の基準になる

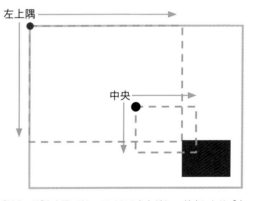

左上隅

中央

「始点」が「左上隅」だとスライドの左上が0cm地点になり、「中央」だとスライドの中央が0cm地点になる

● 複数のオブジェクトの「サイズ」をまとめて設定する

サイズが異なる複数のオブジェクトを、一括ですべて同じサイズに設定することができます。最初に、対象となるオブジェクトをすべて選択します。すると、「サイズ」の「高さ」と「幅」の欄が空白になります。この状態で設定したいオブジェクトのサイズを入力すると、すべてのオブジェクトがそのサイズで統一されます。

なお、この状態で欄の右側にある上下ボタンをクリックすると、強制的に0.1cmに揃えられてしまうので注意が必要です。

設定するべきサイズがわからない場合は、もっとも近いサイズのオブジェクトを単体で選択した時に「サイズ」に表示される値を参考にして、設定するサイズを決定しましょう。

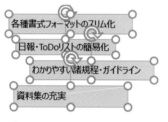

サイズの異なるオブジェクトを複数選択すると、サイズの数値欄は空白になる

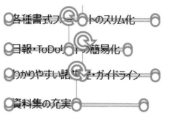

サイズの数値欄が空白の状態で上下ボタンを押すと、強制的に0.1cmに揃えられてしまう

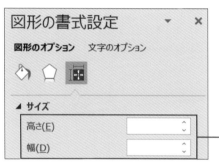

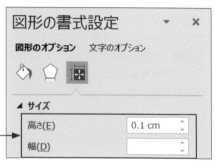

▶ HINT

設定上は0.01cm単位までだが…

オブジェクトのサイズや位置は、小数点第二位までの数値しか入力することができませんが、入力できないというだけで、PowerPointの内部ではより細かい処理が行われているようです。

例えば Ctrl + 矢印キーでオブジェクトを移動させると、筆者が目視で確認した限りでは、1回の移動距離は約1/16mmの単位で調整が行われているようです（あくまで目視の結果であって、Microsoftの公式な見解ではありません）。つまりほんのわずかとは言え、ずれが生じうる環境であることがわかります。

このようなわずかな誤差は、よほど注意して見ていない限り、ほとんどの人には見過ごされてしまうものではあります。しかし、大量のページが続く資料でこのような小さな誤差が積み重なると、気づかないうちに、読み手にとっての大きなストレスになります。人間の目はとても正確なのです。

デザインの書籍には、「アプリケーションソフトのパラメーターの数値に頼りすぎるな」という記述をしばしば見かけます。それは確かに正しいと筆者も思います。しかし同時に「数値はうそをつかない」ということも真実です。特にビジネスシーンにおいて、PowerPointを使って美しく読みやすい資料をすばやく作るには、パラメーターの数値に頼るのがもっとも近道だと筆者の私は考えています。なぜなら、例えば複数人で手分けして資料を作る時に、オブジェクトのサイズや位置を数値で指定すれば、誰にでも再現が可能であり、メンバー間での認識に差が生じないからです。

さらには、可能な限り数値の手入力も避け、パラメーターの数値欄の横にある上下ボタンで数値を小数点第一位に揃えれば、オブジェクトのサイズや位置のずれも見つけやすくなり、修正もしやすくなるでしょう。

読みやすい資料を作るコツの1つとして、設定するパラメーターの単位を大きめにして、それに揃えていくことも大事なポイントです。

● 複数のオブジェクトの「位置」をまとめて設定する

複数のオブジェクトの横位置、もしくは縦位置を一括で揃えることもできます。位置のパラメーターは、サイズと同じで、複数のオブジェクトを選択すると数値欄が空白になります。この状態で「配置」から「左揃え」もしくは「上揃え」でオブジェクトを揃えると、位置の数値欄に数値が表示されます。この数値を基準にして上下ボタンをクリックして調節していくと、任意の位置にオブジェクトを揃えて配置することができます。配置したい位置があらかじめ決まっている場合は、この状態で「位置」に数値を入力すれば、すべてのオブジェクトがその位置に揃えられます。

なお、複数のオブジェクトの位置を数値で一括指定できるのは、「左揃え」か「上揃え」の時に限られます。これら以外の揃えを複数のオブジェクトで行う場合は「配置」で揃える／整列するようにしましょう。また、複数のオブジェクトを選択し数値欄が空白になっている状態で上下ボタンをクリックすると、強制的にスライドの左端または上の0.1cmの位置に揃えられてしまうので注意してください。

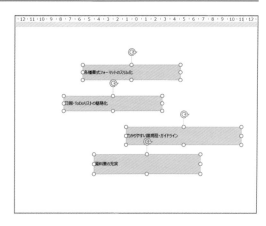

位置の揃っていない複数のオブジェクトを選択すると、「位置」の数値欄は空白になる

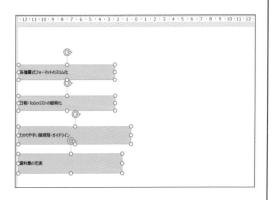

位置の数値欄が空白の状態で「横位置」の上下ボタンを押すと、強制的にスライド左端の0.1cmの位置に揃えられてしまう

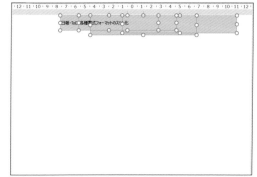

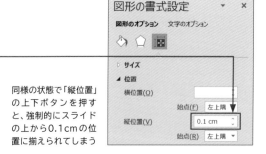

同様の状態で「縦位置」の上下ボタンを押すと、強制的にスライドの上から0.1cmの位置に揃えられてしまう

● 数値による設定と管理を徹底する

オブジェクトの作成、移動、サイズ変更などをスライド上で手動で行うのではなく、パラメーターによって数値で入力することを徹底すると、より正確で読みやすい資料が作れるようになります。

スライド上にあるすべてのオブジェクトは、サイズと位置を小数点第一位までの数値に統一します。情報の性質が同じオブジェクトは同じサイズに一発で設定し、位置も「配置」の揃える／整列する機能を駆使しながら、横と縦の位置を0.1cm単位で厳密に揃えるなど、緻密な設定、管理を徹底していくことで、内容、見た目ともに精度の高い資料になっていきます。

オブジェクトのサイズや位置を数値で徹底的に管理するという説明を行うと、「0.1cmくらい、いい

じゃないか。そんな重箱の隅をつつくような指摘は資料作成の本質ではない」と思われる方も多いでしょう。しかし、いざ資料を読む側の目線で位置やサイズが微妙にずれた資料を読んでみると、このちょっとした誤差が積もり積もって大きなストレスになることがわかります。また、このような誤差があることで、せっかく作った資料の説得力や情報の信ぴょう性も薄れてしまいます。

皆さんは、普段読書をしている時など、そんなことは気にしていないと思います。しかしそれは「何もなされていない」わけではなく、作り手が「気にならないようにしている」のです。この節の内容にしっかりと対応することで、読み手の立場に立つことに、より近づくことができるはずです。

CHAPTER
03
オブジェクト（図形）のルール＆テクニック

▶ HINT

自動保存を設定しておく

せっかく気合を入れて作っていた資料だったのにPowerPointが固まってそのまま落ちてしまい、途中でファイルが消えてしまった、というような事故のリスクをできる限り小さくするために、自動保存の設定をしっかり行っておくことが重要です。

自動保存の設定は「ファイル」タブ→「その他」→「オプション」で「PowerPointのオプション」を開き、「保存」タブから

設定します。「保存」タブでは自動保存の時間の間隔を1分から120分おきまで設定できます。

自動保存中はPowerPointが非常に重たくなるので、自分のPCのスペックを考慮しながら何分ごとに自動保存されるかを設定してください。また自動保存されたファイルがPCのどこにあるかわからなくなってしまった、ということのないように、保存されるフォルダーの設定も丁寧に行いましょう。

自動保存される間隔が短ければ短いほど復活できるファイルの鮮度は保たれるが、自動保存の間はPowerPointが重たくなるのでPCのスペックを考慮して設定する

● オブジェクトの回転ハンドルのしくみ

読みやすい資料を作る上で、オブジェクトをみ
だりに回転させるのは基本的にNGです。しか
し、ここではやむを得ず回転させる必要が生じ
た時のことを想定して、回転のしくみについて
説明します。

図形オブジェクトを選択すると表示される時
計回りの矢印を、「回転ハンドル」と言います。
PowerPointの図形は、回転ハンドルの出て
いる方向がオブジェクトの「上」方向になります。
回転ハンドルの向きによって、オブジェクトが
0度の正位置にいるのか、回転された状態なの
かを判断することができます。

回転ハンドルにマウスカーソルを乗せると、マ
ウスカーソルの矢印が黒い時計回りの矢印に変
化します。この状態で回転ハンドルをクリック
すると、今度は4つの矢印に変化します（図形オ
ブジェクトの色は薄くなります）。この状態で
右側にドラッグすると時計回りに、左側にドラッ
グすると反時計回りに回転します。

通常の状態では、回転ハンドルはオブ
ジェクトの真上に表示される。回転ハ
ンドルが傾いていればオブジェクトに
回転が加えられていることがわかる

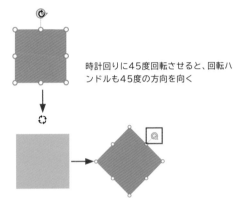

時計回りに45度回転させると、回転ハ
ンドルも45度の方向を向く

テキストが入力されているオブジェク
トを回転させると、読みにくくなって
しまう。かといって、テキストとオブ
ジェクトを切り離すのは「情報の塊」
という観点で好ましくない

しかし、オブジェクトを回転させる時は、回転
ハンドルを使って手動で回転させてはいけま
せん。なぜなら回転ハンドルによってみだりに
回転をかけると、オブジェクトが不安定な形状
になってしまいます。不安定な形状を目にする
と読み手は不安を抱いてしまい、美しい資料を
作ることから遠ざかってしまうからです。便宜
上どうしても回転をかけるにしても、人が見た
時に極力不安を感じない角度として、時計の目
盛の30度刻みと、45度刻みの45度、135度、
225度、315度のみを選択することが理想的
です。PowerPointの仕様では、30度の半分

の15度刻みで回転できるようになっています。
15度刻みで回転をかける方法の詳細は、次の
ページで説明します。

また、テキストを入力したオブジェクトを回転
すると、当然テキストも連動して回転します。
よって、テキストを入力するオブジェクトには
回転をかけるべきではありません。それでもど
うしても回転をかけたいという場合は、回転を
加えたオブジェクトの方向を強制的に垂直方向
（0度の状態）に補正し、テキストのみ垂直0度
を向くようにする裏技があります。詳しくは、
P.170を参照してください。

回転は15度単位で設定する

オブジェクトをやむを得ず回転させる際には、**回転ハンドルによる手動での回転ではなく、15度刻みの正確な角度で回転させる**ようにしましょう。オブジェクトを選択し、`Alt`キーを押しながら右の矢印キーを押します。すると、矢印キーを押すたびに、時計回りに15度ずつ回転します。左の矢印キーを押すと、同様に反時計回りに15度ずつ回転します。

`Shift`キーを押しながら回転ハンドルをドラッグしても15度刻みで回転することができますが、スナップが弱く、誤操作が起きやすいのでお勧めしません。

また、「図形の書式設定」の「サイズ」の「回転」に、回転する角度を数値で入力することができます。プラスの数値を入れると、オブジェクトは時計回りに1度単位で回転します。マイナスの数値を入れると反時計回りになります。ここから、手入力で15度刻みの値を入力するのもよいでしょう。「回転」には、小数点以下の数値は入力できません。

また、回転よりも使用頻度の高い「右、左方向への90度回転」「上下、左右の反転」が、「ホーム」タブの「配置」→「回転」、もしくは「図形の書式」タブの「回転」から設定できるので、使えるようにしておきましょう。

オブジェクトを回転させる時に、回転ハンドルを使って手動で回転させてはいけない

回転の度数は「サイズ」から数値で指定することもできる

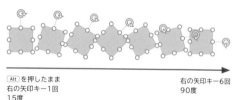

`Alt`を押したまま
右の矢印キー1回
15度

右の矢印キー6回
90度

`Alt`キーを押しながら右の矢印キーを押すと、時計回りに15度ずつ回転していく

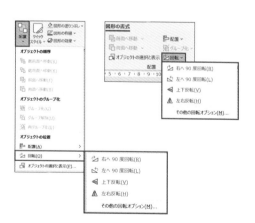

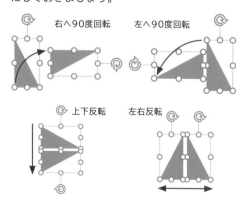

右へ90度回転　　左へ90度回転

上下反転　　左右反転

10 縦横比を変えずに拡大／縮小する

オブジェクトのサイズを変える時は、比率を変えずに拡大／縮小することを意識しましょう。

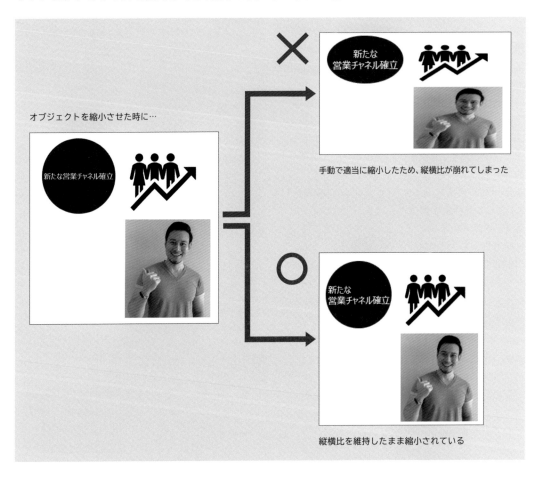

オブジェクトを縮小させた時に…

手動で適当に縮小したため、縦横比が崩れてしまった

縦横比を維持したまま縮小されている

● 縦横比が崩れたオブジェクトは見苦しい

図形オブジェクトや画像で縦横比の崩れたものを、PowerPointの資料では頻繁に見かけます。歪んだ図や画像は、言うまでもなく美しくありません。残しておくと、読み手に与える印象が悪くなってしまいます。

特に画像は、拡大／縮小する時に縦横比が変わらないようにすることがとても重要です。PowerPoint

のすべてのオブジェクトは、Shift キーを押しながらドラッグすることで、縦横比を変えずに拡大／縮小することができます。意図的にオブジェクトの縦横比を変える場合以外は、**オブジェクトの手動での拡大／縮小には必ず Shift キーを使うようにし**ましょう。

● [Shift]キー＋ドラッグで縦横比を変えずに拡大／縮小する

オブジェクトのサイズは、皆さんご存じのように、オブジェクトを選択した際に現れる〇（または□）のハンドルをドラッグすることで変更できます。四隅のハンドルをドラッグすれば縦横両方向に、上下のハンドルなら上下方向に、左右のハンドルなら左右方向に、オブジェクトのサイズを変更できます。この時、[Shift]キーを押しながら四隅のハンドルをドラッグすると、ドラッグしたハンドルの対角線上にあるハンドルを基準点にして、縦横比を変えずに拡大／縮小できます。これは四隅のハンドルをドラッグした時のみ可能で、上下左右のハンドルの場合には適用されません。

また、[Ctrl]キーを押しながら四隅のハンドルをドラッグすると、オブジェクトの中央を基準点にしてサイズを変更できます。[Ctrl]キーと[Shift]キーを同時に押しながらハンドルをドラッグすると、オブジェクトの中央を基準点に、縦横比を変えずにオブジェクトの拡大／縮小ができます。

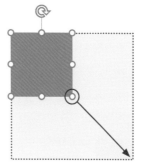

[Shift]キーを押しながらハンドルをドラッグすると、縦横比を変えずに拡大／縮小ができる（ただし四隅のハンドルのみ）

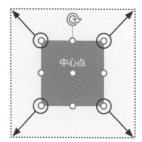

[Ctrl]キーと[Shift]キーを押しながらハンドルをドラッグすると、オブジェクトの中心を基準点にして、縦横比を変えずに拡大／縮小ができる

● 縦横比を変えずに数値で「サイズ」を設定する

「図形の書式設定」の「サイズ」でパラメーターを設定する際、「縦横比を固定する」にチェックを入れると、オブジェクトの縦横比を変えずに数値でサイズを設定することができます。例えばオブジェクトの「高さ」の数値を変える際、「縦横比を固定する」にチェックを入れておくと、「幅」の値も連動して計算され、同じ縦横比のまま、大きさが変わります。また「縦横比を固定する」にチェックが入った状態では、[Shift]キーを押さずにハンドルをドラッグしても、縦横比を固定した状態で拡大／縮小できます。

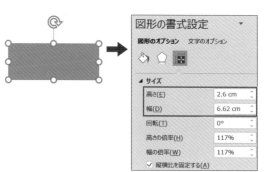

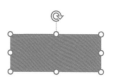

「縦横比を固定する」にチェックを入れて「高さ」の値を変更すると、「幅」の値も縦横比を固定しながら自動計算される

● グループ化したオブジェクトも縦横比を固定して拡大／縮小できる

「縦横比を固定する」にチェックを入れる設定は、グループ化したオブジェクトに対しても有効です。例えば4枚の資料を1枚にまとめなければならない

という場合、以下の手順で作業を行うと、簡単にオブジェクトの縮小を行って1枚の資料にまとめることができます。

1 スライド上にあるオブジェクトをグループ化します。

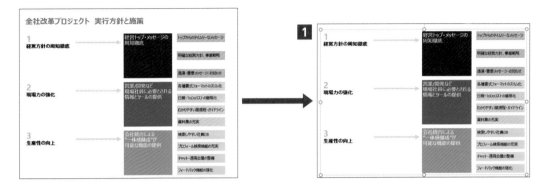

2 まとめ先のスライドに四角形のオブジェクトを4つ配置し、縮小するサイズをあらかじめ測っておきます。

3 グループ化したオブジェクトを選択します。「縦横比を固定する」にチェックを入れ、「高さ」か「幅」のいずれかに、あらかじめ測っておいた数値を入力します。

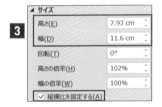

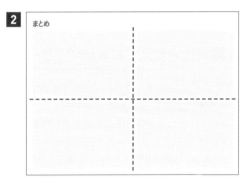

▲ サイズ	
高さ(E)	7.93 cm
幅(D)	11.6 cm
回転(T)	0°
高さの倍率(H)	102%
幅の倍率(W)	100%
☑ 縦横比を固定する(A)	

4 縮小したオブジェクトを、まとめ先のスライドに配置します。フォントサイズやオブジェクトの位置を微調整すれば完成です。

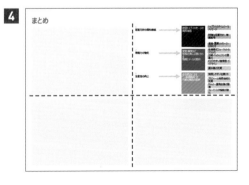

11 複雑な図形は 「図形の結合」で作る

複雑な形状の図形は、「図形の結合」を使い、複数の図形を組み合わせて作りましょう。

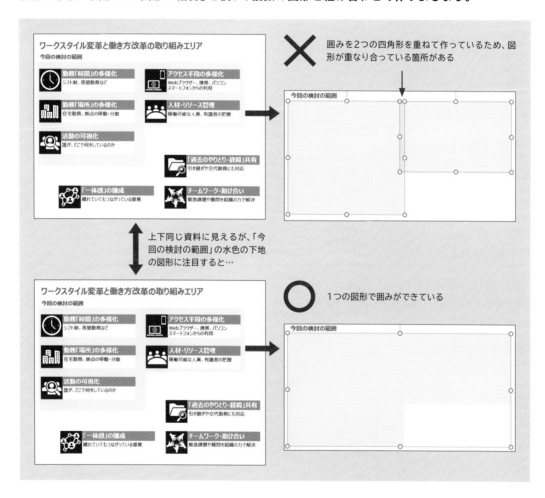

囲みを2つの四角形を重ねて作っているため、図形が重なり合っている箇所がある

上下同じ資料に見えるが、「今回の検討の範囲」の水色の下地の図形に注目すると…

1つの図形で囲みができている

●「図形の結合」で任意の図形を組み合わせて作る

P.124では、図形はシンプルなものを数種類だけ使う、と紹介しました。しかし、それでは資料の印象が単調になりすぎたり、図形コマンドにはない任意の図形が必要になったりする場合もあります。そこで便利なのが、「図形の結合」機能です。これは、複数の図形を結合したり型抜きしたりすることで、

任意の図形を簡単に作成することができる機能です。
P.156の手順で、図形のサイズを数値で設定しながら「図形の結合」を使いこなせば、複雑な図形を正確に作ることができます。

● 「図形の結合」とグループ化の違い

ここで、「図形の結合」はグループ化と何が違うのか？　と思う人がいるかもしれません。前ページの例では囲みが塗りつぶされていたため、グループ化でも特に問題がないように見えます。しかし、線や効果をつけた場合（つけない方が無難ですが）、グループ化で作成した図形は個々のオブジェクトが

個別のオブジェクトとして認識され、それぞれに線や効果の設定が適用されてしまいます。それに対して「図形の結合」で作成したオブジェクトは1つのオブジェクトとして扱われるため、線や効果がきれいに入り、テキストを挿入することもできます。

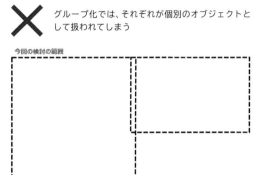

グループ化では、それぞれが個別のオブジェクトとして扱われてしまう

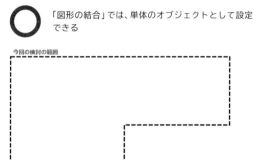

「図形の結合」では、単体のオブジェクトとして設定できる

● 「図形の結合」の設定方法

「図形の結合」は、図形を2つ以上選択した状態で、「図形の書式」タブの「図形の結合」をクリックして実行できます。

「図形の結合」は頻繁に使うコマンドですが、場所がわかりずらいので見落とさないように場所を覚えておきましょう。

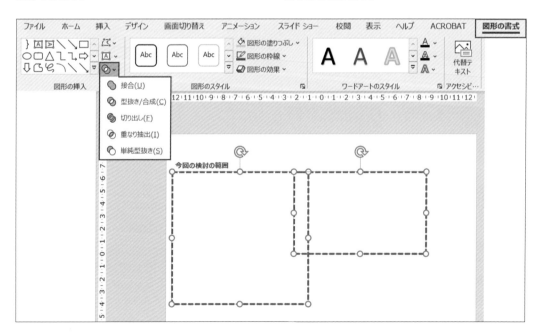

● 「図形の結合」の5種類の使い分け

「図形の結合」には、以下の5種類があります。複数の図形に対して適用することができますが、3つ以上の図形に適用する場合に、適用の条件が限られることがあります。

元の2つの図形	接合	型抜き／合成
	複数の図形をすべて統合し、1つの図形オブジェクトにする	複数の図形が重なっている部分が取り除かれ、残りが1つの図形オブジェクトとして統合される

切り出し	重なり抽出	単純型抜き
図形が重なっている部分と重なっていない部分を、別々の図形オブジェクトとして切り出す	複数の図形が重なっている部分のみを切り出す。ただし、重なっている部分が2か所以上ある場合は、適用できない	1つの図形に対して、もう片方の図形と重なっている部分を取り除く。残る図形は、下記の「「図形の結合」における優先順位の考え方」に従う

● 「図形の結合」における優先順位の考え方

「図形の結合」では、対象となる複数のオブジェクトを選択する際に、**一番最初に選択した図形の書式が加工後の図形の書式になる**、というルールがあります。特に「単純型抜き」の場合は、最初に選んだ図形側の設定が、結合後に残る図形になるので注意が必要です。例えば以下の右の例のように回転した図形を最初に選択すると、加工後の図形は最初に選択した図形の設定が優先されて適用され、回転した角度になります。

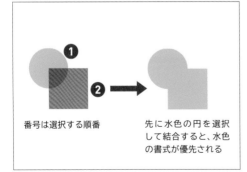

番号は選択する順番

先に水色の円を選択して結合すると、水色の書式が優先される

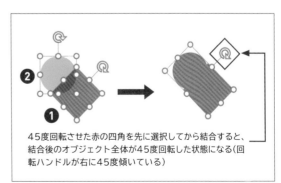

45度回転させた赤の四角を先に選択してから結合すると、結合後のオブジェクト全体が45度回転した状態になる(回転ハンドルが右に45度傾いている)

● 結合後の図形にテキストを入力する時の注意点

結合後の図形オブジェクトには、テキストを挿入することができます。ただし、見た目上は複雑な図形になっているものの、テキストを挿入すると、オブジェクトのサイズの四角形にテキストを挿入したのと同じ状態になります。そのため、結合したオブジェクト内の任意の図形の位置にテキストを配置するには、P.77〜79の方法で「文字のオプション」の余白の値を調節する必要があります。

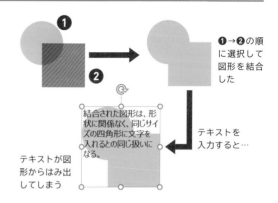

❶→❷の順に選択して図形を結合した

テキストを入力すると…

結合された図形は、形状に関係なく、同じサイズの四角形に文字を入れるとの同じ扱いになる。

テキストが図形からはみ出してしまう

● 「図形の結合」を使って回転したオブジェクトを強制的に垂直に戻す裏技

P.162で解説したように、図形を回転させるとその中のテキストも回転してしまうという欠点があります。この時、回転させた図形を垂直方向の図形と結合することで、テキストの向きを補正できるという裏技があります。「図形の結合」の対象となる図形を選択する時、一番最初に選択した図形の書式が結合後の図形の書式になるという性質を応用します。

1 回転し、上下反転させた三角形です。上下反転なので、テキストも逆さまです。

2 三角形と同じ色で、三角形より小さいサイズの四角形を用意します。垂直の図形オブジェクトであれば、形は問いません。

3 三角形からはみ出さないように、四角形を重ねます。それぞれのオブジェクトの回転ハンドルの向きに注目してください。

4 四角形を先に選択して「図形の結合」を行います。すると、四角形の書式で結合されるため、下を向いていた三角形の向きが垂直になります。テキストは消えてしまいます。

5 テキストを入力し直し、P.77〜79の方法で「文字のオプション」の余白の値を調節し、適切な場所に配置します。

上下反転させているのでテキストも逆さまになっている。回転ハンドルは下を向いている

回転ハンドルが上を向いている垂直のオブジェクトなら、形は何でもよい

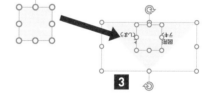

四角形の書式で統合されたためテキストは消えてしまったが、回転ハンドルは上を向いているので垂直になっていることが確認できる

左余白(L)	1.8 cm
右余白(R)	0.1 cm
上余白(T)	0.2 cm
下余白(B)	0.13 cm

テキストはオブジェクトの形に関係なく入力されるので、余白を調節して任意の場所に配置していく

12

吹き出しは「接合」で
シャープに作る

吹き出しはPowerPointに用意された「吹き出し」を使わず、「図形の結合」の「接合」の機能を使ってシャープに作りましょう。

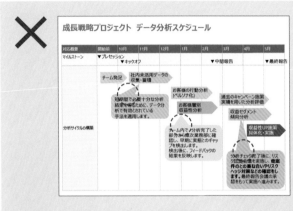

「図形」の「吹き出し：角を丸めた四角形」を使用した。吹き出しの突出部分が太く歪んでしまい、不揃いで不格好な形になっている

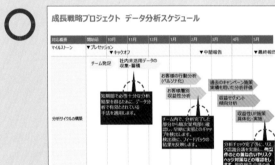

長方形と30度回転させた二等辺三角形を「図形の結合」で「接合」し、吹き出しにした。吹き出しの形状がシャープでサイズも揃っているので、違和感がない

🔵 PowerPointの「吹き出し」は美しくない

PowerPointの「図形」には、10種類以上の「吹き出し」が用意されています。しかし、残念ながらどれもことごとく使いにくいものばかりです。形が美しくない上に、細かい設定ができない仕様になっているので、**基本的には使わないこと**をお勧めします。とは言え、PowerPointの資料を作る上で、吹き出しは必需品とも言える大事なアイテムです。ここでは**四角形と二等辺三角形**を「図形の結合」の「接

合」で組み合わせ、シャープな形状の吹き出しを作る方法を紹介します。

吹き出し

🗨 💬 🗨 💭 ⌒ 🗀 🗀 🗀 🗀 🗀 🗀 🗀
🗀 🗀 🗀 🗀

PowerPointの「吹き出し」カテゴリーの図形は、非常に使いにくいものばかり

◉「図形の結合」の「接合」で吹き出しを作る

「吹き出し」カテゴリーの図形は、オブジェクトを選択すると現れる黄色い「調整ハンドル」を操作することで形を変えることができます。しかし、この方法で行える吹き出しの変形は、形が崩れやすく、突起物が太すぎて不格好になりやすい仕様になっています。また「調整ハンドル」は手動でしか操作ができない上に、数値によるサイズの設定などができないという欠点を持っています。

「図形の結合」の「接合」を使えば、シャープな形状の吹き出しを簡単に作ることができます。

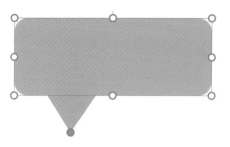

前ページの例で使われている「吹き出し：角を丸めた四角形」は、角丸四角形が使われている時点でNGな上に（P.126参照）、吹き出しの突起部分が太すぎて美しくない

1 元になる図形（四角形が望ましい）を作ります。

2 突起部分になる二等辺三角形を作ります。

3 突起部分の設定を行います。「ホーム」タブ→「配置」→「回転」→「上下反転」を選択し、二等辺三角形を上下反転させます。

4 Alt + 右矢印キーで15度ずつ回転させ、二等辺三角形が適切な角度になるように調節します（P.163参照）。

5 四角形と二等辺三角形を配置して、「図形の結合」の「接合」で1つのオブジェクトに結合します。この時、**オブジェクトの選択の順序に注意**します。「図形の結合」では、**対象となる複数のオブジェクトを選択する際に、一番最初に選択した図形の書式が加工後の図形の書式になるルール**になっています。今回は四角形→二等辺三角形の順に選択します。

6 結合すると、テキストの配置が結合後のオブジェクトに合わせてずれてしまいます。P.77〜79の方法で、テキストの配置を調整します。

1 「図形の結合」の「接合」で吹き出しを美しく作ることができます。

上の例では Alt + 左矢印キーを2回押し、角度を330度に設定した

5 「図形の結合」の「接合」で吹き出しを美しく作ることができます。

二等辺三角形を先に選択して「図形の結合」を行うと、三角形の設定に統合され、入力したテキストが消えてしまう。また、オブジェクト全体の角度が三角形側の330度になってしまう

6 「図形の結合」の「接合」で吹き出しを美しく作ることができます。

元になる四角形のテキストの配置が「上下中央揃え」に設定されていたため、結合後の図形にもその設定が引き継がれ、文字の配置がおかしくなっている

「文字の配置」を「上揃え」に変更し、「文字のオプション」の「上余白」の値を調節することで、テキストが適切な位置に配置された

「図形の結合」の「接合」で吹き出しを美しく作ることができます。

● 「吹き出し：線」は四角形＋線（コネクタ）で代用する

「図形」に用意されている吹き出しには、「線」のカテゴリーのものが12種類もあります。これらは四角とコネクタに似た線が合わさったもので一見便利なもののように見えますが、調整ハンドルによって変形できる仕様のため形が崩れやすくなっています。さらに「サイズ」と「位置」に表示される値は四角形のみのものであり、線は含まれません。そのため数値による正確な設定もできないので、絶対に使わないようにしましょう。

これらの吹き出しは四角形と線（コネクタ）を組み合わせることで代用できます。設定のパラメーターも数値で調節できるので、より正確に自分の作りたい図形を作ることができます。

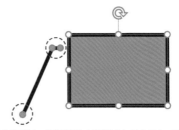

「線」のカテゴリーの吹き出しは調整ハンドルによって変形できるが形が崩れやすく、「サイズ」と「位置」に表示される値は四角形の部分のみなので正確な設定ができない

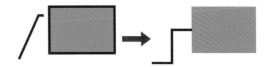

四角形とコネクタを組み合わせれば、数値で正確に設定できるので、より美しく精度の高いものが作れる

吹き出し

「線」のカテゴリーの吹き出しは12種類も用意されている

▶️ HINT

Alt + F10 キーのショートカット

P.147で紹介した「オブジェクトの選択と表示」は「ホーム」タブ→「配置」のメニュー最部から表示させるのが基本ですが、慣れてくるとこの操作が煩わしくなる時があります。

そのような時は Alt + F10 キーのショートカットで「オブジェクトの選択と表示」の作業ウィンドウの表示／非表示の切り替えができるので、覚えておきましょう。

Alt キーを押しながら F10 キーを押す

「オブジェクトの選択と表示」を「配置」の最下部からいちいち選ぶのは煩わしい…

◉「図形の変更」で図形を一度に変換する

第3章では、資料の中で角丸四角形、楕円、吹き出し、その他の多様な図形を無秩序に使うのは避けましょうと伝えてきました。特に、同じレイヤーや粒度の情報なのに、一方では四角、一方では丸になっているなど、図形の種類が統一されていない資料は読み手がその資料における情報のルールを把握できず、混乱の原因になります。そして、ビジュアルの観点からも美しくありません。

1つの資料の中で、同じ性質の情報は同じ図形で統一することが望ましいです。つまり、基本的に四角以外は使わないというのが、もっとも手っ取り早い解決策です。しかし、自分で1から作り始める資料はよいとして、例えば人から送られてきた資料の中で、さまざまな種類の図形が大量に使われていた場合、1つ1つ新しく四角

形を作り、元の資料のテキストをコピー＆ペーストで移していくというのは、あまりにも面倒です。このような時は、「図形の変更」を用いることで、複数種類の図形を一括で四角形に変換することができます。

「図形の変更」は、作成した図形のサイズや位置などの設定を引き継ぎながら、変更したい任意の図形に置き換えることができるという、すぐれものの機能です。図形を誤って選択してしまった時や、作り直しが必要になった時に、簡単に図形の置き換えができます。ただし、直線やコネクタなど変更できない図形もあるので注意が必要です。また、この設定は1スライドに対してのみ有効で、ファイル全体には適用できません。「図形の変更」は、以下の手順で行います。

1 スライド上にある変更対象のオブジェクトを、もれなく選択します。

2 「図形の書式」タブで「図形の編集」→「図形の変更」をクリックし、変更したい任意の図形をリストから選択します。

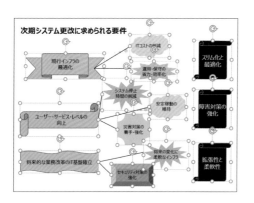

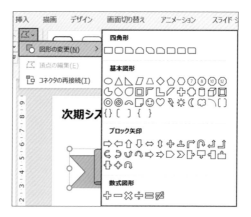

3 図形がまとめて変更されました。変更された図形は、サイズや位置などの書式設定を元の図形からそのまま引き継いでいます。

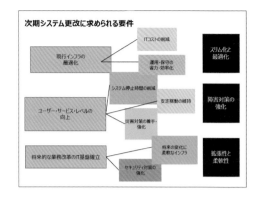

4 変更後の図形のサイズや位置などを調整します。情報の種別によって、サイズ、色、位置などを揃えていきます。第3章で紹介している設定方法を使うと、簡単に一気に美しくなっていきます。

5 吹き出しも、「図形の変更」とP.171「3-12 吹き出しは「接合」でシャープに作る」との合わせ技で、簡単にシャープな形状に置き換えることができます。

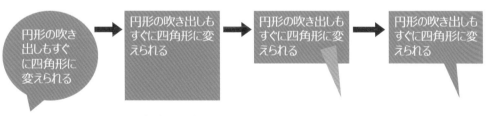

資料の中に吹き出しが使われている

まずは「図形の変更」で四角形に置き換える

テキストの量に応じて四角形のサイズを調節し、吹き出しの突起部分となる二等辺三角形を置く

四角形→二等辺三角形の順に選択して「図形の結合」の「接合」で1つのオブジェクトにすれば完成

●「既定の図形に設定」で図形の設定を維持する

P.124「3-1 図形は四角と正円だけで十分」では、資料の中で日常的に使用する図形を限定し、それ以外のものは使わないように決めることが重要だとお伝えしました。しかしせっかく使用する図形を決めたのだから、頻繁に使う図形の設定は維持しておきたいという要望もあるでしょう。

このような時は、もっともよく使う図形を右クリックし、「既定の図形に設定」を選択します。すると、その図形が既定の図形として設定され、以降に作成する図形はすべてこの設定で作成されることになります。線やテキストボックスを右クリックした際の「既定の線に設定」「既定の

テキストボックスに設定」でも、同様の設定ができます。

ただし、**この設定は同一ファイル内でのみ有効**なものです。別のファイルでは同様の設定をあらためて行う必要があります。

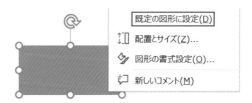

よく使う図形を右クリックし、「既定の図形に設定」を選択する

●「既定のテキストボックスに設定」は厄介

一見便利そうに見える「既定の〜〜に設定」ですが、「既定のテキストボックスに設定」については、いくつか注意するべき点があります。

まず、「テーマのフォント」以外のフォントを使用しているテキストボックスを「既定のテキストボックス」に設定してしまうと、以降、そのファイル内で使用するテキストボックスでは「テーマのフォント」の設定が無視され、既定に設定したテキストボックスのフォントが優先されてしまいます。これでは「テーマのフォント」を設定した意味がなくなってしまうため、筆者の考えでは「既定のテキストボックスに設定」は使わない方が無難です。

また PowerPoint では、初期設定のテキストボックスには必ず「テキストに合わせて図形のサイズを調整する」にチェックが入っています。また「図形内でテキストを折り返す」のチェックが外されています（P.41）。そのためテキストボックスの初期設定では、意図的に Enter キーを押さない限り、改行されることはありません。

「テーマのフォント」ではないフォントを使用しているテキストボックスを「既定のテキストボックス」に設定してしまうと、「テーマのフォント」の設定を無視してしまうことになる

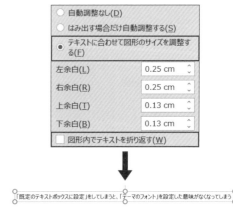

これを、図形オブジェクトの初期設定と同じ「自動調整なし」にチェックを付け替え、「図形内でテキストを折り返す」にチェックを入れた状態で「既定のテキストボックス」に設定するとします。その場合、以降のテキストボックスでは

「自動調整なし」のチェックは維持されるものの、「図形内でテキストを折り返す」の設定は外されてしまうので注意が必要です（テキストボックスと図形の違いについてはP.43を参照してください）。

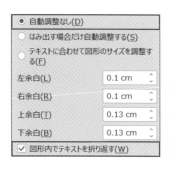

図形オブジェクトの初期設定と同じ状態に変更して「既定のテキストボックス」に設定する

「既定のテキストボックス」に設定したのに、以降のテキストボックスでは「図形内でテキストを折り返す」のチェックが外されてしまう

テキストボックスの幅に合わせて Enter キーを押さなくても改行されるはずが…

改行の設定が外れてしまうので、意図的に Enter キーを押さない限り改行されることはなくなってしまう

●「すべての書式をクリア」でテキストの設定を初期化する

P.169で、「図形の結合」では、対象となる複数のオブジェクトを選択する際に一番最初に選択した図形の書式が加工後の図形の書式になるというルールがある、と解説しました。一番最初に選択した図形のテキストに設定した書式や効果を解除して初期状態に戻し、設定をやり直したい場合、「すべての書式をクリア」を使えば一括で「書式なしのテキスト」にすることができ

ます。これは、オブジェクト全体にも、テキストの選択した範囲のみにも適用できます。この機能の唯一の注意点は、この機能を使って初期化を行うと、テキストサイズが18ptに自動的に変換されてしまうことです。

「すべての書式をクリア」は「ホーム」タブの「フォント」から実行できる

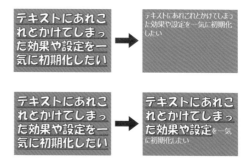

オブジェクト全体にも、テキストの一部にも適用できる

13 SmartArtは補助的に使う

図解の強力な味方になるSmartArtですが、そのまま使用するのではなく、特徴を理解して補助的に使いこなすようにしましょう。

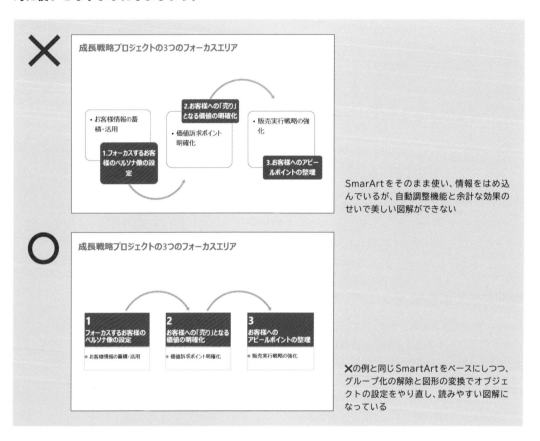

SmarArtをそのまま使い、情報をはめ込んでいるが、自動調整機能と余計な効果のせいで美しい図解ができない

✕の例と同じSmartArtをベースにしつつ、グループ化の解除と図形の変換でオブジェクトの設定をやり直し、読みやすい図解になっている

● SmartArtはそのままでは使わない

用途に合わせてあらかじめセットされた図を手軽に挿入できるSmartArtは、図解が苦手な人にとっては強い味方です。ただ残念ながら、**SmartArtはそのままでは使わない**ことをお勧めします。なぜなら、この本では「使わない方がよい、使ってはいけない」と説明している余計な効果がSmartArtには多数かかっているためです。また不要な自動調整が行われるため、自分の思うような図が作成で

きず使いづらいという欠点もあります。

しかしそうはいっても、自力ではよい図解の案が思い浮かばないといった場合に、豊富に用意されているSmartArtを使わないのはもったいない話です。SmartArtの図をヒントにすることで考えも整理され、発想が広がるかもしれません。そこで、ここではSmartArtを利用しやすい形に加工して使いこなす方法を紹介します。

◉ SmartArtの基本的な設定

SmartArtは「挿入」タブ→「図」の「SmarArt」を
クリックして表示される「SmartArtグラフィック
の選択」ダイアログボックスから、作成したい図にもっ
とも近いものを選択して作成します。SmartArtが
作成されると、「SmartArtのデザイン」と「書式」
の、2つのタブが表示されます。「SmartArtのデ
ザイン」では、作成したい図の項目数に合わせて図
形を追加／削除したり、向きを変えたりすることが
できます。ただし、ここではSmartArtの設定は
初期設定のまま変更せず、内容を入力する、全体の
形を作るといった基本の形を作ることにとどめて、
詳細な設定は行わないようにしてください。

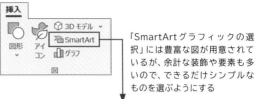

「SmartArtグラフィックの選
択」には豊富な図が用意されて
いるが、余計な装飾や要素も多
いので、できるだけシンプルな
ものを選ぶようにする

「SmartArtのデザイン」タブでは、「図形の追加」を使って基本
形を作ることにとどめておく。「色の変更」や「SmartArtのス
タイル」などは触らない

◉ SmartArtは必ずグループ解除してから使う

作成したい図の基本形ができたら、SmartArtの
グループを解除して、個別の図形オブジェクトに変
換してから、細かい設定に入ります。SmartArtの
図は、「グループ解除」を2回行うと個別の図形オブ
ジェクトに分解できます（1回だと個別の図形オブ
ジェクトがグループ化された状態になっています）。
分解した図形に対しては、基本的に通常のオブジェ
クトと同様の設定を行っていきます。

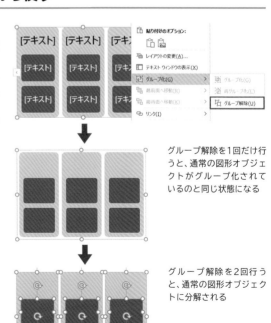

グループ解除を1回だけ行
うと、通常の図形オブジェ
クトがグループ化されて
いるのと同じ状態になる

グループ解除を2回行う
と、通常の図形オブジェク
トに分解される

◉ グループ解除後の図形は仕様が異なる

なお、分解した図形の一部は、通常の図形オブジェクトとは仕様が異なります。例えば角丸四角形やブロック矢印などにある黄色い「調整ハンドル」はグループ解除後の図形にはないので、形の調整ができません。しかしこの問題は、分解した図形を「図形の変更」によって通常の四角形オブジェクトに置き換えてしまえば解決します。

よって、四角や正円以外の図形が使われている場合は、「図形の変更」によってもれなく通常の四角形や正円に置き換えるようにしましょう。

また、ほとんどのオブジェクトに影、反射、光彩、ぼかし、3-D書式、3-D回転などの余計な効果がかけられているため、P.129の方法で丁寧に除去していきます。さらに、余計な枠線を除去し、オブジェクトのサイズと位置を数値で緻密に設定していきます。

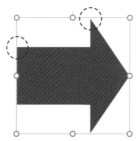

分解された図形には通常の図形オブジェクトにはあるはずの調整ハンドルがない

◉ SmartArtを見本に0から図を作成する

前ページでは、SmartArtはグループ解除で個別の図形に分解し、「図形の変更」で四角形に置き換えて設定していくということを紹介しました。しかし、そのような回り道をしなくても、いっそのことSmartArtの図をモチーフとして参照しながら、直接、図形オブジェクトで図を書き起こす方が手っ取り早いかもしれません。

「SmartArtグラフィックの選択」には、図のサンプルが手順、階層構造、集合関係などのカテゴリーごとに分類されています。日ごろからぼんやり眺めていると、いざ自分の考えを図解にしなければならないという時に思い出すことができ、よい手がかりになります。このような記憶のストックは急に出来上がるものではないので、普段から意識して蓄積しておくことが成功の鍵を握ります。

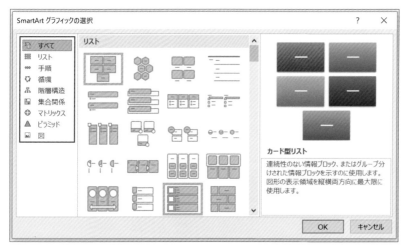

どの図がどのカテゴリーに属しているかを自分なりに分析するだけでも、図解のスキルを鍛える訓練になる

● 箇条書きをSmartArtに変換する

SmartArtには、テキストのみの箇条書きを一気にSmartArtにしてくれる機能があります。単調な箇条書きをグラフィカルに見せたいという時、SmartArtの図を1つずつ当てはめていくことで自分が表現したい形が見つかるかもしれません。この時、箇条書きは情報の階層構造を明確にして

作っておくことが重要です。PowerPointが情報の階層を把握しやすいように作成しておくと、SmartArtの図もきれいに仕上がります。
もちろん、作成したSmartArtはP.179の方法で分解、変更し、使いやすい形に整えて利用します。

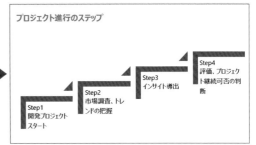

単調な箇条書きもSmartArtで一気に図にできる。ただし、このまま使うのではなく、グループ解除で分解し、個別に設定をしていく

1 SmartArtへの変換は、対象となる箇条書きのテキストを選択し、「ホーム」タブの「段落」にある「SmartArtグラフィックに変換」をクリックします。

2 一覧に表示されるSmartArtは数が少ないので、「その他のSmartArtグラフィック」をクリックします。

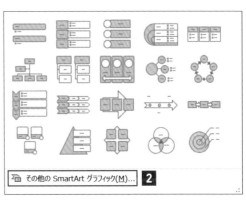

3 「SmartArt グラフィックの選択」が表示されるので、変換する SmartArt を選びます。例では、「手順」の「ステップアッププロセス」を選択しました。

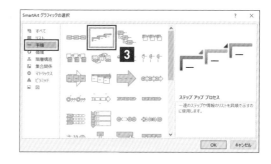

4 「SmartArt のデザイン」タブの「レイアウト」から、変換する図は何度でも選び直せます。自分の考えに近い図を探し当てましょう。

5 SmartArt への変換後、「変換」→「テキストに変換」を選択すると、テキストの状態に戻すことができます（完全に最初の状態に戻るわけではありません）。

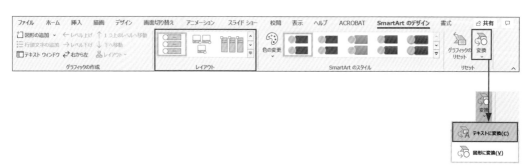

HINT

円柱は「円柱」を使う

筆者の私は、IT システムの構成図などを描く際、「データベース」を表す図形として円柱を使うことがあります。PowerPoint には、円柱に利用できる図形として「基本図形」にある「円柱」と、「フローチャート」にある「磁気ディスク」の2種類があります。2つを並べてみても、ほとんど違いがわからないくらいに似通っています。

左が「円柱」、右が「磁気ディスク」だが、これでは違いがわからない

円柱

磁気ディスク

見分け方として、「円柱」を選択すると上部に調整ハンドルが表示され、上辺の大きさを調整できるようになっています。それに対して「磁気ディスク」では調整ができません。「円柱」は入力するテキストの量に応じて調整ハンドルで上辺の大きさを調整できるので、「磁気ディスク」に比べて使い勝手がよいと言えます。

左の「円柱」を選択すると、上辺の大きさを調整できる調整ハンドルが表示される

線のルール＆
テクニック

01 2種類の線「コネクタ」 「図形の枠線」を理解する

PowerPointの重要な要素である「線」には、「コネクタ」と「図形の枠線」の2種類があることを理解しておきましょう。

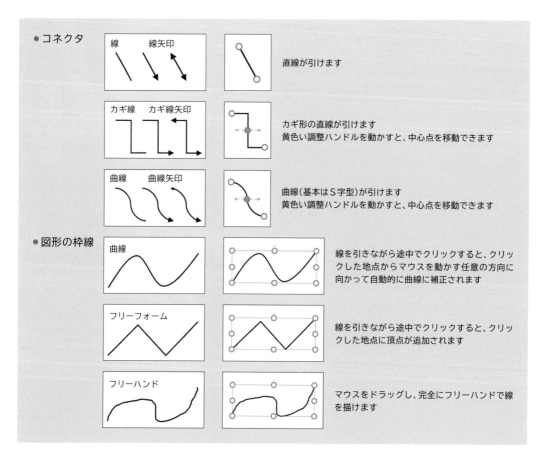

● PowerPointには2種類の「線」がある

PowerPointで、フォントや図形と同様に重要な要素が「線」です。PowerPointでは、「図形」の「線」のカテゴリーに線を引く機能がまとめられていますが、これらの機能は「コネクタ」と「図形の枠線」の2種類に分類できます。PowerPointの線には多彩な機能があるので、注意深く、丁寧に扱う必要があります。

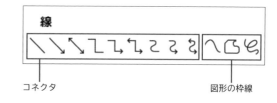

●「コネクタ」の特徴は「スナップ」機能

「線」の1分類である「コネクタ」には、**図形オブジェクトの所定の位置に近づけるとスナップして、自動的に接続する機能**が備わっています。一度スナップさせると、図形を移動させたりサイズを変えたりしても、図形の変更に呼応して線も変化していきます。正確にスナップするので便利ですが、融通が利かない場面もあり、一長一短な機能です。

コネクタの内、「カギ線」と「曲線」は、中心に現れる黄色い調整ハンドルを動かすことで形状を微調整できます。コネクタは、P.197で紹介する「頂点の編集」による再編集ができません。

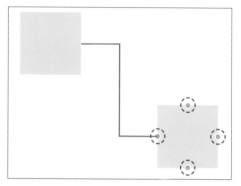

図形の所定の位置にコネクタを近づけると、スナップして自動的に接続する

●「図形の枠線」は「図形の線」

「図形の枠線」は、その名の通り「図形の線」として扱われるもので、それ自体が「図形」として認識されます。そのため「図形の枠線」で描いた線に「図形の書式設定」の「塗りつぶし」で任意の色を指定すると、線と線の間の空白が指定した色で塗りつぶされます。ただし、線そのものは描かれたところにしか表示されないので、始点と終点が閉じられていないと、線が引かれていない箇所が発生します。「図形の枠線」にスナップの機能はありませんが、「頂点の編集」（P.197）による細かい再編集が行えるので、任意の形の図形や線を自由に描くことができます。

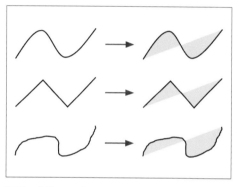

「図形の枠線」には塗りつぶしができるが、始点と終点が閉じられていないと線のない部分が発生してしまう

●「円弧」「大かっこ」「中かっこ」は両者の中間のような存在

「基本図形」の下に並んでいる「円弧」「大かっこ」「中かっこ」は、「コネクタ」と「図形の枠線」の中間のような存在です。コネクタのようなスナップ機能はありませんが、調整ハンドルを使って手動で形を調整できます。また「図形の書式設定」から「塗りつぶし」を行うこともできます。

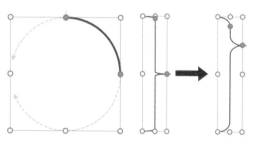

「円弧」は、調整ハンドルを動かすことで円上の線を任意の長さに設定できる

「右中かっこ」は、調整ハンドルを動かすことでかっこの丸みと突起の高さを調節できる

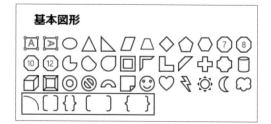

「円弧」「大かっこ」「中かっこ」も「線」の一種

02 線の書式設定を理解する

「図形の書式設定」の「線」のカテゴリーでは、多様な線の設定が可能です。確実に使いこなせるようになりましょう。

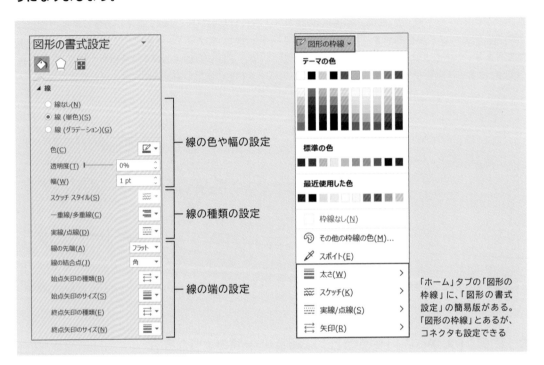

線の書式設定

線の書式設定は、「図形の書式設定」の「図形のオプション」の「線」のカテゴリーで、「線（単色）」か「線（グラデーション）」を選択すると表示されます。ここでは、上から順に「線の色や幅」「線の種類」「線の先端や結合点（角の形状のこと）の形状」の設定が行えます。「図形の枠線」と「コネクタ」では、それぞれ設定できる項目とできない項目があります。

線の太さの単位は「pt（ポイント）」が用いられ、「幅」で設定できます。1ptは約0.35mmなので、覚えておきましょう。「幅」の値は手動でも設定できますが、右側の上下ボタンをクリックすると、0.25pt単位で値が増減します。基本的には、この0.25pt

単位の値を使用するようにしましょう。

なお、線の書式設定では「線の色」「透明度」「グラデーション」も設定できますが、これらについては第7章で紹介します。

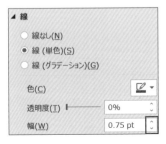

「幅」の上下ボタンをクリックすると、0.25pt単位で値が増減する

● 「図形の枠線」の「幅」のしくみ

図形オブジェクトの線は、書式設定の「幅」の値を
増やすとオブジェクトの本体の境界線を中心に外
側と内側の両方向に向かって広がっていきます。
しかし、オブジェクトのサイズと位置はあくまでも
オブジェクト本体の値なので、線の幅は考慮されて
いません。つまり、線の「幅」を太くした時に、実際
のオブジェクトの大きさは本体の大きさに線の幅
の半分の値が足されたものになるにも関わらず、書
式設定に表示される値にはそれが反映されていな
いので注意が必要です。

例えば高さ、幅ともに5cmの正方形に、10ptの線
を設定します。すると実際の大きさは、正方形本体
の50mmに線の幅の半分を加えた値になります。
1ptは0.35mmなので、0.35×10＝3.5mm、
1辺に足されるのは線の半分の値なので、3.5÷2
＝1.75mmになります。つまり正方形の大きさは
高さ、幅ともに50＋1.75×2＝53.5mmとなり
ます。

また、線をむやみに太くするとオブジェクトの内側
に侵食する形で広がっていき、線がテキストを覆っ
てしまうことがあるので注意が必要です。

線の幅が広がっても、オブジェクトのサイズと位置
はあくまでもオブジェクト本体の値である。書式設
定に表示される値は赤い点線が基準になるが、実際
には線の幅の半分の値をオブジェクト本体の値に足
さないといけない

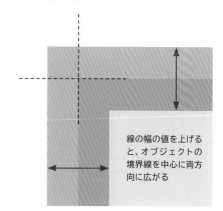

線の幅の値を上げる
と、オブジェクトの
境界線を中心に両方
向に広がる

線の幅を増やすと
テキストに線が
かぶってしまうことがある

線がテキストの領
域を侵食してしま
うことがある

● 基本的にはシンプルな線を選ぶ

線の書式設定では、「一重線／多重線」「実
線／点線」から線の種類を選択すること
ができます。**資料作成の上では、「一重線」**
をベースに「点線（丸）」「点線（角）」「破線」
といったシンプルな線のみを使うように
し、その他の複雑な線は使わないように
しましょう（P.136「3-4 オブジェクト
の枠線は「なし」にする」も参照）。

また「線の先端」では、線の先端部分の形
を丸くするか、四角にするかを選ぶこと
ができます。「四角」を選ぶと、線の実際
の長さに四角部分が足された長さになり
ます。「フラット」を選ぶと何もつかず、
実際の線の長さのみになります。右の例
のように点線（丸）で線の先端を「フラッ
ト」と「丸」で使い分けるだけでも、線の
雰囲気を変えることができます。

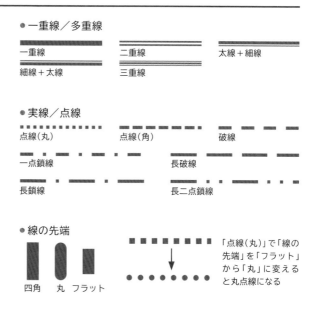

● 一重線／多重線

一重線　　　　　　二重線　　　　　　太線＋細線
細線＋太線　　　　三重線

● 実線／点線

点線（丸）　　　　点線（角）　　　　破線
一点鎖線　　　　　　　　　長破線
長鎖線　　　　　　　　　　長二点鎖線

● 線の先端

四角　丸　フラット

「点線（丸）」で「線の
先端」を「フラット」
から「丸」に変える
と丸点線になる

「線の結合点」では、図形オブジェクトの角の形状を選ぶことができます。「角」「丸」「面取り」の3種類があります。

● 線の結合点（角の形状）

角　　　　　丸　　　　面取り

線の始点と終点につける矢印の種類も、線の書式設定から選択できます。矢印については、第5章で詳しく紹介します。

● 始点・終点矢印の種類

矢印なし　　　矢印　　　　開いた矢印

鋭い矢印　　　ひし形矢印　　円形矢印

なお、**コネクタは「直線」か「カギ線」のみを使用し、「曲線」は使わない**ようにしましょう。できる限り、**いびつな線を使うことは避ける**ようにし、直線の組み合わせによって正確な図を作るようにします。

「曲線」コネクタは美しくないので使わない

HINT

「スケッチスタイル」で手描き風の線にする

2019年8月から、PowerPointの線の機能に「スケッチスタイル」が追加されました。これは「図形の枠線」として描いた線を、手で描いたようないびつな状態に変形できるというものです。線の種類は「曲線」「フリーハンド」のどちらかから選択できます。コネクタには適用できません。

せっかく精密に作った図形をわざわざ手描き風にいびつにするというのは、意図的にノイズを足すようなものなのでとてもお勧めできる機能ではありません。しかし、稀に手描きの雰囲気を醸し出したいなどといった場合に、飛び道具的に使ってみてもよいかもしれません。

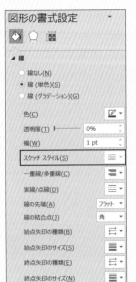

元の図形　　曲線　　フリーハンド　フリーハンド

「図形の書式設定」から「スケッチスタイル」を設定してみる

03 線のサイズと位置は「数値で設定」する

線も図形と同様、「図形の書式設定」の「サイズ」と「位置」から数値で設定すると、自在に扱うことができます。

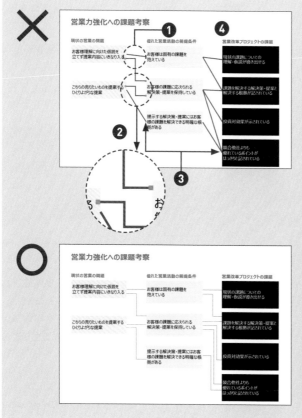

❶直線が水平になっていない
❷コネクタが思い通りの位置にスナップされないため、スナップ用の小さい四角オブジェクトを作り、そこにスナップさせている
❸斜め線の角度が不揃いで美しくない
❹全体にコネクタが悪目立ちしている

「直線」と「カギ線コネクタ」ですっきりと揃えられている。サイズや位置も揃えられ、線が目立つことなく、整然と引かれている。直線は水平に配置され、コネクタはスナップ機能を使わず任意の場所に配置されている

◉ 線も「サイズ」と「位置」の数値で正確に設定できる

線も図形オブジェクトと同様、「図形の書式設定」の「サイズとプロパティ」から「サイズ」と「位置」に数値を入力して設定・管理ができます。

特にコネクタは、図形オブジェクトの所定の位置に近づけるとスナップして自動的に接続する機能が備わっているものの、融通が利かず思うように配置できないこともあります。このような場合は「サイズ」の値を調節することで、任意のサイズに設定できます。「サイズ」と「位置」でコネクタを正確に設定できると、ストレスなく資料を作成できるようになります。

図形オブジェクトと同様、PowerPointの重要な要素である線も、数値で正確に設定・管理するようにしましょう。

● コネクタの引き方

コネクタは「ホーム」タブの「図形」から任意のもの
を選択すると、マウスカーソルが「＋」に変化します。
コネクタを開始させたい任意の地点でクリックし、
そのままマウスをドラッグすると線が引けます。
単純なしくみですが、スナップ機能が災いして任意
の形状に作れなかったり、望んでいないところにス
ナップして接続してしまうなど、慣れないと扱いづ
らい仕様になっています。

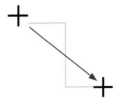

「ホーム」タブ→「図形」で「コネ
クタ：カギ線」を選択し、「＋」の
マウスカーソルを線の開始点で
クリックしたまま右斜め下にド
ラッグすると、カギ線コネクタ
が引ける

コネクタがスナップ機能を用いて図形どうしをつ
ないでいる時は、コネクタの先端がグリーンの丸で
表示されます。

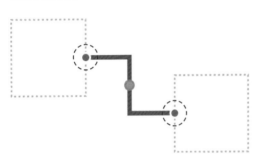

それに対してコネクタがスナップ機能を使わずに
配置されている時は、コネクタの先端が白い丸で表
示されます。

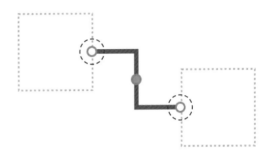

作成したコネクタの先端にマウスカーソルを合わ
せると、マウスカーソルが⬲や⬀や⬌や⬍に変化
します。この状態でコネクタを触るとスナップ機
能が働いてしまい、形が崩れてしまうので注意して
ください。

コネクタの真ん中あたりにマウスカーソルを合わ
せると、⊞に変化します。この状態でクリックし、
そのまま離さずにドラッグすると、通常のオブジェ
クトを操作するようにコネクタを移動させること
ができます。

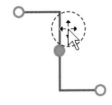

コネクタの先端ではないところにマ
ウスカーソルを合わせると、十字の
矢印に変化する。この状態でクリッ
クすると、通常のオブジェクトと同
様の方法でコネクタの形を崩さず
に移動ができる

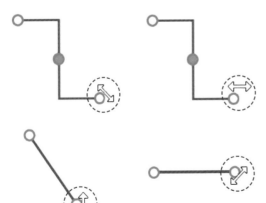

コネクタの先端にマウスカーソルを合わせると、マウス
カーソルの形が矢印に変化する。この状態で操作すると
コネクタの形状が変化し、スナップ機能が働いてしまう

● 水平の線は「高さ」を0cm、垂直の線は「幅」を0cmにする

直線コネクタは、 Shift キーを押しながらドラッグすると、90度刻みでまっすぐに引くことができます。しかし、高さや幅の異なる図形どうしを結ぼうとした時、スナップ機能が災いして斜めに引かれてしまうことがあります。非常に短いコネクタが斜めに引かれると、手動でまっすぐに直すのは困難な場合があります。

このような時は、「図形の書式設定」の「サイズ」で、**横方向の線は「高さ」を0cmにすると水平に、縦方向の線は「幅」を0cmにすると垂直**になります。これは直線コネクタだけでなく、カギ線コネクタでも同様です。

ただし、この時にコネクタが図形どうしをスナップ機能でつないでいると、コネクタに少しでも触るとスナップ機能が働き、元に戻ってしまう場合があります。そのため、「高さ」と「幅」の値を設定する前に、コネクタの真ん中あたりにマウスカーソルを合わせて ⊞ の状態にします。その上でコネクタをドラッグしていったん図形から離し、スナップ機能を解除しておきます。それから数値による水平・垂直の設定後、図形と図形の間に配置を戻します。

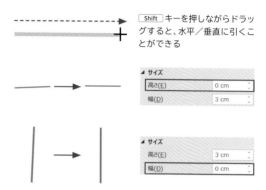

Shift キーを押しながらドラッグすると、水平／垂直に引くことができる

人の目は優れているので、ほんの少しのズレでも気づいてしまう。特に水平・垂直は、少しでもずれていると非常に目立ってしまう。手動で直そうとすると、0.01～0.02cmのわずかなずれが生じやすいので、数値で確実に直すように習慣づける

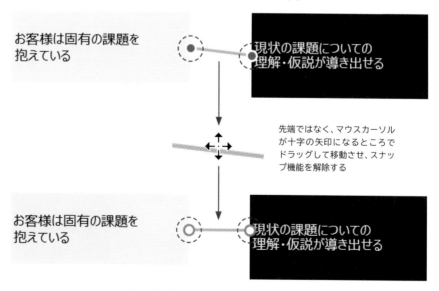

コネクタがスナップ機能によってつながれている時は、両端のポイントがグリーンになる

先端ではなく、マウスカーソルが十字の矢印になるところでドラッグして移動させ、スナップ機能を解除する

コネクタを図形からいったん離してスナップを解除できたら、「高さ」を0cmに設定して水平にする。その後、図形の間に配置し直す。スナップ機能を用いていないので、コネクタの両端は白のままである

● カギ線コネクタを「サイズ」と「位置」で自在に扱う

カギ線コネクタは、図やフローチャートを書く時に必須のアイテムです。しかし、やはりスナップ機能が仇となり、大変扱いにくい仕様になっています。図形の所定の位置ではないところに配置しようとすると、自分の希望する場所にスナップできない場合があります。そこで位置やサイズを手動で調節しようとすると、勝手に形が変わってしまったりします。そして、その調整にもまた時間がかかり、イ

ライラしてしまった…という人も多いのではないでしょうか。

このような場合は次の方法で対処すると、カギ線コネクタを任意の状態で配置することができます。カギ線コネクタを「サイズ」の数値で操作するスキルを身につけておくと、コネクタに関するイライラが一気に解消できるのでお勧めです。

1 カギ線コネクタを任意の形状に作ります。カギ線コネクタは、あらかじめダミーの図形にスナップさせると楽に任意の形状を作ることができます。ダミーの図形はコネクタを引いたら不要になるので、速やかに削除しましょう。

2 カギ線コネクタのサイズを調整する前に、あらかじめコネクタを配置したい場所の近くに手動で移動させておくと、サイズの微調整がしやすくなります。この時に、コネクタの先端を触ってしまうと変形しやすく、さらにスナップ機能が働いてしまい、せっかく作っておいたコネクタの任意の形状が崩れてしまいます。コネクタを任意の形状にしたら、先端には触らないようにしましょう。コネクタの真ん中あたりにマウスカーソルを合わせて⊞を表示させてから、通常のオブジェクトを操作するように図形と図形の間に配置します。

カギ線コネクタは、手動で触ると形が変わりやすい。ダミーの図形にスナップさせて、あらかじめ自分の希望する形状にしておくと作りやすい

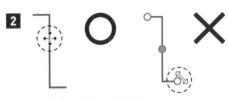

コネクタを任意の形状にしたら配置したい場所の近くへ移動させる。手動で移動させる際には、先端ではなく、マウスカーソルを当てて十字の矢印になるところでドラッグし移動させる

3 「サイズ」の値を調節して、任意のサイズに変更します。

4 「位置」の値を調節して、任意の位置に配置します。

● カギ線コネクタは形状によって挙動が異なる

カギ線コネクタがさらにたちが悪いのは、「高さ」と「幅」を調節する際、コネクタの形状によって挙動が異なるところです。

例えば左上（始点）から右下（終点）へ向かうコネクタを作成した場合、「高さ」や「幅」の値を変えると、始点である左上の位置は基準として変わらず、終点側の右下の位置が移動します。ここまでは、通常の挙動のように見えます。

ならば、右の例のようにコネクタを縦向きに作成して、始点が左上側、終点が右下側になるようにしても、パラメーターの値を増やした場合に移動するのは、終点側であるように思えます。そこで実際に「高さ」を調節すると、確かに終点側が移動することがわかります。しかし「幅」を調節すると、今度は始点側が動き出すのです（コネクタが縦向きになると、

「幅」の値が「高さ」に、「高さ」の値が「幅」に該当する点にも要注意です）。

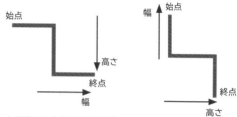

カギ線コネクタの基本形（横向き）で左上側を始点、右下側を終点とした時、「高さ」「幅」ともに値を変えると、始点を基準点にして終点側が移動する。赤い矢印は、「高さ」「幅」それぞれの値を増やした時の移動する方向を表す

カギ線コネクタを縦向きに作成すると、「高さ」は「幅」に、「幅」は「高さ」に該当し、「幅」の値を変えると始点側が動き出してしまう

● 回転の角度によって移動の方向が変わる

これには、コネクタの「回転」の角度が関係しています。例えば縦向きのコネクタを作成した場合、回転は行っていなくても、「図形の書式設定」の「回転」を確認すると、値は90度か270度のいずれかになっています。これは、カギ線コネクタがZ型を基本形として設定されているからです。

「高さ」と「幅」の値を変えた際にコネクタが移動する方向は、回転の角度によって決まります。始点、終点に関係なく、移動する方向により近い側の点が、以下に示した方向に移動します。Z型を基本として、回転した角度に応じて移動する方向も変わっているだけなのです。

コネクタは始点、終点ではなく、「回転」の角度の値で移動の方向を判断するようにしましょう。

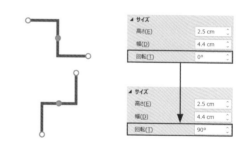

カギ線コネクタはZ型が基本形。これを0度として、何度回転させているかによって挙動が変わる

● 0度

● 180度

● 90度

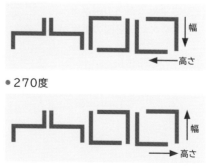

● 270度

赤い矢印は、「高さ」「幅」の数値をそれぞれ増やした時に移動する方向を表す（減らした場合は逆方向に移動する）。矢印の方向により近い方の始点／終点が、値の増減に応じて移動する

● 循環のカギ線コネクタはさらに厄介

カギ線コネクタを右のように循環（接続元のスナップ位置と接続先のスナップ位置が同じ高さにある）の形状にすると、さらに厄介な挙動となります。値の増減に応じて「幅」は自然に変化しますが、「高さ」は0.04cmという謎の値を示します（回転の角度は横方向、縦方向ともに0度か180度しかありません）。ここで「高さ」の値を上下ボタンをクリックして0.1cmに変えると、0.1cmよりも大幅に大きなサイズになってしまいます。この状態では、「高さ」を数値で調節することはあきらめ、調整ハンドルによる手動での調整で対応しましょう。

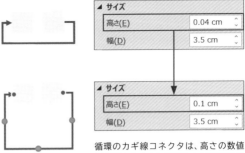

循環のカギ線コネクタは、高さの数値が実際の大きさに連動しない謎の挙動をする

● 直線で斜めに結ぶ？ それともカギ線コネクタを使う？

ここまでは、あたかもカギ線コネクタがいかに厄介で扱いにくいかを延々と語るような内容になってしまいました。しかし、筆者の私がここまでカギ線コネクタにこだわって説明するのには理由があります。それは、**直線コネクタで斜めに引くことは極力避けるべき**だと考えるからです。

P.163で図形の回転について説明した中で、「やむを得ず図形を回転させる時には15度単位で設定する」とお伝えしました。これは、15度単位の回転が人間の目に安定していると感じられる角度だからです。これと同様のことが、線にも当てはまります。これまでのページで「こんな面倒くさいカギ線コネクタを使うよりも直線で斜めに引いてしまえばすぐに終わるではないか」と思った人もいると思います。しかし、**図形が中途半端な角度で回転していたり、線が斜めに引かれているのは、形状として非常に不安定な状態であり、見る人に不安や不快感をもたらしてしまうもの**です。精緻な設計図の中に、中途半端な角度に傾いている図形や斜めの線があったらどうでしょうか。途端にその設計図の精度が

疑わしくなるでしょう。カギ線コネクタは、その設定方法こそ多少面倒ではありますが、水平、垂直の線のみで構成された形状の安定感は抜群です。

P.136で紹介した「オブジェクトの枠線を「なし」にする」方法と同様、斜めの線をカギ線コネクタに置き換えるだけで、資料の読みやすさは抜群に上がります。同じ内容の資料で図形を不揃いな角度の斜め線で結んだものとカギ線コネクタで結んだものとの差は、P.189の例を見れば一目瞭然でしょう。

カギ線コネクタを正しく使いこなし、資料に安定感をもたらすためのスキルとして、この節で紹介したテクニックは必ず役に立つはずです。

15度　30度　45度　60度　75度　90度

直線コネクタも、図形と同様 Alt キーを押しながら左右の矢印キーを押すと15度単位で回転させることができる。ただしこの例の場合、回転させても「高さ」の値は0cmのまま変わらず、数値での操作が煩雑になるためやめた方がよい

◎「曲線」「フリーフォーム」で複雑な線を描く

前ページまでは、コネクタをいかに任意の線にカスタマイズしていくかという点にフォーカスを当てて説明してきました。しかしそれだけでは、完全に任意の線を描くのは不可能です。ここではさらに複雑な線を描く機能である「曲線」と「フリーフォーム」について紹介します。もう1つの「フリーハンド」については、その名の通り、紙にペンで描くように完全にフリーハンドで描画するものなので、ここでは扱いません。

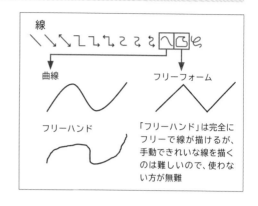

● 曲線

「曲線」は、線を開始したい任意の地点でクリックし、**クリックを離して**線を引きたい任意の方向にマウスを動かすと点線の直線が現れます。コネクタと違い、クリックしたままドラッグするのではないので注意してください。

右の例のように、点線を引きながら右上の赤い点でクリック、クリックを離して右下の赤い点へマウスを動かすと点線が直線から曲線に変化します。このあとは交互に右上→右下→右上と赤い点でクリック、クリックを離して次の赤い点へマウスを動かす、の動作をくり返していきます。この時、クリックした赤い点の位置に、頂点が追加されます。クリックしたあと、マウスを動かす任意の方向に向かって曲線が自動的に補正されるので、曲線の角度を手動で調整することはできません。

線の終点にしたい任意の地点でクリックし、 Enter キーまたは Esc キーを押すと、線が確定します。始点の位置でもう一度クリックすると、線が閉じられた図形に変わります。

赤い点でクリックを続けて線を引いていく

終点にしたい地点で Enter キーまたは Esc キーを押すと線が確定する

マウスカーソルを始点に近づけると線が閉じられた時の図形が薄く表示されるので Enter キーまたは Esc キーを押すと線が閉じられ図形になる

●フリーフォーム

「フリーフォーム」も「曲線」と同様、線を開始したい任意の地点でクリックし、**クリックを離して**線を引きたい任意の方向にマウスを動かすと点線の直線が現れます。コネクタと違い、クリックしたままドラッグするのではないので注意してください（クリックしたままドラッグすると完全任意の線が引け、「フリーハンド」と同じ機能になります）。

点線の直線を引きながら交互に右下の赤い点でクリック、クリックを離して右上の赤い点に向かってマウスを動かす→右上の赤い点でクリック、クリックを離して右下の赤い点へマウスを動かす→右下の赤い点でクリック、の動作をくり返していくと、ジグザグの直線が描けます。この時、クリックした赤い点の位置に、頂点が追加されます。 Shift キーを押しながら線を引くと、水平、垂直、45度の角度にのみ線が引かれます。

線の終点にしたい任意の地点でクリックし、 Enter キーまたは Esc キーを押すと線が確定します。始点の位置でもう一度クリックすると、線が閉じられた図形に変わります。

「フリーフォーム」では、クリックではなく、ドラッグで自由な線を描画することもできます。しかし、マウスで美しい線を描くほどにはこの機能は精度が高くないので、ここはクリックだけで描画していくことをお勧めします。描きたい図形のアウトラインを直線でラフに描き、このあと紹介する「頂点の編集」によって調整した方が、より手軽にきれいな線が描けます。

赤い点でクリックを続けて線を引いていく

終点にしたい地点で Enter キーまたは Esc キーを押すと線が確定する

マウスカーソルを始点に近づけると線が閉じられた時の図形が薄く表示されるので Enter キーまたは Esc キーを押すと線が閉じられ図形になる

● 「頂点の編集」で完全任意の線／図形を描く

数ある PowerPoint の機能の中で、もっとも難易度が高いのが「頂点の編集」機能です。「頂点の編集」は、ほぼすべての図形を任意の形に編集できる機能です。Illustrator など Adobe の DTP アプリケーションを使ったことのある人なら必ず一度は触ったことのある**ベジェ曲線**を使って、図形や線を編集することができます。

ベジェ曲線とは、フランスの自動車会社ルノーの技術者であったピエール・ベジェ氏が車体デザインのためにコンピューター上で滑らかな曲線を描く手法として考案したものです。
ベジェ曲線では、ベジェ曲線によって描かれた線を「**パス**」と呼び、「**ハンドル**」と呼ばれる方向線を操作して、任意の線を描くことができます。

1 図形オブジェクトや図形の枠線上で右クリックし、「頂点の編集」を選択します。すると編集モードに切り替わり、図形の枠線上に黒い■の「**頂点**」が表示されます。この頂点を基準点として、編集作業を行います。

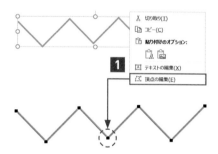

2 頂点にマウスカーソルを合わせると、「頂点選択ポインタ」が表示されます。この「頂点選択ポインタ」をドラッグすることで、頂点を移動させることができます。

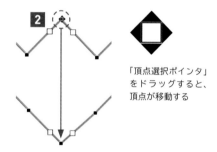

「頂点選択ポインタ」をドラッグすると、頂点が移動する

3 任意の頂点をクリックすると、先端に□がついたハンドルが頂点の両側に表示されます。

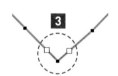

直線の場合、直線上にハンドルが表示されるためはっきりとはわからないが、□が表示されていることから、ハンドルの位置を確認できる

4 ハンドルの□をドラッグし、ハンドルの長さと方向を調節することで、曲線の方向や湾曲度を変更できます。

頂点を中心に2方向に伸びるハンドルの長さと角度を調節することで、曲線の湾曲度や方向を設定できる

● 「頂点の編集」の個別の仕様

一見単純に見えるベジェ曲線ですが、ハンドルの長さと方向を調整するだけでは、自分が意図したように線を修正することはできません。「頂点の編集」機能には以下に紹介する多様な機能があり、これらを的確に使いこなすことで、はじめて思い通りの線を描くことができます。

「頂点の編集」モードに入ると、通常の**スナップ機能が一切使えなくなります**。さらにスマートガイドも表示されなくなります。**頂点やハンドルの位置は手動のマウス操作に頼るしかなくなる**ため、正確な作図は非常に困難になります。このことを覚悟した上で、編集作業に挑みましょう。

なお、角丸四角形など、調整ハンドルが表示される図形に「頂点の編集」を行うと、編集後の図形には調整ハンドルが表示されなくなることにも注意してください。

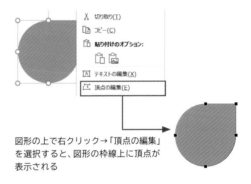

図形の上で右クリック→「頂点の編集」を選択すると、図形の枠線上に頂点が表示される

● 頂点の移動

頂点にマウスカーソルを合わせると、「頂点選択ポインタ」が表示されます。この状態で頂点をドラッグすると、頂点を移動させることができます。

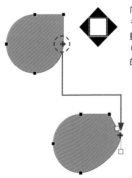

「頂点選択ポインタ」をドラッグすると、頂点が移動する。移動に応じて、隣り合う頂点と曲線が自動的に補正される

● 頂点の追加／削除

線の上にマウスカーソルを合わせると、「頂点追加ポインタ」が表示されます。この状態で線をクリックすると、クリックした位置に頂点が追加されます。頂点上で右クリックし、「頂点の削除」を選択すると、頂点を削除できます。

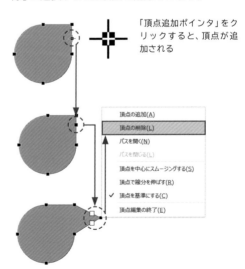

「頂点追加ポインタ」をクリックすると、頂点が追加される

● 頂点を中心にスムージングする

頂点上で右クリックし、「頂点を中心にスムージングする」を選択すると、2本の「ハンドル」が表示され、直線が曲線に変わります。このハンドルの端をドラッグすると、頂点を中心に線を編集することができます。片方のハンドルを動かすと、反対側のハンドルも頂点を中心とした対称になるように自動的に動きます。

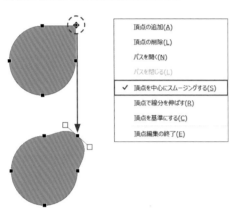

● 頂点で線分を伸ばす

頂点上で右クリックし、「頂点で線分を伸ばす」を選択すると、2本の「ハンドル」が表示されます。このハンドルの端をドラッグすると、頂点を中心に線を編集することができます。「頂点を中心にスムージングする」と異なるのは、一方のハンドルは頂点を中心に回転しますが、他方のハンドルは動かない点です。

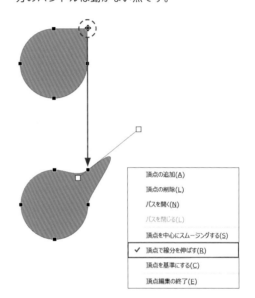

● 頂点を基準にする

頂点上で右クリックし、「頂点を基準にする」を選択すると、2本の「ハンドル」が表示されます。頂点を中心に、それぞれのハンドルが頂点を基準にして独自に動き、お互いに干渉しません。

そのため、頂点を動かした時に線が自動的に補正されることがなくなります。双方のハンドルを独立して動かせるので、より自由な変形ができるようになります。

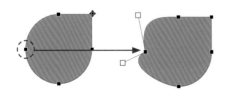

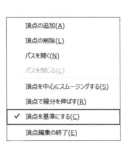

● 線分を伸ばす

「頂点追加ポインタ」の状態で右クリックし、「線分を伸ばす」を選択すると、曲線が直線に変わります。線の両端にある頂点は、両方とも「頂点を基準にする」に変更されます。よって、この変更が周囲の曲線に影響を及ぼすことはありません。

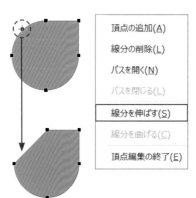

● 線分を曲げる

「頂点追加ポインタ」の状態で右クリックし、「線分を曲げる」を選択すると、「線分を伸ばす」の逆で、直線が曲線に変わります。線の両端の頂点は「頂点を基準にする」のまま変更されないので、周囲の線には影響がありません。

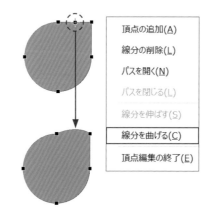

● パスを開く／閉じる

「頂点追加ポインタ」の状態で右クリックし、「パスを開く」を選択すると、図形の閉じたパスを、開いたパス（塗りつぶしはできても線は引かれない）に変更することができます。ただし、選択した箇所にパスを開くための余計な頂点が追加され、線が自動修正されます。

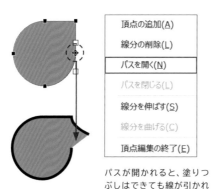

パスが開かれると、塗りつぶしはできても線が引かれない箇所が発生する

● 「頂点の編集」は 最後の手段としてのみ使う

ここまで紹介したように、安易に「頂点の編集」機能を使おうとすると、作業の難易度が高い上、自動調整機能のせいで苦戦を極めることになります。「頂点の編集」は、図形の結合では対応できない場合にとどめるようにしましょう。やむを得ず使う場合には、自分が作りたい形に近いところまで図形の結合や調整ハンドルによる整形を行った上で、微調整としてのみ使うようにしましょう。

矢印のルール＆
テクニック

CHAPTER 05

01 矢印はむやみに使わない

矢印は、むやみに使いすぎると悪目立ちしてしまい、かえって混乱の元になります。矢印を使う時は、本当に必要かどうかをよく吟味しましょう。

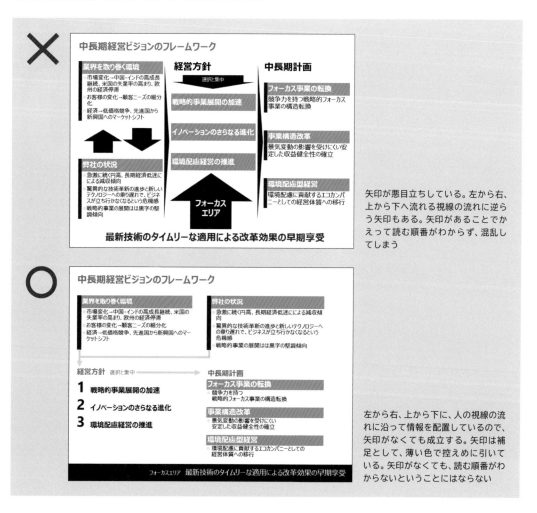

矢印が悪目立ちしている。左から右、上から下へ流れる視線の流れに逆らう矢印もある。矢印があることでかえって読む順番がわからず、混乱してしまう

左から右、上から下に、人の視線の流れに沿って情報を配置しているので、矢印がなくても成立する。矢印は補足として、薄い色で控えめに引いている。矢印がなくても、読む順番がわからないということにはならない

● 矢印があると、かえって混乱してしまう

資料を読みやすくし、読み手の理解を助けるのに矢印は大活躍します。しかし、使いすぎると悪目立ちして、読み手が内容に集中できなくなってしまいます。矢印は、資料の中ではあくまで補足の役割です。主

役である内容より目立っても仕方がありません。読み手の読む順番を誘導するという本来の役目を果たし、内容を邪魔することがないように、控えめなサイズ、色にしましょう。

● 視線の流れに反した矢印は読み手の強いストレスになる

人の視線の流れは、横書きの資料であれば「左から右、上から下」に流れていきます。矢印がこうした**視線の動きに逆行する向きで置かれていると、読み手に強いストレスを与えます**。また、読む順番を狂わされることによって読み手が疲れてしまい、途中で読むのをやめてしまうかもしれません。そのようなことにならないように、矢印は原則として「左から右、上から下方向」以外の向きでは使わないようにしましょう。

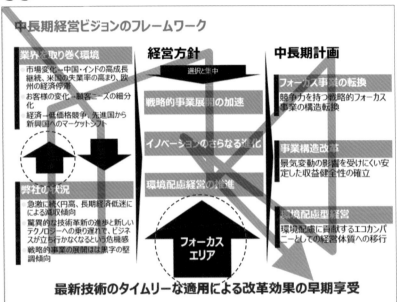

視線の流れを無視して情報を配置し、それを無理に矢印でつなごうとすると、読み手は読む順番がわからなくなり、かえって混乱してしまう

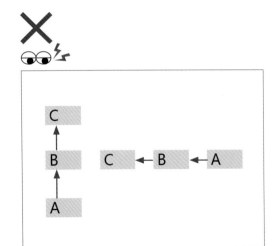

視線の流れに反した情報の配置は、読み手に強いストレスを強いることになる。このような情報の配置になってしまう場合は、内容そのものにロジックエラーがあるので、内容から見直した方がよい

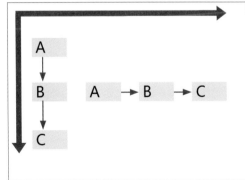

内容と配置が自然に関連付けられていれば、情報の配置は必然的に「左から右、上から下」の向きになり、視線の流れに沿うようになる

● 「ないはずの矢印」を感じさせるように情報を配置する

視線の流れに沿って情報が配置されていれば、**本来は矢印がなくても、人は違和感なく自然に読むことができます**。つまり、自然な情報の配置ができていれば、読み手は無意識に情報の配置のルールを把握して読み進めるようになり、**本来は描かれていないはずの矢印を想像力で補うのです**。
ここでは右のスライドを例に、情報の配置と視線の動きについて考えてみましょう。

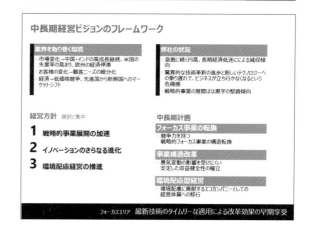

人の視線は、横書きの資料であれば左から右、上から下に自動的に流れていきます。この法則にもとづいて考えれば、例のスライドに矢印がなくても、読み手は上半分の項目を左→右に読み、下半分に移ってから左→右の順番に読み進めるだろうと予想できるはずです。

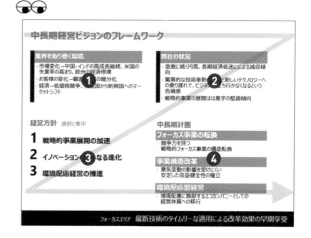

ところが、読み手によっては矢印がないせいで、左上から右下に向かって視線が動くものの、赤い矢印の順番で読み進めようとする人がいるかもしれません。読み手は途中で自分の読む順番が誤っていたと気づいて読み直すか、内容を理解できなくて途中で読むのをやめてしまうかもしれません。

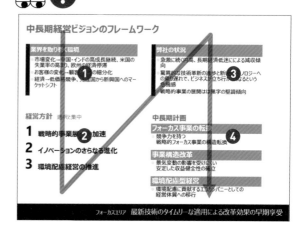

ここで、スライドに存在を主張しすぎない程度に矢印を添えることで、読み手は読む順番を誤ることなく自然な視線の流れに沿って読み進めることができるようになります。

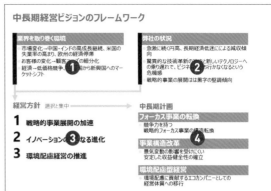

矢印が引かれることによって、読み手は読む順番を誤ることなく自然に読むことができるようになる

視線の流れに沿って情報が左から右、上から下に置かれた上で、読み手の読む順番を誘導する「ガイド」としての本来の役目を果たすように矢印を引けば、読み手は矢印を実際に描かれたものよりも強く感じて読むようになります。その状態になって、はじめて矢印の本来の目的を達成できるのです。

矢印を使う場合は、**視線の流れを補足する必要があるかどうかを判断し**、基本的にはできるだけ矢印を使わず、情報の配置だけで自然に読むことができる資料作りを目指しましょう。

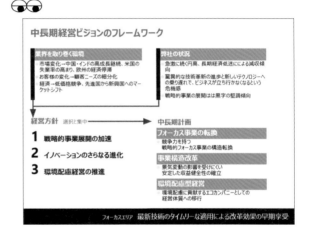

視線の流れに沿って情報の配置が左から右、上から下に置かれていると、実際は薄い水色で微かに引かれている矢印を読み手は赤い矢印のように想像力で補い、強く感じられるようになる

🔎 HINT

目の錯覚・錯視について

このページでは「読み手は矢印を実際に描かれたものよりも強く感じるようになる」と書きましたが、このような「目の錯覚」のことを錯視と言います。錯視の有名な例の1つに「カニッツァの三角形」があります。これは、右のように描かれていないはずの中心の白い三角形を、人間の目が主観で補って見えるようになっている、というものです。

矢印においてこのような錯視を自然に作り出すためには、あらかじめ錯視を考慮して、つまり、読み手が実際に描かれた矢印を、より強く感じるように考慮してスライドの情報を配置しなければなりません。そのためにも人の主観に沿った視線の流れ、すなわちスライドの左から右、上から下に向かって情報が置かれていることがより一層重要になるのです。

CHAPTER 05

02 矢印は「線」で作る

矢印は、ブロック矢印ではなく線(コネクタ、図形の枠線)を使って作るようにしましょう。

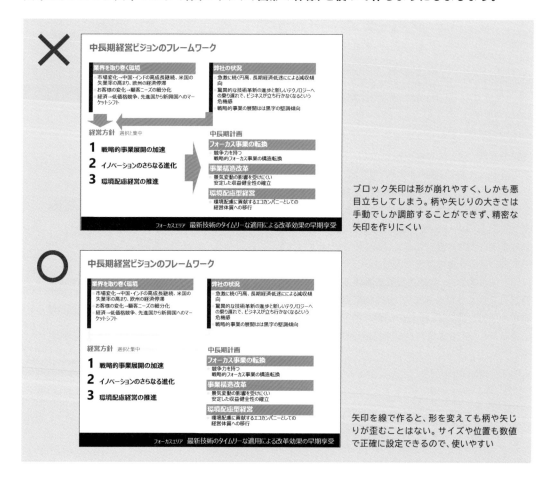

ブロック矢印は形が崩れやすく、しかも悪目立ちしてしまう。柄や矢じりの大きさは手動でしか調節することができず、精密な矢印を作りにくい

矢印を線で作ると、形を変えても柄や矢じりが歪むことはない。サイズや位置も数値で正確に設定できるので、使いやすい

● 矢印はブロック矢印ではなく「線」で作る

PowerPointの「図形」には、「ブロック矢印」のカテゴリーに25種類を超える多彩な矢印が用意されています。これらの「ブロック矢印」はほとんどの人が日常的に使っていると思いますが、形が崩れやすく不格好になりやすいので、**基本的に使わないようにしましょう。**これまで日常的に使っていたブロック矢印を「使わないように」と言うと、必ずと

いってよいほど「ではどうすればいいのか?」と難色を示す人がいます。矢印は、第4章で紹介したコネクタや図形の枠線のテクニックを使って作成します。**矢印はオブジェクトではなく、線の派生形として扱うのが基本なのです。**線は始点と終点に矢印を設定できるので、ブロック矢印よりも臨機応変に矢印を作成することができます。

● ブロック矢印では精密な矢印は作れない

すべてのブロック矢印は、P.127やP.172で説明した「調整ハンドル」を操作することで、柄の太さや矢じりの大きさを変えることができます。しかしこの機能は、矢印の形が崩れやすく、不格好になりやすい仕様になっています。また、「調整ハンドル」は手動でしか操作ができず、柄や矢じりのサイズを数値で設定できないという決定的な弱点があるので、使用しないようにしましょう。

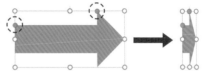
ブロック矢印

「図形」の「ブロック矢印」は、一部の例外を除いて使わないようにする。例外については後節で紹介する

角丸四角や吹き出しと同じように、ブロック矢印も黄色い調整ハンドルを手動で操作し、柄の太さや矢じりの大きさを変えることができる。しかし、サイズを変えると形が崩れてしまう上、精密な設定ができないので使用はお勧めできない

● コネクタ、図形の枠線なら形が崩れない

コネクタや曲線、フリーフォームなどの図形の枠線は、ブロック矢印とは違い、あくまでも「線」として作成されます。そのため、サイズや柄の幅を変えても基本的な形状が崩れることはありません。なにより、数値による正確な設定が可能なので、精度の高い図解の作成ができるようになります（数値の設定方法はP.191、P.192を参照してください）。

また次ページで解説するように、矢じりの大きさを柄のサイズに対する倍数で考えることができます。1つの資料の中では、柄と矢じりの大きさは統一することが望ましいので、コネクタや図形の枠線で矢印を作成し、柄の幅に対する矢じりの倍率を決めておけば、柄と矢じりの割合を常に一定に保つことができます。

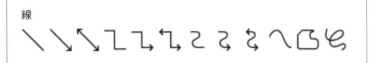
線

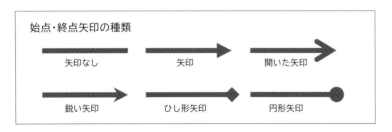
始点・終点矢印の種類
矢印なし　　　矢印　　　開いた矢印
鋭い矢印　　　ひし形矢印　　　円形矢印

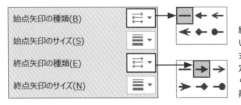
始点矢印の種類(B)
始点矢印のサイズ(S)
終点矢印の種類(E)
終点矢印のサイズ(N)

線はサイズを変えても形が崩れないのが何よりの利点。「図形の書式設定」で始点、終点の矢印の設定のオン／オフが簡単に切り替えられるので、ブロック矢印よりも融通が利く

◎ 矢印の種類は1つに絞る

線を使った矢印の作成では、「図形の書式設定」から5種類の矢印を選択できます（前ページ参照）。しかし、1つの資料の中で数種類の矢印を無秩序に混ぜて使うのは避けましょう。基本的には、一番シンプルな「矢印」を使うのが無難です。

また、矢印の矢じりはサイズ1から9までの、9種類のサイズから選択できます。それぞれの矢じりのサイズは、線の幅（太さ）に対する倍数で設定されます。線の幅が変われば、それに合わせて矢じりのサイズも変化します。また、矢じりは線の範囲内に作成されるので、矢じりの高さを大きくすると、その分だけ柄のサイズが短くなっていきます。

例えば、10ptの幅の線に対して終点の矢印をサイズ1で設定したとします。線の幅の単位はpt（ポイント）で、1ptは約0.35mmなので、線の幅は0.35×10＝3.5mmになります。サイズ1は高さ、幅とも線の太さの2倍なので、矢じりの大きさは高さ、幅ともに約7mmになります（これはMicrosoftの正式な情報ではなく、筆者が独自の研究によって確認したものです）。矢じりを歪ませるのは好ましくないので、幅と高さが同じ倍数のサイズ1、5、9のいずれかを使うようにしましょう。

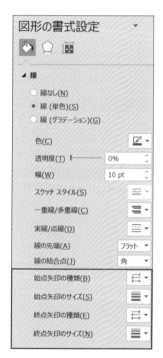

「図形の書式設定」から始点と終点のそれぞれに5種類の矢印（前ページ参照）と9種類のサイズが選択できる

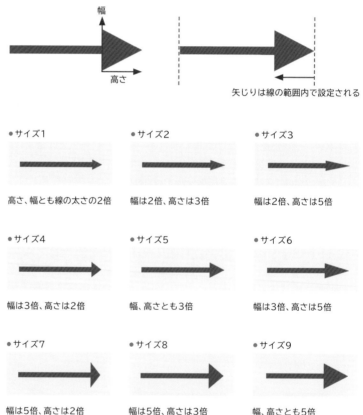

矢じりは線の範囲内で設定される

● サイズ1
高さ、幅とも線の太さの2倍

● サイズ2
幅は2倍、高さは3倍

● サイズ3
幅は2倍、高さは5倍

● サイズ4
幅は3倍、高さは2倍

● サイズ5
幅、高さとも3倍

● サイズ6
幅は3倍、高さは5倍

● サイズ7
幅は5倍、高さは2倍

● サイズ8
幅は5倍、高さは3倍

● サイズ9
幅、高さとも5倍

● 「矢印スタイル」で矢印の始点と終点の種類を簡単に選ぶ

「図形の書式設定」の作業ウィンドウでは、線の始点、終点にそれぞれ矢印の種類を選択することができます。しかし線の両端に矢印を設定する場合にはいちいち始点と終点で矢印の種類を選択しなければならず、面倒な上に選択を誤るリスクがあります。また矢印を左右反転させたいという場合に、左右反転させるか、もしくはここでもいちいち矢印の設定をし直すかなど、細かい設定ができるがゆえの煩雑な操作が必要になってしまいます。

この時、線を選択した状態で「ホーム」タブの「図形の枠線」から「矢印」を選択すると、あらかじめ設定された11種類の「矢印スタイル」を適用することができます。「矢印スタイル」のそれぞれの設定内容は以下の表にまとめてあるので、参考にしてください。また線を選択すると表示される「図形の書式」タブの「図形の枠線」からも、同様の設定ができます。

「矢印スタイル」の中でも特に「矢印スタイル5」「矢印スタイル6」「矢印スタイル7」は頻繁に使うものなので、覚えておくようにしましょう。

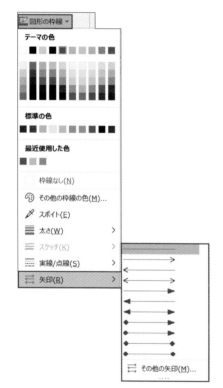

矢印スタイル1		通常の線
矢印スタイル2		終点に開いた矢印 矢印サイズ5
矢印スタイル3		始点に開いた矢印 矢印サイズ5
矢印スタイル4		始点、終点に開いた矢印 矢印サイズ5
矢印スタイル5		終点に矢印 矢印サイズ5
矢印スタイル6		始点に矢印 矢印サイズ5
矢印スタイル7		始点、終点に矢印 矢印サイズ5
矢印スタイル8		始点にひし形矢印、終点に矢印 矢印サイズ5
矢印スタイル9		始点に円形矢印、終点に矢印 矢印サイズ5
矢印スタイル10		始点、終点にひし形矢印 矢印サイズ5
矢印スタイル11		始点、終点に円形矢印 矢印サイズ5

11種類の矢印スタイルが選択できる

CHAPTER 05
03 曲線を描く矢印は「円弧」で作る

曲線を描く矢印は、形のいびつなブロック矢印ではなく、「円弧」を使って作成するようにしましょう。

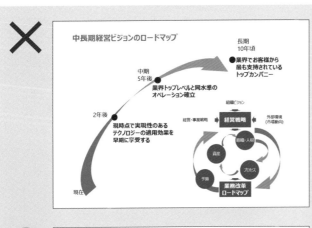

「カーブ矢印」を使った例。柄や矢じりが不自然に歪んだ矢印になってしまい、悪目立ちしている。内容が頭に入ってこない

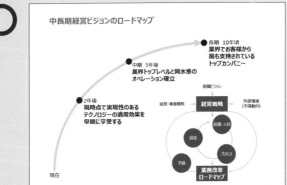

「円弧」を使った例。柄や矢じりに歪みのない矢印が、情報を読み解くことを手助けする役割を果たしている

● 曲線を描く矢印は特に注意

矢印の中でも、特に曲線を描く矢印には要注意です。ブロック矢印には上下左右の「カーブ矢印」や「Uターン」「環状」といった曲線の矢印が用意されていますが、これらの矢印は絶対に使わないようにしましょう。形がいびつで美しくなく、使いものになりません。曲線を描く矢印は、「円弧」を使うようにします。「円弧」なら、歪んだ曲線の矢印も美しく、簡単に描くことができます。多少形を歪めても、線と

してできているため柄や矢じりの形状が崩れることはありません。

```
ブロック矢印
⇨ ⇦ ⇧ ⇩ ⇔ ⇕ ⤧ ⤪ ⤣ ⤢ ⤥ ⤤
⤦ ⤧ ⤨ ⤩ ⇨ ⇨ ⬠ ⬡ ⬢ ⬣ ⬤ ⬥
⬦ ⬧ ⬨
```

ブロック矢印にある曲線の矢印は絶対に使ってはいけない

● 円弧の仕様を理解する

円弧は「図形」の「基本図形」の最下列にあり、「図形の枠線」として扱われます。円弧を作成すると1/4の円が作られ、「塗りつぶし」と「線」を設定できます。ただし、「線」は「弧」のみで「弦」には設定できません。

基本図形

円弧は「基本図形」の最下列にひっそりとある。すぐに使えるように場所を覚えておこう

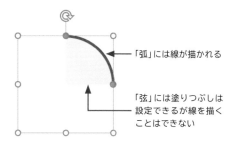

「弧」には線が描かれる

「弦」には塗りつぶしは設定できるが線を描くことはできない

円弧のサイズと位置は、他の図形と同様「図形の書式設定」から値を調整できます。線の長さは黄色い調整ハンドルを動かして調節できますが、パラメーターによる数値の設定はできません。円弧では、調整ハンドルによる設定方法が幸いして、細かい微調整を手軽に行うことができます。また、線である円弧には、始点と終点の両方に矢印を設定できます。そのため、不必要に反転や回転をかけるのはやめましょう。

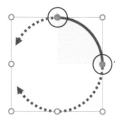

円弧は、初期設定では1/4の円が表示される。調整ハンドルを動かすと、始点と終点の双方向に線（弧）の長さを調節できる。この機能は、曲線の矢印や円グラフを美しく作る上で大活躍する

● 円弧の注意点

以下の例のように円弧を大きく作成した場合、実際のオブジェクトのサイズはスライドをはみ出しています。そのため、多少操作がしづらくなることが

あります。これが円弧の唯一の弱点とも言えるものですが、画面の表示倍率を調節しながら使いこなしていきましょう。

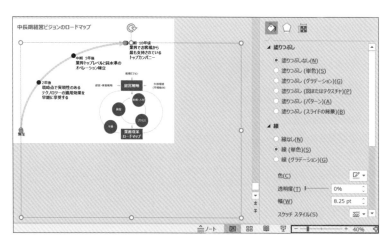

円弧をダイナミックに作ると、スライドから大きくはみ出して、画面のスクロールが面倒な時がある。画面の表示倍率を調整し、サイズを確認しながら設定していく

04 ホームベース矢印は「ブロック矢印」で作る

ホームベース矢印は、「ブロック矢印」の「矢印」をいっぱいに押し広げたものを使うようにしましょう。

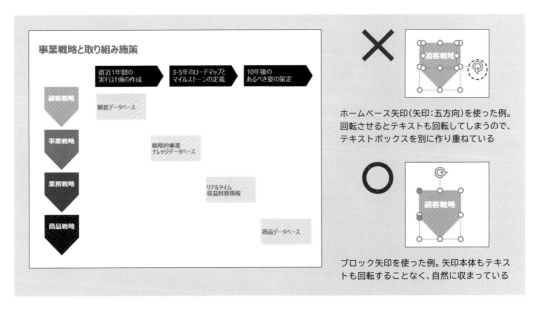

ホームベース矢印（矢印：五方向）を使った例。回転させるとテキストも回転してしまうので、テキストボックスを別に作り重ねている

ブロック矢印を使った例。矢印本体もテキストも回転することなく、自然に収まっている

● ホームベース矢印は右方向しかない

フローチャートなどによく使われるホームベース矢印は、PowerPointでは「矢印：五方向」の名称で用意されていますが、右方向のものしかありません。そのため、例えば下方向に使おうと90度回転させると、テキストの向きも回転してしまいます。仕方なしに矢印本体とテキストを別々に作るということをしてしまいがちですが、テキストとオブジェクトを切り離しているので正しい作り方ではありません。

この時「文字列の方向」でテキストを左に90度回転させればテキストの向きを戻すことができますが、これもブロック矢印に回転をかけている上に、テキストにも二重に回転をかけていることになります。無理矢理戻しているだけなので、お勧めはできません。

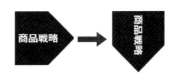

「矢印：五方向」を右方向に90度回転させるとテキストも回転してしまう

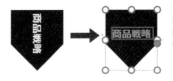

「文字列の方向」を設定し直すことで回転したテキストを強制的に元に戻すことはできるが、やらない方がよい

ホームベース矢印は右方向しか用意されていない

● ブロック矢印の調整ハンドルをいっぱいに広げる

ここで活躍するのが、ブロック矢印です。P.206
で解説したように、ブロック矢印はお勧めできない
機能です。しかし、ホームベース矢印を作る時だけ
は例外的にブロック矢印が大活躍します。実は、ブ
ロック矢印の柄の太さを調節する調整ハンドルを
いっぱいに広げると、ホームベース矢印になるので
す。ブロック矢印は右方向だけでなく、左、上、下と
すべての方向が用意されているので、同様の方法で
調整ハンドルをいっぱいに広げれば、わざわざ回転
をかける必要もなく、テキストもオブジェクト内に
挿入することができます。

この時、ホームベース矢印を美しく作るポイントは、
矢じりの角度を最初の状態から変更しないことです。
ブロック矢印の矢じりの角度は、初期状態で45度
に作られています。矢印に挿入するテキストの量
が多いと、どうしても文字を入れこもうと矢じりの
角度を急角度にしてしまいがちです。しかし、それ
によって形が崩れて美しくなくなってしまうので、
触らないようにしましょう。

なお、既存の資料の中に悪い例のようなホームベー
ス矢印が使われている時は、P.174で紹介した方
法でブロック矢印に置き換え、調整ハンドルで形を
整えるようにしましょう。もしくは手間はかかり

ますが、P.170の「回転したオブジェクトを強制的
に垂直に戻す裏技」を用いて、ホームベース矢印の
方向を強制的に垂直に戻すという方法もあります。

4方向のブロック矢印を使ってホームベース矢印を作成する

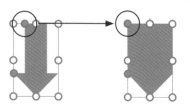

矢じりの角度は初期設定では
45度になっているので、これ
を触らないようにする

■○ HINT

［Ctrl］キーと ［Shift］キーを押しながらオブジェクトをドラッグしてコピーする

ホームベース矢印を使ってチャート図を作成する場合、一度作っ
た矢印を3つ、4つ…とコピー＆ペーストしていくことがほとん
どだと思います。その際、右クリックによるコピー＆ペーストや
［Ctrl］＋［C］→［Ctrl］＋［V］の操作では、貼り付けられたオブジェクトは
元のオブジェクトの右斜め下に配置されます。そのため、いちい
ち整列などのアクションをとらなければならず、面倒です。
この時、対象となるオブジェクトを選択し、［Ctrl］キーを押しなが
らドラッグすると、ドロップした位置にオブジェクトをコピーす
ることができます。これは、単体でも複数のオブジェクトでも適
用できます。また、［Ctrl］キーに ［Shift］キーを加えると、水平また
は垂直方向に角度を固定してコピーすることができ、作業の効率
が上がります。

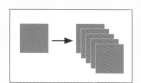

通常のコピー＆ペー
ストでは、右斜め下
側に貼り付けられて
しまう

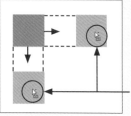

コピーしたい対象の
オブジェクトを［Ctrl］
＋ ［Shift］キーを押し
ながらドラッグする
と、マウスカーソル
がこのような表示に
なる。水平または垂
直方向に角度を固定
してコピーできる

CHAPTER 05
05 三角矢印は必要以上に目立たせない

三角を矢印として使う場合は、読む妨げにならないように大きさや色を控えめにし、必要以上に目立たせないようにしましょう。

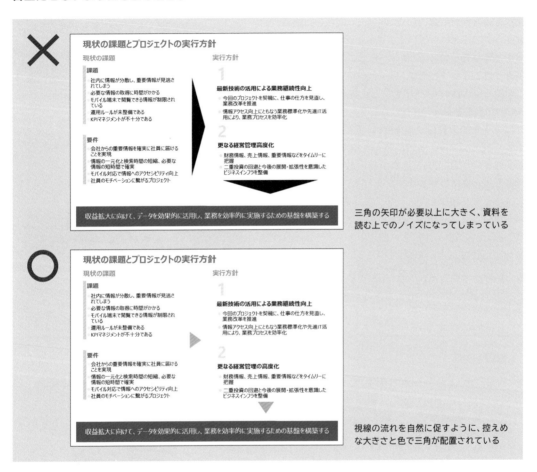

三角の矢印が必要以上に大きく、資料を読む上でのノイズになってしまっている

視線の流れを自然に促すように、控えめな大きさと色で三角が配置されている

● 三角矢印は控えめな色と大きさにする

矢印ほど強い意味は持たせなくても、読み手の視線を自然に促すため、矢印の代わりに三角を用いることがあります。確かに、三角矢印は読み手の視線の流れを作成者の意図に沿うよう促したり、複数の情報を合流させて緩やかな因果関係を持たせたりするのには有効な手段です。

しかし、そのような三角矢印を、余白を埋めようと必要以上に大きくしている資料を頻繁に見かけます。これでは視線の流れに干渉してしまい逆効果なのと、見た目に漫然と作られた印象になってしまいます。三角矢印は、本来の目的に適うように控えめな色と大きさに設定しましょう。

● 三角矢印を大きく使いたい時はグラデーションを活用する

三角矢印は複数の情報の要素を合流させ、1つの結論に結び付ける時に有効な手段でもあります。場合によっては、スライドの左→右、もしくは上→下に大きく使いたいことがあります。このような時にはグラデーションを使って緩やかな色の濃淡をつけることで、視線の流れを誘導しながら情報の因果関係も関連付けることができます。グラデーションの詳細はP.272を参照してください。

詳細は第7章でも紹介しますが、グラデーションにおける一番重要なポイントは「**色の分岐点をむやみに増やさない**」ことです。グラデーションの色は、資料で使われているメインの色との相性を見ながら、白と薄いグレーや水色などの組み合わせで選ぶと美しく仕上がります。

ただし、このような大きな三角矢印は、原則1枚のスライドにつき、左から右もしくは上から下への1つにとどめるようにしましょう。

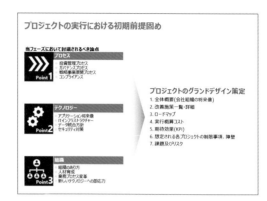

グラデーションをかけた三角矢印によって、左側の3つの要素が凝縮されて右の結論につながる流れを表している

● 三角矢印の基本的な作り方

上の例の三角矢印は、以下の手順で作成します。なお、三角矢印に文字を挿入したい場合は、グラデーションをかける前にP.170の方法で三角の方向を強制的に垂直に戻してから設定することをお勧めします。

1 二等辺三角形を作り、「図形の書式設定」から「塗りつぶし（グラデーション）」を選択します。

2 グラデーションの「種類」は「線形」を選択します。

3 「方向」で、グラデーションをかける方向を選択します。「角度」で45度単位の方向が選べるので、「下方向」で「90度」に設定します（三角形を右方向に90度回転しているのでこの角度になります）。

4 「グラデーションの分岐点」で、色の切り替わりをコントロールします。始点と終点以外に分岐点が表示されることがありますが、分岐点にマウスカーソルを当て、下側へドラッグすると削除できます。

5 始点と終点の色を設定します。薄くしたい場合は白、濃くしたい場合は薄い水色や薄いグレーなど、資料の本編に干渉しない控えめな色に設定します。

06 「線の矢印」にテキストを挿入する

原則として線にテキストは挿入できませんが、「フリーフォーム」を応用した矢印には「線なのにテキストが挿入できる」という裏技があります。

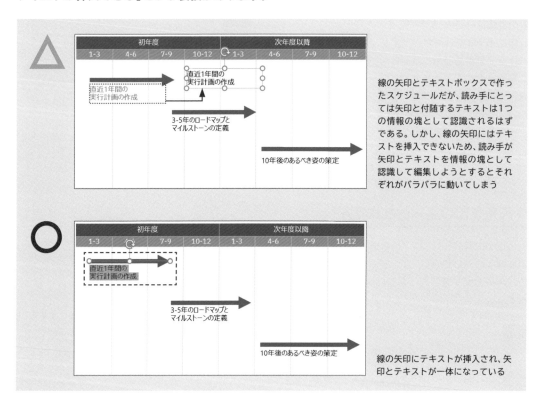

線の矢印とテキストボックスで作ったスケジュールだが、読み手にとっては矢印と付随するテキストは1つの情報の塊として認識されるはずである。しかし、線の矢印にはテキストを挿入できないため、読み手が矢印とテキストを情報の塊として認識して編集しようとするとそれぞれがバラバラに動いてしまう

線の矢印にテキストが挿入され、矢印とテキストが一体になっている

● 線の矢印にある唯一の弱点を回避する

第5章では線（コネクタ、図形の枠線）を使って矢印を作る方法を紹介してきました。しかし線の矢印の最大の弱点は「矢印に付随する情報としてのテキストが挿入できない」ことです。第2章では、テキストとオブジェクトは一体と考え、情報の塊を崩さないようにしましょうと伝えていたにも関わらず、

線の矢印にはテキストを挿入することができません。線の矢印には、この重要なルールを満たすことができないという大きな弱点があるのです。
この節では、このような線の矢印の唯一の弱点を緊急避難的に回避するための裏技的な方法を紹介します。

● 「フリーフォーム」の「図形の枠線」としての性質を応用する

「線にテキストを挿入できない」ということは、PowerPointの仕様なのでどうすることもできません。しかしこの弱点を回避する例外的な方法として、P.196で紹介した「フリーフォーム」を使って線の矢印のように線を引き、その線にテキストを挿入するという方法があります。

「フリーフォーム」は「図形の枠線」なので、見かけ上は線ですがPowerPointは図形の一部として認識します。そのためテキストの挿入ができるのです。

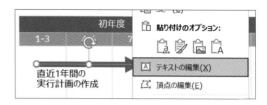

線の矢印と見た目だけでは判別できないが、「フリーフォーム」で描いた矢印を選択し、右クリックすると線の矢印では選択できないはずの「テキストの編集」が実行できる

● 「フリーフォーム」による矢印の基本的な作り方

「フリーフォーム」を使った矢印は、以下の方法で引くことができます。なお、「フリーフォーム」以外にも「曲線」や「フリーハンド」を用いて複雑な線を引いたり、「頂点の編集」の機能を使って完全任意の線・図形を描く方法についてはP.195とP.197を参照してください。

1 「ホーム」タブ→「図形」から「フリーフォーム」を選択します。

2 線を開始したい任意の地点でマウスをクリックし、クリックを離して任意の方向にマウスを動かすと、点線の直線が現れます（クリックしたままドラッグすると完全任意の線が引けます）。クリックを離して Shift キーを押しながらマウスを動かすと、水平方向、垂直方向、45度の角度にのみ線が引かれます。

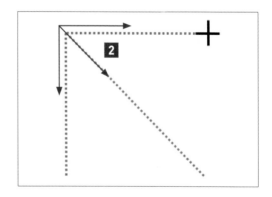

3 線を確定させたい任意の地点でもう一度クリックし、 Enter キーか Esc キーを押すと線が確定します。「図形の書式設定」から線の色と太さ、矢印の種類とサイズを設定します。完成した矢印には、線の矢印には表示されるはずのない「回転ハンドル」が表示されます。PowerPointがこの矢印を線ではなく図形として認識していることがわかります。

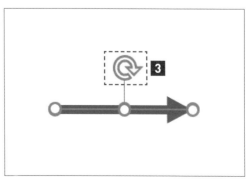

◎「フリーフォーム」なら複雑な矢印も手軽に作ることができる

「フリーフォーム」を使うと、カギ線コネクタよりもさらに複雑な線の矢印が作ることができるので、いざという時にとても便利です。複雑な形状の矢印は、次の手順で作ります。

1 「ホーム」タブ→「図形」から「フリーフォーム」を選択し、線を開始したい任意の地点でクリックします。

2 クリックを離して任意の方向にマウスを動かします。

3 点線の直線を引きながら、線を曲げたい任意の地点でクリックします。

4 線を曲げたい任意の方向へマウスを動かします。

5 **1**～**4**の操作を終点までくり返します。線を引いている途中で誤ってクリックしてしまった場合は Delete キーを押すと、1回前にクリックした地点から線を引き直すことができます。線は確定させるまで何回でも曲げることができるので、カギ線コネクタよりも複雑な線を引くことができます。

6 線を確定させたい任意の地点でもう一度クリックし、 Enter キーか Esc キーを押して線を確定させます。

7 「図形の書式設定」から、線の色と太さ、矢印の種類とサイズを設定します。

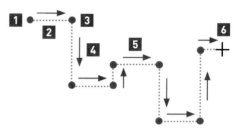

点線が現れている状態で赤い点でクリックし、線を曲げたい方向へマウスを動かすと線の方向を変えることができる。線の方向転換は Enter キーか Esc キーを押すまで何回もくり返すことができる

線を描いている途中で誤ってクリックしてしまった場合は、 Delete キーを押すと1回前の地点に戻って線を引き直すことができる

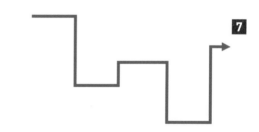

📷 HINT

「フリーフォーム」の矢印には塗りつぶしもできる

「フリーフォーム」は「図形の枠線」として扱われるので、PowerPointは「図形」として認識します。したがって「図形の書式設定」の「塗りつぶし」で任意の色を指定すると、線と線で囲まれた内側の空白が指定した色で塗りつぶされます。ただし、線そのものはあくまでも描かれたところにしか表示されないので、例のように始点と終点が閉じられていないと、塗りつぶしはできても線が引けない箇所が発生することには留意しておきましょう。

「フリーフォーム」で描いた線は「図形の枠線」の扱いなので、「図形の書式設定」から塗りつぶしができる。塗りつぶしは線で囲まれた内側の空白に設定できる

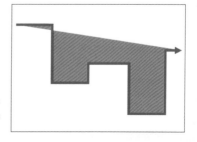

● 線の矢印にテキストを挿入する

「フリーフォーム」で描いた線の矢印を選択し、右クリック→「テキストの編集」を選ぶとテキストを挿入できます。テキストを挿入すると、P.170で紹介した「図形の結合」によって結合された図形に挿入するテキストと同じように、描いた矢印のサイズの四角形にテキストを挿入するのと同じ状態になります。そのため任意の位置にテキストを配置するには、P.77〜79の方法で「図形内でテキストを折り返す」のチェックを外し、「文字のオプション」の余白の値を調節する必要があります。

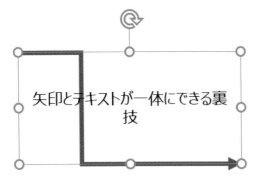

テキストを入力すると、作成した矢印のサイズの長方形に挿入された状態になる

▲ テキスト ボックス	
垂直方向の配置(V)	上下中央揃え ▼
文字列の方向(X)	横書き ▼
● 自動調整なし(D)	
○ はみ出す場合だけ自動調整する(S)	
○ テキストに合わせて図形のサイズを調整する(F)	
左余白(L)	0.25 cm
右余白(R)	0.25 cm
上余白(T)	0.13 cm
下余白(B)	0.13 cm
☑ 図形内でテキストを折り返す(W)	

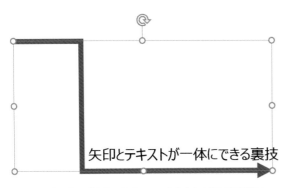

「図形の書式設定」の「文字のオプション」から余白の値などを調整して、テキストを任意の位置に配置する

▲ テキスト ボックス	
垂直方向の配置(V)	上揃え ▼
文字列の方向(X)	横書き ▼
● 自動調整なし(D)	
○ はみ出す場合だけ自動調整する(S)	
○ テキストに合わせて図形のサイズを調整する(F)	
左余白(L)	2.6 cm
右余白(R)	0 cm
上余白(T)	3.6 cm
下余白(B)	0.13 cm
☐ 図形内でテキストを折り返す(W)	

● 挿入したテキストの色の設定方法

挿入したテキストの色は、右クリック→「フォント」から表示される「フォント」ダイアログボックス内の「フォントの色」からのみ変更できます。通常の

テキストとは違い、「ホーム」タブの「フォント」や、右クリックで表示される小ウィンドウの「フォントの色」からは設定ができないので注意してください。

線の矢印に挿入したテキストは「ホーム」タブの「フォント」からは色の選択ができない

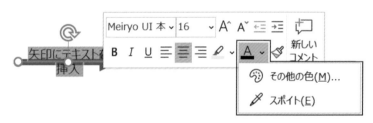

右クリックで表示される小ウィンドウの「フォントの色」でも、カラーパレットが表示されず色の選択ができない

● 水平、垂直の矢印を引くのに Shift キーを使ってはいけない!?

P.217で「 Shift キーを押しながら線を引くと水平方向、垂直方向、45度の角度にのみ線が引かれます」と紹介しましたが、「フリーフォーム」を用いて水平や垂直の矢印を描く際には、あえて Shift キーを押さずに右斜め下に向かって線を引くようにしましょう。たとえば左の例のような斜めの矢印を引いた場合、水平にするには「高さ」の値を0cmにし、垂直にするには「幅」の値を0cmにします。

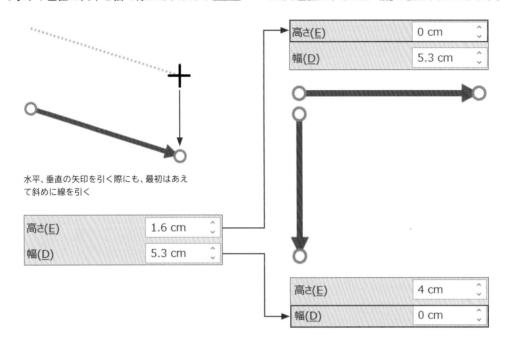

水平、垂直の矢印を引く際にも、最初はあえて斜めに線を引く

Shift キーを使えば一発で水平、垂直の線が引けるのに、なぜこのような回り道をするのでしょうか。それは、 Shift キーを使って垂直、水平の矢印を引いてしまうと、線の矢印とは異なる挙動をしてしまい、扱いにくくなってしまうからです。例えば「幅」が5cm、「高さ」が0cmの水平の「コネクタ」の場合、「高さ」の値を変えると「コネクタ」が右斜め下に傾いていきます。

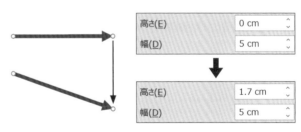

ところが、「フリーフォーム」で Shift キーを用いて水平に描いた線は、「幅」の値を変えると値に応じて水平の線の長さは変化しますが、「高さ」の値を変えても線は水平のままで変化することはありません。

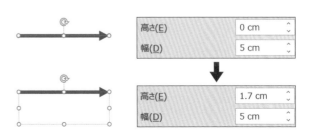

同様に、例えば「高さ」が5cm、「幅」が0cmの垂直の「コネクタ」では、「幅」の値を変えると「コネクタ」が右斜め下に傾いていきますが、「フリーフォーム」で Shift キーを用いて垂直に描いた線は、「高さ」の値を変えると値に応じて垂直の線の長さは変化しますが、「幅」の値を変えても線は垂直のままです。それに対して、いったん斜めに引いた「フリーフォーム」の矢印は「高さ」や「幅」の値を0cmにしてもこのような現象は発生せず、再び値を増やすとその値に応じて矢印の形状は変化します。

このように、Shift キーを使って水平、垂直に「フリーフォーム」の矢印を描いてしまうと「コネクタ」と同様の挙動をしなくなる上に、かえって不便になってしまうので使わないようにしましょう。

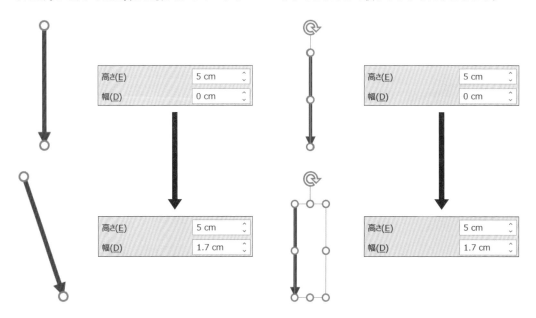

● 線の矢印には調整ハンドルの機能はない

「フリーフォーム」を用いてカギ線コネクタのように矢印を描いた場合には、カギ線コネクタにある調整ハンドルの機能はないので注意が必要です。途中の線の細かい微調節が必要な場合は、はじめから線を引き直した方が早いでしょう。

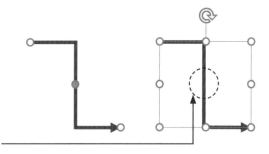

Z型のカギ線コネクタであれば中間部に黄色い調整ハンドルが表示され形状の微調節ができるが、「フリーフォーム」では表示されない

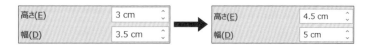

画像のルール＆
テクニック

CHAPTER 06
01 画像の種類を理解する

画像データには「ベクトル形式」と「ピクセル形式」の2種類があり、それぞれ多様なファイル形式があります。それぞれの性質の違いを理解しておきましょう。

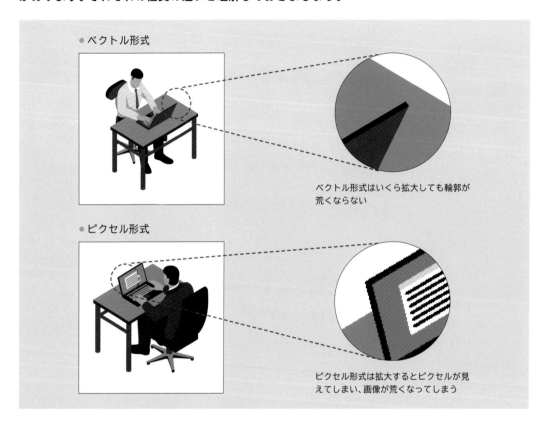

ベクトル形式

ベクトル形式はいくら拡大しても輪郭が荒くならない

ピクセル形式

ピクセル形式は拡大するとピクセルが見えてしまい、画像が荒くなってしまう

● 画像には大きく2つの種類がある

私たちがパソコンやスマートフォンなどで何気なく扱っている画像には、拡大しても画質の変わらない「ベクトル形式」と、拡大すると画質が荒くなる「ピクセル形式」の2つの種類があります。

ベクトル形式は、数学的な計算によって算出された線とカーブによって構成され、拡大／縮小するたびに再計算され書き直されます。そのため、拡大／縮小しても画質が変化しないのが特徴です。PowerPointの「図形」の機能で描かれたオブジェクトは、すべてベクトル形式です。

それに対してピクセル形式は、色情報を持ったドット（点）が集まって構成されています。「ビットマップ画像」とも呼ばれ、点のみで構成されているので、写真などの複雑な画像の表示に適しています。しかし、解像度の粗い画像を拡大するとピクセルが見えてしまい、画質が落ちてしまうので注意が必要です。デジタルカメラなどで撮影した写真のデータはこのピクセル形式です。

● 画像のファイル形式を把握しておく

「ベクトル形式」と「ピクセル形式」には、それぞれさまざまなファイル形式があります。形式によって性質の違いがあり、PowerPointには対応していないファイル形式もあります。とはいえPowerPoint 2013以降であれば、現在利用されているほとんどのファイル形式に対応しています。またPowerPoint 2016からは、現在主流となりつつあるベクトル形式のファイル形式であるSVGにも対応するようになりました。以下の表は、PowerPointに読み込んで使える主要な画像ファイル形式です。あらかじめ、PowerPointで扱うことのできる主要なファイル形式とその性質について把握しておくようにしましょう。

		拡張子	補足
ベクトル形式	Windows拡張メタファイル	.emf	Windowsで使用されているベクトル形式です。
	Windowsメタファイル	.wmf	拡張メタファイルの古い形式です。拡張メタファイルはWindowsメタファイルの改良形式なので、拡張メタファイルを選ぶのが無難です。
	SVG形式	.svg	スケーラブル・ベクター・グラフィックス(Scalable Vector Graphics)のことで、拡大／縮小しやすく編集しやすいことが特徴です。
ピクセル形式	PNG形式	.png	画質を低下させることなく、保存、復元、再保存することができる、写真や絵、文字に適した一番無難な形式です。PowerPointでは、「貼り付けのオプション」で「図」を選択すると「PNG」形式で貼り付けられます。
	JPEG形式	.jpg	デジカメなどで幅広く使用されている形式ですが、PowerPoint上で保存をくり返すたびに圧縮され、画質が悪くなってしまいます。また背景を透明にできないため、使用はお勧めしません。
	GIF形式	.gif	他の形式と違い、ファイル内でアニメーションを表現することができます。最新のPowerPointには、アニメーションGIFを作成する機能が備わっています。
	TIFF形式	.tif	TIFF形式のファイルは、ファイルサイズが極端に大きくなります。PNG形式に置き換えるのが無難です。
	PICT形式	.pict	AppleのMac OS(主にClassic Mac)で標準的に用いられていた画像ファイル形式です。Windowsのビットマップ形式に相当するものです。
	WordPerfectグラフィック	.wpg	Corel WordPerfectソフトウェアプログラム用に開発されたグラフィックファイルです。ほぼ使用されることはありません。
	Windowsビットマップ形式	.bmp	ビットマップの色が、画面環境に左右されてしまう形式です。また、無圧縮のためファイルサイズが大きくなるので、使わない方が無難です。
	圧縮Windows拡張メタファイル	.emz	
	圧縮Windowsメタファイル	.wmz	
	圧縮Machintosh PICTファイル	.pict .pct	

CHAPTER 06
02 画像を安易に使うと ノイズになる

画像を安易に使うと、情報過多になってしまいます。必要最小限にとどめた上で、最大限の効果が発揮できるようにしましょう。

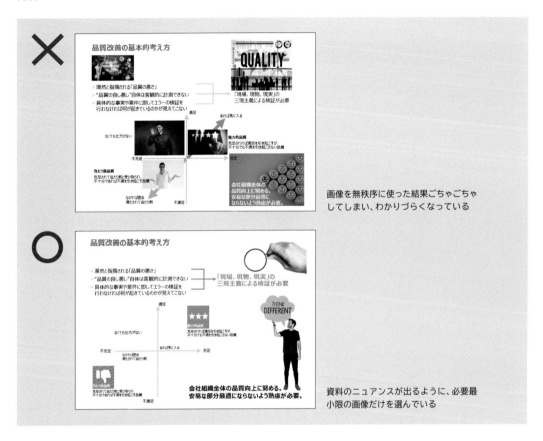

画像を無秩序に使った結果ごちゃごちゃしてしまい、わかりづらくなっている

資料のニュアンスが出るように、必要最小限の画像だけを選んでいる

● 画像は慎重に扱う

画像、特に写真を使うと、文字では表現できないリアリティや臨場感を演出することができます。効果的に利用することで、資料の表現力を一気に拡張してくれます。同時に画像は、その絶大な情報量ゆえに、中途半端に使うとただのノイズとなり、必要な情報が読み手に届かなくなってしまうという諸刃の剣の側面もあります。

読み手にとって受け取れる情報量が多すぎたり、余分な情報が混じっていたりすると、テキストだけなら確実に伝わるはずのシンプルな情報が、逆に伝わらなくなってしまうことにもなりかねません。画像の効果を最大限に発揮し、資料をより魅力的なものにするため、安易に画像を使うのはやめましょう。画像を使う場合は、本当にここで画像を使うと効果が出るのかどうかを慎重に見極めるようにしましょう。

◉ 解像度の低い画像を使わない

画像を使う上でもっとも基本となるのが、「解像度の低い画像は使わない」ということです。なまじ解像度の低い画像を使っても見た目が汚くなるだけで、読み手の印象を悪くし、資料の説得力が落ちてしまいます。

しかし、だからといって高解像度の画像をやたらに使うと、今度はファイルサイズが大きくなりすぎてしまいます。輪郭に現れるピクセルのギザギザが見えない程度の画像を使用する、という基準で使用するかどうかを判断するようにしましょう。

解像度の低い画像を使うと、かえって読み手の印象を悪くしてしまう

◉ 画像の縦横比を変えない

画像を拡大／縮小する時は、画像の縦横比が変わらないように調整することが重要です。特に**人物の写真が歪んでいる**などはもってのほかなので、絶対にやらないようにしましょう。

資料の中で縦横比の歪んでいる画像を見つけたら、できる限り補正をするようにしましょう。元のファイルを持っている場合は、元の画像をあらためて添付し直した方がよいでしょう。縦横比が歪められているものを補正するよりも、元の画像を使用した方がより正確な縦横比が保たれます。また画像の解像度も高くなるでしょう。添付し直したら「図の書式設定」の「サイズ」で「縦横比を固定する」にチェックが入っていることを確認し、画像の大きさを設定し直します。

なお、 Shift キーを押しながら**画像の四隅をドラッ**グすると、縦横比を変えずに拡大／縮小することができます（P.164参照）。この方法であれば、「縦横比を固定する」にチェックが入っていなくても大丈夫です。

むりやりスペースに入れ込もうと、人物の画像を歪ませてはいけない

◉ 画像のサイズを揃える

テキストや図形と同様、画像も同じ情報のレイヤーや粒度のものは、サイズや位置を揃えるのが基本です。他の図形オブジェクトと同様、画像も「図の書式設定」の「サイズ」から「高さ」と「幅」を0.01cm単位で正確に揃えることができます。他にも画像特有のサイズの設定方法がありますが、これらについてはこのあとの節で詳しく説明します。

◉ 余計な情報を消す

画像には、資料に必要な情報だけでなく、ノイズとなる余分な情報も多く混じっています。画像から余分な情報を消し去ることで、読み手に本当に提示したい情報のみを際立たせることができます。

PowerPointには、画像の必要な部分を切り出す「トリミング」や、背景の削除、「図形の結合」を使った切り抜きなどの画像編集機能が備わっています。これらの機能については、このあとの節で1つずつ紹介していきます。

CHAPTER 06
03

画像は「図の形式」タブと「図の書式設定」で操作する

画像は「図の形式」タブと「図の書式設定」から多彩な設定ができます。使いこなせるようになりましょう。

画像を選択すると「図の形式」タブが表示される

「図の書式設定」には、他のオブジェクトの選択時には表示されない「図」のマークが表示される

◉ 画像を選択した時のみ表示される「図の形式」タブ

画像は、画像の選択時にのみ表示される「図の形式」タブと、右側に表示される「図の書式設定」からほぼすべての設定が行えます。

画像を選択した際に表示される「図の形式」タブは、図形オブジェクトの選択時に表示される「図形の書式」タブと見まちがえそうな紛らわしい名称なので

気をつけましょう。ただし、「図の形式」タブが表示されるのはピクセル形式の画像のみで、ベクトル形式の画像を選択した場合は「グラフィックス形式」タブが表示されます。こちらは「図の形式」タブに比べてできることは限られています。

「グラフィックス形式」タブでしか実行できない機能は特にない

● 画像のサイズも基本は「図の書式設定」から設定する

画像も、他の図形オブジェクトと同様に右側の作業ウィンドウに表示される「図の書式設定」で、「サイズとプロパティ」の「サイズ」から「高さ」と「幅」を数値で設定できます。

画像には最初から「縦横比を固定する」にチェックが入っているため、意図的に歪ませようとしない限り、「高さ」の数値を変えると「幅」の値も連動して自動計算され、縦横比を変えずに大きさが変わります。

「サイズとプロパティ」の設定項目は図形オブジェクトの場合とほぼ同じですが、図形オブジェクトの際は表示がグレーアウトしていた「元のサイズを基準にする」「解像度に合わせてサイズを調整する」「原型のサイズ」の「リセット」が表示されています。

1 「元のサイズを基準にする」にチェックを入れると、元のファイルの高さと幅の実寸を基準に拡大縮小を何%かけているかが「高さの倍率」と「幅の倍率」に表示されます。

2 「原型のサイズ」の「リセット」をクリックすると、表示されている「原型のサイズ」に画像の大きさが戻ります。

なお「解像度に合わせてサイズを調整する」は、チェックを入れるとドロップダウンリストに表示されるpixel解像度に合わせて画像のサイズが自動調整される機能です。ほぼ使うことはありません。

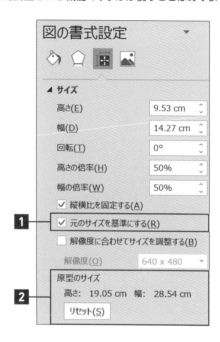

● 図のスタイルは唯一「四角形　ぼかし」のみ使う

「図の形式」タブにある「図のスタイル」には、「図の書式設定」の「効果」で設定できる影やぼかしの効果があらかじめ用意されています。これらの効果は、なまじ使用すると素人くさくなってしまうので使わない方が無難なものばかりです。しかし唯一「四角形　ぼかし」は、輪郭にぼかしをかける機能として画像の存在感を控えめにしたい時などに重宝します。ぼかしの量は、「図の書式設定」の「効果」から「ぼかし」の「サイズ」で調節できます。

「四角形　ぼかし」を設定すると、輪郭にぼかしをかけることができる

「図のスタイル」には28種類の効果が用意されているが、使用するのは「四角形　ぼかし」の1種類のみである

04 「画像のトリミング」で 必要な部分のみ取り出す

トリミングを正しく使いこなして画像のノイズを取り除き、主役が引き立つようにしましょう。

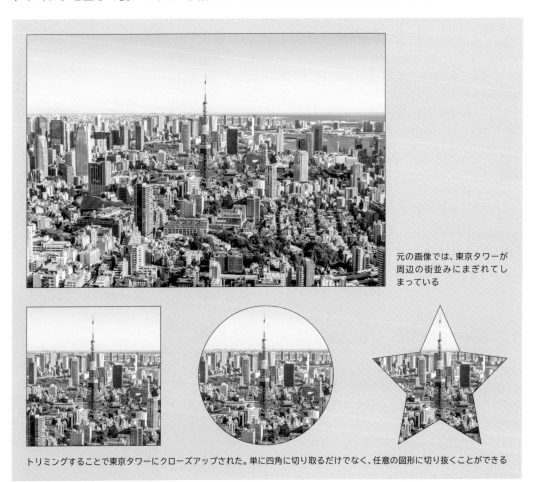

元の画像では、東京タワーが周辺の街並みにまぎれてしまっている

トリミングすることで東京タワーにクローズアップされた。単に四角に切り取るだけでなく、任意の図形に切り抜くことができる

● トリミングによって画像が活きてくる

トリミングは、頻繁に利用する画像編集機能の1つです。画像の一部を「切り取る」だけの機能ですが、ノイズとなっている情報を削除したり、画像内の主役を際立たせたりすることができます。また、四角形の画像を任意の図形に切り抜くことで、資料の中で画像にリズムを持たせることもできます。

トリミングによって画像の不要な部分を除去し、必要な部分だけを取り出すことで、読み手に情報が的確に伝わるようになります。用意した画像によって資料の魅力が増すように、トリミングを使いこなせるようになりましょう。

● トリミングの基本は図形の拡大縮小と同じ

トリミングは対象の画像を選択し、「図の形式」タブの「サイズ」にある「トリミング」をクリックして行います。表示されるメニューで「トリミング」をクリックすると、画像の四隅と辺の中央に黒いガイドが表示されます。マウスカーソルを四隅のガイドに合わせるとマウスカーソルの形状が「L」に、辺のガイドに合わせると「T」に変化します。その状態でドラッグすると、トリミングができます。ここからは図形の拡大縮小と同じ要領で、Shift キーを押しながらドラッグすると縦横比が固定され、Ctrl キーと Shift キーを同時に押しながらドラッグすると、画像の中央を基準点として縦横比を変えずにトリミングができます。

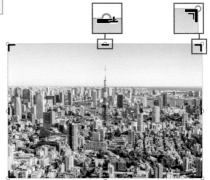

「トリミング」をクリックすると、画像の四隅と辺の中央に黒いガイドが表示される。図形の拡大縮小と同じ要領でガイドをドラッグすると、トリミングすることできる

● 任意の図形の形にトリミングする

「トリミング」のメニューにある「図形に合わせてトリミング」を選択すると、対象の画像をPowerPointに用意されている「図形」の形にトリミングすることができます。頂点の編集はできませんが、角丸四角など調整ハンドルで形を調整できる図形を選択した場合は、画像の上に調整ハンドルが現れ、手動での調節ができます。
「図形に合わせてトリミング」の機能では、トリミングの形状は画像全体に合わせて自動的に調整さ

れます。例えば、長方形の画像を選択し「図形に合わせてトリミング」で「円」を実行すると、長方形の画像いっぱいに円が設定され、楕円にトリミングされてしまいます。このような場合は楕円にトリミングしたあとで「図形に合わせてトリミング」の下にある「縦横比」から「1:1」を選択すると、トリミングする図形の縦横比が1:1に修正され、正円の形でトリミングされます。

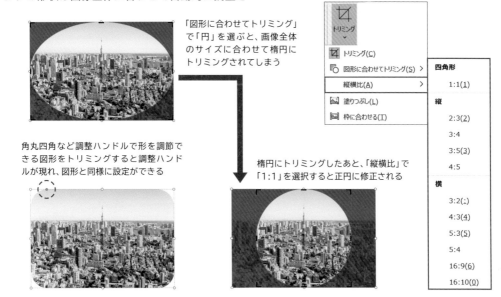

「図形に合わせてトリミング」で「円」を選ぶと、画像全体のサイズに合わせて楕円にトリミングされてしまう

角丸四角など調整ハンドルで形を調節できる図形をトリミングすると調整ハンドルが現れ、図形と同様に設定ができる

楕円にトリミングしたあと、「縦横比」で「1:1」を選択すると正円に修正される

◉ 数値で正確にトリミングする

トリミングを行う際の図形のサイズや位置は、数値による0.01cm単位の設定ができます。

1 画像を選択し、「トリミング」をクリックするか、「図形に合わせてトリミング」でトリミングしたい形を先に設定しておきます。

2 「図の書式設定」の「図」の一番下にある「トリミング」で、各パラメーターを設定します。

3 「画像の位置」では、トリミングの対象となっている画像のサイズと位置を調節できます。「幅」と「高さ」では画像のサイズを設定できますが、縦横比が固定できないため、いたずらに触ると画像が歪んでしまうので注意が必要です。基本的には使わない機能だと思ってください。「横方向に移動」「縦方向に移動」では、トリミングの位置は動かさずに、画像を上下左右に移動させることができます。数値は画像の中心点を「0cm」として、数値を増やすと右もしくは下に移動し、減らすと左もしくは上に移動します。

4 「トリミング位置」では、トリミング範囲のサイズと位置を調節できます。「幅」と「高さ」では、トリミングする範囲のサイズを設定できます。「左」と「上」では、トリミングする位置を設定できます。通常の図形の「サイズとプロパティ」の「横位置」が「左」、「縦位置」が「上」に該当します。なお、「トリミング位置」の「幅」と「高さ」も縦横比の固定ができないので、数値で任意の形にトリミングされるように調整するしかありません。

1 正円でトリミングした状態。トリミング範囲は画像いっぱいに設定されるので、ここからサイズを調整し、東京タワーのみにフォーカスが当たるようにしたい

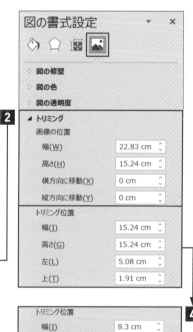

3 「画像の位置」の「横方向に移動」と「縦方向に移動」を「0cm」からそれぞれ増やすと、画像が左下に移動する。トリミング範囲は変化していない

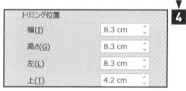

4

「トリミング位置」から「幅」と「高さ」を元の15.24cmから8.3cmに設定しトリミングの範囲を小さくすると同時に、「左」と「上」の値を調節して東京タワーが画像の真ん中に配置されるように調整する

●「塗りつぶし」を応用して、既定の図形に画像をはめ込む

資料の中で、画像を配置する場所や大きさがあらかじめ決められている場合は、前ページで紹介した「トリミング位置」ではなく、「図形の書式設定」の「塗りつぶし」を応用すると、簡単に既定のサイズに画像をはめ込むことができます。例えば右のようにスライドに3つの正方形が用意されていて、このスペースに3つの画像をはめ込むとします。

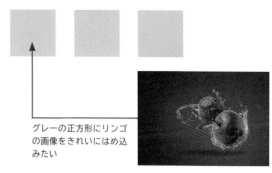

グレーの正方形にリンゴの画像をきれいにはめ込みたい

1 正方形を1つ選択し、「図形の書式設定」の「塗りつぶし（図またはテクスチャ）」を選択します。すると、正方形が画像の扱いになり、作業ウィンドウが「図の書式設定」に変わります。

2 「画像ソース」の「挿入する」をクリックします。

3 ポップアップが表示されるので、挿入したい画像ファイルを選択します。

4 画像が挿入されますが、正方形に対して画像のサイズが大きすぎるため、画像がはみ出してしまったことがわかります。

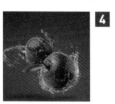

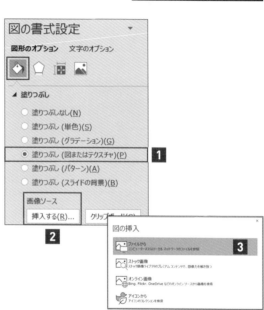

5 この時、画像を選択した状態で「トリミング」メニューの「塗りつぶし」を選択します。すると、元の画像の縦横比を維持したまま、画像全体がトリミングの範囲に収まるように調節されます。範囲の外に出た部分は、トリミングによって除去されます。最後に「画像の位置」のパラメーターで位置を微調整して完成です。

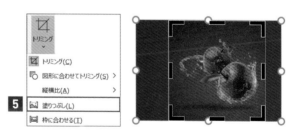

6 「塗りつぶし」の代わりに「枠に合わせる」を選択すると、トリミングの範囲に画像全体が収まるように調整されます。

CHAPTER **06**

画像のルール&テクニック

05 「図形の結合」で画像を 思い通りの形に切り抜く

「図形の結合」を使って画像を思い通りの形に切り抜き、多彩なトリミングができるようになりましょう。

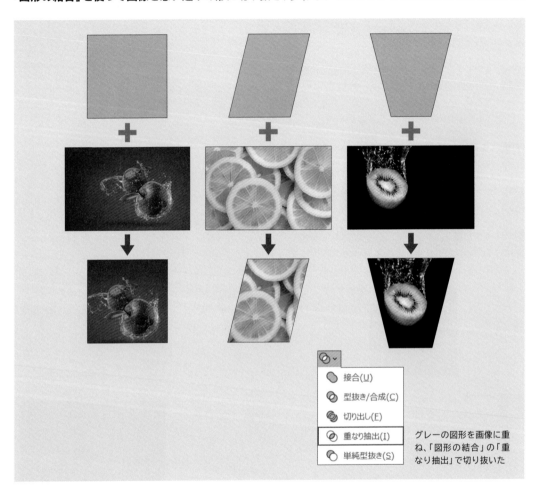

グレーの図形を画像に重ね、「図形の結合」の「重なり抽出」で切り抜いた

◎「図形の結合」で画像を自由に切り抜く

PowerPoint 2013以降のバージョンでは、画像にも「図形の結合」の機能を適用することができます。「図形に合わせてトリミング」では頂点の編集ができませんでしたが（P.231）、切り抜きたい図形オブジェクトを事前に「頂点の編集」で整形しておいたものに画像を重ねて「図形の結合」を適用す

れば、自分の思い通りの形に画像を切り抜く、穴を空ける、一部を切り出すなどの加工ができます。加工後の画像は、「トリミング」の機能であらためて形やサイズを設定し直すこともできます。「図形の結合」の詳細は、P.167を参照してください。

● テキストの形に画像を切り抜く

「図形の結合」は、以下の例のようにテキストに対しても適用できます。「図形の結合」の「切り出し」を使うことで、フォントの各パーツに画像を分割することができます。ただし「図形の結合」の実行後には、テキストそのものは修正することができなくなります。

「図形の結合」は、「図形の書式」タブの「図形の挿入」にある。「切り出し」を実行すると、「O」の空洞もパーツとして切り出される

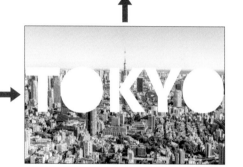

🔖 HINT

位置や大きさを保持したまま別の画像に置き換える

「トリミング」や「図形の結合」を駆使して加工した画像を他の画像に差し替えなければならなくなった場合、新しい画像にあらためて形やサイズを設定するのは大変な作業です。この時、加工済みの画像を右クリックし、「図の変更」から置き替え画像を選択すると、形、サイズ、位置など元の画像の設定を引き継いで、別の画像に置き換えることができます。

ただし、「図形に合わせてトリミング」や「図形の結合」で形やサイズが調整されている場合、トリミングの範囲は置き換え後の画像のサイズに合わせて自動調整されてしまう場合があります。完全に置き換えてくれる機能というわけではありませんが、それでも最初からやり直すよりは操作が楽になります。

🖼 図の変更(4) ＞	🖼 ファイルから...(F)
🔲 グループ化(G) ＞	🖾 ストック画像から...(S)
🖸 最前面へ移動(R) ＞	🖾 オンライン ソースから...(O)
🖾 最背面へ移動(K) ＞	🖾 アイコンから...(I)
🔗 リンク(I) ＞	🖾 クリップボードから...(C)

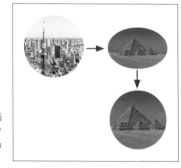

正円にトリミングされた東京タワーが、置き換え後のピラミッドの画像のサイズに合わせて楕円形に置き換えられてしまった。「トリミング位置」の数値を微調整したり、「トリミング」メニューの「塗りつぶし」（P.233）を選択すれば簡単に修正できる

CHAPTER 06 画像のルール&テクニック

CHAPTER 06

06 「背景の削除」で画像をパーツ化する

「背景の削除」の機能を使って、画像の不要な部分を削除したり、特定の部位を切り出してパーツ化して使えるようになりましょう。

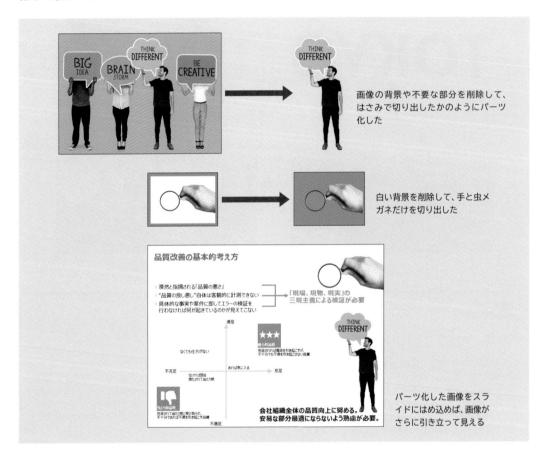

画像の背景や不要な部分を削除して、はさみで切り出したかのようにパーツ化した

白い背景を削除して、手と虫メガネだけを切り出した

パーツ化した画像をスライドにはめ込めば、画像がさらに引き立って見える

🔘 PowerPointでの背景の削除は手間がかかる

画像の余計な部分を除去するという点で、トリミングや図形の結合と同様に重要な機能が「背景の削除」です。これは画像から特定の部分を切り出すための機能で、これができれば画像の中の本当に必要な情報のみを扱えるようになり、資料における画像の利用範囲が大きく広がります。

PowerPointで背景を削除する方法には、この「背景の削除」の他に、「透明色を指定」する方法があります。どちらの方法も細かい調整ができず、使い慣れるまではかなり悪戦苦闘しますが、根気強く丁寧に扱えば十分に使える機能です。これらの機能は画像を使う上では避けて通れないものなので、使いこなせるようになりましょう。

●「背景の削除」は根気のいる地道な作業

「背景の削除」は、画像を選択し「図の形式」タブの「背景の削除」から行います。

1 画像を選択した状態で「背景の削除」をクリックすると、画像にピンクのエリアが表示されます。このエリアが、削除される部分になります。また、リボンの表示が変わります。

2 「保持する領域としてマーク」「削除する領域としてマーク」をクリックすると、マウスカーソルの形がペンの形状に変わります。この状態で、保持したい領域と削除したい領域を、フリーハンドでなぞっていきます。保持する部分と削除する部分の境界は、PowerPointが画像のピクセルを読み取り自動で判別します。そのため、画像の解像度によって判別の精度は異なってきます。思うように画像が判別されずイライラすることもありますが、その場合は何度も丁寧にペンでなぞっていくしかありません。かなり根気のいる作業になりますが、腰を据えて取り組みましょう。

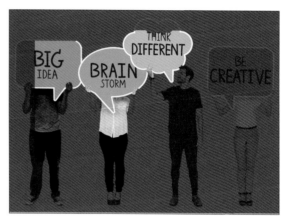

「保持する領域としてマーク」を選択してドラッグすると、緑の線が表示される。この線でなぞったり囲ったりした範囲は、「保持する領域」としてピンクのエリアから除外される

「削除する領域としてマーク」を選択してドラッグすると、赤い線が表示される。この線でなぞったり囲ったりした範囲は、「削除する領域」としてピンクのエリアに変換される。精密に切り抜きたい場合は、「保持する領域としてマーク」と「削除する領域としてマーク」のアクションをしつこくくり返していくしかない

● 「透明色を指定」で背景を消す

背景を削除するもう1つの方法に、「図の形式」タブの「色」にある「透明色を指定」があります。これは、画像の上をクリックして指定した色を透明色にする機能です。ただし、指定できるのは1つの画像につき1色のみです。また「透明色を指定」と「背景の削除」機能は連動していないので、「透明色を指定」して背景を透明にしたあと、残った部分を「背景の削除」で微調整することはできません。また透明にする色を細かく指定することもできないので、ピクセルの微妙な色の変化のために同じ色に見える部分を削除してくれない場合もあります。「透明色を指定」は、明白な色の背景をすばやく消したい場合に利用すると便利な機能です。なお、画像の色を編集する方法については、次の「6-7 「図の修整」「色」「アート効果」で画像を編集する」で紹介します。

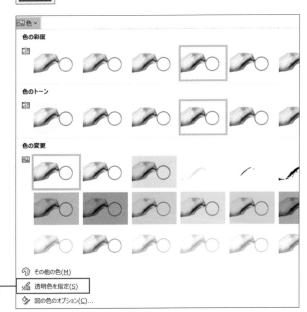

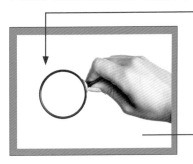
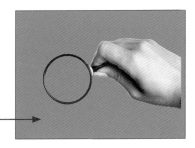

画像を選択し、「図の形式」タブ→「色」→「透明色を指定」を選択する。白い背景の上でクリックすると、その部分が透明になる

▶️ HINT

スライド上のオブジェクトを画像として保存する

PowerPointでは、スライド上の画像を任意の形式の画像ファイルとして保存することができます。保存したいオブジェクトを選択し、右クリックします。表示されるメニューで「図として保存」をクリックし、任意のフォルダーにファイル形式とファイル名を指定して保存します。この機能は画像だけでなく、図形やテキストボックスにも適用できます。

画像の形式は、特に指定しなければ「PNG形式」で保存されます。PNG形式は画質を低下させることなく、画像を保存、復元、再保存することができる便利なファイル形式です。JPEGのように、背景が白くなってしまう（透明にできない）こともないので、そのまま「PNG形式」で保存することをお勧めします。

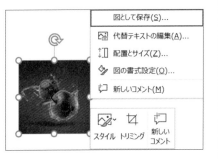

07 「図の修整」「色」「アート効果」で画像を編集する

画像の修整や色の編集機能を活用して、凝った演出ができるようになりましょう。

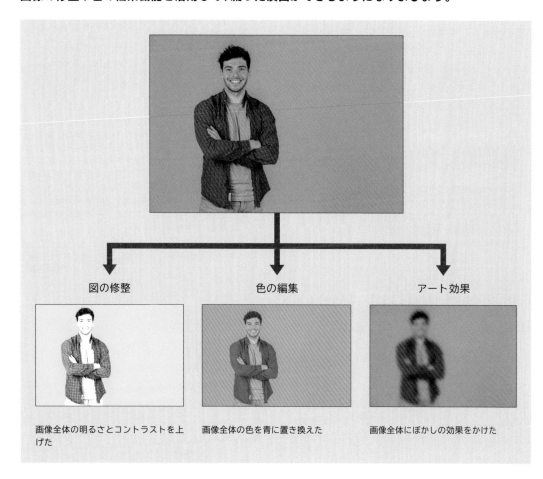

図の修整　　　　　　　　　色の編集　　　　　　　　　アート効果

画像全体の明るさとコントラストを上げた　　　画像全体の色を青に置き換えた　　　画像全体にぼかしの効果をかけた

「図の修整」と「色」の編集と「アート効果」

画像の「トリミング」や「背景の削除」に並んで重要なのが、画像の修整と色の編集に関する機能です。馴染みのない人には敷居が高い作業のように感じられますが、PowerPointではこれらの機能が簡易的な形で備わっています。使いこなせば画像の編集がある程度のレベルまで行えるので、これまでは諦めざるをえなかったような問題がこれで解決するかもしれません。

これらの機能は「図の形式」タブにボタンが用意されています。あらかじめ用意された設定を適用する他、「図の書式設定」の「効果」や「図」から詳細な設定も行うことができます。使い方がわかれば「背景の削除」ほど難しいしくみでもないので、使いこなせるようになりましょう。

◉「図の修整」「色」「アート効果」の仕様

「図の修整」「色」「アート効果」は、対象の画像を選択した状態で、「図の形式」タブにあるボタンから設定を行います。

● 画像の修整

「図の修整」は、画像のシャープネス、明るさ、コントラストを修正する機能です。「修整」をクリックすると、それぞれの値が設定された状態のサンプルが表示されます。最初に、サンプルの中から自分の設定したい状態に近いものを選択します。続いて、

下部にある「図の修整オプション」をクリックします。「図の書式設定」が開くので、「図の修整」のパラメーターで微調整を行います。どの値も、-100%から100%の間で調整できます。

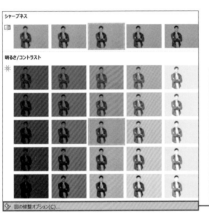

「シャープネス」は、画像の色と色の境目を調整する。ブレた画像や解像度が足りない画像に適用すると、ぼやけが若干緩和する

「明るさ」は、画像の明るさを調整する。主に写真の場合に利用する

「コントラスト」は、画像の明るい部分と暗い部分の差を調整する。のっぺりした印象の画像に適用するとメリハリが出る

● 色の編集

「色」は、画像の色の彩度やトーン、色の変更ができる機能です。「色」をクリックすると、それぞれの値が設定された状態のサンプルが表示されます。下部にある「図の色のオプション」をクリックすると、

細かい設定ができます。ただし、この機能はあくまでも元の画像を基準に色を変更するため、完全に任意の色に変えられるわけではありません。「色の編集」については、P.280も参照してください。

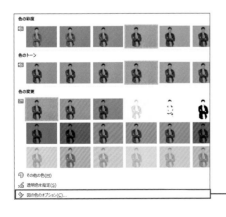

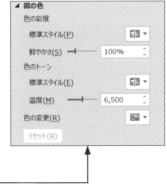

「色の彩度」は、画像の鮮やかさを編集する。100%を基準に、0%から400%の間で設定できる

「色のトーン」は、画像の色温度を6,500を基準に1,500から11,500の間で調整できる。値が低いほど寒色、高いほど暖色に変化する

「色の変更」は、画像の色そのものを置き換えられる。ただし、サンプルで表示されている以外の色にはほぼ変えられないと思った方が無難

● アート効果

「アート効果」は、画像にさまざまな効果をかけることができる機能です。「アート効果」をクリックして表示されるメニューには、23種類の効果が用意されています。「アート効果のオプション」をクリックすると各効果ごとに異なるパラメーターが表示され、細かい調整ができます。

筆者の私は、アート効果の中では「マーカー」や「ぼかし」をよく使います。特に「ぼかし」は、ぼかしの深度を数値で調整できるので、画像の雰囲気を残しつつ詳細は隠したい時などにとても便利な機能です。

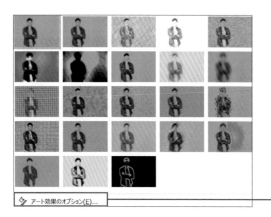

「アート効果」の「ぼかし」では、「半径」でぼかしの深度を0から100までの間で調整できる

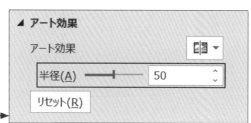

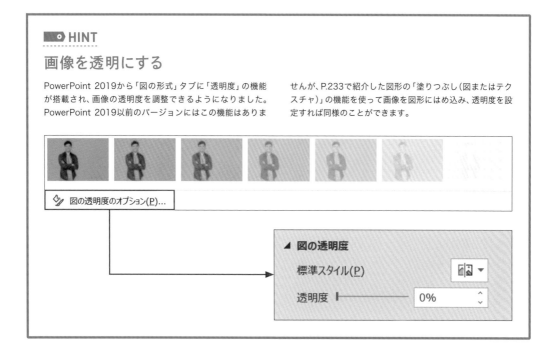

■ HINT

画像を透明にする

PowerPoint 2019から「図の形式」タブに「透明度」の機能が搭載され、画像の透明度を調整できるようになりました。PowerPoint 2019以前のバージョンにはこの機能はありませんが、P.233で紹介した図形の「塗りつぶし（図またはテクスチャ）」の機能を使って画像を図形にはめ込み、透明度を設定すれば同様のことができます。

◎「図の圧縮」でファイル容量を圧縮する

画像を扱う場合に、どうしても避けられないのがファイル容量の問題です。PowerPointでは、スライドに貼り付けた画像の解像度を自動で220ppiに圧縮して保存するように設定されています。つまり、特に何もしなくてもPowerPointがファイル容量が大きくなりすぎないように画像を圧縮してくれる設定になっているのです。しかし、それでもファイル容量が大きくなりすぎてしまうという場合は、画像の圧縮機能を使って圧縮をかけることができます。画像の圧縮はリスクも大きいので、目的に応じて個別に設定するようにしましょう。

1 圧縮したい画像を選択し、「図の形式」タブの「図の圧縮」をクリックします。

2 「画像の圧縮」ダイアログボックスが表示されます。「解像度」は資料を印刷するのであれば「印刷用(220ppi)」以上に設定しておくのがよいでしょう。印刷せずモニターで表示するだけなら「Web(150ppi)」でも大丈夫です。圧縮をかけすぎると、画像によってはスライドに貼り付けたサイズからさらに小さく縮んでしまうことがあるので、圧縮後は確認が必要です。

3 上部の「圧縮オプション」では、ここで設定した圧縮の設定をこの画像のみに適用するのか、ファイル内で使われているすべての画像に対して一律に適用するのかを選択できます。また、「図のトリミング部分を削除する」にチェックを入れると、トリミングされた周囲の画像が削除され、元に戻せなくなります。この設定を行う場合は、元のファイルを保管しておくようにしましょう。

PowerPointの自動圧縮機能がオンになっていると、ファイルを保存する際に毎回圧縮がかかるので、意図せず画像が粗くなってしまうことがあります。自動圧縮機能を解除したい場合は、「ファイル」タブ→「オプション」→「詳細設定」の「イメージのサイズと画質」で「ファイル内のイメージを圧縮しない」にチェックを入れると、自動圧縮機能を止めることができます。

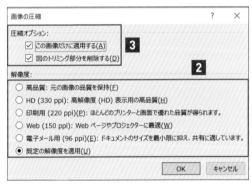

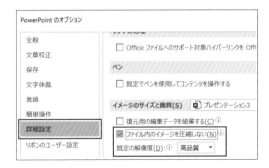

CHAPTER 07

01 色は難しい、でもルールを 守れば怖くない

専門的な知識がなくても、一定のルールを守ることで、色を使いこなせるようになります。

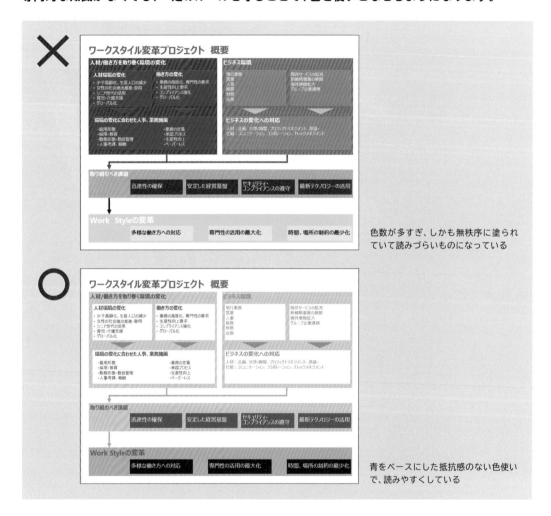

色数が多すぎ、しかも無秩序に塗られていて読みづらいものになっている

青をベースにした抵抗感のない色使いで、読みやすくしている

◉ 色の専門知識がなくても、ルールを守れば色のセンスはよくなる

第7章では、色についての専門的な知識を身につけなくても、PowerPointの色の機能を効率よく使い一定のルールに沿って色を選んでいくことで、上手に色を扱えるようになるためのノウハウを紹介していきます。色の基礎的な知識は、ノウハウを紹介していく過程で随時触れていきます。

PowerPoint上でセンスがよいと思われる色使いをできるだけ簡単に行いたいという時、これから紹介するノウハウを知った上で色を扱うのとそうでないのとでは、結果に大きな違いが出ます。

● 色を上手に使う究極のコツは「色をできるだけ使わない」こと

この見出しを読んで、「そんなバカな!?」と思った人がいるかもしれません。しかし、色の専門家ではない私が周囲の人から「色のセンスがよい」と言われる最大の要因は、「色をできるだけ使わない」からです。これは単に色を使わないという意味ではありません。次の2つのことを示しています。

・使う色数を絞っている
・情報の構造に沿った色のルールを守っている

ここでは、この2つのコツについて詳しく解説していきます。

1 使う色数を絞る

最初に、色を上手に使うための1つ目のコツ「使う色数を絞る」について解説しましょう。例えば「スーツ＋Yシャツ＋ネクタイ」の組み合わせをイメージしてみてください。皆さんはスーツを選ぶ際、白いワイシャツを基準にメインのスーツとアクセントになるネクタイの色を選ぶと思います。白いワイシャツをPowerPointの白いスライド、スーツの色を資料の中で使うメインの色、ネクタイの色を資料の中で使うアクセントの色として考えてみます。この時、メインとなるスーツの色とアクセントとなるネクタイの色を自分の好きな色だからと何も考えず無作為に選んでしまっては、ちぐはぐなセンスが悪い仕上がりになってしまうでしょう。

メインとなるスーツの色とアクセントとなる色を、色の意味や効果を考えずむやみやたらに選んでしまうと、センスのない仕上がりになってしまう

これと同じことがPowerPointにも当てはまります。PowerPoint上で、情報を目立たせ読み手の注目を引くために使うメインの色を決めたとしても、アクセントとなる色を無秩序に選んでメインの色（＝重要な情報）を阻害してしまっては、メインの色を決めた意味がなくなってしまうからです。

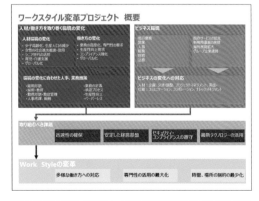

無秩序に色を使いすぎると、読み手は重要な情報がどこに書かれているのかわからなくなり、伝わるはずの情報も伝わらなくなってしまう

● 3つの色+α（無彩色）を使い分ける

PowerPointで色を上手に扱うには、メインの色、メインの色と同じ系統の色、アクセントの色の3つの色を意識しながら色を使うことが重要です。また、この3つの色にあわせてグレーや白などの無彩色を利用することも覚えておきましょう。

• メインの色
資料の軸となる重要な情報に読み手の注目を引くために使う色

• メインの色と同じ系統の色
重要な情報の中でも、もっとも重要なものとそうでないものというように階層構造を持たせ、メインの色をさらに引き立たせるために使う色。メインの色と同じ系統の濃い色、もしくは薄い色を選ぶ

• アクセントの色
メインとなる情報を引きたたせ、資料のデザインを引き締めるために使う、メインの色とは対照的な色

• 無彩色（グレーや白など）
「スライド上に書いておかなければならないが、特に主張する必要のないもの」や「スライドのメインにはならないもの」を、重要な情報と区別するために使う色（無彩色についてはP.252で使い方を詳しく紹介します）

下の資料を例に考えてみましょう。このスライドでメインとなる情報は、一番下の「Work Styleの変革」の大カテゴリーにある3つの方針が導き出されるまでの、過程となる情報です。よってこれらの情報に、メインの色となる青を使用します。
そして一番下の「Work Styleの変革」は、このスライドの結論であり、もっとも重要な情報です。ここにはメインの青と同じ系統の濃い色（ネイビー）と薄い色（水色）を使用し、情報の階層構造を読み

手が色で把握できるようにしています。さらに、補足情報となる右側の「ビジネス環境」には、アクセントの色としてグリーンを使用し、メインの情報とは性質の違う情報であることを読み手が理解できるようにしています。
最後に、情報の流れを整理するための矢印や、情報のカテゴリーを区切るための四角には、重要な情報の邪魔にならない薄いグレーや白といった無彩色を使います。

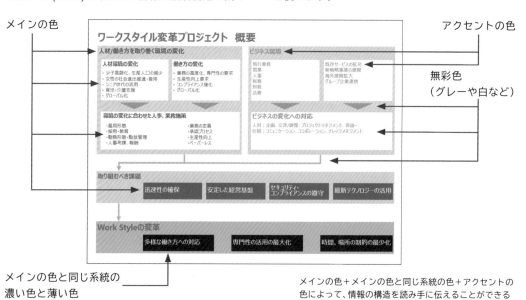

メインの色

アクセントの色

無彩色
（グレーや白など）

メインの色と同じ系統の
濃い色と薄い色

メインの色+メインの色と同じ系統の色+アクセントの色によって、情報の構造を読み手に伝えることができる

● カラーパレットに用意された色のセットを使いこなす

「使う色数を絞る」といっているが、実際にはメインの色とアクセントの色の他にも色を使っているし、これでは色の使いすぎなのではないか？と思う人もいるかもしれません。しかし、ここで使っている色はメインの青と同じ系統の色なので、複数の色をむやみに選んでいるわけではありません。また、色の使い分けの基準を読み手が把握できるようにしているので、色のせいで情報が読みにくくなってしまうということはありません。

今回の例のように「メインの色＋メインの色と同じ系統の濃い色と薄い色＋アクセントの色＋グレーや白の無彩色」の構成で色を選ぶと、収まりのよいきれいな色使いができるようになります。ただ、メインの色は決めたとしても「メインの色と同じ系統の濃い色と薄い色」について、数多くある色の中から違和感のない色を探し出すのは、かなり難しい作業です。

この時、自力で色を選ぶのではなく、**PowerPointのカラーパレットにある「テーマの色」の中から「メインの色」を選び、「メインの色と同じ系統の濃い色と薄い色」は、選んだ「メインの色」と同じ列にある色の中から選ぶ**、というのが重要なポイントです。ここでいう「同じ系統の色」には、「赤っぽい」「青っぽい」といった色の方向性である「色相」が深く関係しています（「色相」についてはP.260で紹介します）。

カラーパレットの「テーマの色」には、同じ系列の濃い色と薄い色があらかじめセットされたものが1列に6色用意されています。カラーパレットの詳細はこのあとの節で紹介しますが、なまじ自分で色を探すよりも**あらかじめ用意された色のセットを上手に使いこなすことが、手っ取り早くセンスのよい色使いの資料を作る最短の近道です**。そして、黒、グレー、白といった無彩色を除き、カラーパレット上のメインの色とその同じ列の色以外は使わないようにするというのが、「色はできるだけ使わない」ようにするための極意です。

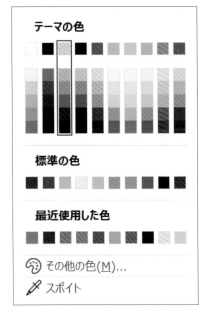

前ページの例の資料は、「スリップストリーム」という「テーマの色」から赤枠の青の系列の色を使用している。赤枠の色だけでも6色とかなりの色数を使えることになるが、系列が同じ色なので読み手に違和感はない

2 情報の構造に沿った色のルールを守る

色を上手に使うための2つ目のコツは、「情報の構造に沿った色のルールを守る」ということです。これもいたってシンプルなことで、「情報の構造を見極めた上で、同じレイヤーの情報には同じ色を使う」こと。そして、「色のルールを資料中で終始一貫して守る」ということです。

例えば、情報の構造が大項目、中項目、詳細内容とあった場合、大項目に適用する色と中項目に適用する色を決めたら、そのルールを資料の最初のページから終わりのページまで徹底して適用し、そこから逸脱する色は使わない、ということです。

色のルールが統一されると、読み手は色から情報の構造のルールを読み取れるようになります。そしてすべてのスライドに同じルールが適用されていれば、読み手にとって親切で読みやすい資料になります。

さらに、このルールを守りながら1で説明した同じ系統の色のみを使い続ければ、整った、規律ある印象の資料になり、読みやすさが格段に向上します。

これは色に限らず、レイアウトやフォントの扱いなどにも同じことが言えますが、ことさら色については、情報の構造に沿ったルールを徹底することが資料のクオリティの明暗を決定づけると言ってもよいほど重要なものです。

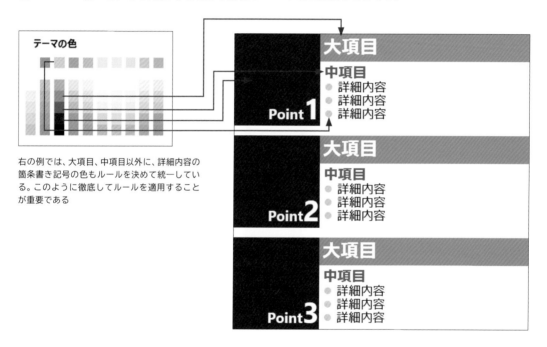

右の例では、大項目、中項目以外に、詳細内容の箇条書き記号の色もルールを決めて統一している。このように徹底してルールを適用することが重要である

● 色を使う割合・面積を考える

色を使う際は、どの色を選ぶかという点だけに関心が向きがちです。しかし、色をどの程度の割合、面積で使うのかということも、同じくらい重要です。スライド上の色の割合や面積によって、読み手が受ける印象は大きく左右されます。

以下の2つの例を見比べた場合、左側のスライドはこれまでに紹介した2つのルールを守って作られています。しかし、全体に占める色の割合が高く、しかも濃い色が多く使われているため読み手にとっ

ては圧迫感が強く、息が詰まる印象を受けてしまいます。これでは色の主張が強すぎるせいで、読み手は本来読むべき情報が頭に入ってこないかもしれません。

反対に色の割合を減らした右のスライドは、情報はまったく同じなのに、読み手には清潔感と安定感のある印象を与え、すんなりと情報を読み取ることができるでしょう。

使う色数を絞り、情報の構造に沿った色のルールを守っていても、色の面積がスライド全体に対して大きくなると読み手は圧迫感を感じてしまう

重要な情報に注目できるように配慮された色使いで、読み手はストレスなく読むことができる

色の割合、面積を考える際には、スライドの下地になっている白や、無彩色のグレーを使いこなしていくことが重要になります。グレーをはじめとする無彩色の使い方については、P.252を参照してください。

さらに、スライドの情報の構造を一切変えずに読みやすくする手っ取り早い方法として、「スライド上で使われている線の数を減らす」というものがあります。線の詳細については、P.136を参照してください。

02 色が持っている「本来の意味」を考慮する

任意の色を使う時に、それぞれの色が本来持っている意味や、特定の色に対して多くの人が持っているイメージを考慮しましょう。

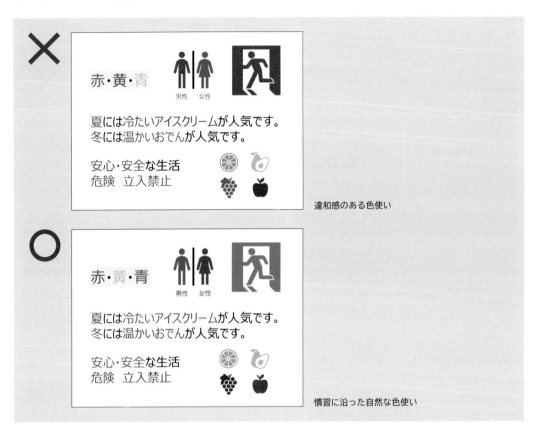

違和感のある色使い

慣習に沿った自然な色使い

● 色には本来持っている意味がある

上の✕の例を見た時に、皆さんは何とも言えない違和感を感じたと思います。✕の例のお手洗いの表示が本当に街中にあったとしたら、皆さんは一瞬混乱してしまうでしょう。なかには、色を見て進む方向をまちがえてしまう人もいると思います。このように、色にはそれ自体がある特定のイメージを連想させるものや、人々の日々の生活の中で慣習として意味付けされているものがあります。

色の感じ方は人それぞれで、予測することは難しいかもしれません。それでも多くの人の間で共通する感覚を考慮して色を使わないと、せっかくの資料が、内容はよかったのに色の使い方が原因で伝わらなかった、共感を得られなかったということにもなりかねません。色の持つイメージを上手に使い、色を味方につけて資料を作成できるようになりましょう。

● 色の持つイメージを意識する

色には、温度のイメージを連想させる効果があります。例えば、赤であれば「熱い」「炎」「太陽」「夏」「猛暑」などを連想できるでしょう。反対に「青」は「冷たい」「寒い」「冬」「水」「氷」といったイメージが思い浮かびます。

このように色は温度で分類することができます。赤や黄を中心とした「暖色」と、青を中心とした「寒色」の分類は一般的に認識されているものです。

さらに、色には感情のイメージを連想させる効果もあります。例えば、赤であれば「怒り」や「情熱」、さらには「危険」や「警告」といったものも含まれます。反対に青は「冷静」「冷淡」「落ち着き」などです。

色が与えるイメージは人それぞれで、時代や地域によっても変わってきます。また国や文化によっても違いがあるため、絶対の正解はありません。それでも資料が使われる時代や場所に応じて、イメージに合った色を使い分ける必要があります。

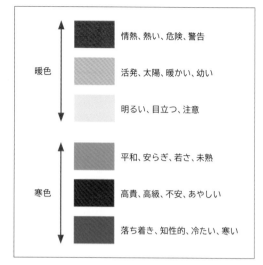

色にはさまざまなイメージを連想させる効果がある

● イメージが定着している色にも注意

色は、温度や感情などのイメージを連想させるだけでなく、特定の対象物を連想させる効果もあります。例えば、特定のコンビニエンスストア、銀行、飲食店などに固有の「コーポレートカラー」があったり、特定の鉄道路線に「ラインカラー」があるなど、世間一般に「この色は〜の色だ」というイメージが定着している色が存在します。

資料の中では、このような色にも気を配る必要があります。もし、一般的に「〜と言えば赤」というイメージが定着している対象に赤以外の色を使ってしまうと、読み手は違和感を感じ、内容が頭に入ってこなくなるかもしれません。

また、コーポレートカラーは企業によって厳密に色が定められている場合も多くあります。企業のコーポレートカラーを資料で使用する場合は、事前にカラーコードを確認して合わせるようにするなど、色を丁寧に扱うようにしましょう。

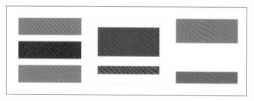

上の3つは代表的なコンビニエンスストアの配色の例。色だけでおおよその判別ができるほど、世間一般にイメージが定着している

首都圏のJR線や地下鉄など、鉄道路線も色だけで識別できるようにイメージが定着している例である

03 グレーを効果的に使う

グレーの使い方を工夫することで、資料全体の配色をきれいにまとめることができます。

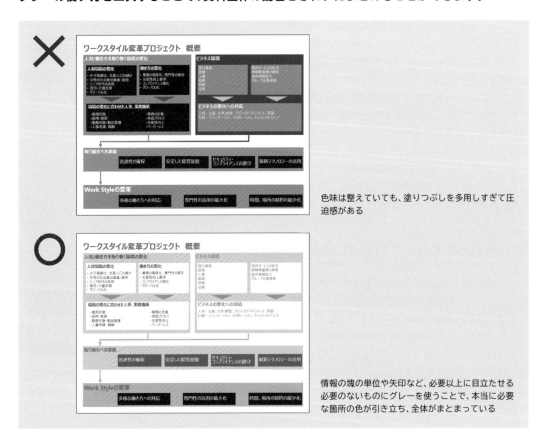

色味は整えていても、塗りつぶしを多用しすぎて圧迫感がある

情報の塊の単位や矢印など、必要以上に目立たせる必要のないものにグレーを使うことで、本当に必要な箇所の色が引き立ち、全体がまとまっている

◉ グレー（無彩色）は色の陰の立役者

白と黒、その中間にあるグレーを「無彩色」と言います。色というと赤や青などを連想しがちですが、白、黒、グレーを「色」として認識し、いかにうまく使いこなしていくかによって、資料のクオリティに大きな差が生まれます。無彩色には、赤や青などの他の色（有彩色）と組み合わせた時に、相手の色に影響を及ぼすことがないという特徴があります。無彩色の中でも、特にグレーはこの傾向が顕著です。一定のルールに沿って色を使っていても、スライド

の中で区切りをつけるためや、複数のオブジェクトが同じ情報のグループであることを示すために、塗りつぶしや枠線をつけたいという場合があります。このような時に**組み合わせの色に困ったら、とりあえずグレーを使っておけば収まりがつき、かつ洗練された雰囲気が増します。**いわば、グレーは陰の立役者とも言える色なのです。この節では、グレーを効果的に使うためのノウハウと注意点を紹介します。

● 薄い、明るいグレーを使う

無彩色は、他の色と組み合わせた時に相手の色のバランスを崩さず、印象を変化させないという特徴があります。すなわち、任意の色（有彩色）を意図通りに見せたい場合は無彩色と組み合わせるとよいということです。

グレーを任意の色に組み合わせる時は、**薄い、明るいグレーを使用する**ようにしましょう。PowerPointにあらかじめ設定されているすべてのカラーパレットで、「テーマの色」の一番左側の列は必ずグレーの列になっています。この列の一番上のグレーを最優先に使い、もしそれでは薄すぎるという場合にだけ、2番目のグレーを使うようにします。このルールは、P.137の「線は薄いグレーが最適」にも当てはまります。

また、コネクタや三角矢印など情報の流れを補足する役割の要素をグレーにしておくと、存在を主張しすぎず、上品で引き締まった印象になります。視線の流れに沿った情報の配置ができていれば、読み手は無意識に情報の配置のルールを把握して読み進めます。コネクタや三角矢印が**グレーのような存在を主張しない色で塗られていても、想像力で補って読んでくれるのです。**

読み手の視線の流れに沿った情報を配置した上で、他の色を干渉しないグレーの塗りつぶし、線、矢印などによって、読み手をさりげなくガイドできるようにしましょう。

無彩色との組み合わせによって色の見え方は変化する。黒の中にあると実際の色より鮮やかに見えるものもある

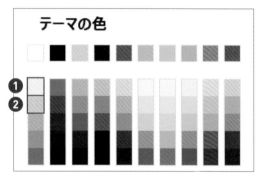

すべてのカラーパレットの一番左の列はグレーになっている。この列の1番目か2番目のグレーを上手に使っていく

● グレーを使う時の注意

グレーは陰の立役者、と述べましたが、それでも注意点が2つあります。まず、グレーには「グレー表示」や「グレーアウト」という言葉があるように、「重要度・関連性・優先度が低いこと、無効・アクセスできない」といった意味も持っています。特に薄く明るいグレーを重要な箇所に使うと、その要素が重要でないというメッセージになってしまい、誤解を生じさせる原因になります。重要な情報にはメインの色を堂々と使い、グレーは重要な箇所を引き立たせるための目的で用いるようにしましょう。また薄く明るいグレーでも、濃度の近い複数のグレーをむやみに使うのは避けるべきです。微妙な濃度の違いや意味は、読み手に伝わりません。また、グレーを多用しすぎるとかえってレイアウトにまとまりがなくなってしまいます。あくまでもグレーはメインの色の立役者、裏方の存在として使い分けるようにしましょう。

重要なこと
重要な箇所でグレーを使ってしまうと、「グレー表示」になってしまい、「重要度・関連性・優先度が低いこと、無効・アクセスできない」という逆の意味にとられかねないので使わない

重要なこと
重要な箇所でグレーを使ってしまうと、「グレー表示」になってしまい、「重要度・関連性・優先度が低いこと、無効・アクセスできない」という逆の意味にとられかねないので使わない

重要な箇所でグレーを使うと誤解されてしまう。これ以上色を使うとノイズになってしまうが、どうしても色を使いたい、という時にグレーを使うと威力を発揮する

○ 例のスライドで色の修正の過程を公開

グレーを使う上でのルールを学んだところで、P.252の例を題材として、資料の改善方法を見ていきましょう。左が改善前、右が改善後のスライドになります。

● 改善前

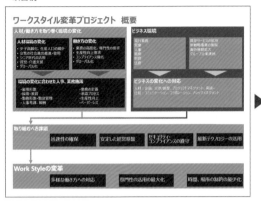

● 改善後

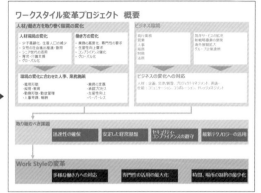

1 最初に、スライド上部のカテゴリーごとの情報の塊を示すために敷いている、四角形の色を薄いグレーにしてみます。色の圧迫感が弱まり、読みやすくなったように感じます。しかし、いまだにスライドの中で色の占める割合が多すぎて、どこが重要な箇所なのかがわからずメリハリに欠けています。このような場合は、「スライド上に書いておかなければならないが、**特に主張する必要はないもの**」や「**スライドのメインにはならないもの**」を優先的に修正していきます。この例では、スライドの上半分は単なる状況説明なので特に強調する必要もないため、この部分を中心に改善を行っていきます。

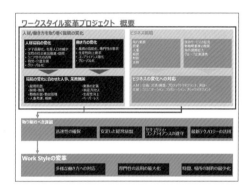

2 上半分にある青と緑の四角と、三角矢印の塗りつぶしの色が強すぎると考え、薄くしてみました。すると、地に敷いたグレーとの差があいまいになり、全体の印象がぼんやりしてしまいました。これは、グレーと青、緑の明度に差がなくなっているからです（明度、彩度についてはP.260で詳しく紹介します）。

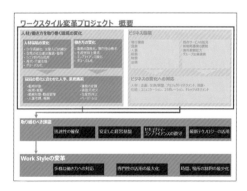

3 ここで、青と緑の塗りつぶしを思い切ってなくす＝色を使わない、という発想に切り替えてみます。そこで、**もう1つの無彩色である白**を使います。白はスライドのベースの色ですが、他のカラーパレット上の色と同じように**白を1つの「色」として意識的に扱う**ことが重要です。白に変更したことで、余計な色の要素が落とされ読みやすくなってきました。

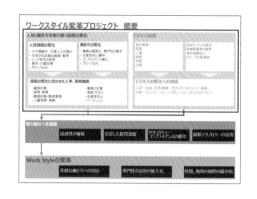

4 四角形を白に変更しましたが、三角矢印は薄い青と緑のまま残っています。これらは「書いておかなければならないが、特に主張する必要のないもの、重要でないもの」なので、下に敷いたグレーよりも1段階濃いグレーに変更します。

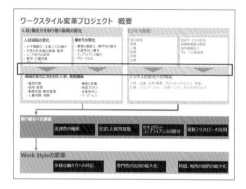

5 グレーと白を使うことで、見た目がかなり引き締まってきました。ここで、上下の要素をつなぐコネクタ矢印に注目します。矢印は第5章で「あくまで資料の中では補足の役割であり、なるべく目立たないように、かつ、読み手の読む順番を誘導するようにする」（P.202）と説明したように、「スライド上に書いておかなければならないが、特に主張する必要のないもの」や「スライドのメインにはならないもの」に該当します。そこで、色をグレーに変更します。

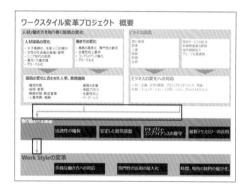

6 最後に、下半分に残った2つの四角を比べてみます。この時、「取り組むべき課題」の4つの要素をグレーにすると、Afterの結論や解決策の内容がより引き立つはずです。このように、重要な要素を引き立てることを目的としてグレーを使うのは効果的です。しかし、ここでは「取り組むべき課題」としての4つの四角は引き立て役ではなく、それ自体を強調する必要があります。そこで、塗りつぶしの色を濃い青から明るい青に変更します。これにより、強調を維持しつつ、その下の「Work Styleの変革」の3つの四角との区別がより明確になりました。

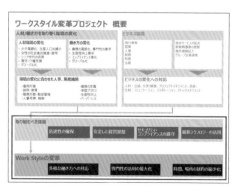

以上で紹介したように、「スライド上に書いておか
なければならないが、特に主張する必要のないもの」
や「スライドのメインにはならないもの」を優先的
にグレーにすると、本当に必要な情報が色の効果に
よって浮き出てきます。

また、P.245で「色を上手に使う究極のコツは『色
をできるだけ使わない』こと」と紹介したように、
情報の塊に沿って重要度の低い要素から優先的に
グレーにしていくと、重要な情報だけがクローズアップ
されるようになり、結果的に必要以上に色を使わ
なくてもすむようになっていきます。

● 優先的にグレーにするべき要素

「スライド上に書いておかなければならないが、特
に主張する必要のないもの」や「スライドのメイン
にはならないもの」を優先的にグレーにすると言う
と、「すべて重要な要素であり、選別なんてできない」
とか、「結局どれとどれをグレーにすればよいのか
の判断基準を示してほしい」という要望をもらうこ
とがあります。

残念ながら、それは資料の内容や性質によって千差
万別であり、明確にこれと言える基準はありません。
しかし、筆者の私個人のこれまでの経験から、以下
の基準でグレーを使うとうまくいくことが多いよう
に思います。参考にしてみてください。ただしこ
れらの基準も、情報の重要度や「グレー表示」や「グ
レーアウト」の意味に誤解されないかを見極めた上
で、慎重に判断する必要があります。

1	カテゴリー分けやグループ化のために敷く要素
2	情報を時系列で並べた時に、過去〜現在の時間の流れを表す要素
3	問題や課題など、今後解決すべきものとして(どちらかというと)ネガティブなものとして扱われる要素
4	わざわざ強調しなくても読み手が必然的に読むであろう要素 (ページタイトルや項目タイトルなど)
5	重要な情報を引き立てることを目的に提示される要素
6	図形の枠線、コネクタ、矢印など、読み手の視線を誘導するための要素 (それぞれの詳細は3、4、5章を参照)

● 白を「色」として扱う

白は、グレーと同様、1つの「色」として意識的に使うことが重要です。白は黒の反対色であり、明度(明るさ)の最大値が255という、れっきとした強い色です。色の扱いが苦手な人は、余白や白い部分を「何もない空間」と捉え、色を塗らなくてはならないスペースと思ってしまいがちです。しかし白を色として扱うことで、「余白(白いスペース)を意図的に配置している」という意識になります。グレーと同様、白を使いこなすことで、情報のグループ化や意味の区切りを作ることができます。白やグレーの使い方に意識的になることで、情報の構造が客観的に見えるようになるのです。

人材/働き方を取り巻く環境の変化

人材環境の変化
- 少子高齢化、生産人口の減少
- 女性の社会進出推進・登用
- シニア世代の活用
- 育児・介護支援
- グローバル化

働き方の変化
- 業務の高度化、専門性の要求
- 生産性向上要求
- コンプライアンス強化
- グローバル化

環境の変化に合わせた人事、業務施策
- ・雇用形態
- ・採用・教育
- ・勤務形態・勤怠管理
- ・人事考課、報酬
- ・業務の定義
- ・承認プロセス
- ・生産性向上
- ・ペーパーレス

白は最大の明度(明るさ)を持つ「色」である。薄いグレーの中に配置しても、情報をしっかりと区切る役割を果たす

人材/働き方を取り巻く環境の変化

人材環境の変化
- 少子高齢化、生産人口の減少
- 女性の社会進出推進・登用
- シニア世代の活用
- 育児・介護支援
- グローバル化

働き方の変化
- 業務の高度化、専門性の要求
- 生産性向上要求
- コンプライアンス強化
- グローバル化

環境の変化に合わせた人事、業務施策
- ・雇用形態
- ・採用・教育
- ・勤務形態・勤怠管理
- ・人事考課、報酬
- ・業務の定義
- ・承認プロセス
- ・生産性向上
- ・ペーパーレス

濃い色(=明度が低い)には、なまじ他の色を使うよりも白を「色」として使った方が、よりコントラストがはっきりしてメリハリの利いた色使いになる

▶□ HINT

進出色と後退色

同じ面積のスペースに色を塗る際に、色によっては実際の大きさよりも大きく見えたり、逆に小さく見えたりする時があります。また色の組み合わせによっては、色がこちらに向かってくるように感じられたり、逆に遠ざかっていくように感じられることがあります。
こちらに向かってくるように感じられる色を「進出色」と言い、暖色系の色が該当します。逆に、遠ざかっていくように感じられる色を「後退色」と言い、寒色系の色がこれに当たります。
グレーと強めの色を組み合わせる時に進出色と後退色を意識しておくと、こちらの意図した通りの視覚効果を得ることができます。

このような色の配置だと、寒色(青)は凹んで見え、暖色(赤)は飛び出しているように見える

同じ面積に色を塗っていても、寒色の中にある暖色は実際の大きさよりも飛び出して大きく見え、暖色の中にある寒色は凹んで小さく見える

04 画面の色と印刷した色は違う

PowerPointの色は、モニターに映し出される色（RGB）と印刷によって出力される色（CMYK）とで異なることを認識しておきましょう。

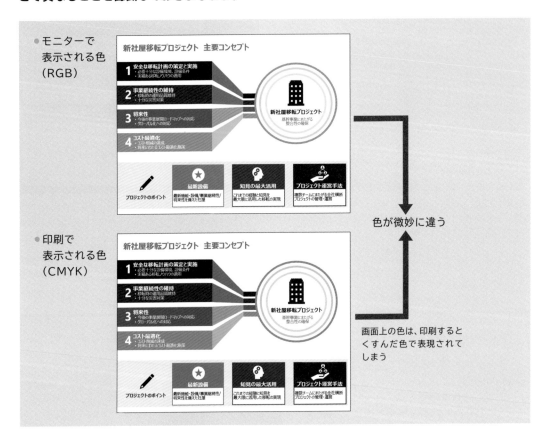

- モニターで表示される色（RGB）
- 印刷で表示される色（CMYK）

色が微妙に違う

画面上の色は、印刷するとくすんだ色で表現されてしまう

● PowerPoint は印刷には向かない

PowerPoint に限らず、Microsoft Office のアプリケーションで作成したデータの色は、すべてRGB という方式で表現されています。それに対して印刷の際の色は、CMYK という方式で表現されます。RGB がディスプレイなど、光によって再現されるカラーモードであるのに対し、CMYK は印刷によって再現されるカラーモードです。PowerPointにおける色の大前提は、RGBでしか色を作成することができないということです。もともとOffice アプリケーションは事務用としての文書作成に特化したアプリケーションのため、印刷物を作成することは考慮されていないと言えるでしょう。PowerPoint では、画面の色と印刷した色が違う結果になり、全体的にくすんだ色で印刷されてしまうことを理解しておきましょう。

● RGBとCMYK

RGBは、Red＝赤、Green＝緑、Blue＝青の3つの光を混ぜて色を表現する方法です。色を混ぜれば混ぜるほど明るい色へと変化するため、「加法混合・加法混色」と呼ばれます。液晶テレビ、パソコンやスマートフォンの画面、プロジェクターなどで表現される色は、すべてRGBによるものです。

CMYKは、Cyan＝シアン、Magenta＝マゼンタ、Yellow＝イエローの3色、そしてKey plate＝キープレート（≒黒、墨）の4つの頭文字を取ったものです。理論上は混ぜれば混ぜるほど暗い色へと変化するため、「減法混合・減法混色」と呼ばれます。印刷物は、CMYKで色を表現しています。

RGBとCMYKでは、色の表現できる範囲（色域）に差があります。CMYKはRGBよりも色域が狭く、RGBの色をCMYKに変換すると、特に鮮やかな紫、青、緑色はRGBよりもくすんだ色になります。

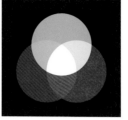

RGBでは3色を混ぜていくと最終的に白になる

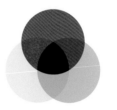

CMYKでは3色を混ぜていくと黒に近づくが、これだけではきれいな黒色を再現するのが難しいため、黒（K）をプラスしている

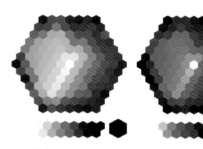

RGB（左）をCMYK（右）に変換すると、くすんだ色で表現されてしまう

● カラーコードで色を指定する

RGBやCMYKの色は、カラーコードと呼ばれる数値やテキストの組み合わせによって表現されます。RGBではRed（赤）、Green（緑）、Blue（青）の各色を0〜255の値で指定し、この値の組み合わせによって色が決まります。同様にCMYKでも、Cyan（シアン）、Magenta（マゼンタ）、Yellow（イエロー）、Key plate（キープレート（≒黒、墨）の混ぜる割合を0%〜100%の値で指定することで色が表現されます。

また、これらとは別に、主にWebなどで色を表現するために用いられる、先頭に#を置いた16進数（Hex）で表記される色の符号もあります。

色は感覚で扱うのではなく、数値や記号によって緻密に設定、管理するようにしましょう。

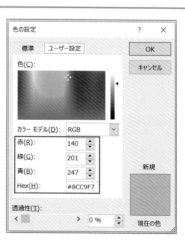

PowerPointの「色の設定」ダイアログボックスでも、RGBと16進数（Hex）のコードが指定できるようになっている

05 「色相」「彩度」「明度」で色を把握する

色の3属性「色相」「彩度」「明度」の知識を身につけ、色相環によって色の関係を把握できるようにしましょう。

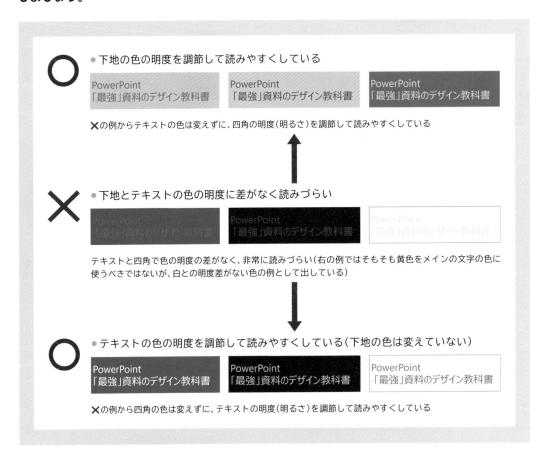

覚えるのは「色相」「彩度」「明度」の3属性だけ

色にはさまざまな分類や表現方法がありますが、なかでも有名な「色の3属性」については、色の素人である私たちでも知っておいた方がよいものです。これは、色を「色相」「彩度」「明度」の3つの要素に分け、数値で把握する考え方です。直感的にも理論的にもわかりやすいので、色を扱うさまざまな場面で広く活用されています。

ここからの内容は、馴染みのない人にはちょっと難しく感じる話になるかもしれません。しかし、「色相」「彩度」「明度」の3つをコントロールできるようになると、色を使いこなす際の「幅」が広がり、色への苦手意識が減るはずです。慣れてしまえば決して難しくないものなので、この節で覚えてしまいましょう。

● 色の3属性

色の3属性について、PowerPointで資料を作成する上で最低限知っておいた方がよい内容を以下にまとめました。

- **色相（Hue）**
  色相は、色の様相を表す要素です。例えば「赤」「青」「黄」といった色の方向性のことを言います。

色相は、赤、オレンジ、黄、緑、青、紫といった色の様相の相違

- **彩度（Saturation・Chroma）**
  彩度は、色の鮮やかさ、強さを表す要素です。ある色相の中で、もっとも彩度の高い色のことを「純色」と言います。純色はとても強い印象を与えるため、強烈なイメージになりすぎたり、子供っぽく見えたりするなど、デメリットもあります。純色から彩度を下げていくと、色みや鮮やかさが落ちるとともに、落ち着いた印象を与えるようになります。彩度をさらに下げていくと、グレースケール（モノクロ）に近づいていきます。白、黒、グレーは彩度がない色なので、「無彩色」と言います（P.252）。

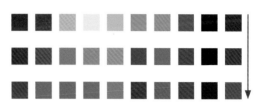

彩度を下げていくと、どの色もグレーに近づいていく

- **明度（Value・Brightness・Lightness）**
  明度は、色の明るさを表す要素です。明度が上がると白に近づき、明度が下がると黒に近づいていきます。文字や形を認識するには、この明度の差がとても重要です。「ユニバーサルデザイン」では、配色における明度の差を重視します。よく知られている例に、警告を表す「黄色と黒」の組み合わせがあります。

明度を上げていくと、どの色も白に近づいていく

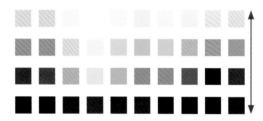

明度を下げていくと、どの色も黒に近づいていく

🔊 HINT

多様な人に配慮したユニバーサルデザイン

文化、言語、老若男女、障害、能力などの違いに関わらず、どんな人にも、どんな環境でも、同じように情報を理解できるように配慮されたデザインを「ユニバーサルデザイン」といいます。
多様性を許容する現代では、あらゆる人にとって親切なデザインを作る必要性が求められています。例えばスマートフォンの画面に表示されるボタンを誰にとっても見やすく、また

指で操作しやすい大きさに作ったり、街中にある施設などの案内をアイコン（ピクトグラム）で表示したり、ユニバーサルデザインに基づいてデザインされた「UDフォント」で表記したり、といったことがあげられます（「UDフォント」の「UD」とはUniversal Designの頭文字のUDのことです）。
さらには、P.263で紹介する「多様な色覚の人に配慮した色使い」も、ユニバーサルデザインの一環と言えるでしょう。

● 色の3属性を数値で設定する

PowerPointでは、色相、彩度、明度を以下の手順で設定できます。これらのパラメーターを設定する場合、**「色が濃い＝暗い＝明度が低い」「色が薄い＝明るい＝明度が高い」**ということを頭に入れておくことが重要です。
また、掛けあわせられている色が少ないほど「色の濁りが少ない＝彩度が高い」と考えます。彩度のコントロールは、対象となる色をどう濁らせるか（つまりグレーに近づけていくか）、という考えで行います。

1 「図形の書式設定」の「塗りつぶし」でカラーパレットを表示し、「その他の色」をクリックします。

2 「色の設定」ダイアログボックスで、「ユーザー設定」タブをクリックします。

3 「カラーモデル」を「RGB」から「HSL」に切り替えると、色相（H）、彩度（S）、明度（L）が設定できます。それぞれ、0から255までの値を入力して設定します。

PowerPointでは、基本的に色の設定はカラーパレットの「テーマの色」を基準に行います。よほどのことがない限り、HSLのパラメーターを触る機会は少ないと考えてよいでしょう。とは言え、どうしても設定しなければならなくなった時のことを想定したテクニックを、このあとの節で詳しく紹介します。

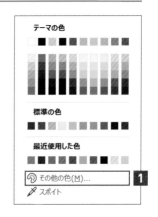

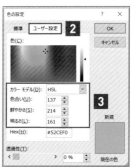

▶ HINT

Webやスマートフォンのアプリで色の違いを確認する

RGBで作った資料を印刷したら色がイメージと違っていた、ということになる前に、あらかじめCMYKでの色合いを確認しておきましょう。カラーコードで色を指定すると、RGBとCMYKそれぞれの色を確認できるツールがあります。
せっかく作った資料が想定していた色に出力されず修正を余儀なくされた、などということになる前に、RGBとCMYKの色の違いを確認しながら資料の作成を進めれば、色による事故を最小限に抑えることができます。「RGB CMYK 変換」などのキーワードでWeb上で検索をかけると、色を確認できるWebサイトが多数出てきます。
右の例は「配色の見本帳」というWebサイトです。RGBやHexのカラーコードを入力すると、近い色のCMYKの値を表示してくれます。同時に、色によっては「CMYKではうまく表現できないので印刷の際には注意が必要です」という注意書きが表示されるので、自分が表示したい色にもっとも近いCMYKの色を探し直すことができます。

配色の見本帳 https://ironodata.info/

● 色相環で補色を把握する

色相の総体を順序立てて円環上に並べたものを、**色相環**と言います。色の組み合わせや位置関係を把握するための、地図のように利用します。

色相環の反対側に位置する2色を、**補色**と言います。例えば右の図では、赤の補色は緑になり❶、青の補色はオレンジになります❷。

補色は色相差がもっとも大きい組み合わせになるため、お互いの色を目立たせる効果があります。赤と緑、青とオレンジなど、補色どうしの組み合わせは非常に目立ちます。ただし、彩度が高い補色どうしを組み合わせると目がチカチカして見えにくくなってしまうので注意が必要です。

色相環は、自分が使いたいメインの色の位置を確認するための道具として参考にしましょう。

色相環の反対側にある色が補色になる

補色の組み合わせでも、彩度が高い色どうしを組み合わせると見づらくなってしまう

🔘 HINT

多様な色覚の人に配慮した色使い

色を使う上では、色の見え方や感じ方には個人差があるということを認識することが大切です。特定の色が識別しづらかったり見分けられなかったりする色覚多様性の人は、日本人男性の約5%、女性の約0.2%、国内に320万人いると言われています。この時、以下の2つがポイントになります。

・色でしか判断できない要素や表現を減らすこと
・色の間に明度差をつけること

例えばWebの標準仕様を定める団体W3C（ワールドワイドウェブコンソーシアム）のガイドラインでは、明度差は125以上が望ましいとされています。スマートフォンには「色の

シミュレータ」というアプリがあり、これを使うと色覚多様性の人にどのように色が見えているかをシミュレーションすることができます。またIllustratorやPhotoshopなどでも、同様のシミュレーションが可能です。

下の3つの画像は、左から一般的色覚、P型、D型のシミュレーションによる地下鉄路線図です。緑と赤、青と紫の区別がつきにくいことなどが見てとれます。

PowerPointの資料でこうしたことをどこまで考慮するかは、当然ケースバイケースです。しかし、このような多様性に配慮するためにも、第7章で一貫して主張している「色に頼りすぎない」「色をできるだけ使わない」ようにする工夫が求められます。

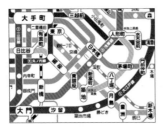
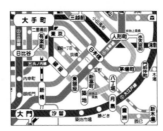
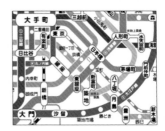

06 「テーマの色」を設定する

PowerPointの色は、「テーマの色」の選択と密接に関係しています。PowerPointの色のしくみを正しく理解しましょう。

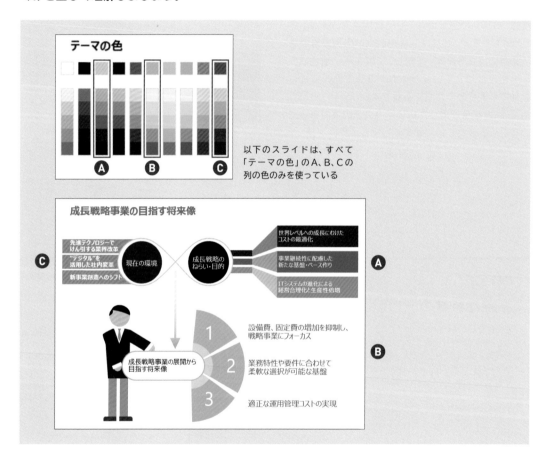

以下のスライドは、すべて「テーマの色」のA、B、Cの列の色のみを使っている

● PowerPointの色は「テーマの色」の選択次第

PowerPointには、「テーマの色」というあらかじめ色の組み合わせがセットされたカラーパレットが20種類以上用意されています。
「テーマの色」には、それぞれのテーマに沿ったカラーパレットに、基準となる色と、その色の色相に沿って明度、彩度が調節された色のセットが用意されています。使う色の選択肢を「テーマの色」にある任意の列に限定し、その列からのみ色を選ぶというルールを徹底することで、色使いにまとまりが出て、センスがよいと感じられる資料を作ることができます。色を選ぶ際の迷いもなくなり、作業効率を上げることもできます。PowerPointの色は、「テーマの色」の設定で決まると言っても過言ではありません。この節で、設定方法を習得しましょう。

◉ PowerPointの色はカラーパレットの「位置」で決まる

自分の資料を他のPowerPointのテンプレートに移し替えたら色が変わってしまった、という経験がある人は多いと思います。これは、「テーマの色」の設定が関係しています。

「テーマの色」のカラーパレット上で選択した色は、「テーマの色」の設定を変更すると、変更後の「テーマの色」の選択した位置の色に置き換えられてしまいます。つまり、PowerPointは色をカラーパレッ

ト上の「位置」で記録しているのです。テンプレートによって色が変わってしまった場合は、「テーマの色」の設定を元の資料と同じものにすることで、元の色使いに戻すことができます。

なお、「その他の色」や「スポイト」から個別に設定した色は、「テーマの色」を変更しても変わることはありません。

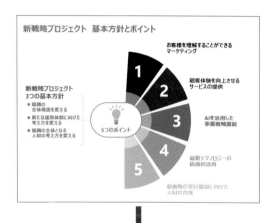

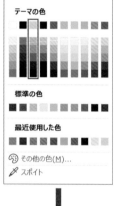

「テーマの色」を「スリップストリーム」に設定し、左から3列目の「薄い青」の列から色を選択して作成した

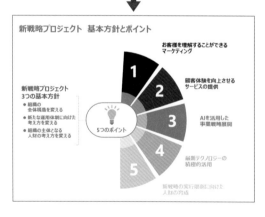

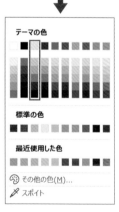

「テーマの色」を「Office 2007 - 2010」に変更すると、カラーパレット上の同じ列の色が設定されてしまう。「標準の色」を使用している箇所は、「テーマの色」を変更しても色は変わらない

PowerPointのカラーパレットは、主に以下の3つで構成されています。

❶テーマの色

❷標準の色

「テーマの色」の設定を変えても常に表示される固定の色。原色に近い色が表示される

❸最近使用した色

使用した色の履歴が表示される

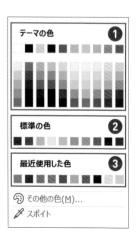

CHAPTER **07**

色のルール&テクニック

● 「テーマの色」を設定する

「テーマの色」は、以下の手順で設定します。筆者の私はリストの下から2番目にある「スリップストリーム」という「テーマの色」をお勧めします。この本の例で使われている「テーマの色」は、ほぼすべてスリップストリームにある色を中心に選択しています。スリップストリームは、「赤、オレンジ、黄、緑、青、紫、白、黒、グレー」といった大半の人が思い浮かべる基本的な色相を基準に、明度と彩度がほどよい割合に調節された色が揃えられている便利なカラーパレットです。

スリップストリームを使いこなすには、この中から**メインとなる色の列を1つ、多くても2つ決めます。**

そして、白、黒、グレー以外は、メインに決めた色の1列、もしくは2列以外の色は原則使わないようにします。また、最初は**薄い色から使い始め、徐々に列の下に向かって濃い色を使う**ようにするのがポイントです。

下の例は、スリップストリームにおける、筆者の私のメインの色の列です。左から3列目の「薄い青」、6列目の「水色」をブレンドして使い、これらに「標準の色」の「濃い青」「青」「薄い青」を追加して使っています。これでも色数は多すぎるほどで、ほとんどの場合は「テーマの色」の列とグレーを組み合わせるだけで十分に間に合います。

1 「デザイン」タブをクリックします。

3 「配色」をクリックします。

2 「バリエーション」の右下にある「その他」ボタンをクリックします。

4 「テーマの色」の一覧が表示されるので、使いたいテーマを選択します。

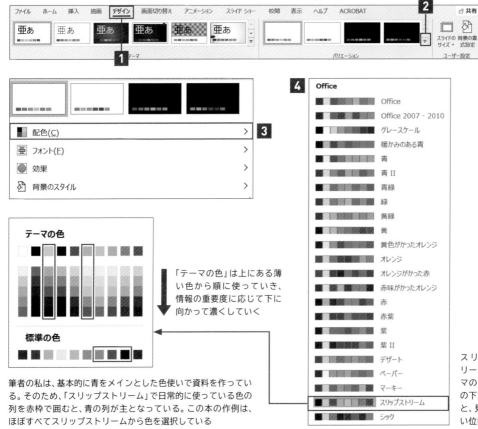

「テーマの色」は上にある薄い色から順に使っていき、情報の重要度に応じて下に向かって濃くしていく

筆者の私は、基本的に青をメインとした色使いで資料を作っている。そのため、「スリップストリーム」で日常的に使っている色の列を赤枠で囲むと、青の列が主となっている。この本の作例は、ほぼすべてスリップストリームから色を選択している

スリップストリームは「テーマの色」の一覧の下から2番目と、見つけにくい位置にある

●「テーマの色」ではない色を上手に選択する方法

「テーマの色」に沿って色を選択していても、時にはカラーパレット上にない色を使いたい場合もあります。この時、自力で色を指定できればよいのですが、「テーマの色」と色味の合ったものを使いたいとか、特定の色を使いたいがカラーコードがわからないので指定ができないといったことがあります。このような場合に便利な方法が2つあります。

1 「スポイト」を利用する

「テーマの色」にない色を選択する1つ目の方法は、「スポイト」です。これはPowerPoint 2013以降に備わっている色の機能で、スライド上に表示されている色を直接選択することができます。

1 色を変更したいオブジェクトを選択した状態で、カラーパレットから「スポイト」をクリックします。

2 マウスカーソルの形がスポイトに変わったら、吸い取りたい色にスポイトを近づけます。すると、小さい正方形の中に対象の色が表示されます。吸い取りたい「色」の上でクリックします。スライドの外側にある色を吸い取るには、マウスをドラッグしながら吸い取りたい「色」の上にスポイトを移動させ、ドロップします。

3 選択中のオブジェクトの色が、スポイトで吸い取った色に変わります。

4 スポイトで吸い取った色は、カラーパレットの「最近使用した色」の履歴に残るので、履歴に残っている間は何回でも再利用ができます。

5 スポイトで吸い取った色を常に使えるようにしたい場合は、「その他の色」から「色の設定」ダイアログボックスを表示し、「ユーザー設定」タブでRGBやHexカラーコードを確認し、記録しておくようにしましょう。カラーコードを入力すれば、その色を常に再現できます。さらにその色を「テーマの色」に追加する方法は、P.270の「オリジナルのカラーパレットを作る」を参照してください。

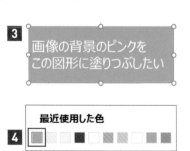

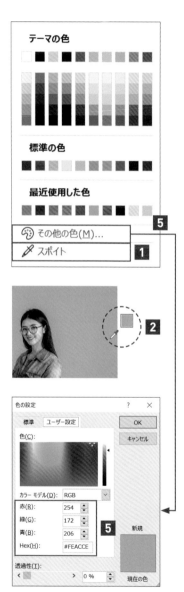

② 色相、明度、彩度の値を調節する

「テーマの色」にない色を上手に選択するための2つ目の方法は、P.260で紹介した色相、明度、彩度の値を調節して色を自力で作る方法です。ここで大事なことは、「テーマの色」から自分が使いたい色にもっとも近い色を選択した上で、「その他の色」の「ユーザー設定」タブを表示し、**色相の値は触らず、彩度と明度のみを調節する**ことです。

例えば以下の3つの四角のうち、中央の青はスリップストリームの左から3番目の青です。以下の方法

で、この青よりも薄い青、濃い青を作ることができます。

これらのパラメーターを設定する時は、**「色が薄い＝明るい＝明度が高い」「色が濃い＝暗い＝明度が低い」**ということを頭に入れておくことが大事です。さらに、**色相には触らず、明度→彩度の順**にコントロールしていくと調節がしやすくなります。色相を触らないことで、「テーマの色」で選択した色に沿った微調節ができるようになります。

1 カラーパレットの「その他の色」から「色の設定」ダイアログボックスを表示し、基準となる「テーマの色」のHSL値を確認します。この色を基準に、明度（「明るさ」）の値を0から255までの間で調節します。ダイアログボックスを表示すると最初はRGBの値が表示されるので、「カラーモデル」のドロップダウンリストから「HSL」を選択します。

2 明度を255に近づけていくと、白に近づいていきます。色相は変えていないので、色味は変わらずに薄くなっていきます。明るさの値に応じて、彩度の値は自動調節されます。

3 反対に明度を下げていくと、色味は変わらずに濃くなっていきます。

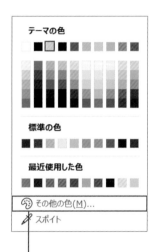

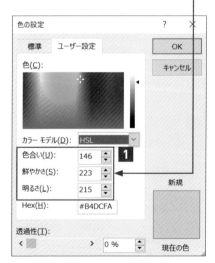

2

色合い(U):	146
鮮やかさ(S):	230
明るさ(L):	245

3

色合い(U):	146
鮮やかさ(S):	224
明るさ(L):	190

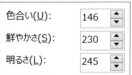

なお、「テーマの色」から自分が使いたい色にもっとも近い色を選択した上で、「その他の色」の「ユーザー設定」タブにある**色のハンドルを上下させる**と、色相（色合い）と彩度（鮮やかさ）の値を変えずに、**明度（明るさ）のみを調節する**ことができます。左ページの方法に比べて手軽ですが、色が鮮やかになりすぎてしまう場合があるので注意が必要です。

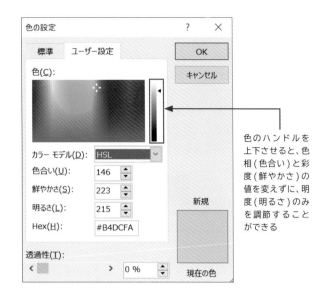

色のハンドルを上下させると、色相（色合い）と彩度（鮮やかさ）の値を変えずに、明度（明るさ）のみを調節することができる

🔘 HINT

「色の六角形」の使い方

やむをえず「テーマの色」のカラーパレットにない色を選択する場合も、「その他の色」の「標準」タブにある「色の六角形」の色は基本的に使わないことをお勧めします。なぜなら、一見カラーパレットにある色と「色の六角形」にある色とで、同じように見える色であっても、色相が少しでも異なる色は実際に並べて使ってみると色どうしが喧嘩してしまい、読み手の目に違和感を感じさせるリスクがあるからです。

それでも急いでいる時など、一時的にどうしても使わざるをえない場合は、カラーパレットと同様、六角形の任意の一列を決め、その列の中から色を選択することがポイントです。同じ列の色を選択することで、スライド上で使われる色の色相にできるだけ合わせていくことが重要です。

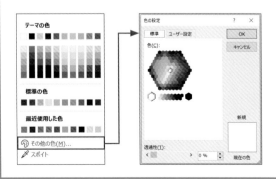

色の六角形から選択する時も、利用する列を統一するようにする。筆者は青をメインに使うので、常に赤い点線の列を基準に選択するようにしている

● オリジナルのカラーパレットを作る

既定の「テーマの色」に、実用に耐えられるカラーパレットが存在しなかったり、特定の色をカラーパレットに設定して毎回色を探さずに使用したいという場合は、任意の色を選択してオリジナルのカラーパレットを作ることができます。
「デザイン」タブ→「バリエーション」の「その他」ボタン→「配色」から、下部にある「色のカスタマイズ」をクリックすると、「テーマの新しい配色パターンを作成」ダイアログボックスが表示されます。このダイアログボックスでは、表示されている色の順番がカラーパレットの並びと異なっている部分があるので、注意が必要です。

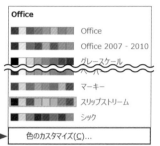

「テキスト / 背景」の色の並びがカラーパレット上と異なっているので注意

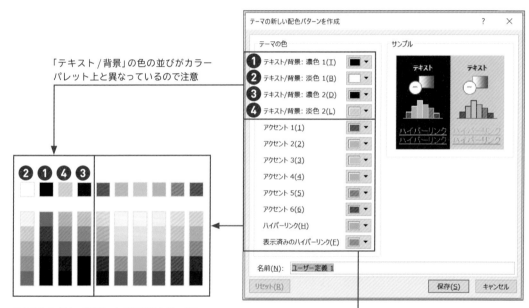

アクセント（1）～（6）は、上から順にカラーパレットの赤枠内の左からの並びと連動する

カラーパレットの色を変更するには、自分が使いたい色をカラーパレット上で表示させたい列の「▼」をクリックし、カラーパレットを表示します。下部の「その他の色」をクリックして任意の色を指定すると、選択した列のカラーパレットの色が指定した色に変わります。

「その他の色」から、RGBカラーコード、HSLカラーコードで任意の色を指定できる

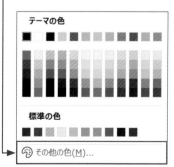

作成したオリジナルのカラーパレットを保存するには、「テーマの新しい配色パターンを作成」ダイアログボックスの「名前」にわかりやすい名前を入力し、「保存」をクリックします。すると、テーマの一覧の「ユーザー定義」の欄に、設定した名前でオリジナルのカラーパレットが表示されます。ここで設定したカラーパレットは、同じPCの他のファイルにも適用することができます。

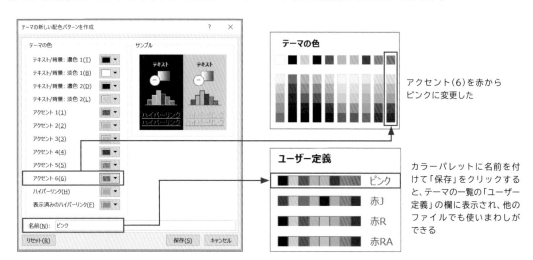

アクセント（6）を赤からピンクに変更した

カラーパレットに名前を付けて「保存」をクリックすると、テーマの一覧の「ユーザー定義」の欄に表示され、他のファイルでも使いまわしができる

● 「テーマの色」はWordやExcelと共通

「テーマの色」は、WordやExcelでも共通のものが使用できます。Wordの場合は「デザイン」タブ→「配色」から、Excelの場合は「ページレイアウト」タブ→「配色」から設定できます。基本的な考え方はPowerPointとまったく同じです。Excelでセルの色に「テーマの色」を設定すると、「テーマの色」を変更した際には変更後の「テーマの色」の同じ位置の色に置き換えられます。

Excelでは、「ページレイアウト」タブの「配色」から「テーマの色」を設定できる

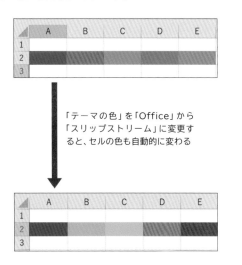

「テーマの色」を「Office」から「スリップストリーム」に変更すると、セルの色も自動的に変わる

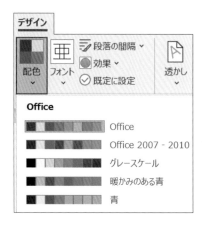

Wordでは、「デザイン」タブの「配色」から「テーマの色」を設定できる

CHAPTER 07

07 グラデーションで表現の幅を拡げる

グラデーションや透明効果を正しく使いこなして、色による表現の幅を拡げましょう。

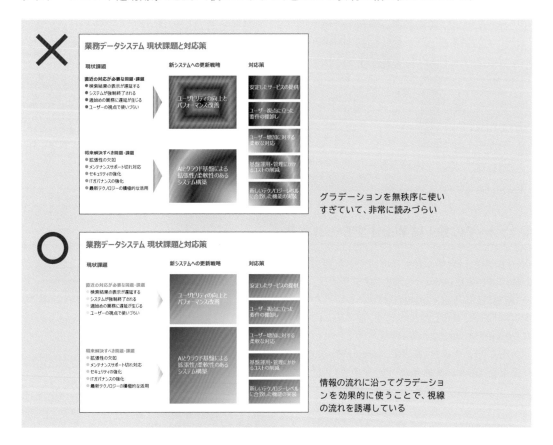

グラデーションを無秩序に使い
すぎていて、非常に読みづらい

情報の流れに沿ってグラデーショ
ンを効果的に使うことで、視線
の流れを誘導している

● グラデーションと透明効果で情報のニュアンスを引き出す

色を使うための重要な機能として、グラデーション
と透明効果があります。グラデーションでは、2色
以上の色の間をつないで連続的に表現させること
ができます。これによって質感を表現したり、色味
に変化をつけることで情報にニュアンスを持たせ
たり、視線の流れを誘導したりすることができます。
グラデーションは、うまく使えば大きな効果を発揮
します。しかし使い方を誤ると無駄に色をごてご
てと塗っただけになり、余計なノイズになってしま

うので注意が必要です。
透明効果は、塗りつぶしや線の「透明度」のパラメー
ターを設定することで、透ける効果を適用する機能
です。使う頻度が高く、重要な機能ですが、こちら
も使い方には注意点があります。
グラデーションと透明機能を組み合わせて使うこ
とも可能ですが、せっかくの機能をノイズにしてし
まわないよう、正しい使い方を身につけましょう。

● グラデーションを設定する

グラデーションの設定は、オブジェクトにも線にも適用できます。オブジェクトの場合は「図形の書式設定」の「塗りつぶし（グラデーション）」から、線の場合は「線（グラデーション）」から設定します。

1 「既定のグラデーション」からは、あらかじめ設定されているグラデーションを適用することができます。

2 「種類」には、「線形」「放射」「四角」「パス」の4種類のグラデーションが用意されています。

「線形」は、「方向」もしくは「角度」で指定した方向にグラデーションが適用される

「放射」は、適用する図形の形に関わらず、正円形に適用される

「四角」は、適用する図形の形に関わらず、四角の角の方向に適用される

「パス」は、図形の形に応じて角の方向に適用される

このうちの「放射」「四角」では、グラデーションを任意の角度に設定できません。「方向」から図形の四隅、または中央のいずれかを選びます。
「パス」は、図形の中央から図形の形に合わせてグラデーションが設定されます。任意の方向や角度は設定できません。

放射

四角

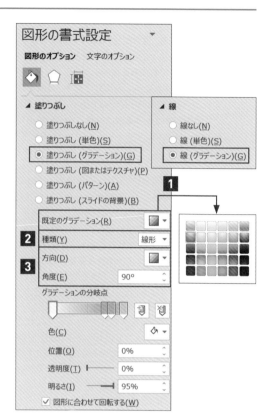

3 「方向」と「角度」では、グラデーションをかける方向を設定できます。選択するグラデーションの種類によって、項目が変化します。「種類」で「線形」を選択すると、「方向」で0度から45度ずつ回転した方向が選べます。同時に「角度」で、0～359.9°の間で0.1度単位で角度を設定できます。以下にそれぞれの方向と角度を一覧にしたので、参考にしてください。

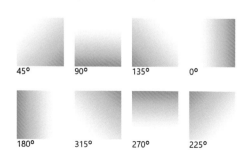

| 45° | 90° | 135° | 0° |

| 180° | 315° | 270° | 225° |

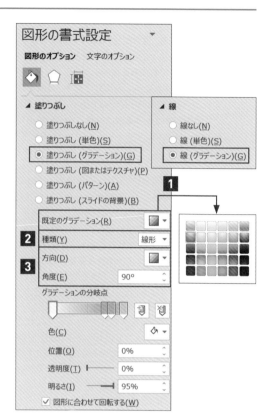

4 「グラデーションの分岐点」は、色と色の切り替わりを設定する機能です。軸の上に色の分岐点（グラデーション上で隣接する2色の混ぜ合わせが終了する特定の点）を2〜10個の間で配置して、それぞれの点に色、位置、透明度、明るさを設定できます。位置、透明度、明るさは％で設定し、小数点以下は入力できません。

分岐点は、軸の右にある追加ボタンをクリックするか、軸上の任意の場所でクリックすると追加できます。追加された分岐点には、隣接する2色の中間の色がPowerPointによって自動で追加されます。分岐点を削除したい場合は対象となる分岐点をクリックし、削除ボタンをクリックします。もしくは、分岐点を下方向へドラッグしても削除できます。

5 「位置」は、「グラデーションの分岐点」の軸の左端が0％、右端が100％になります。％の数値を増やすと右方向に、減らすと左方向に分岐点が移動します。特に「放射」と「四角形」は「方向」と「角度」での細かい設定ができませんが、「位置」を調節することでグラデーションの割合を変化させることができます。

なお、「明るさ」では色の明度を変更することができますが、ここで設定すると、あとからどこで色を変えたのかわからなくなり混乱してしまうので、使用しないようにしましょう。

6 「図形に合わせて回転する」にチェックを入れると、図形の回転に合わせてグラデーションも回転します。チェックを外すと、図形が回転してもグラデーションは図形が0度の時の状態のまま動きません。

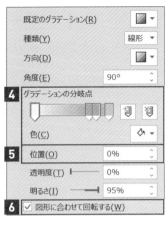

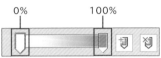

● 透明効果を設定する

透明効果の設定は、「図形の書式設定」の「透明度」のパラメーターを0％から上げていくことで、対象の図形や線が透明になっていきます。色が透けると薄くなって見えるため、対象の色を手っ取り早く薄くしたい時などにこの効果が使われたりもしますが、透明度を設定すると、対象物の背景にオブジェクトがある場合に当然透けて見えてしまいます。**単純に色を薄くしたい場合には、安易に透明度を使うのではなく、カラーパレット上の色で調節する**ようにします。カラーパレットのもっとも薄い色よりさらに薄い色にしたい場合は、HSLのパラメーター（P.268）で明度（明るさ）と彩度（鮮やかさ）を調節するようにしましょう。

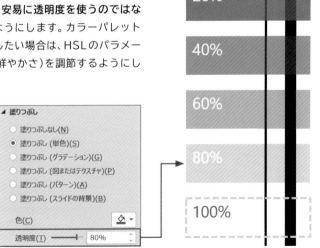

● 分岐点はむやみに増やさない

初心者の方がグラデーションを利用する場合のもっとも重要なポイントは、**色の分岐点をむやみに増やさない**ことです。基本は、始点と終点のみの2点で設定するのが無難です。

PowerPointの初期設定では、色の分岐点が0%と100%の他、74%と83%の地点に設定されています。これらの分岐点は削除して、0%と100%のみに変更して設定した方が、きれいなグラデーションが作れます。

なお、どうしても分岐点を増やしたい場合は、**位置の割合を等間隔に設定する**ようにしましょう。以下の手順で設定すると、分岐点を増やしてもきれいなグラデーションが作れます。

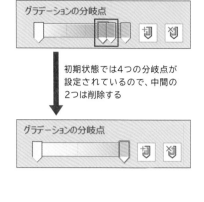

初期状態では4つの分岐点が設定されているので、中間の2つは削除する

1 分岐点が0%と100%のみの状態で「分岐点の追加」をクリックすると、必ず50%の地点に分岐点が追加されます。

2 さらに0%を選択した状態で分岐点を追加すると、25%の地点に設定されます。

3 同様に100%を選択した状態で分岐点を追加すると、75%の地点に設定されます。

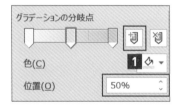
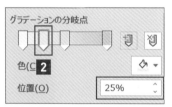
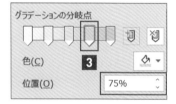

● 色はカラーパレットにある色から選ぶ

グラデーションを利用する上でのもう1つの重要なポイントは、分岐点で選ぶ色の色相を揃えることです。分岐点ごとに色相の揃った色を選ぶには、「テーマの色」のカラーパレットにある色の任意の一列からのみ選ぶことがもっとも簡単な方法です。

「テーマの色」にない色を選びたい場合は、グラデーションの基準となるもっとも濃い色、もしくは薄い色を決め、その色の色相を基準に明度と彩度を調節し、設定する分岐点ごとに色を作っていくことになります。具体的な設定方法は、P.262、P.267〜269を参照してください。

例では、右の赤枠で囲んだ5色を使い、25%ごとに分岐点を設定した

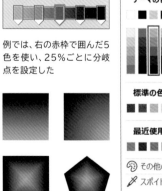

07 ▶ POINT

● 洗練グラデーションを使いこなす

グラデーションの設定方法はわかっても、資料の中でどのようにグラデーションを使えば読みやすい資料を作ることができるかはわからない、という人もいると思います。ここからは、グラデーションを効果的に使いこなして、テキストだけの単調なスライドを読みやすく、さらに読み手に洗練された印象を与えることができる方法を紹介します。

以下の例のようにまったく同じ内容のスライドでも、グラデーションを使ってスライドの上下

を区切るだけで、読み手の読みやすさや印象がかなり違ってくることがわかります。このグラデーションには、以下の2つの特徴があります。

- ・色相の揃った色だけを使用している
- ・読み手の視線の流れを考慮してグラデーションの方向を設定している

筆者の私はこのグラデーションを「洗練グラデーション」と呼んで、非常に重宝して使っています。

洗練グラデーションでは、左上から右下に向かってグラデーションが薄くなるように「方向」を設定することで、視線の流れに沿った色使いを実現しています。反対に左上から右下に向かっ

てグラデーションが濃くなるように設定すると、左から右に向かって情報の深度・重要度が上がっていく印象を持たせることができます。情報の内容にあわせて使いこなしましょう。

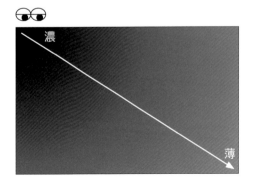

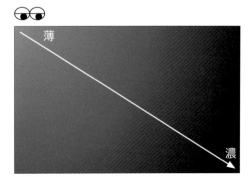

洗練グラデーションは、「種類」で「放射」を選択し、以下のように設定することで作成します。「テーマの色」は、スリップストリームを選択します。例では青を使っていますが、色相の揃った色を使っていれば青以外でも同様に洗練グラデーションを作ることができます。

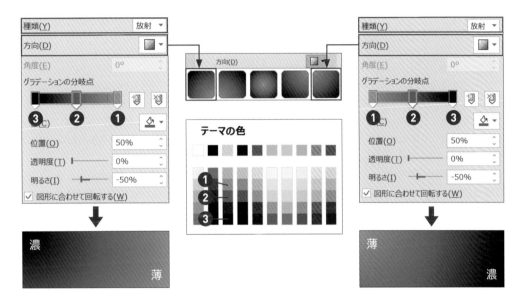

作成した洗練グラデーションは、スライドの上段、もしくは下段の、情報の力点を置きたい場所に配置します。上段と下段を洗練グラデーションで仕切ることで、情報が引き継がれつつもトピックが転換されたことを表現できます。そしてグラデーションの中だけでなく、グラデーションの配置によってもスライド上の情報の力点を表現することができます。

さらに表を活用した段組み（P.112）を使うことで、テキストのみのスライドを程よく洗練された印象にすることができます。

スライドの上段、下段のどちらに配置するかによって、読み手が受ける印象はかなり変化する

スライドの上段にグラデーションを配置すると、情報の力点がスライドの上段に移る

● テクスチャとパターンの仕様

色を塗る応用的な機能として、テクスチャとパターンの機能があります。テクスチャは画像を図形の塗りとして設定できる機能、パターンはドットやストライプのくり返しを塗りで設定で

きる機能です。これらは読みやすい資料を作る上では基本的に使用するべきではありませんが、内容の網羅性の観点から、本書では仕様のみを紹介します。

• テクスチャ

テクスチャには標準で24種類の画像が用意されていますが、自身で用意した任意の画像を適用することもできます。ここで設定できるのは画像の透明度、画像の並べ方、画像の位置の調整、画像のサイズ、画像の配置、画像の反転です。「図をテクスチャとして並べる」にチェックを入れると、図形の中に画像をくり返して並べることができます。図形内での画像の位置は、図形の左上隅を基準に「横方向に移動」「縦方向に移

動」で、画像のサイズは「幅の調整」「高さの調整」でそれぞれ小数点第一位までの単位で設定することができます。「反転の種類」のドロップダウンリストから、画像の並びを一部反転させることができます。

「図形に合わせて回転する」にチェックを入れると、図形の回転に合わせて画像も回転します。チェックを外すと、図形が回転しても画像は図形が0度の時の状態のまま動きません。

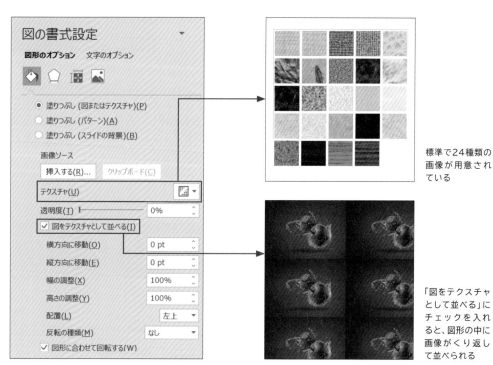

標準で24種類の画像が用意されている

「図をテクスチャとして並べる」にチェックを入れると、図形の中に画像がくり返して並べられる

● パターン

パターンは、単純な模様をくり返して塗りを作る機能です。標準で用意されている48種類の中からのみ設定することができます。

パターンの色は「前景」と「背景」の2色が設定できますが、グラデーションや透明効果は設定できません。

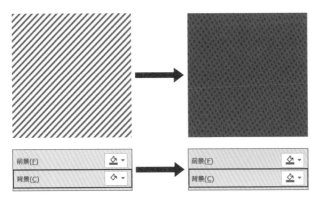

「背景」の色を変更すると、パターンの背景色が指定された色に変わる

標準で48種類のパターンが
用意されている

また、パターン自体のサイズは図形のサイズに対して一定で、サイズの調整はできません。よって図形のサイズを小さくしたり大きくしたりし

ても、サイズに比例してパターンのサイズが拡大、縮小することはありません。

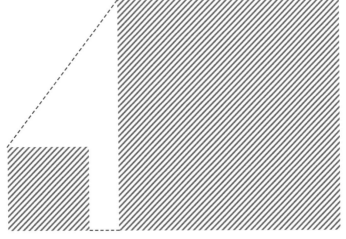

図形のサイズを変えても、パターンそのもののサイズは変わらない

▶ COLUMN 図（画像）の「色の変更」は「テーマの色」と連動している

P.240では、図（画像）の色を変更したい場合、「色の変更」では「サンプルで表示されている以外の色にはほぼ変えられないと思って使った方が無難」と解説しています。しかし、サンプルで表示されている色をどうしても変えたいという場合、実は方法があるのです。「色の編集」のサンプルの2行目と3行目に出てくる画像の色は、右の「テーマの色」

の番号と連動しています。よって、「テーマの色」の設定を変えることでサンプルの色を任意の色に変更することができるのです。例えば「テーマの色」を「スリップストリーム」から「Office 2007-2010」に変更すると、「色の編集」に表示されるサンプルの画像の色も変わります。

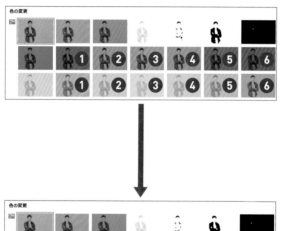

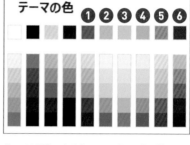

サンプル画像の色は「テーマの色」の❶～❻の色と連動している

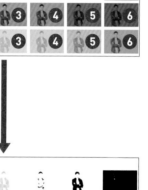

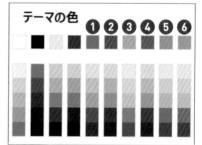

「テーマの色」を「Office 2007-2010」に変更すると、画像の色も連動して変わる

さらにP.270～271の「オリジナルのカラーパレットを作る」方法を用いれば、任意の色に変更することも可能です。しかし、画像の色を変えるためだけにこのような極端なカスタマイズをすることは

好ましくありません。ここで紹介した内容はあくまでも予備知識として、画像の「色の変更」のしくみを知っておく程度にとどめておきましょう。

表のルール＆
テクニック

CHAPTER 08

01 表は「テキスト＋図形＋線」の合わせ技

表を、テキストボックスと図形と線の組み合わせとして応用するテクニックを身につけましょう。

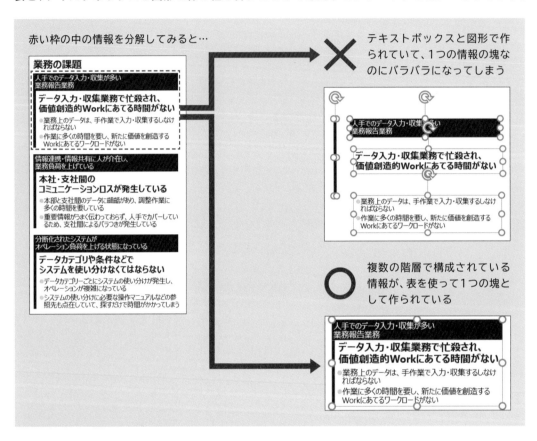

赤い枠の中の情報を分解してみると…

テキストボックスと図形で作られていて、1つの情報の塊なのにバラバラになってしまう

複数の階層で構成されている情報が、表を使って1つの塊として作られている

⚫ 複雑な情報も表を駆使すると簡単に表現できる

この本では、これまで何度も、「情報の塊を崩さないように資料を作る」ことを解説してきました。しかし構造が複雑で、レイヤーが何層にも渡る情報を表現しなければならないとなると、どうしても1つ1つの情報ごとにテキストボックスを作ったり、図形や線を加えざるをえないということも起こりえると思います。そのような場合に、表を「テキストボックスと図形と線の複合体」として捉えると、このような問題が一気に解決し、複雑な構造の情報を

情報の塊を崩すことなく、わかりやすく表現できるようになります。

第8章では、基本的な表の作成、設定の方法から、表を使って情報を表現するための実践的なテクニックまでを幅広く紹介していきます。表を単なる「表」としてだけでなく、PowerPointにおける表現の可能性を大きく拡げる便利なツールとして使いこなせるようになりましょう。

● 表を「テキスト＋図形＋線のお得セット」として活用する

前ページの○の例を見て、「これはどうやって作っているのだろう？」と思った人がいるかもしれません。筆者の私も、まわりの人から質問されることがあります。そこで、表の罫線に当たる部分に赤い点線をつけると、どのようなセルによってこの図が構成されているかがわかります。例では3行×2列の表を作り、上から情報のカテゴリー、メインタイトル、詳細内容の単位で構成しています。

左側の一見青い線に見える部分も、罫線ではなく、セルの幅を狭くすることで作成しています。表のセルは、正しく設定すれば1セルあたり幅、高さともに0.07cmまで縮小できます。セルを細い罫線のように設定することで、読み手に「ここまでが1つの情報の塊の単位」であることを伝える機能的な要素として活用することができます。

表の設定方法は、基本的にテキストや図形とほとんど同じであるため、特別なスキルは必要ありません。表を「テキストと図形と線のお得セット」として捉え、情報の塊や構造に即してセルをどのように組み合わせるかというパズルのような視点で考えると、上手に扱えるようになります。

いちばん上のカテゴリーの行のみ、最後の仕上げとして「セルの結合」で2つのセルを1つにしている

> 人手でのデータ入力・収集が多い
> 業務報告業務
>
> ## データ入力・収集業務で忙殺され、価値創造的Workにあてる時間がない
>
> ● 業務上のデータは、手作業で入力・収集するしなければならない
> ● 作業に多くの時間を要し、新たに価値を創造するWorkにあてるワークロードがない

テキストを消去してセルの構造だけを見ると、幅の狭いセルを塗りつぶして線のように見立てていることがわかる

● 表を駆使すれば、プロ並みの文字組みもできる

表を駆使して文字の「段組み」ができるようになると、スライドのレイアウトのバリエーションが飛躍的に増えます。「段組み」とは新聞や雑誌などで日ごろから見かけるもので、長い文章を2列以上の列に分割し、読みやすい行の長さにして配置することです。

特に、最近主流の16:9など横に広いサイズのスライドでは、テキストボックスのサイズをスライドのサイズに合わせて横に広げてしまい、行の長さも長くなって読みづらくなるということがよくあります。このような場合にテキストボックスの段組みの機能を使うこともできますが、それよりも表を使った方が、融通の利く美しい段組みを作ることができます。

表による段組みが作れるようになると、複雑でありながら読みやすいプロ並みの文字組みをPowerPointで作ることも夢ではありません。表による段組みの詳しい設定方法は、P.112で紹介しています。

> ### 行長が長い箇条書きは読みづらい
> ● 16:9サイズのプロジェクターやモニターのサイズに対応したスライドでは、行長が横に長くなってしまい、読みにくくなってしまう
> ● このような時に、表を使ってテキストを段組みすれば、適切な行長が保たれ、読みやすくなる
> ● 段組みにすることで、字面にリズムを持たせ、テキストのみのスライドでも読み手に読んでもらいやすくなる
> ● 単なる箇条書きだけでなく、セルを応用して図形のアイキャッチの用途として活用すれば、さらに資料の魅力度が上がり、テキストだけでも十分に読ませる、魅せる、資料作りができるようになる

16:9のスライドで箇条書きを書くと、どうしても行長が長くなり漫然と作った印象を与えてしまう

同じ内容でも表による段組みを使うと、字面にリズムを持たせ、引き締まった印象になる上、スペースの節約にもなる

> ### 行長が長い箇条書きは読みづらい
> ● 16:9サイズのプロジェクターやモニターのサイズに対応したスライドでは、行長が横に長くなってしまい、読みにくくなってしまう　● このような時に、表を使ってテキストを段組みすれば、適切な行長が保たれ、読みやすくなる　● 段組みにすることで、字面にリズムを持たせ、テキストのみのスライドでも読み手に読んでもらいやすくなる　● 単なる箇条書きだけでなく、セルを応用して図形のアイキャッチの用途として活用すれば、さらに資料の魅力度が上がり、テキストだけでも十分に読ませる、魅せる、資料作りができるようになる

CHAPTER 08
02 表のタブを理解する

表を選択したら必ずタブを確認する習慣を身につけ、ほぼすべてのパラメーターを設定できる2つのタブのしくみを理解しましょう。

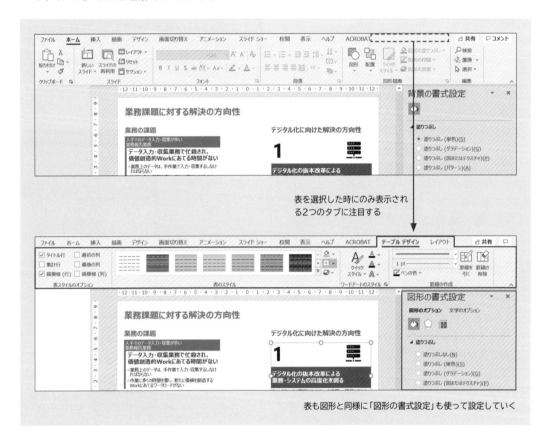

表を選択した時にのみ表示される2つのタブに注目する

表も図形と同様に「図形の書式設定」も使って設定していく

● 表の設定は2つのタブと「図形の書式設定」を同時に確認する

筆者の私のまわりでは、「表が苦手」という声をよく耳にします。詳細を聞いてみると、「表で設定したい機能やパラメーターがPowerPointのどこにあるのか見つけ出せない」ということです。さらに聞いていくと、「表で設定したいパラメーターを「図形の書式設定」と右クリックで表示されるメニューからしか確認していなかった」ということのようです。P.138において、「オブジェクトの設定はタブと「図

形の書式設定」を同時に確認する」と紹介しました。表の設定も、基本的に図形とほとんど同じで、タブと「図形の書式設定」から行います。**表の設定に関するタブは、表を選択しないと表示されないので注意が必要です。**右側の作業ウィンドウの書式設定は、表の場合も図形と同様「図形の書式設定」として表示されます。この節で、表の設定の基本を理解しましょう。

◎ 表は「挿入」するもの

0から表を作る場合、表は「挿入」タブの「表」から必要なセル数をドラッグするか、その下にある「表の挿入」から必要な列数と行数を入力して作成します。

必要なセル数を数える際は、セルに入れる情報の単位をできるだけ細かく数えておくのがポイントです。詳細は、P.288で紹介します。

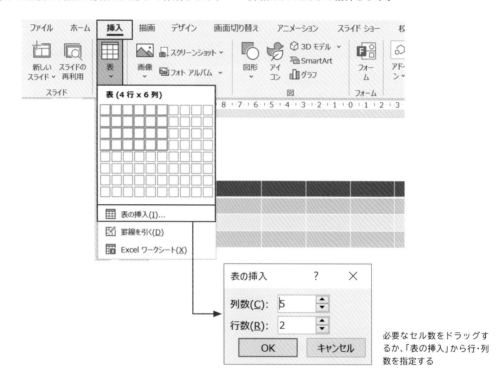

必要なセル数をドラッグするか、「表の挿入」から行・列数を指定する

表が作成されると、自動的に「テーブルデザイン」と「レイアウト」の2つのタブが表示され、「テーブルデザイン」タブが選択された状態になります。この2つのタブを使って、表の設定を行っていきます。

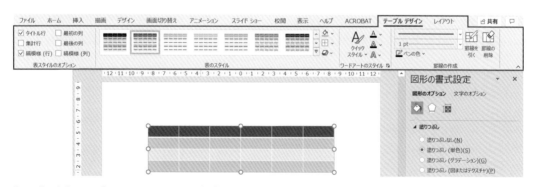

「テーブルデザイン」と「レイアウト」の2つのタブが表示される

● 「テーブルデザイン」タブは色と罫線

「テーブルデザイン」タブでは、主にセルの色や罫線の設定が行えます。リボンの左側にある「表スタイルのオプション」では、チェックを入れた行や列を強調する設定が行えます。

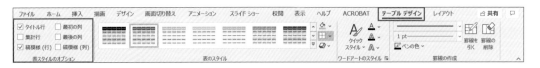

1 初期設定では、「タイトル行」と「縞模様（行）」にチェックが入っています。タイトル行には自動的に太字が設定され、識別しやすいように行の色が縞模様になっています。

2 「集計行」にチェックを入れると、最後の行がタイトル行と同じ書式に設定されます。

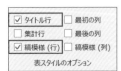

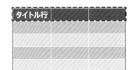

3 「最初の列」「最後の列」にチェックを入れると、列が「タイトル行」と同じ設定になります。「縞模様（列）」にチェックを入れると、列が縞模様になります。行と列の設定は、同時に行うことができます。これらの設定は、このあとの節で紹介する設定によって上書きされることがほとんどです。意図的に使用することはほぼないので、機能として知っておく程度でよいでしょう。

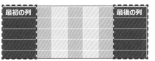

「テーブルデザイン」タブの「表のスタイル」では、表の見た目をすばやく変更することができます。リスト内のスタイルの上にマウスカーソルを置くと、表のデザインがどのように変更されるのかを確認できます。

時間がない時に緊急で使うには便利な機能ですが、基本的には表示されるリストの一番上にある「ドキュメントに最適なスタイル」の「スタイルなし、表のグリッド線なし」以外は使用することはありません。セルの色と罫線の設定方法は、P.307で詳しく紹介します。

初期設定の表は「中間スタイル 2 – アクセント 1」が適用される

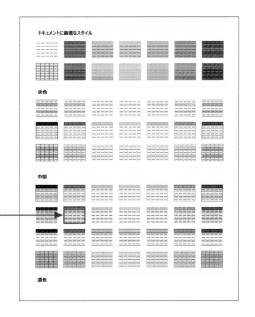

● 「レイアウト」タブはセルや表全体のサイズ設定

「レイアウト」タブでは、セルの挿入、削除、統合、分割、セルや表全体の高さや幅の設定ができます。「グリッド線の表示」では、表のセルを区切るグリッド線の表示・非表示を設定できます。例えば表を「塗りつぶしなし」「罫線なし」に設定した場合、通常の四角形やテキストボックスと見分けがつかなくなっ

てしまいます。この時に「グリッド線の表示」が設定されていると、表を作成した際にグリッド線が微かに表示され、表のセルの構成が判別できるようになります。「グリッド線の表示」は初期設定で「表示」に設定されているので、基本的に触ることはありません。

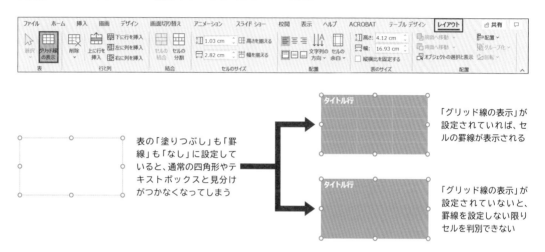

表の「塗りつぶし」も「罫線」も「なし」に設定していると、通常の四角形やテキストボックスと見分けがつかなくなってしまう

「グリッド線の表示」が設定されていれば、セルの罫線が表示される

「グリッド線の表示」が設定されていないと、罫線を設定しない限りセルを判別できない

▶● HINT

マウスカーソルの表示で表内の選択対象を見極める

表の上にマウスカーソルを乗せると、場所によってマウスカーソルの表示が変わります。
それぞれの表示内容を覚えておくと、表の編集したい場所を選択しやすくなります。

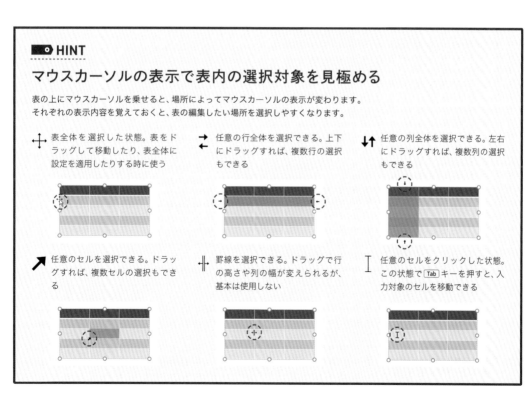

表全体を選択した状態。表をドラッグして移動したり、表全体に設定を適用したりする時に使う

任意の行全体を選択できる。上下にドラッグすれば、複数行の選択もできる

任意の列全体を選択できる。左右にドラッグすれば、複数列の選択もできる

任意のセルを選択できる。ドラッグすれば、複数セルの選択もできる

罫線を選択できる。ドラッグで行の高さや列の幅が変えられるが、基本は使用しない

任意のセルをクリックした状態。この状態で [Tab] キーを押すと、入力対象のセルを移動できる

CHAPTER 08
03 情報の構造に沿って 表を組み立てる

表を作成する際は、情報の構造を見極めた上で、情報の最小単位でセルを組み立てていきましょう。

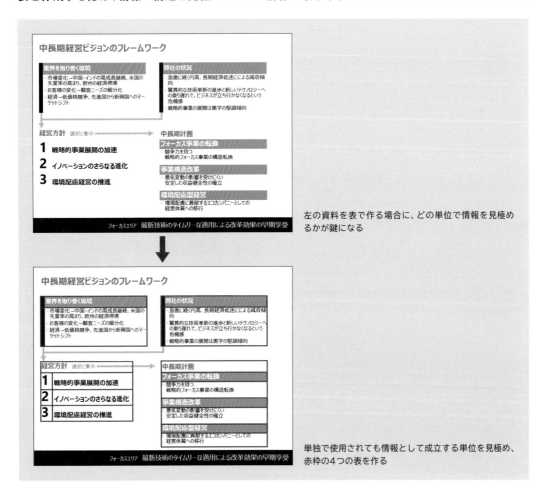

左の資料を表で作る場合に、どの単位で情報を見極めるかが鍵になる

単独で使用されても情報として成立する単位を見極め、赤枠の4つの表を作る

● 情報の塊ごとに余白も含めて表を作る

表を作る際は、情報の塊をどの単位で把握するかが、その後の作業を大きく左右するポイントになります。「1つの情報の塊は1つの表で作る」という原則に則って、特に箇条書きなど複数の項目が組み合わされて1つの情報の塊を構成しているものは、情報の塊を崩さないように情報の最小単位ごとにセルを1つずつ組み立てて表を作っていきます。

この時、余白や項番、アイキャッチなどもセルとして表に組み入れて作ることが、表で情報を組み立てていく上でとても重要です。この節では、情報の構造に沿って表を組み立てる際の、詳細なノウハウとポイントを紹介します。

● 情報が成立する単位で情報の塊を把握する

前のページで「表を作る際は、情報の塊をどの単位で把握するか、その後の作業を大きく左右するポイントになります」と書きました。情報の塊は、時と場合によってその粒度が常に変動します。そのため、一概に「これが正解」という決定的な手順は存在しません。

その上でヒントとしては、**対象となる情報が単独で使用されても成立する単位**を1つの塊として見極めていくとよいでしょう。例えば3つの項目の箇条書きで、3つのうち1つでも欠けたら情報の塊として成立しないという場合は、3つの項目を1つの表にまとめて作る、というように考えます。

以下の例では、上段の「業界を取り巻く環境」と「弊社の状況」は、それぞれ単独の情報として切り離しても成立すると考えられます。そのため、それぞれを1つの情報の塊として捉えます。

下段の「経営方針」と「中長期計画」の箇条書きもまた、それぞれ「経営方針」と「中長期計画」という大カテゴリーを構成する要素であり、その中の箇条書きを個別に切り離すと情報として成立しないと考えられます。よって、大カテゴリーである「経営方針」と「中長期計画」をそれぞれ1つの情報の塊として捉え、余白も含めてセルの数を数えて表を作るようにします。

このように、情報の塊の単位をどのように捉えるかによって、表の作り方は都度変わっていきます。

CHAPTER

08

表のルール&テクニック

❶

業界を取り巻く環境
- 市場変化→中国・インドの高成長継続、米国の失業率の高まり、欧州の経済停滞
- お客様の変化→顧客ニーズの細分化
- 経済→低価格競争、先進国から新興国へのマーケットシフト

❷

弊社の状況
- 急激に続く円高、長期経済低迷にによる減収傾向
- 驚異的な技術革新の進歩と新しいテクノロジーへの乗り遅れで、ビジネスが立ち行かなくなるという危機感
- 戦略的事業の展開は黒字の堅調傾向

経営方針 選択と集中

1 戦略的事業展開の加速

2 イノベーションのさらなる進化

3 環境配慮経営の推進

❸

中長期計画

フォーカス事業の転換
- 競争力を持つ
  戦略的フォーカス事業の構造転換

事業構造改革
- 景気変動の影響を受けにくい
  安定した収益健全性の確立

環境配慮型経営
- 環境配慮に貢献するエコカンパニーとしての経営体質への移行

❹

例では赤枠の4つの情報の塊を「単独で使用されても成立する単位」として把握した

● 余白もセルで作る

表を使って情報を組み立てる上でポイントになるのが、セルとセルの間の「余白」も1つのセルとして数えておく、ということです。余白は「文字のオプション」の「余白」の値で作ればいいじゃないかと思う人もいるかもしれません。確かにそれで事足りる場合もあるのですが、その場合はセルの大きさが「**上下左右の余白+文字列を入力するスペース**」**によって構成されている点**を考慮に入れる必要があります。

例えば、12cm四方のスペースに5cm四方の段組みと、その間に2cmの余白を設定するとします。この時、左の図のように2cmの余白をセルで作ると、セルの高さと幅を段組みは5cm、余白は2cmに設定すればよいので、設定もシンプルで管理も楽になります。

ところが、右の図のようにセルの上下左右に余白を入れることで作成しようとすると、段組みの6cmの中に余白が含まれ、かつ隣り合うセルとの間で余白が分断されてしまい、設定しにくく管理も煩雑になってしまいます。

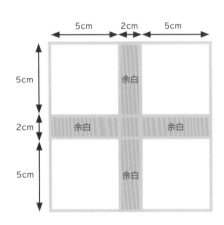

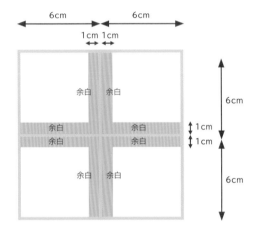

セルを使って余白を作る場合は、最初に表全体のセルの余白をすべて0cmに設定します。そして、あらためて余白として利用するセルのサイズを調節していきます。

この時、作業ウィンドウにある「図形の書式設定」の「文字のオプション」からいちいち上下左右の余白を「0cm」に設定するのではなく、**表全体を選択し、「レイアウト」タブの「セルの余白」から「なし」を選択すれば、表内のすべてのセルの余白を一括で0cmに設定できます。**

また、余白用のセルの行/列のサイズが思うように小さくならないというトラブルがよくあるのですが、その原因として、セルの中で余白を0cmにする設定に漏れがあり余白が残っているセルがあった、ということがあります。このトラブルも、「セルの余白」から「なし」を選択することで防ぐことができます。複雑な構造の情報をセルで組み立てていく場合、余

白も情報の最小単位の1つとしてセルで分けておいた方がのちの調整作業に融通が利き、スムーズに進みます。

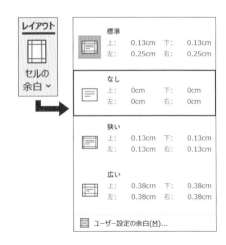

● 余白を罫線で作らない

余白用のセルのサイズがとても細い場合に、「余白をわざわざセルで設定するなんて面倒なことをしなくても罫線ですませられるのではないか?」と考える人もいると思います。特に右の例のように濃い色で塗りつぶされたセルとセルの間の狭い余白は、白い罫線で代用しても問題ないように見えます。

しかし、「テーブルデザイン」タブの罫線の太さの設定(「ペンの太さ」と言います)で罫線の幅を増やしていくと、セルのグリッド線を中心に外側と内側の両方向に向かって広がっていきます。つまり、線の幅を太くした時に、実際の表の大きさは本体の大きさに線の幅の半分の値が足されたものになるにも関わらず、書式設定に表示される値にはそのことが反映されていないので注意が必要です。

また、その結果、太くした罫線の領域がセルの内側に侵食することになり、罫線の太さによっては内側の情報を線が覆ってしまうこともあります。さらに、罫線は最大6pt＝約0.21cmまでしか太くできないので、そもそも線だけで余白を作ることには限界があります。

一見すると線に見える細い部分も、セルで作った方が細かい微調整を徹底的に行うことができ、仕上がりもきれいになります。こうした**「セルを使って余白を1つずつ丁寧に作る作業」を面倒くさがらずに行う**ことが、表を扱う上では大変重要です。ほんの少しの労力をかけるか惜しむかによって、仕上がりに大きな差が生まれます。

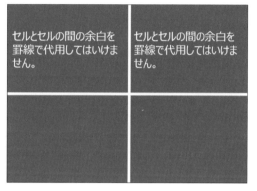

濃い色で塗りつぶされているセルの間の細い余白は、白い罫線を引いてしまえばいいようにも一見思えるが…

表のサイズと位置はあくまでも表本体のみの値であり、書式設定に表示される値は赤い点線が基準になる。しかし実際には、線の幅の半分の値を表本体の値に足さないといけない

罫線は図形の線と同じしくみで、セルのグリッド線を中心に両方向に太くなっていく。そのため、セルの内部を侵食することになる

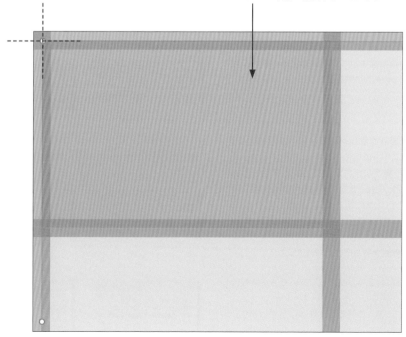

● 情報の塊を把握する過程

ここで、P.288のスライドをいったんテキスト情報のみに戻し、スライドの情報の塊をどのように把握していけばよいかについて考えていきます。

最初に、上半分の2つの大項目である「業界を取り巻く環境」と「弊社の状況」の情報について考えてみます。これら2つの情報は、項目タイトルの下に、それぞれ3つの箇条書きがぶら下がっています。「対象となる情報が単独で使用されても成立する単位を1つの情報の塊として見極めていく」という観点で考えてみると、例えば「業界を取り巻く環境」の箇条書きの中から「市場変化→中国・インドの高成長継続、米国の失業率の高まり、欧州の経済停滞」

だけを取り出して他の資料に流用するということは考えにくいでしょう。この情報だけをピンポイントで取り出したところで何のことかわからず、情報として成立しません。「業界を取り巻く環境」は、箇条書きの情報が3つ揃ってはじめて、まとまった情報として成立しているのです。

こうした分析に基づき、ここでは「業界を取り巻く環境」の項目タイトルとその下の3つの箇条書きを1つの情報の塊として把握することにしました。

「弊社の状況」についても、同様の考え方で項目タイトルとその下の3つの箇条書きを1つの情報の塊として考えることにします。

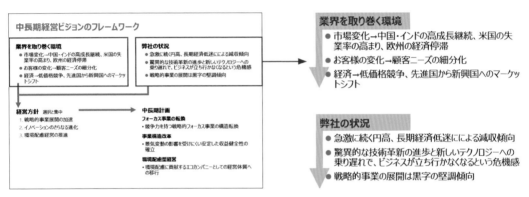

「業界を取り巻く環境」「弊社の状況」ともに、箇条書きが項目タイトルに係ってはじめて、1つのまとまった情報として成立する

1 「1つの情報の塊は、1つの表で作る」の原則に基づいて、2つの情報の塊を2つの表として作ります。

2 この時、「弊社を取り巻く環境」と「弊社の状況」を合わせて1つの情報の塊として捉えるべきであり、切り離さない方がよいとする考え方もあるでしょう。もし、2つの情報を1つの情報の塊として捉え、1つの表で作ると判断した場合、2つの情報にまたがる余白も1つのセルとして数え、「弊社を取り巻く環境」と「弊社の状況」を1つの表として作成することになります。

表の間の余白を空白のセルにすることで、2つの項目を
1つの情報の塊として1つの表に統合することができる

3 しかし今回は、2つの表にしておいた方が情報の入れ替えが発生した際に使いやすいということを考慮して、別々の表として作ることにします。

4 続いて「経営方針」の情報も、下の箇条書きの3つの項目が合わさってはじめて情報の塊として意味をなします。よって、これを1つの情報の塊としてとらえ、1つの表で作ることにします。

5 この時、表のセルの数え方に工夫を加えてみます。スライドの上半分の情報に比べて、下半分の情報は「経営方針」と「中長期計画」という、このスライドの中心となる重要なものです。よって、情報の力点が上半分よりも下半分に寄っていることを視覚的に表現した方が、読み手により強いインパクトを与えることができるはずです。

6 上半分と同じ情報の構造で表を作っても情報として成立はしますが、ここでは視覚的なインパクトを出して情報を強調したいと思います。右のように段落番号をつけて箇条書きにするだけでもよいのですが、インパクトに欠けると考え、ここでは段落番号をセルの1つとして数えることにします。

7 ここで注意しなければいけないのは、3つの箇条書きを1つの表にするだけでなく、大項目のタイトルである「経営方針　選択と集中」もセルの1つとして表に組み込む必要があるということです。「経営方針」のタイトルがあるからこそ、3つの箇条書きが何の情報であるかの意味をなします。タイトルを箇条書きから切り離してはいけません。

中長期経営ビジョンのフレームワーク

業界を取り巻く環境
● 市場変化→中国・インドの高成長継続、米国の失業率の高まり、欧州の経済停滞
● お客様の変化→顧客ニーズの細分化
● 経済→低価格競争、先進国から新興国へのマーケットシフト

弊社の状況
● 急激な円高、長期経済低迷による減収傾向
● 驚異的な技術革新の進歩と新しいテクノロジーへの乗り遅れで、ビジネスが立ち行かなくなるという危機感
● 戦略的事業の展開は黒字の整調傾向

経営方針　選択と集中
1. 戦略的事業展開の加速
2. イノベーションのさらなる進化
3. 環境配慮経営の推進

中長期計画
フォーカス事業の転換
・競争力を持つ戦略的フォーカス事業の構造転換
事業構造改革
・景気変動の影響を受けにくい安定した収益健全性の確立
環境配慮型経営
・環境配慮に貢献するエコカンパニーとしての経営体質への移行

フォーカスエリア　最新技術のタイムリーな適用による改革効果の早期享受

経営方針　選択と集中

1.戦略的事業展開の加速
2.イノベーションのさらなる進化
3.環境配慮経営の推進

段落番号をつけて箇条書きにしてもよいが、インパクトに欠ける

「経営方針」のタイトルを表から切り離し、テキストボックスで作ってしまうと、表の箇条書きが何の情報なのかわからなくなってしまう

経営方針　選択と集中

1	戦略的事業展開の加速
2	イノベーションのさらなる進化
3	環境配慮経営の推進

○　「経営方針」のタイトルを表のセルとして取り込むことで、情報の塊が成立する

経営方針　選択と集中

1	戦略的事業展開の加速
2	イノベーションのさらなる進化
3	環境配慮経営の推進

経営方針　選択と集中

1 戦略的事業展開の加速
2 イノベーションのさらなる進化
3 環境配慮経営の推進

8 結論となる「中長期計画」についても、大項目とそれに関わる3つの中項目の箇条書きをそれぞれセルとして捉えた上で表を作ります。色の塗りつぶしで中項目のセルに視覚的なインパクトを加え、スライドの下半分の情報を強調するようにします。ここでも、「中長期計画」のタイトルを1つのセルとして表に含めることが重要です。「中長期計画」というタイトルがあるからこそ、中項目で水色に塗りつぶされている3つの箇条書きの重要性に意味付けがされます。**単独で使用されても情報として成立する単位で1つの表を作成し、情報の塊として成立させます。**

中長期計画

フォーカス事業の転換
・競争力を持つ戦略的フォーカス事業の構造転換

事業構造改革
・景気変動の影響を受けにくい安定した収益健全性の確立

環境配慮型経営
・環境配慮に貢献するエコカンパニーとしての経営体質への移行

中長期計画

フォーカス事業の転換
・競争力を持つ
戦略的フォーカス事業の構造転換

事業構造改革
・景気変動の影響を受けにくい
安定した収益健全性の確立

環境配慮型経営
・環境配慮に貢献するエコカンパニーとしての
経営体質への移行

9 以下のように情報の塊の1つ1つを表として整形、配置し、線の矢印（コネクタ）などで結べば完成です。

業界を取り巻く環境
・市場変化→中国・インドの高成長継続、米国の失業率の高まり、欧州の経済停滞
・お客様の変化→顧客ニーズの細分化
・経済→低価格競争、先進国から新興国へのマーケットシフト

弊社の状況
・急激に続く円高、長期経済低迷にによる減収傾向
・驚異的な技術革新の進歩と新しいテクノロジーへの乗り遅れで、ビジネスが立ち行かなくなるという危機感
・戦略的事業の展開は黒字の堅調傾向

経営方針 選択と集中

1 戦略的事業展開の加速

2 イノベーションのさらなる進化

3 環境配慮経営の推進

中長期計画

フォーカス事業の転換
・競争力を持つ
戦略的フォーカス事業の構造転換

事業構造改革
・景気変動の影響を受けにくい
安定した収益健全性の確立

環境配慮型経営
・環境配慮に貢献するエコカンパニーとしての
経営体質への移行

● セルは情報の単位を細かく分解して数える

表を作る際は、必要な行と列の数をあらかじめ数えておく必要があります。この時、**セルに入れる情報の単位をできるだけ細かく分割して数えること**がポイントです。

1 セルの数え方を、具体的な例で考えてみましょう。左のテキストのみのスライドを、右のスライドのように表として作り直していきます。最初に、情報の塊として「対象となる情報が単独で使

用されても成立する単位」をどのように捉えるかがポイントとなります。今回は、赤枠のカテゴリーの単位で情報の塊を分類して、表を作っていきます。

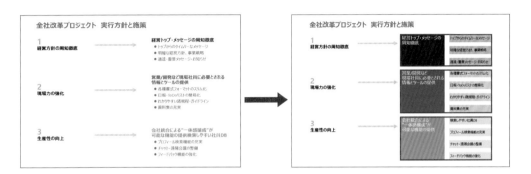

2 それぞれの塊ごとに、セルの数を数えていきます。一番上の情報の塊では、3列×5行の表を作ります。この時、1列目の紺のセルにカテゴリー名を入力すると、文字数が多すぎて右の画面のように行が太くなってしまいます。そのため早い段階で「**セルの結合**」で1つのセルにしたくなりますが、「**セルの結合」は必要な情報がセル内に収まりきって「もうこれでほぼ完成」という最後の段階で実施する**ようにします。なぜなら「セルの結合」を先に行うと、結合したセルの高さや幅を数値で調節するのが困難になってしまうからです。なお、「セルの分割」は「セルの結合」よりもさらにややこしい仕様になっているので、基本的に使ってはいけません。詳細はP.323で説明します。

「セルの結合」は、もうこれでほぼ完成という直前のタイミングで実施する

3 同様に、2番目、3番目の情報の塊を3列×7行の表として作成します。セルに情報を入れたら次は高さ、幅の調整、セルの色、罫線の設定と続きますが、これらの作業の詳細はP.298とP.307で紹介します。

4 行や列はあとから削除できるので、最初は多めに設定しておき、不要になった箇所は情報をはめ込んだあとで削除した方が作業が楽になります。あとから追加すると表の形が崩れ、作業しにくくなってしまいます。特に列の追加は、現在の表のサイズを維持したまま列を分割するようにして追加され、表全体のセルのサイズが強制的に調整されてしまうので注意が必要です。

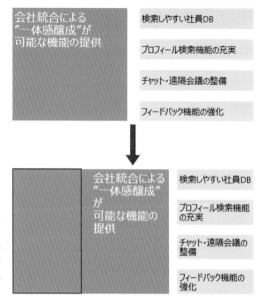

行の追加は単純に行が上下に足されていくのに対し、列の追加は現在の表のサイズを維持したまま、表内で列が分割されるように追加されるので、表が崩れてしまう

◉ 再編集する可能性を考慮して、情報の塊の粒度を決定する

「スライドの内容を表で作るというのなら、情報の塊1つずつなどとまどろっこしいことを言わず、スライドごと一気に表にしてしまえばよいのではないか?」と考える人もいると思います。

確かにスライド全体を1つの情報の塊としてとらえれば、以下の例のように全体を1つの表としてセルを数えていくのもまちがいではありません。しかしスライド全体を表で作ると、表の「テキストボックスと図形と線の複合体」という特徴が裏目に出て、情報の入れ替えやスライドの構成を変えたい時に作業がしにくくなってしまいます。

スライドを完成させて終わりにするのではなく、再編集、再利用の可能性を考慮した上で、どの単位で情報の塊を把握するかを見極めることが、表を上手に使いこなすコツです。

表は「テキストと図形と線のお得セット」であり、複雑な構造になっている情報の塊を崩すことなく表現することのできるツールです。その利点を最大限に活かし、作る資料の内容や性質に照らし合わせながら、資料の「作りやすさ」と作成後の「使いやすさ」がもっとも両立するスライドの構成を決めていくようにしましょう。

全社改革プロジェクト 実行方針と施策

1 経営方針の周知徹底	→	経営トップ・メッセージの周知徹底	トップからのタイムリーなメッセージ
			明確な経営方針、事業戦略
			迅速・重要メッセージ・お知らせ
2 現場力の強化	→	営業室/開発など現場社員に必要とされる情報とツールの提供	各種書式フォーマットのスリム化
			日報・ToDoリストの簡易化
			わかりやすい就業規程・ガイドライン
			資料集の充実
3 生産性の向上	→	会社統合による"一体感醸成"が可能な機能の提供	検索しやすい社員DB
			プロフィール検索機能の充実
			チャット・遠隔会議の整備
			フィードバック機能の強化

情報の塊の単位を大きく捉えすぎて表を作ると、再編集する際に作業がしにくくなってしまう

●「表もどき」を見かけたら必ず「表」に直す

PowerPointの表の設定や操作を苦手とする
人が多いからなのか、見かけは表に見えても、
実際に触ってみるとテキストボックスと四角と
線で表に見せかけただけの資料を見かけること
があります。これを、筆者の私は「表もどき」と
呼んで忌み嫌っています。

一時的にその場しのぎで「表もどき」を作って
しまうと、のちのちその資料を再編集する時に
必ず泣きを見ることになります。特に企業や組
織の中で不特定多数の人に共有され、頻繁に再
利用、再編集されるような資料に「表もどき」が
あると、ろくなことにはなりません。

自身が「表もどき」を作らないようにするだけ
でなく、人からもらった資料などで「表もどき」
を見かけたら、直ちに表を作って内容を移し替
えるようにしましょう。

スケジュール表などに「表もどき」が使われて
いる場合は、ホームベース矢印などの類はその
ままにして、下地にある「表もどき」を取り除き、
表に置き換えるようにします。

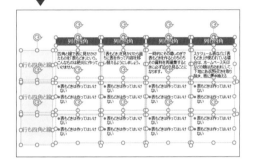

一見すると表に見える資料を編集しようとテキス
トを触ってみると、テキストボックスと四角と線
による「表もどき」になっている

1 一見すると表に見えるスケジュール表も、四角をひたすら組み合わせただけの「表もどき」になっています。

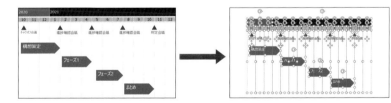

2 このような場合は表もどきの四角をすべて取り除き、ホームベース矢印などのみを残します。

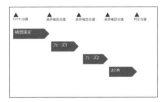

3 スケジュールの枠を表で作り直し、ホームベース矢印などの背景に敷けば完成です。

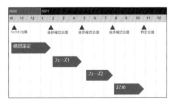

CHAPTER 08
04
行の高さと列の幅は「数値で設定」する

読みやすく美しい表を作るには、行の高さや列の幅を揃えることが重要です。行の高さと列の幅は、数値で正確に設定・管理するようにしましょう。

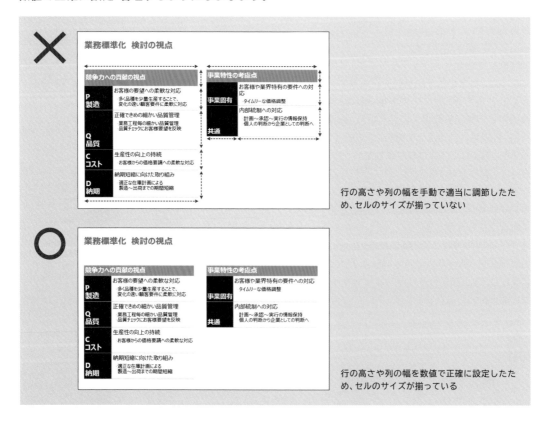

×

行の高さや列の幅を手動で適当に調節したため、セルのサイズが揃っていない

○

行の高さや列の幅を数値で正確に設定したため、セルのサイズが揃っている

◉「行の高さ」と「列の幅」は数値で正確に設定ができる

図形や線と同様、表も「行の高さ」と「列の幅」および表そのものの「高さ」と「幅」を数値で設定・管理することができます。表は「テキストと図形と線のお得セット」です。図形や線と同じように情報の塊の単位や構造に合わせて「行の高さ」や「列の幅」を数値で正確に管理することが、スライド上の情報を美しく表現するための鍵を握ります。

なお、表の中のテキストの設定は図形や線、テキストボックスと同様、右側の作業ウィンドウに表示される「図形の書式設定」で行います。それに対して「行の高さ」や「列の幅」は、「図形の書式設定」ではなく「レイアウト」タブの「セルのサイズ」から設定します。

図形や線に比べて、いちいちタブを選択しなければならず、アクションが増えて少し面倒に感じるかもしれませんが、しくみを理解すれば簡単です。表を数値で正確に設定・管理するようにして、美しい資料を作れるようにしましょう。

◉ 表のサイズに関するパラメーターは「レイアウト」タブにある

P.284で、タブには常時表示されているものと、対象のオブジェクトを選択した時にのみ表示されるものとの2種類があり、**表の設定に関するタブは表を選択しないと表示されない**ということを解説しました。表の設定方法がいまひとつよくわからないと言われる理由は、このタブのしくみを知らなかったということがほとんどなので、しっかり理解しておくようにしましょう。

表を選択すると、「テーブルデザイン」と「レイアウト」の2つのタブが表示されます。表のセル挿入、削除、統合、分割、セルや表全体の高さや幅の設定に関する機能やパラメーターは、「レイアウト」タブにあります。

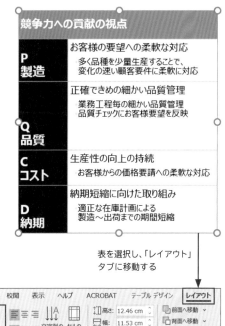

表を選択し、「レイアウト」タブに移動する

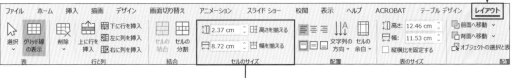

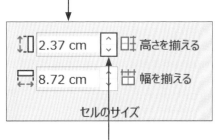

このボタンをクリックすると、小数点第二位がくり上げられ第一位に揃えられてしまう

「レイアウト」タブにある「行の高さ」と「列の幅」のパラメーターは、「図形の書式設定」の「サイズ」にある「高さ」と「幅」の仕様と基本的には同じです。任意のセルを選択し、数値を入力すると、選択したセルと同じ行、もしくは列にあるセルが、設定した数値のサイズに変わります。

図形のサイズと同様、高さと幅の数値は小数点第二位まで入力できますが、極力、**小数点第一位までにしましょう。** なぜなら PowerPoint では、数値の入力欄の横にある上下のボタンをクリックすると**小数点第二位以下がくり上げられ、第一位に揃えられてしまう**仕様になっているからです。第二位まで入力するにはいちいち手入力しなければならず、手間なのでやめましょう。

● 「高さを揃える」の仕様

「レイアウト」タブで「高さを揃える」のボタンをクリックすると、複数の行の高さを同じ値に揃えることができます。表全体にも、任意の複数の行、列にも適用できます。行の高さは、表全体もしくは選択した複数の行または列の範囲の中で等間隔になるように調整されます。

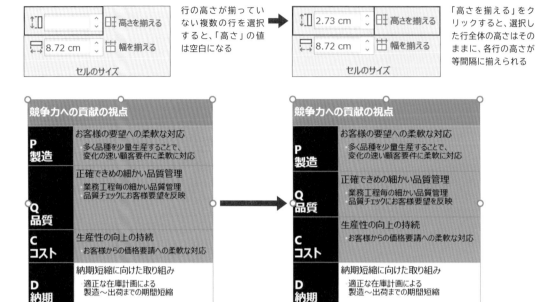

行の高さが揃っていない複数の行を選択すると、「高さ」の値は空白になる

「高さを揃える」をクリックすると、選択した行全体の高さはそのままに、各行の高さが等間隔に揃えられる

ただし、表内のテキストがセルの高さいっぱいに入っていて（行の高さをこれ以上小さくできない）、かつそのセルの高さが選択した行の中でもっとも高い場合、行の高さはこのセルの高さに揃えられるので、表全体の高さも強制的に大きくなります。

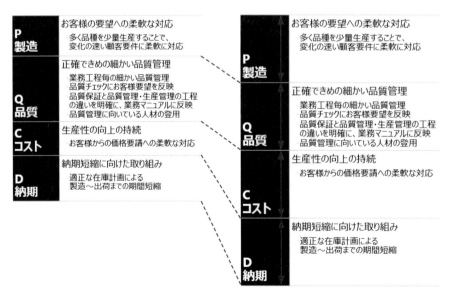

テキストがセルの高さいっぱいに入っていて、かつそのセルの高さが一番大きければ、すべての行の高さがそのセルの高さに揃えられてしまう。その結果、表全体の大きさも強制的に大きくなってしまう

● 複数行を選択しての上下ボタンは注意が必要

高さの揃っていない複数行を選択すると、「行の高さ」の値は空白になります。この状態で「行の高さ」の上下ボタンをクリックすると、それぞれの行の最小の高さ（テキストの量に応じてこれ以上は小さくできないという高さ）に強制的に設定されてしまうので注意が必要です。その後再び上下ボタンをクリックしても、行の高さは変わりません。こうなる

と、複数行の選択を解除して1行ずつ高さを設定し直すことになります。
PowerPointのこの仕様を生かすとすると、入力されているテキストの量に応じて各行の高さを最小に設定したい時には、複数行を選択し、上下ボタンをクリックすれば一括で設定できるということになります。

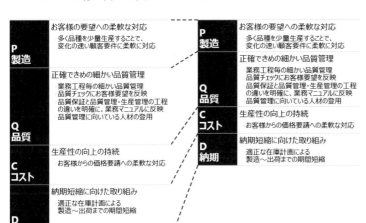

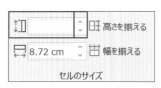

高さの値が空白の状態で上下ボタンをクリックすると、各行の最小の高さに強制的に設定されてしまう。こうなると、複数行の選択を外して1行ずつ直していくしかない

● 複数行の高さをまとめて設定する

高さの揃っていない複数行の高さをまとめて任意の値に設定するには、いきなり「行の高さ」の上下ボタンをクリックするのではなく、**最初に「高さを揃える」をクリックして均等に揃えたあとで、上ボタンをクリックして調節する**ようにしましょう（ここで下ボタンをクリックすると、上の項で解説したように各行の最小の高さに強制的に設定されてしまうので注意が必要です）。

あるいは、「高さを揃える」をクリックすると「行の高さ」に変更後の行の高さが表示されるので、その数値よりも大きい値を直接手入力しても揃えられます。

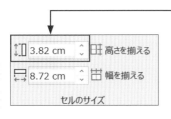

複数行を選択し「高さを揃える」をクリックすると、変更後の「行の高さ」の値が表示される。上ボタンを押すか、表示されている値より大きい数値を手入力する

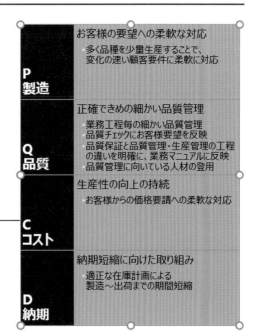

◉「幅を揃える」の仕様

「レイアウト」タブで「幅を揃える」のボタンをクリックすると、複数の列の幅を同じ値に揃えることができます。表全体に対しても、任意の複数の行、列に対しても適用できます。列の幅は、**表全体もしくは選択した複数の行または列の範囲の中で等間隔の幅になるように調整**されます。

「幅を揃える」の基本的な仕様は「高さを揃える」と同じですが、対象となる列の中にセルの大きさいっぱいにテキストが入力されているものがある場合、

「幅を揃える」は表全体の幅は維持したまま、セルに入力されているテキストの量に応じて行の高さを調節することで幅が等間隔になるように調整します。

つまりPowerPointの表には、**列および表全体の幅は自動調整されず、行および表の高さを柔軟に変更することによって「幅を揃える」が実現される**、という特徴があることがわかります。

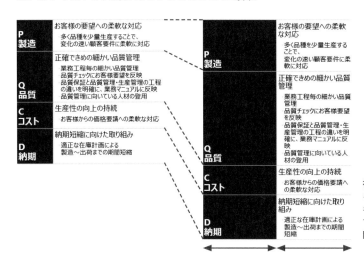

複数列を選択し「幅を揃える」をクリックすると、幅を揃えることであふれてしまうテキストがある場合は、行の高さを自動調整することで表全体の幅を維持したまま等間隔の幅に揃えられる

◉ 複数列を選択しての上下ボタンは危険

幅の揃っていない複数列を選択すると、「列の幅」の値が空白になります。この状態で幅の値の上下ボタンをクリックすると、入力されているテキストの量に関係なく、設定されているフォントサイズとテキストの余白でセルに何も入力されていない状態(つまり空白のセル)の最小サイズに強制的にされてしまうので注意が必要です。例えば表に設定

されているフォントサイズが14pで、左右の余白が0.1cmずつに設定されている場合、空白セルは最小で0.27cmまで幅を狭めることができます。この時、幅の揃っていない複数列を選択し、「列の幅」の上下ボタンをクリックすると、入力されているテキストの量に関係なく列の幅は強制的に0.27cmに設定されます。

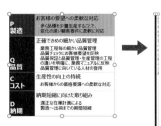

「列の幅」が空白の状態で上下ボタンをクリックすると、幅が極小で高さが大きすぎる、とんでもない状態になってしまう

しかし、そこでひるまずに上ボタンを押し続けると「列の幅」の値は増えていくので、結果的に列の幅を任意の大きさに設定することができます。

この方法でも設定できなくはありませんが、例えば先に行の高さを揃えていた表に対してこの方法を適用すると、行の高さは各セルのテキストの量に応じて自動調整され、もう一度行の高さも設定し直さなければならなくなるなど、面倒なことになってしまいます。リスクが高いので、複数列を選択した際に「列の幅」が空白になっている場合は、上下ボタンをクリックしないようにしましょう。

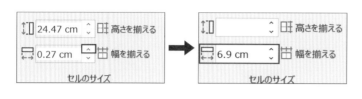
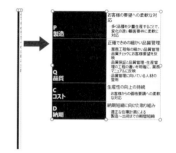

◉ 複数列の幅をまとめて設定する

幅の揃っていない複数列に対して、複数列の幅をまとめて任意の値に設定するには、必ず最初に「幅を揃える」をクリックし、「列の幅」に数値が表示されたことを確認してから上下ボタンで調節するようにしましょう。あるいは、任意の数値を直接手入力しても列の幅を揃えられます。

どちらの方法でも、列の幅は表全体の幅を広げるのではなく、表全体の幅は維持したまま、セルに入力されているテキストの量に応じて行の高さが調節されるということに留意して設定するようにしましょう。

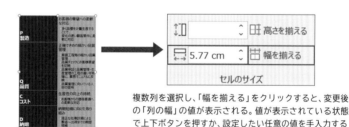

複数列を選択し、「幅を揃える」をクリックすると、変更後の「列の幅」の値が表示される。値が表示されている状態で上下ボタンを押すか、設定したい任意の値を手入力する

◉ 表全体のサイズを設定する

「レイアウト」タブの「表のサイズ」の「高さ」と「幅」で、表全体のサイズを設定することができます。基本的な仕様は図形やセルのサイズのパラメーターと同じですが、「縦横比を固定する」にチェックが入っていない初期状態で「高さ」の値を大きくすると、増やした値が各行の表全体の高さに占める割合に応じて配分され大きくなります。「幅」も同様の仕様で、各列の幅が均等に大きくなります。

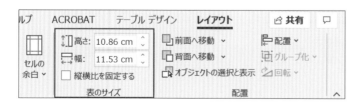

例えば以下の例のように、高さ10cm、幅12cmの表に「高さ」と「幅」それぞれ1cmを追加すると、表に占める行と列の割合に応じて1cmが分割されて配分されます。

なお、表のサイズは作業ウィンドウの「図形の書式設定」の「サイズ」からは設定できないので合わせて覚えておきましょう。

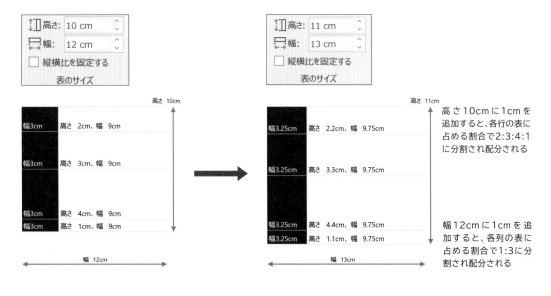

高さ10cmに1cmを追加すると、各行の表に占める割合で2:3:4:1に分割され配分される

幅12cmに1cmを追加すると、各列の表に占める割合で1:3に分割され配分される

また、「縦横比を固定する」にチェックが入っていない初期状態で「高さ」の値を小さくしていくと、各行の最小の高さ（テキストの量に応じてこれ以上は小さくできないという高さ）まで表の高さを小さくすることができます。各行の最小の高さまで小さくなると、それより小さい値には設定できなくなります。同様に「幅」の値を小さくしていくと、セルに入力されているテキストの量に応じて行の高さを調節しながら幅が狭まっていきます。

それに対して「縦横比を固定する」にチェックを入れて「高さ」の値を小さくしていくと、表の縦横比を維持したまま、フォントサイズが各セルの中に収まるテキストの量になるように強制的に自動調整されます。同様に「幅」の値を小さくしていくと、縦横比を維持しつつも、各セルのテキストの量に応じて行の高さを調節しながら幅が狭くなっていくので、厳密な意味での縦横比は維持できません。

表全体のサイズ調整においても、PowerPointの表には、**列および表の幅は固定されたまま自動調整されず、行および表の高さは柔軟に自動調整される**、という特徴があることに留意して設定しましょう。

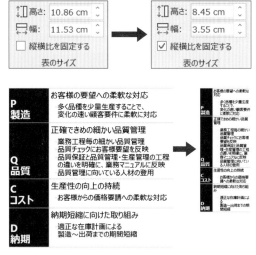

「縦横比を固定する」にチェックを入れて行の高さを小さくしていくと、セルに収まるようにフォントサイズが自動調整される

● 表に入力するテキストの設定

表に入力するテキストの設定は、テキストボックスや図形のテキストの設定とほぼ同じです。「ホーム」タブと、右側の作業ウィンドウの「図形の書式設定」の「文字のオプション」から設定できます（ただしテキストの段組みの機能は使用できません）。なお、表は初期状態で禁則処理が設定されているので、安心して使うことができます（P.110参照）。

セルの中で Tab キーを押すと、カーソルが次のセルに移動します。セルの中でタブ位置に文字を揃える場合は、Ctrl キーを押しながら Tab キーを押すとセル内で設定されているタブの位置に文字列が移動します（タブの設定方法はP.104参照）。

セルのテキストの設定は「図形の書式設定」の「文字のオプション」から行う

表は初期状態で禁則処理が設定されている

● 表の「位置」「揃え」「整列」「重なり」は他のオブジェクトと同じ

表の位置、上下左右の揃え、上下左右の整列、「オブジェクトの選択と表示」による上下の重なりの表示と操作は、他のオブジェクトとまったく同じです。ただし、表全体のサイズは「図形の書式設定」の「サイズ」からは設定できず、「レイアウト」タブの「表のサイズ」から設定します。

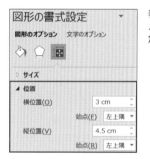

表の位置も、「位置」のパラメーターで数値で正確に設定できる

表も「配置」から「スライドに合わせて配置」を選択すれば、スライドの端や中心に揃えたり、整列したりすることができる

● 表の弱点1 表はグループ化ができない

ここまで表を「テキストと図形だけでは解決しきれない課題を一掃できる万能ツール」として紹介してきましたが、そんな表にも2つの弱点があります。1つ目は、表はグループ化ができない、ということです。P.166で紹介した「ページ全体をグループ化した上で任意のサイズに縮小する」といったことを目的に複数のオブジェクトを選択しても、その中に表が含まれていると「グループ化」は適用できません。その場合は、表を除いたオブジェクトだけをグループ化し、表とグループ化したオブジェクトを別々に選択するようにしましょう。

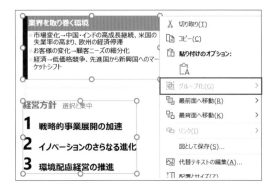

選択したオブジェクトに表が含まれていると、グループ化ができなくなる

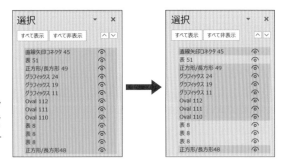

表を含む複数のオブジェクトを選択してしまい、グループ化ができない時には、「オブジェクトの選択と表示」の作業ウィンドウでグループ化の対象から表を丁寧に取り除くしかない

● 表の弱点2 複数の表を一括で設定できない

テキストボックスや図形では、選択した複数のオブジェクトに対して一括でテキストの設定を行うことができました。しかし、表ではそれができません。これが表の2つ目の弱点です。

複数の表を選択すると、「テーブルデザイン」「レイアウト」のタブが表示されず、「図形の書式」タブのみが表示されます。ここから設定できることは限られており、「位置」、上下左右の揃え、上下左右の整列、「オブジェクトの選択と表示」による上下の重なりの表示と操作のみとなります。

複数の表を選択した場合、表の位置は「位置」のパラメーターで設定できるが、表のサイズは「図形の書式設定」の「サイズ」からは設定できない

「表の罫線」「セルの色」を設定する

表のセルの色と罫線を丁寧に設定して、書かれている内容が魅力的に見え、かつ読みやすい表を作りましょう。

初期設定のレイアウトのままでは、どんなに内容がよくても雑に作られた印象が拭い去れず、読み手の興味を引かない

セルの色、罫線を内容に沿って丁寧に設定し、読み手が自然に読みやすくなるように配慮して作られている

◉「表のスタイル」に頼らずオリジナルの表を作る

ここでは、表の罫線の設定とセルの色の塗りつぶしについて紹介します。色は第7章で説明したことと基本的な考え方は同じですが、罫線については表に特有のルールがあります。

表の設定が苦手という人は、初期設定のレイアウトのまま進めてしまうかもしれません。しかし、そのような出来合いのレイアウトで代用している限り、自身が思いを込めて作った情報が読み手に真の意味で伝わるとは思えません。読み手によっては、「ああ、これは出来合いのもので作ったのだな」と感じ取り、せっかく真剣に作った情報なのに、適当に作ったかのような印象を持たれかねません。

発信する情報を正確に表現できるオリジナルの表を作り、記載された情報に読み手が興味を持ち、自然に読んでもらえるように、丁寧に表のデザインを設定しましょう。

● 表の罫線の設定方法

表の罫線は、「テーブルデザイン」タブの「罫線の作成」から線の太さと色を設定し、セルのどの部分に罫線を引くかを指定して作成します。

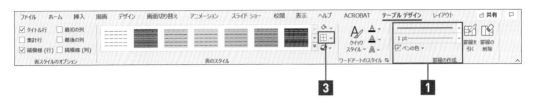

1 表の罫線の種類（「ペンのスタイル」と言います）は、通常の「線」が8種類なのに対して、10種類用意されています。罫線の太さは、ドロップダウ ンリストに表示されるものから選択します。罫線の色は、「ペンの色」から選択できます。

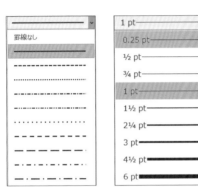

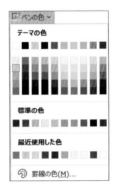

罫線の種類や太さは、図形の枠線やコネクタとはなぜか微妙に違う

2 この時、罫線の種類、太さ、色を選択して表の上にマウスカーソルを移動させると、マウスカーソルがペンの形になります。ここで、**必ず Esc キーを押してペンの機能を解除するようにします**。なぜなら、**ペンの機能は誤操作が起きやすいので、使用するべきではないからです**（罫線のペンの機能の詳細は、P.317を参照してください）。

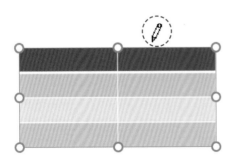

マウスカーソルにペンが表示されたら、必ず Esc キーを押して解除する

3 表全体、もしくは罫線を引きたいセルを選択し、「罫線」のドロップダウンリストからセルのどの部分に罫線を引くかを指定します。

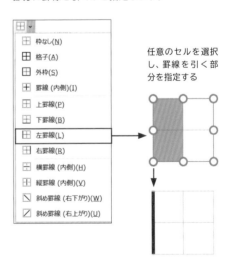

任意のセルを選択し、罫線を引く部分を指定する

308

4 すると「罫線」のドロップでダウンリストのアイコンに、グレーの背景がつきます。右の例では、「左罫線」のアイコンにグレーの背景がつきました。

5 アイコンに薄いグレーの背景がついている項目をクリックすると、その部分の罫線が除去されます。

罫線が引かれると、アイコンに薄いグレーの背景がつく

CHAPTER 08

表のルール&テクニック

● 表の罫線の判別機能は当てにならない

罫線を設定した直後であれば、「罫線」のドロップダウンリストのアイコンのグレー表示を確認すれば、罫線が正しく引かれたかどうかがわかります。しかし、人から送られたファイルで使われている表の罫線の設定を確認したいという場合や、自身が作成した表でも、どのような罫線が設定されているかを忘れてしまったので確認したいという場合、この機能は当てにならないので注意が必要です。

Excel や Word と異なり、PowerPoint の**罫線の判別機能は、「罫線の作成」の現在の設定と実際の表の罫線の設定とが完全に一致している場合にのみ、線が引かれているということが認識される**とい

う、いまいちな仕様になっています。

特に他の人が作成したファイルでは、人が設定した罫線の種類、太さ、色を特定するのはほとんど不可能です。そのため人から送られてきたファイルで罫線の種類、太さ、色が特定できない表については、**最初に表全体を選択した状態で「枠なし」を選択し、いったん罫線をすべて除去するようにしましょう。その上で、あらためて罫線の種類、太さ、色を指定し、引き直すようにしましょう。**

PowerPoint では**罫線の判別機能を使うことは諦め、毎回設定し直した方が安全**です。

1 例えば以下のように赤い罫線が設定された表でも、「罫線の作成」の設定が表の設定と1つでも異なっていれば（下の例では太さが異なる）、PowerPoint は罫線を判別してくれません（アイコンの背景がグレー表示されない）。

2 このような場合は、罫線を判別することはただちに諦め、表全体を選択した状態で「罫線」のドロップダウンリストから「枠なし」を選びます。これによって、罫線の設定がいったんすべて除去されます。

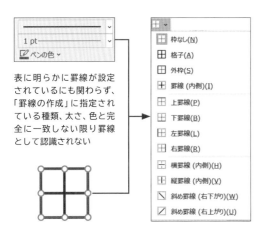

表に明らかに罫線が設定されているにも関わらず、「罫線の作成」に指定されている種類、太さ、色と完全に一致しない限り罫線として認識されない

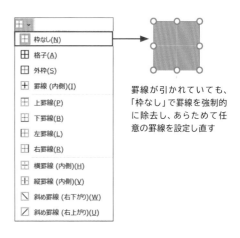

罫線が引かれていても、「枠なし」で罫線を強制的に除去し、あらためて任意の罫線を設定し直す

3 罫線をすべて除去しリセットしたら、あらためて任意の種類、太さ、色を指定し、罫線を引き直します。

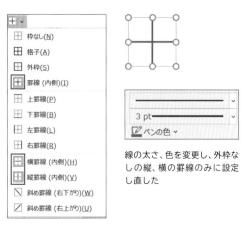

線の太さ、色を変更し、外枠なしの縦、横の罫線のみに設定し直した

● 罫線の太さは細めに、色は薄いグレーにする

表の罫線は、図形の枠線と同様、必要以上に目立たせないことが重要です。特に縦線が目立ってしまうと、左から右へ流れる視線の導線を遮ってしまいます。図形の罫線であれば、図形どうしが重ならない限りは枠線を除去してしまえばよいのですが、セルが密集する表ではそういうわけにもいきません。図形以上に、慎重に扱わなくてはならないのです。

表の罫線は、図形と同様、**太さは細めに、色は薄いグレー**にするのがお勧めです。筆者の私は、通常は太さを1pt、色は「テーマの色」を「スリップストリーム」に設定した上で、一番左側の列の上から2番目のグレーに設定しています。

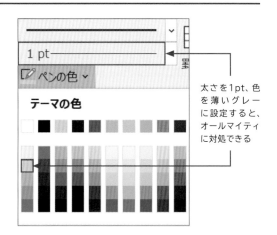

太さを1pt、色を薄いグレーに設定すると、オールマイティに対処できる

● 罫線の太さの考え方

図形の線と同じく、表の罫線の太さを増やすと、セルのグリッド線を中心として外側と内側の両方向に向かって広がっていきます。罫線を太くしていくとセルの内側に侵食し、内側の情報を線が覆ってしまうこともありえるので注意が必要です（ただし、罫線は最大6pt＝約0.21cmまでしか太くできません）。

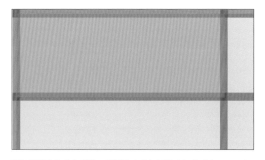

表の罫線はセルのグリッド線を中心に両方向に太くなっていき、セルの内部を侵食してしまう（詳細はP.291参照）

● 表の左右の端には罫線を引かない

このように罫線の太さと色を設定した上で、**表の左右の端の罫線は除去する**ようにしましょう。左右の端の罫線は視線の流れをブロックしてしまい、表を読みにくくします。左右の罫線を除去することによって視線の入口と出口を開け、縦線が密集する表に開放感をもたらすことができます。

見慣れないうちは、表の左右を閉じないことに違和感を感じる人もいるかもしれませんが、考え方は横書きの便せんや大学ノートの罫線と同じです。できるだけ線を増やさない、目立たせないという原則で表を作るようにしましょう。

項目	項目	項目
あああ	いいい	ううう
えええ	おおお	かかか
ききき	くくく	けけけ

表の左右の端に罫線があると視線の流れを遮ってしまい、圧迫感が生まれる

項目	項目	項目
あああ	いいい	ううう
えええ	おおお	かかか
きききき	くくく	けけけ

表の左右の端の罫線を除去することで表に入口と出口ができ、視線が流れやすくなり、開放感が生まれる

● 左右端の罫線を除去する手順

ここからは、表から左右端の罫線を除去する手順を紹介します。わかりやすくするため、初期設定である「表のスタイル」の「中間スタイル 2 – アクセント 1」から、「表のスタイル」で表示されるリストの

一番上にある「ドキュメントに最適なスタイル」の「スタイルなし、表のグリッド線あり」を選択した上で、設定に入ります。

項目	項目	項目
あああ	いいい	ううう
えええ	おおお	かかか
きききき	くくく	けけけ

→

項目	項目	項目
あああ	いいい	ううう
えええ	おおお	かかか
きききき	くくく	けけけ

例では「表のスタイル」から「スタイルなし、表のグリッド線あり」を選択した

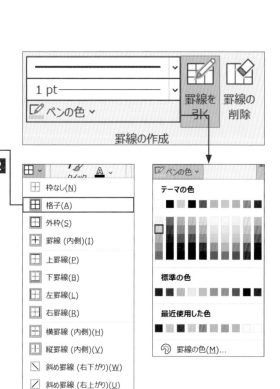

1 表全体を選択した状態で「テーブルデザイン」タブの「罫線」のドロップダウンリストから「枠なし」を選択し、強制的に罫線をすべて除去します。

項目	項目	項目
あああ	いいい	ううう
えええ	おおお	かかか
ききき	くくく	けけけ

1

- 枠なし(N)
- 格子(A)
- 外枠(S)
- 罫線 (内側)(I)
- 上罫線(P)
- 下罫線(B)
- 左罫線(L)
- 右罫線(R)
- 横罫線 (内側)(H)
- 縦罫線 (内側)(V)
- 斜め罫線 (右下がり)(W)
- 斜め罫線 (右上がり)(U)

項目	項目	項目
あああ	いいい	ううう
えええ	おおお	かかか
きききき	くくく	けけけ

2 「テーブルデザイン」タブの「罫線の作成」で任意の罫線の種類、太さ、色を選択し、表全体に「格子」の罫線を引き直します。例では種類は「直線」、太さは「1pt」、色は薄いグレーに設定しました。

項目	項目	項目
あああ	いいい	ううう
えええ	おおお	かかか
きききき	くくく	けけけ

1 pt

ペンの色

罫線を引く　罫線の削除

罫線の作成

2

- 枠なし(N)
- 格子(A)
- 外枠(S)
- 罫線 (内側)(I)
- 上罫線(P)
- 下罫線(B)
- 左罫線(L)
- 右罫線(R)
- 横罫線 (内側)(H)
- 縦罫線 (内側)(V)
- 斜め罫線 (右下がり)(W)
- 斜め罫線 (右上がり)(U)

ペンの色

テーマの色

標準の色

最近使用した色

罫線の色(M)...

CHAPTER

08

表のルール&テクニック

3 表の左端の罫線を除去します。表の一番左の列を選択し、「罫線」のドロップダウンリストから「左罫線」をクリックすると、左の罫線が除去されます。

項目	項目	項目
あああ	いいい	ううう
えええ	おおお	かかか
ききき	くくく	けけけ

↓

項目	項目	項目
あああ	いいい	ううう
えええ	おおお	かかか
ききき	くくく	けけけ

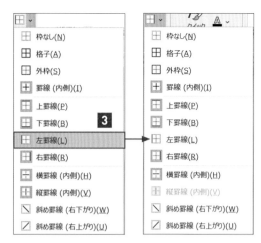

「罫線」のドロップダウンリストから「左罫線」をクリックすると、「左罫線」のアイコンから薄いグレーの背景が消え、左の罫線が除去される

4 同じように表の一番右の列を選択し、「罫線」のドロップダウンリストから「右罫線」をクリックすると、右の罫線が除去されます。

項目	項目	項目
あああ	いいい	ううう
えええ	おおお	かかか
ききき	くくく	けけけ

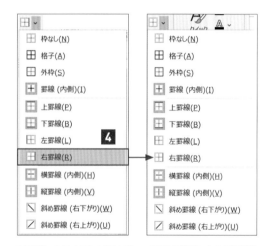

「右罫線」のアイコンも薄いグレーの背景が消え、右の罫線が除去される

5 これで、表の左右端の罫線がともに除去されました。左→右といちいち設定していかなければならず、まどろっこしく感じるかもしれませんが、丁寧に除去していきましょう。

項目	項目	項目
あああ	いいい	ううう
えええ	おおお	かかか
ききき	くくく	けけけ

左右端の罫線は左→右と1つずつ丁寧に除去するしかない

● セルの色はテーマの色の配列に沿って選択する

セルの塗りつぶしの色は、図形の色と同様、「テーマの色」の中からメインとなる色を選び、濃い色と薄い色はそのメインの色と同じ列にある色の中から選ぶ、というルールを徹底するようにします。それにより、色使いにまとまりが出て、センスがよいと感じられる資料になります（「テーマの色」の詳細

は P.264 参照）。
表の作成では、何よりもまず「**色に頼りすぎず、色をできるだけ使わずに読みやすい資料を作る**」ことが重要です。ここぞというところで効果的に色を使い、読み手の視線を上手に誘導していくようにしましょう。

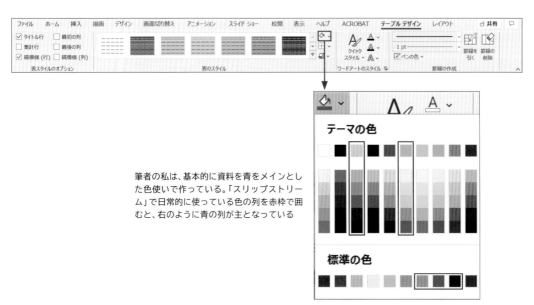

筆者の私は、基本的に資料を青をメインとした色使いで作っている。「スリップストリーム」で日常的に使っている色の列を赤枠で囲むと、右のように青の列が主となっている

● 罫線の設定とセルの塗りつぶしの過程

ここからは P.307 の✗の表を例に、罫線とセルの塗りつぶしを設定し、◯のスライドの状態にまで持っていく手順を紹介していきます。

1 作成時の表は、初期設定で「表のスタイル」の「中間スタイル 2 – アクセント 1」が適用されています。最初に表全体を選択し、塗りつぶしをいったん「白」に設定します。

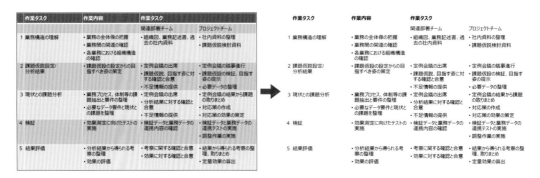

2 次に、罫線を引いていきます。最初に罫線の太さを1pt、色を薄いグレーに設定します。

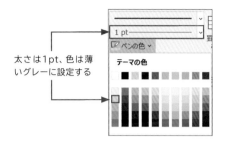

太さは1pt、色は薄いグレーに設定する

作業タスク	作業内容	作業タスク	
		関連部署チーム	プロジェクトチーム
1 業務構造の理解	・業務の全体像の把握 ・業務間の関連の確認 ・各業務における組織構造の確認	・組織図、業務記述書、過去の社内資料	・社内資料の整理 ・課題仮説検討資料
2 課題仮説設定/分析結果	・課題仮説の設定からの目指すべき姿の策定	・定例会議の出席 ・課題仮説、目指す姿に対する確認と合意 ・不足情報の提供	・定例会議の議事進行 ・課題仮説の検証、目指す姿の提示 ・必要データの整理
3 現状との課題分析	・業務プロセス、体制等の課題抽出と要件の整理 ・必要なデータ要件と現状の課題を整理	・定例会議の出席 ・分析結果に対する確認と合意 ・不足情報の提供	・定例会議の結果から課題の取りまとめ ・対応策の作成 ・対応策の効果の策定
4 検証	・効果測定に向けたテストの実施	・検証データと業務データの連携内容の確認	・検証データと業務データの連携テストの実施 ・調整作業の実施
5 結果評価	・分析結果から得られる考察の整理 ・効果の評価	・考察に関する確認と合意 ・効果に対する確認と合意	・結果から得られる考察の整理、取りまとめ ・定量効果の算出

3 続いて「罫線」から「格子」を選択し、すべてのセルに罫線を引きます。そして、「左罫線」の除去→「右罫線」の除去と、左右の罫線を1つずつ削除していきます。面倒に感じるかもしれませんが、ここで1つずつ丁寧に設定していくことが大事です。

作業タスク	作業内容	作業タスク	
		関連部署チーム	プロジェクトチーム
1 業務構造の理解	・業務の全体像の把握 ・業務間の関連の確認 ・各業務における組織構造の確認	・組織図、業務記述書、過去の社内資料	・社内資料の整理 ・課題仮説検討資料
2 課題仮説設定/分析結果	・課題仮説の設定からの目指すべき姿の策定	・定例会議の出席 ・課題仮説、目指す姿に対する確認と合意 ・不足情報の提供	・定例会議の議事進行 ・課題仮説の検証、目指す姿の提示 ・必要データの整理
3 現状との課題分析	・業務プロセス、体制等の課題抽出と要件の整理 ・必要なデータ要件と現状の課題を整理	・定例会議の出席 ・分析結果に対する確認と合意 ・不足情報の提供	・定例会議の結果から課題の取りまとめ ・対応策の作成 ・対応策の効果の策定
4 検証	・効果測定に向けたテストの実施	・検証データと業務データの連携内容の確認	・検証データと業務データの連携テストの実施 ・調整作業の実施
5 結果評価	・分析結果から得られる考察の整理 ・効果の評価	・考察に関する確認と合意 ・効果に対する確認と合意	・結果から得られる考察の整理、取りまとめ ・定量効果の算出

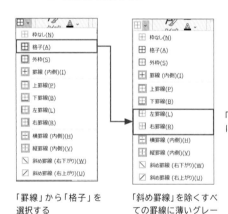

「罫線」から「格子」を選択する

「斜め罫線」を除くすべての罫線に薄いグレーの背景がついている

「左罫線」→「右罫線」と順番に罫線を除去していく

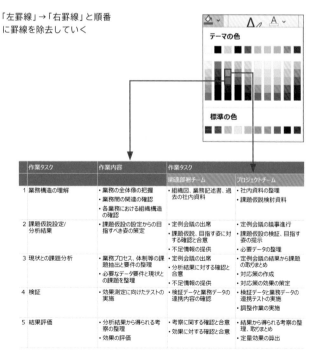

4 項目行に色を塗ります。筆者の私のルールでは、項目行は「テーマの色」の「スリップストリーム」で左から3列目の青の列から「薄い青、背景2、黒＋基本色50％」と「薄い青、背景2、黒＋基本色25％」の2色を使い分けています。項目行が1行の時は基本色50％の「青」のみ、項目行が2行の時は2行目を基本色25％の「薄い青」にして、メリハリを出しています。

作業タスク	作業内容	作業タスク	
		関連部署チーム	プロジェクトチーム
1 業務構造の理解	・業務の全体像の把握 ・業務間の関連の確認 ・各業務における組織構造の確認	・組織図、業務記述書、過去の社内資料	・社内資料の整理 ・課題仮説検討資料
2 課題仮説設定/分析結果	・課題仮説の設定からの目指すべき姿の策定	・定例会議の出席 ・課題仮説、目指す姿に対する確認と合意 ・不足情報の提供	・定例会議の議事進行 ・課題仮説の検証、目指す姿の提示 ・必要データの整理
3 現状との課題分析	・業務プロセス、体制等の課題抽出と要件の整理 ・必要なデータ要件と現状の課題を整理	・定例会議の出席 ・分析結果に対する確認と合意 ・不足情報の提供	・定例会議の結果から課題の取りまとめ ・対応策の作成 ・対応策の効果の策定
4 検証	・効果測定に向けたテストの実施	・検証データと業務データの連携内容の確認	・検証データと業務データの連携テストの実施 ・調整作業の実施
5 結果評価	・分析結果から得られる考察の整理 ・効果の評価	・考察に関する確認と合意 ・効果に対する確認と合意	・結果から得られる考察の整理、取りまとめ ・定量効果の算出

CHAPTER **08** 表のルール＆テクニック

5 項目行に色を設定すると、設定した格子の罫線が残っていることに気づきます。ここで思わず「セルの結合」をしてしまいたいところですが、ここは罫線の除去で対応します。「セルの結合」「セルの分割」は、どうしてもという場合を除いて極力使わないようにしましょう（詳細はP.320～325参照）。

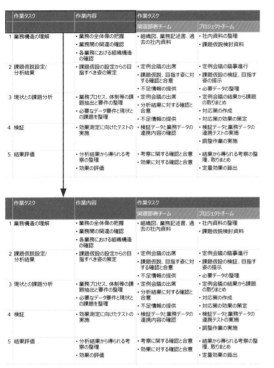

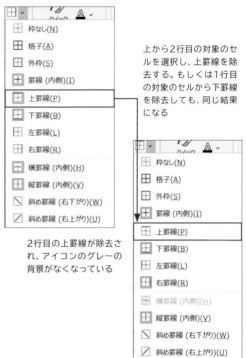

上から2行目の対象のセルを選択し、上罫線を除去する。もしくは1行目の対象のセルから下罫線を除去しても、同じ結果になる

2行目の上罫線が除去され、アイコンのグレーの背景がなくなっている

6 項目列にも色を設定し、読みやすさをさらにアップします。ここでは、項目行の色よりも薄い色を設定します。筆者の私は、項目列には「スリップストリーム」のテーマの色から、列の数に応じて以下の画面の赤い数字の優先順位で色を塗ることにしています。項目列が1列のみの時は❶、2列の時は左側から❷→❶、3列の時は❸→❷→❶の順に、内側に進むほど色が薄くなるように設定します。こうすることで、視線の動きを自然に誘導できます。

項目列の色の設定は、このように多くても3色までにとどめるようにしましょう。表に4つ以上の項目列がある場合は、むしろ色は使わない方が無難です。あくまでも色は本編の白を引き立てるための補助的な役割として使うように心がけましょう。

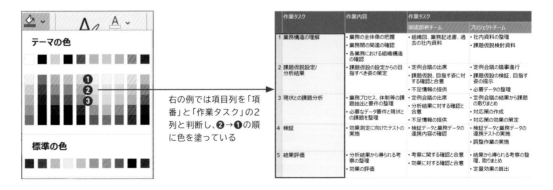

右の例では項目列を「項番」と「作業タスク」の2列と判断し、❷→❶の順に色を塗っている

05 ▶ POINT

● 罫線のペンの機能は使わない

「テーブルデザイン」タブの「罫線の作成」から
罫線の種類、太さ、色を選択して表の上にマウ
スカーソルを移動させると、マウスカーソルが
ペンの形になります。また、罫線の種類、太さ、
色の右隣にある「罫線を引く」「罫線の削除」を
クリックしても、マウスカーソルがペンや消し
ゴムの形に変化し、直接書き込む感覚で罫線を
引いたり削除したりすることができます。

一見、カジュアルで便利そうな機能に思われま
すが、これらは**誤操作を起こしやすい仕様なの
で、絶対に使用してはいけません**。意図しない
ところで罫線が引かれたり、セルが分割、結合
されたりしてしまいます。必ず Esc キーを押し
てペンの機能を解除してから、次の作業に移る
ようにしましょう。

1 「罫線を引く」をクリックするとマウ
スカーソルがペンの形に変化します。
表の罫線上でドラッグすると、罫線
を引くことができます。

2 ペンの状態で表の罫線がない箇所を
ドラッグすると、罫線が引かれ、セル
が分割されます。

3 「罫線の削除」をクリックすると、マ
ウスカーソルが消しゴムの形に変化
します。罫線を消すことができるの
と同時にセルが強制的に結合されて
しまうので注意が必要です。

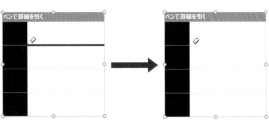

CHAPTER **08** 表のルール＆テクニック

06 行や列を挿入／削除する

行や列の挿入／削除の設定方法を理解しましょう。

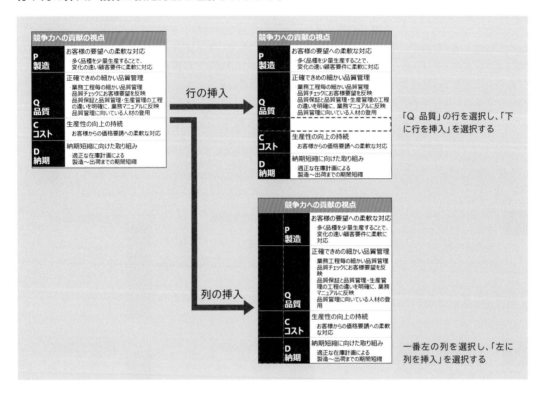

● 行や列の挿入／削除

「レイアウト」タブの「行と列」から、行や列の挿入／削除を行うことができます。行や列の挿入／削除は、右クリックで表示される簡易メニューから実行することもできます。行と列の挿入／削除は表を扱う上で頻繁に行う作業なので、確実に設定方法を覚えましょう。

「行／列の挿入・削除」は、「レイアウト」タブか、表を選択して右クリックで表示される簡易メニューから行う

● 複数の行／列も一気に挿入できる

「行を挿入」を実行すると、選択した任意の行のすぐ上、もしくは下に新たに行が追加されます。複数行を選択して「行を挿入」を実行すると、**選択した複数行と同じ数の行が、選択した複数行の一番上、もしくは一番下にある行の高さで追加されます**。例えば3行を選択して「下に行を挿入」を実行すると、選択した複数行の下に、3行目と同じ高さの行が3行追加されます。

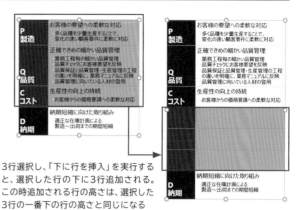

3行選択し、「下に行を挿入」を実行すると、選択した行の下に3行追加される。この時追加される行の高さは、選択した3行の一番下の行の高さと同じになる

また、表の最後のセルにカーソルのある状態で Tab キーを押すと、行の追加が行われるので合わせて覚えておきましょう。

表の最後のセルを選択し、Tab キーを押すと下に行が追加される

「列を挿入」を実行すると、選択した任意の列のすぐ左、もしくは右に、選択した数の列が追加されます。この時、表全体の幅は維持したまま、列を分割するようにして追加されます。また、セルに入力されているテキストの量に応じて、表全体のセルの高さが強制的に変更されます。
「行を挿入」「列を挿入」のいずれの場合も、隣接するセルの書式設定が、追加された行または列に引き継がれます。

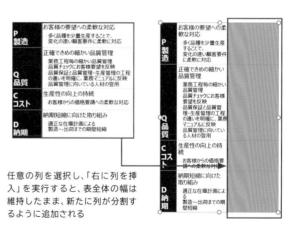

任意の列を選択し、「右に列を挿入」を実行すると、表全体の幅は維持したまま、新たに列が分割するように追加される

「行／列の削除」は単純な仕様で、実行すると選択した行／列を削除できます。1行／列でも、複数行／列でも実行できます。

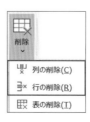

07 セルを結合／分割する

セルの結合／分割は、表の機能の中でも特に複雑な仕様になっています。正しく使えるようになりましょう。

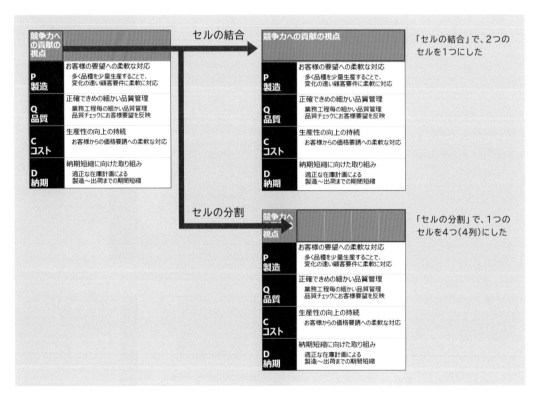

「セルの結合」で、2つのセルを1つにした

「セルの分割」で、1つのセルを4つ（4列）にした

● 「セルの結合」「セルの分割」は慎重に行う

「セルの結合」「セルの分割」は、表を扱う上でとても重宝する機能です。しかしPowerPointの機能はExcelのそれに比べて仕様が中途半端で、しくみを理解せずに使うと表が破綻してしまうこともあります。そうなると表そのものを最初から作り直さなければいけなくなることもあるので、注意が必要です。

P.295で、「「セルの結合」は必要な情報が想定されるセル内に収まりきって「もうこれでほぼ完成」という最後の段階で実施するようにしましょう」と説明しました。「セルの結合」「セルの分割」は、以下のように使用することを前提に、その仕様を理解するようにしましょう。

・「セルの結合」はセルに情報を入れきって、もうこれ以上の編集はないという最後のフェーズで行う

・「セルの分割」は基本的には使わない。使わなければいけなくなった時には、セルに入れる情報の単位そのものを見直し、最初から作り直す

⦿「セルの結合」の仕様

「セルの結合」は、「レイアウト」タブの「結合」から実行することができます。「セルの分割」も同様です。また、「セルの結合」「セルの分割」は、右クリックして表示されるメニューからも実行できます。

「セルの結合」は、選択した複数行／列にまたがるセルを1つに結合することができます。
任意の1つのセルに入力したテキストを複数行／列にまたがるように配置したい時などに使います。

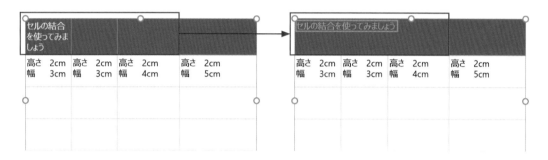

結合の対象になる複数のセルにテキストが入力された状態で結合を行うと、結合後のセルには各セルに入力されていたすべての文字が残ります。

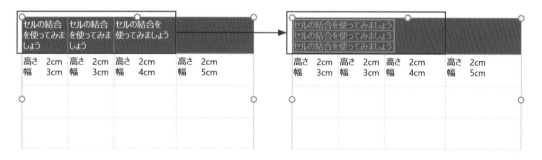

「セルの結合」は一見、単純そうに見えますが、**あくまでも複数にまたがるセル上にテキストを配置するためだけの機能である**ことを留意しておく必要があります。結合したセルに対して、セルの高さや幅を数値で調節しようとすると、仕様を理解していない人が戸惑ってしまうような挙動をするのです。

「セルの結合」は表作成の最後の段階で実施しなければならないと説明しましたが、それは「セルの結合」で結合したセルの高さや幅を数値で調節するのが困難だからです。詳しくは、次ページから解説していきます。

◉ 結合したセルは数値上は単体のセルとして扱われる

例えば以下の例のように結合したセルを選択すると、「セルのサイズ」には結合した3つのセル幅の合計「10cm」が表示されるように思われます。ところが、

実際に「セルのサイズ」を確認すると、「幅」の値は空欄になっています(この時点でどうも怪しいと感じます)。

PowerPointのパラメーターで数値が空欄になっている時は、怪しい挙動をすると思っておいた方がよい

ここで、結合したセルは幅10cmなのだからと「幅」の欄に「10cm」と入力すると、表がとんでもない幅に広がってしまいます。

結合したセルに「10cm」と入力すると、下の行の個々のセル幅が10cmに設定され、結合したセルの幅は10cm×3つのセルで30cmになってしまう

確認すると、下の行の3つのセルそれぞれの幅が10cmになっています。このことから、結合したセルは見かけ上は**結合されていても、パラメーター上はあくまでも個別のセルとして認識されている**ことがわかります。

つまり、**結合したセルのサイズを調節しようと値を入力すると、結合した各セルの幅が入力した値に強制的に変更、統一されてしまい、結合したセルは「入力した値×結合する前のセルの個数」のサイズになる**、という不具合が生じてしまいます。

例では列を結合したのでセルの幅で解説していますが、行を結合すると、セルの高さの設定を変えようとした時に同様の挙動が発生します。

これらのことから、**結合したセルを選択した状態で「セルのサイズ」の値を入力してはいけない**、ということがわかります。

◉ 結合したセルは隣り合う各セルのサイズを調節する

結合したセルのサイズを数値で調節するには、結合前の状態で残っている他の行／列のセルの高さ／幅を、個別に調節するようにしましょう。つまり、セルを結合する際にはその上下左右に、結合前の状態のセルを残しておくことが重要です。

結合前の状態で残っている他のセルのサイズを設定すれば、結合したセルのサイズも無難に調節できる

◉「セルの分割」の仕様

「セルの結合」に対し、「セルの分割」はさらに仕様が厄介です。基本的には使わないようにするのが無難ですが、ここでは仕様をひと通り紹介しておきます。

「セルの分割」は、選択したセルを任意の数の列／行に分割することができます。最初に、「セルの結合」を適用していない単体のセルに「セルの分割」を適用

してみましょう。分割したいセルを選択して「セルの分割」を実行すると、対象セルに対して分割する列数、行数を入力するダイアログボックスが表示されます。対象のセルにテキストが入力されている場合、列で分割すると分割されるもっとも左側の列にテキストが残ります。行で分割すると、分割されるもっとも上の行にテキストが残ります。

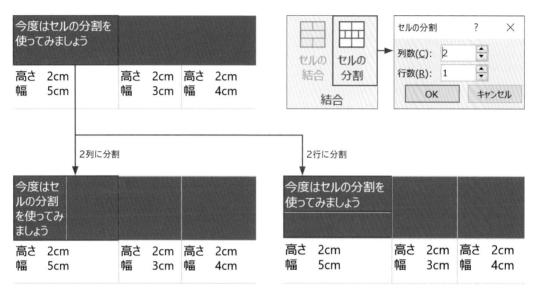

分割されたセルのサイズを確認してみると、左の例では幅5cmのセルを2列に分割したので、分割されたセルは5÷2＝2.5cmになっています。ここまではよいのですが、分割する前のセルと同じ幅であるはずの下の行のセルを確認すると、5cmと表示されるはずなのに2.5cmと表示されてしまいます。

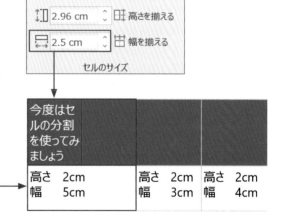

ここで、「もしや」と値を「5cm」と入力すると、案の定、上の分割したセルの幅が5cmになり、元のセルは10cmになる、という逆転現象が起きてしまいます。もうこの時点で、挙動がかなり怪しくなっていることがわかります。

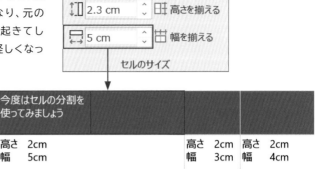

結合していないセルに対して設定を行ったのに、結合したセルに対して設定した場合と同じ挙動をしてしまう

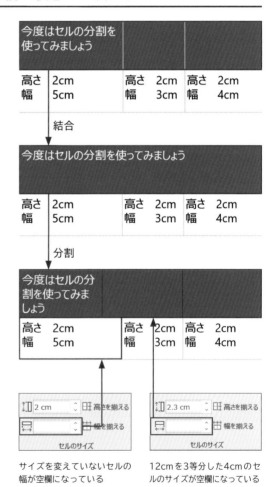

◉ 結合されたセルを分割しても結合する前の状態には戻らない

次に、「セルの結合」で結合したセルを、結合する前の列／行の数で「セルの分割」を実行してみましょう。右の例のように、幅がそれぞれ5cm、3cm、4cmのセルをいったん結合したのち、「セルの分割」で3列に分割してみます。すると、元の5cm、3cm、4cmに戻ることはなく、単純に5＋3＋4＝12cmを3分割した、幅4㎝の3つのセルに分割されます。つまり、結合前の元の状態に戻ることはなく、完全に別のセルとして扱われることになるのです（Excelの「セルの結合の解除」とは異なります）。

ここで、その下の行のセル（元の5cm、3cm、4cmのまま）の「セルのサイズ」を確認すると、幅の値が空欄で表示されます。なおかつ、等しく4cmで分割されたはずのセルも、真ん中と右側のセルの「セルのサイズ」を確認すると幅の値が空欄になっているなど、もはやわけがわからない状態になっています。

この状態では、すでにセルのサイズをパラメーターで設定・管理することは不可能であり、表の機能としては破綻しているので、はじめから作り直した方がよいでしょう。

サイズを変えていないセルの幅が空欄になっている

12cmを3等分した4cmのセルのサイズが空欄になっている

また、表を作っている途中でセルを分割しなければならなくなったということは、もともとセルに入れる情報の単位を見誤っていたとも言えます。P.295で紹介したように、セルの分割をしないですむように情報の単位をできるだけ細かく分解して行や列を多めに設定しておき、不要になった箇所をあとから削除するようにした方が、作業が圧倒的に楽です。

ここまで紹介したように、「セルの分割」を使うと混乱の元になるため、基本的に使わないようにしましょう。それでもどうしても使わなければならない時には、もうこれ以上セルのサイズを変えることはないという最後のタイミングで行うようにしましょう。

「セルの結合」と「セルの分割」をくり返すよりも、必要なセルの数を数え直し、表を作り直した方が早い

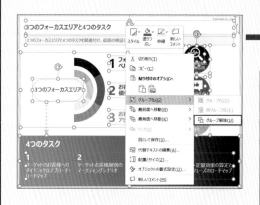

HINT

表以外にもグループ化できないものがある

P.306では「表はグループ化ができない」と紹介しましたが、複数のオブジェクトを選択した際に表以外にもグループ化ができないものがあります。それはプレースホルダーです。

例えばスライド全体を選択してグループ化したいのに「グループ化」が選択できない、という場合には「オブジェクトの選択と表示」の作業ウィンドウを開き、選択したオブジェクトの中に表やプレースホルダーが含まれていないかを確認します。これらが含まれていれば、作業ウィンドウの選択の対象から外すようにしましょう。

「オブジェクトの選択と表示」については、P.146、プレースホルダーの詳細はP.382を参照してください。

複数のオブジェクトを選択した際に、「グループ化」が選択できない時がある

「オブジェクトの選択と表示」の作業ウィンドウを確認すると、選択したオブジェクトの中に表やプレースホルダーが含まれている

表やプレースホルダーを選択の対象から外すことで、グループ化が可能になる

08 表を「箇条書きのテンプレート」として使う

テキストのみの箇条書きに表を用いて、視覚に訴えかける資料を作りましょう。

社内改革プロジェクト実行方針

● **柔軟な社内体制、基盤や拡張性・保守性の担保**
　➤ 社員メンバーが活き活きと個々人の実力をいかんなく発揮できる基盤の整備
　➤ クラウド等の活用による柔軟な拡張と運用コストを最適化

● **ワークスペース環境の統一化**
　➤ 統合・共通化されたワークスペースによる、リソースの最適化や業務運用の効率化
　➤ 多様な働き方を受け入れるデータやAIなどの先端テクノロジーの積極的な活用を促進

● **業務データの一元化・最適化**
　➤ データの整合性・信頼性や安全性を確保
　➤ 全社的な改革のための部門の垣根を超えたデータの共有化

● **最新デジタル技術の活用**
　➤ クラウドやモバイルデバイスによる迅速なサービス提供
　➤ AIや自然言語解析などの先端テクノロジーをふんだんに活用したイノベーションを推進

● **ガバナンス強化**
　➤ IT、情報、セキュリティにおけるガバナンスの強化とリスク管理の徹底

テキストのみの単調な箇条書きで、読み手の興味を掻き立てられず読む気にならない

社内改革プロジェクト実行方針

1 柔軟な基盤や拡張性・保守性
● 社員メンバーが活き活きと個々人の実力をいかんなく発揮できる基盤の整備
● クラウド等の活用による柔軟な拡張と運用コストを最適化

2 ワークスペース環境の統一化
● 統合・共通化されたワークスペースによる、リソースの最適化や業務運用の効率化
● 多様な働き方を受け入れるデータやAIなどの先端テクノロジーの積極的な活用を促進

3 業務データの一元化・最適化
● データの整合性・信頼性や安全性を確保
● 全社的な改革のための部門の垣根を超えたデータの共有化

4 最新デジタル技術の活用
● クラウドやモバイルデバイスによる迅速なサービス提供
● AIや自然言語解析などの先端テクノロジーをふんだんに活用したイノベーションを推進

5 ガバナンス強化
● IT、情報、セキュリティにおけるガバナンスの強化とリスク管理の徹底

情報の構造に沿って表で読みやすくまとめてあり、視覚的にも美しく読み手の興味を引く

◉ 表を応用して、普通の箇条書きに視覚的なメリハリと抑揚を持たせる

テキストの情報しか書かれていない箇条書きに対して「読みやすくなるようにビジュアルを整えろ」といわれても、ノウハウがなければいきなりは対応できないでしょう。あれこれ迷った結果として、Webから拾ってきたアイコンや画像を何となく足してしまったり、SmartArtの機能を使ってなんとなく見た目をにぎやかにしてみる、といったことがほとんどだと思います。

ここで表を箇条書きに応用すれば、上の例のようにテキストのみで書かれた箇条書きも読みやすく、視覚にも訴えかけられる魅力的なものにすることができます。ここで紹介する「表の箇条書きテンプレート」のテクニックを身につけると、横書きや段組みなどさまざまな箇条書きを、読み手の興味をそそるかっこいいチャートに引き上げることができます。

○ 箇条書きテンプレートは情報の単位でセルを数えて表を組むだけ

表の箇条書きテンプレートは、第8章でこれまで紹介してきたノウハウを総動員して作成します。

1 情報の単位ごとに、必要なセルの数を数えます。今回の例では、情報の塊の単位は5つの大カテゴリーに、項目タイトル、詳細の2つの単位、加えて項目と項目の間の余白もセルの数として数えて、2列×14行の表を作成します。

2 「挿入」タブの「表」からは最大で8行×10列までしか作れないので、「表の挿入」からダイアログボックスを表示し、「2列」「14行」と入力します。

余白も空白セルとして1つずつ丁寧に数えていく

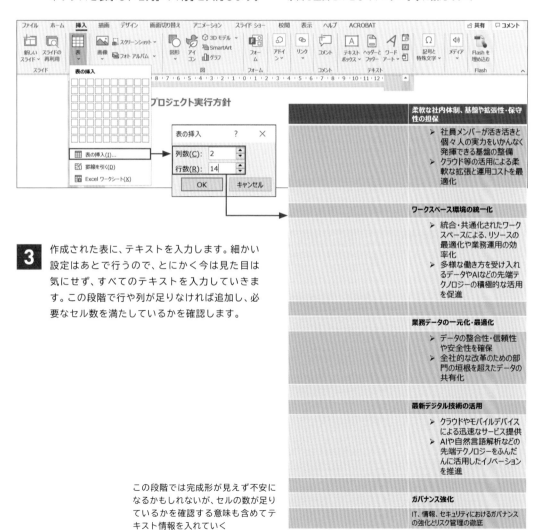

3 作成された表に、テキストを入力します。細かい設定はあとで行うので、とにかく今は見た目は気にせず、すべてのテキストを入力していきます。この段階で行や列が足りなければ追加し、必要なセル数を満たしているかを確認します。

この段階では完成形が見えず不安になるかもしれないが、セルの数が足りているかを確認する意味も含めてテキスト情報を入れていく

4 入力したテキストの設定を調整します。項目タイトルは18ptの太字、詳細内容は箇条書き記号「塗りつぶし丸の行頭文字」の大きい方を選択し、インデントと行間、テキストの上下左右の余白を以下のように設定します。

5 「列の幅」の値を調節して、表全体の大きさを整えます。「行の高さ」は最後に調節するので、まだ触らないでおきます。これだけでもだいぶ形になってきました。

1列目を3cm、2列目を21cmに設定した

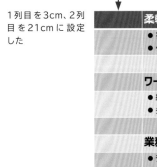

6 続いて、余白の行の設定を行います。余白は、表全体の大きさやバランスに応じて自在にサイズを変えられるように設定しておく必要があります。まず余白の行を選択し、「レイアウト」の「セルの余白」から上下左右0cmの「なし」を選択します。次に、余白の行のフォントサイズを最小の「1」に設定します。フォントサイズはドロップダウンリストでは「8」までしか選択できないので、それ以下のサイズは数値を直接入力し、最後に Enter キーを押します。余白の行の高さは、離れた行は複数選択ができないので、1行ずつ丁寧に選択→設定していきます。今回の例では、高さを0.3cmに設定しました。**余白セルの設定方法をマスターできると、表を使いこなすバリエーションが一気に増えます。重要なテクニックなので、必ず身につけるようにしましょう。**

表のセルは、上下左右の余白を0cm、フォントサイズを1ptに設定すると幅、高さともに0.07cmの極限まで縮小できる

| 柔軟な社内体制、基盤や拡張性・保守性の担保 |
| ● 社員メンバーが活き活きと個々人の実力をいかんなく発揮できる基盤の整備 |
| ● クラウド等の活用による柔軟な拡張と運用コストを最適化 |

7 余白の行の次は、テキストが入力されている行の高さを設定します。例では、項目タイトルの行を1.1cm、詳細内容の行を1.8cmに設定しています。ページ全体のバランスを考慮しながら、同じ情報の性質を持つ行は高さや列の数値を揃え、精度を上げることが重要です。それにより、読み手が受ける印象がとてもよくなります。

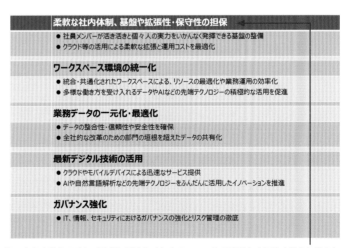

行の高さを整える時に、同時に項目タイトルのフォントの配置を上下中央揃えに設定し、セル内にきれいに収まるようにしておく

8 次に、罫線とセルの色を設定します。罫線は、表全体を選択し、「枠なし」を選択して除去します。スライドの下地が白なので何もしなくてもいいように見えるかもしれませんが、確実に除去し

ておきましょう。セルの色の塗りつぶしは、「テーマの色」（「スリップストリーム」のカラーパレット）の左から3列目の2種類の青の中から選択します。

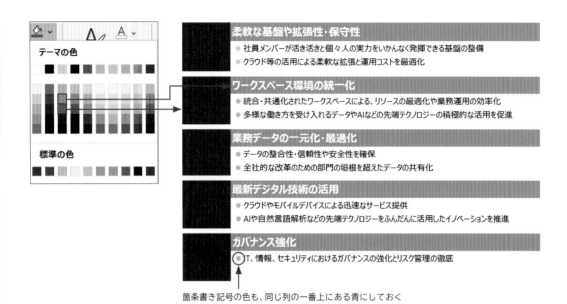

箇条書き記号の色も、同じ列の一番上にある青にしておく

9 仕上げに、1列目に項番を大胆に配置するなど、読み手の目を引く装飾を行います。この時、1列目のセルを思わず結合してしまいそうになりますが、罫線が設定されていない限り、セルが分割されていても表面上の見た目は1つのセルのよ

うに見えます。P.322で説明したように、セルはいったん結合するとあとで再編集する際に面倒なことになります。できる限り、元のセルを残したままにしておきましょう。

数字以外に、内容に即したアイコンを挿入してもキャッチーな仕上がりになる

● 表の箇条書きテンプレートのアレンジ例

表の箇条書きテンプレートは、情報の構造に応じてさまざまなアレンジを施すことができます。例えば同じ内容でも、以下の例のように詳細内容の列を追加して縦に段組みするだけで、かなり印象が変わってきます。

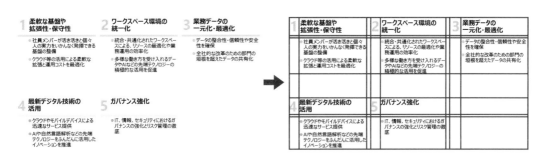

箇条書きは左→右だけでなく、以下の例のように上→下の流れを作るとビジュアルに抑揚ができ、読み手にとって**適度なリズムを保ちながら読み進められる**ようになります。ここでは、項目タイトルの下の線に見える箇所も、余白セルを用いて0.2cmの行を設定しています。このような箇条書きは、段組みの考え方を応用したものです。段組みについては、P.112もあわせて参照してください。

また、横1列に段組みを並べてアイコンを挿入すれば、スペースも節約でき、キャッチーな雰囲気の箇条書きになります。これも特別なことをしているわけではなく、丁寧にセルとテキストの設定を行い、サイズを整えているだけです。1つ1つの作業を面倒くさがらずに丁寧に実施していくことが、成功の鍵を握ります。

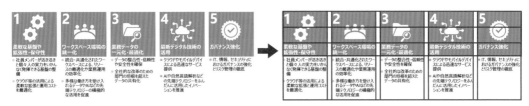

CHAPTER 08
09 表を応用して立体的な箇条書きを作る〜リボンチャート

表と「フリーフォーム」を応用した立体的な箇条書きで、躍動感のあるスライドを作りましょう。

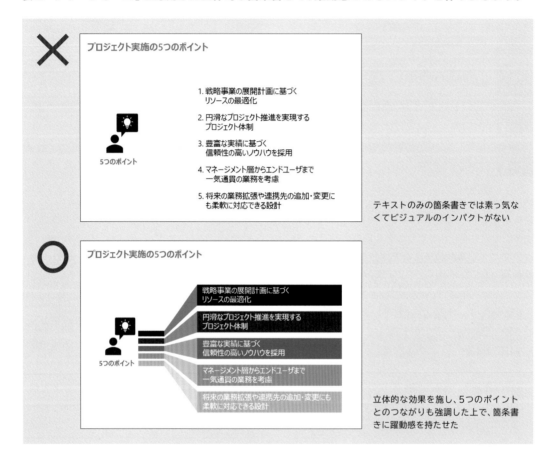

テキストのみの箇条書きでは素っ気なくてビジュアルのインパクトがない

立体的な効果を施し、5つのポイントとのつながりも強調した上で、箇条書きに躍動感を持たせた

◉ 表とフリーフォームを応用するとグラフィカルな箇条書きが作れる

上の例の2つの箇条書きは、内容はまったく同じなのに目にした瞬間に飛び込んでくるインパクトがまるで違うと思います。✗の例ではただテキストで箇条書きにされているだけで、インパクトに欠けます。重要な内容なのに、漫然と適当に作ったのではないか？　という印象を与えるかもしれません。それに対して◯の例では、箇条書きが立体的に浮き出ているように見え、躍動感があります。また左のアイコンから派生して広がっているイメージがプロジェクトの発展を暗示させるようで、読み手の興味を引くように作られています。

このグラフィカルなイメージは、表と「フリーフォーム」を組み合わせて簡単に作ることができます。筆者の私はこれを「リボンチャート」と呼んでいます。使い道も多くあり、効果的に使えばスライドをグンと魅力的なものにすることができます。

◎「リボンチャート」が意味するもの

「リボンチャート」では、スライドの内容に応じて以下のようなニュアンスを引き出すことができます。

● 1つのポイントから派生して広がる

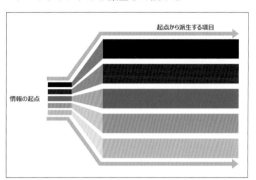

● 複数の要素を1つに集約する

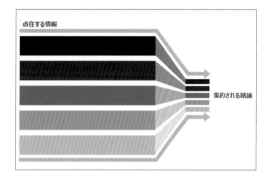

◎ 大きい表と小さい表を作り、「フリーフォーム:図形」でつなげる

「リボンチャート」は、以下の手順で作ることができます。

1 最初に、箇条書きの項目数に余白を加えた数の表を作ります。表は、同じ行数で大きくするものと小さくするものの2つを作ります。例では、1列×余白を含めた9行に設定しています。

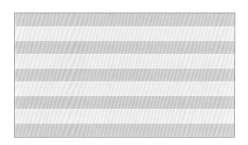

2 余白の行はフォントサイズを1に設定し、上下左右の余白を0cmに設定した上で、行と列を適切な高さと幅に設定します(行と列の設定方法はP.298参照)。

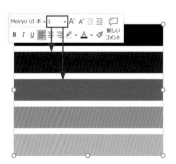

3 罫線は「なし」に設定し、セルに色を塗ります(色と罫線の設定方法はP.307参照)。

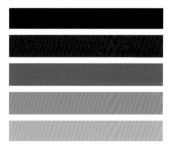

4 「図形」の「線」から「フリーフォーム」を選択し、大きい表と小さい表の間をつなぐ図形を描きます。「フリーフォーム」を選択すると、マウスカーソルが「＋」に変わるので、「＋」の中心点を基準に描画していきます（フリーフォームの詳細な描画方法はP.196参照）。

「フリーフォーム」では、クリックした位置で線がつながれることによって**直線**が描けます。 Shift キーを押しながらクリックすると、水平方向、垂直方向、45度の角度にのみ線が引かれます。始点でクリックすると、線が閉じた図形に変わります。

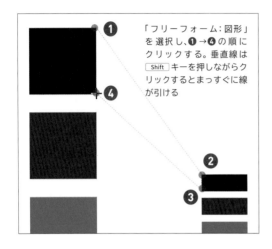

「フリーフォーム：図形」を選択し、❶→❹の順にクリックする。垂直線は Shift キーを押しながらクリックするとまっすぐに線が引ける

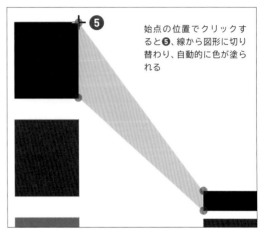

始点の位置でクリックすると❺、線から図形に切り替わり、自動的に色が塗られる

5 同じ要領で、2番目、3番目と描画していきます。

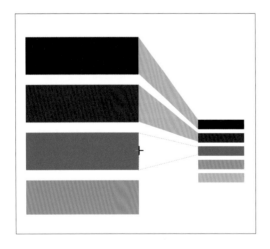

6 「テーマの色」から表のセルと同じ色を塗り、「透明度」を50%に設定します（「テーマの色」についてはP.264参照）。

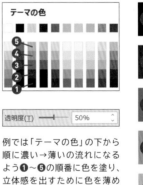

テーマの色

透明度(T) ———— 50%

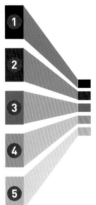

例では「テーマの色」の下から順に濃い→薄いの流れになるよう❶〜❺の順番に色を塗り、立体感を出すために色を薄めた。HSLコードで設定することもできるが、ここでは手っ取り早く透明度で調節してしまう

● 工夫次第でバリエーションも増やせる

リボンチャートは表で作られているので、工夫次第でさまざまなバリエーションを生み出すことができます。例えば大きい表の左側に列を追加して項番を大きく追加すれば、単に数字を入れただけなのに、よりキャッチーなチャートになります。また、大きい表と小さい表の位置関係を変えると、よりダイナミックな印象のチャートになります。

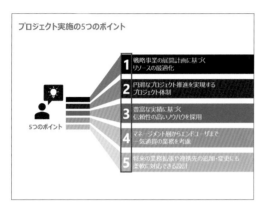

左側に列を挿入し、項番を大きく入れただけでも、よりキャッチーなビジュアルになる

大きい表と小さい表の位置関係を変えてつなげると、よりダイナミックに視線を誘導するチャートが完成する

左→右の流れだけでなく、上→下への流れのチャートも作ることができます。左右の動きと連動させると、視線を誘導できるだけでなく、非常に印象的なチャートを作ることができます。この本の中でもP.258やP.264のようにリボンチャートを使った例があるので、読み返してどのように活用されているかを分析してみるとよいでしょう。

「フリーフォーム」による描画は最初は戸惑うかもしれませんが、コツをつかめば簡単にできるようになります。これは「慣れ」が重要なので、くり返し練習するようにしましょう。

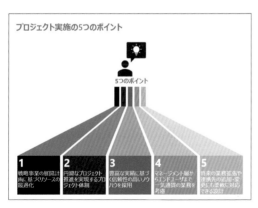

上→下への流れでも、躍動感のあるチャートを作ることができる

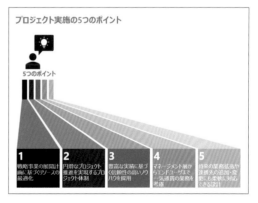

上→下への流れで中央からのスタートが気になる場合は、スタートを左端にずらすことで、視線の流れに沿いつつスライドの右側にスペースを作ることもできる

表をStep図に応用する

表を応用して、見た目にも美しく、視線の流れにフィットしたStep図を作りましょう。

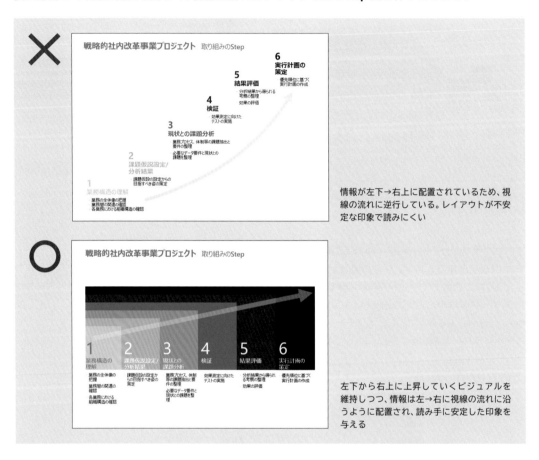

×

戦略的社内改革事業プロジェクト　取り組みのStep

情報が左下→右上に配置されているため、視線の流れに逆行している。レイアウトが不安定な印象で読みにくい

○

戦略的社内改革事業プロジェクト　取り組みのStep

左下から右上に上昇していくビジュアルを維持しつつ、情報は左→右に視線の流れに沿うように配置され、読み手に安定した印象を与える

◉ 表を応用して、視線の流れにフィットし洗練された印象のStep図を作る

皆さんの中にも、✕の例にあるような段階を経るごとに左下から右上に上昇していくイメージのStep図を作ったことのある人が多くいると思います。図の意味としては、現在から将来に向けて段階を踏むごとに上昇していくということを表したいのだとは思いますが、情報の配置が左下→右上になり、左上→右下の視線の流れに反するものになってしまいます。

このような時にも表を応用して○の例のようなStep図を作れば、「発展的な将来像に向けて上昇する」というニュアンスを維持しながら、左上→右下の視線の流れに沿ったチャートを作ることができます。また表のStep図を使うことで、読み手に洗練されたイメージと視覚的に安定した印象を与えるとともに、スライド上の無駄なスペースを抑えることもできます。

● 表を応用したStep図のメリット

表を応用したStep図には、以下の3つのメリットがあります。

❶ 上昇のニュアンスを維持しながら視線の流れに沿った図が作れる

現在→将来に向けた上昇の意味（左下→右上の流れ）を残しつつ、左上→右下の視線の流れにフィットするという、相反する条件を満たした図を作ることができます。

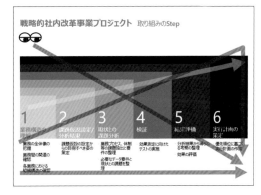

視線の流れは一度右上に上昇しても、情報の終点が右下にあるので結果的に視線の流れにフィットした図になる

❷ スライド上のスペースを効率的に活用できる

左下→右上の図ではどうしてもスライド上に無駄なスペースが発生してしまいますが、表のStep図なら読みやすさを維持しつつスペースを節約できます。例えばスライドの下半分に図を収めれば、上半分に図の説明を補強する情報を入れ込み、スライドの内容をより充実させることもできます。

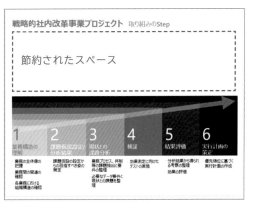

無駄なスペースを極力抑えて、効率的に資料の内容を充実させることができる

❸ 洗練されたビジュアルで安定した印象を読み手に与えることができる

表によるStep図は情報を効率的に並べられるだけでなく、見た目にも美しく、読み手に「この資料は洗練されていて、安心して読むことができる」という印象を持ってもらうことができます。
色も左側は薄く、右に進むにつれて深い青になっていくことで、時間の経過とともに書かれてある情報が成熟していくというニュアンスを伝えられます。Step図を表で作ることによって、情報の進捗をより空間的なイメージで精緻に表現できるようになります。

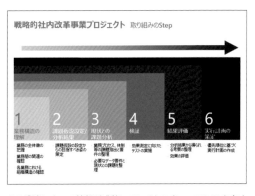

色の濃淡によって情報が成熟していくというニュアンスを表すこともできる

● 表のStep図の作り方

Step図の作り方は、P.326の箇条書きのテンプレートやP.332のリボンチャートとほぼ同じです。情報の単位に応じて必要なセルの数を数えて表を作り、テキスト、罫線、セルの色を設定すれば完成です。

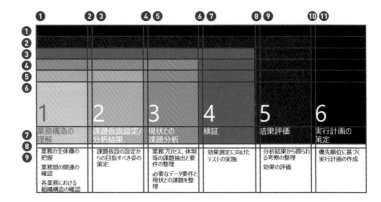

1 ベースとなる表を作ります。例では、余白も含めて11列×9行の表を作ります。

2 「挿入」タブの「表」からは最大8列×10列までしか作れないので、「表の挿入」からダイアログボックスを表示し、11列、9行と入力します。

3 余白もセルとして作成するので、セルの余白はすべて不要です。表全体のセルの余白を、一括で0cmにしてしまいます。

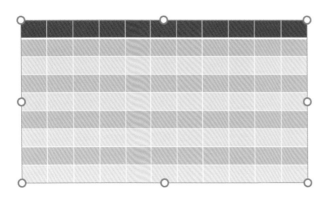

4 表にテキストを入力します。細かい設定はあとで行うので、ここでは見た目を気にせず、すべてのテキストを入力していきます。この段階で行や列が足りなければ追加し、必要なセルの数を満たしているかを確認します。

5 入力したテキストの設定を調整します。項番はフォントサイズを48pt、項目タイトルは16ptの太字、詳細内容は12ptに設定し、箇条書き記号「塗りつぶし丸の行頭文字」の小さい方を選択し、インデントと行間を以下の設定にします。

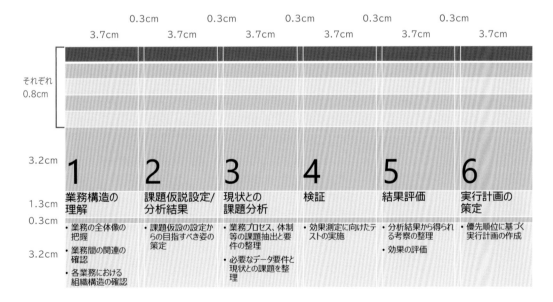

1 業務構造の理解	2 課題仮説設定/分析結果	3 現状との課題分析	4 検証	5 結果評価	6 実行計画の策定
業務の全体像の把握 業務間の関連の確認 各業務における組織構造の確認	課題仮設の設定からの目指すべき姿の策定	業務プロセス、体制等の課題抽出と要件の整理 必要なデータ要件と現状との課題を整理	効果測定に向けたテストの実施	分析結果から得られる考察の整理 効果の評価	優先順位に基づく実行計画の作成

段落ダイアログ:
インデントと行間隔(I) 体裁(H)
全般
配置(G): 左揃え
インデント
テキストの前(R): 0.3 cm / 最初の行(S): ぶら下げ / 幅(Y): 0.3 cm
間隔
段落前(B): 0 pt / 行間(N): 倍数 / 間隔(A): 0.9
段落後(E): 6 pt
タブとリーダー(T)... OK キャンセル

6 列の幅、行の高さをそれぞれ調節して、表全体の大きさを整えます。列の幅は3.7cm、余白は0.3cm、行の高さはそれぞれ以下のように入力します。数値はあくまでも例なので、作りたい資料に合わせてアレンジしてください。

0.3cm 0.3cm 0.3cm 0.3cm 0.3cm
3.7cm 3.7cm 3.7cm 3.7cm 3.7cm 3.7cm

それぞれ0.8cm
3.2cm
1.3cm
0.3cm
3.2cm

1 業務構造の理解	2 課題仮説設定/分析結果	3 現状との課題分析	4 検証	5 結果評価	6 実行計画の策定
・業務の全体像の把握 ・業務間の関連の確認 ・各業務における組織構造の確認	・課題仮設の設定からの目指すべき姿の策定	・業務プロセス、体制等の課題抽出と要件の整理 ・必要なデータ要件と現状との課題を整理	・効果測定に向けたテストの実施	・分析結果から得られる考察の整理 ・効果の評価	・優先順位に基づく実行計画の作成

7 罫線とセルの色を設定します。罫線は表全体を選択し、「枠なし」で除去します。セルの色の塗りつぶしは、「テーマの色」(「スリップストリーム」のカラーパレット)の左から3列目の中から選択します。なお、項目が6つ以上ある時は、下手に

「テーマの色」の別の列から色を選ぶのではなく、使用している列の色相に合わせて追加の色を選ぶとよいでしょう。このような場合の色の選択方法については、P.268～269を参照してください。

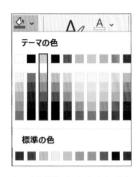

1→6の順に左から右に色を塗っていく

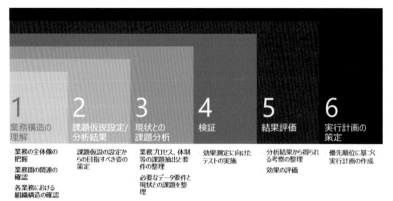

箇条書き記号の色も、左から3列目の一番上にある青にしておく

8 最後に、コネクタで左下から右上に向かう矢印を足せば完成です。他にも飛行機や雲のアイコンを足すなど、アレンジしてもよいでしょう。複

数に渡る性質の情報を塊としてまとめて1つのチャートにでき、かつ、視覚的にも魅力的にできる、表の利点を最大限に活用したチャートと言えます。

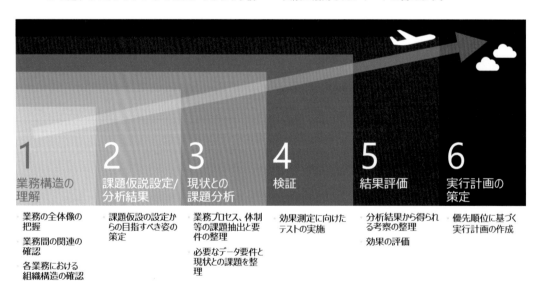

グラフのルール＆
テクニック

CHAPTER 09
01 「グラフ機能」には頼らない

PowerPointによるグラフの作成は、グラフ機能だけに頼ってはいけません。凡例、タイトル、ラベルなど、グラフ本体以外の要素はPowerPoint上で作り直すようにしましょう。

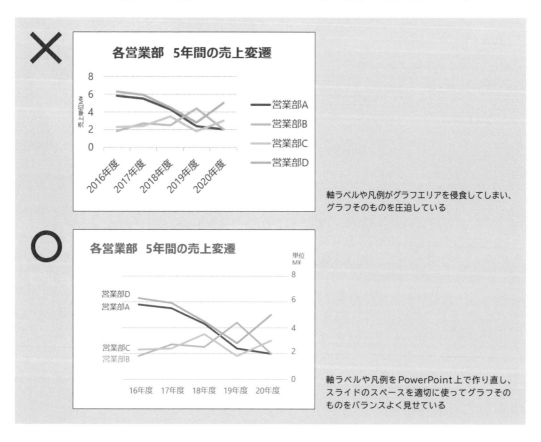

× 各営業部　5年間の売上変遷

軸ラベルや凡例がグラフエリアを侵食してしまい、グラフそのものを圧迫している

○ 各営業部　5年間の売上変遷

軸ラベルや凡例をPowerPoint上で作り直し、スライドのスペースを適切に使ってグラフそのものをバランスよく見せている

◉ グラフの機能だけでは思い通りのものは作れない

皆さんの中には、元のデータやグラフはExcelで作成し、それをPowerPointに貼り付けて資料に組み込む、といった使い分けをしている人もいるかと思います。

Excelから PowerPointに貼り付けたグラフを自分の思い通りのものに仕上げるためには、グラフの機能だけに頼るのではなく、個別に丁寧に作り込んでいくのが賢明です。

この章では、グラフを使った資料を作る際に、読み手が理解しやすい、完全任意の美しい資料を作るためのコツを紹介します。PowerPointのグラフ機能の詳細については、Webや他の書籍を参考にしてください。自身が作る大切なデータを読み手に魅力的に見てもらうためには、既成のグラフの機能からひと手間をかけて、自分の思い通りの情報を作るようにしましょう。

● グラフの設定は2つのタブと「書式設定」を同時に確認する

グラフの設定は、**グラフを選択した時にのみ表示される**「グラフのデザイン」「書式」の2つのタブと、右側に表示される作業ウィンドウの「〜の書式設定」(〜の部分は選択する対象によって名称が変わります)を同時に確認しながら行います。

「グラフのデザイン」タブでは、グラフの色やレイアウトに関する設定ができます。また、元データの編集やグラフの種類の変更も行えます。「書式」タブでは、グラフを構成する各要素の書式設定ができ

ます。リボンの左端にある「現在の選択範囲」のドロップダウンリストから設定したいグラフの要素を選択し「選択対象の書式設定」をクリックすると、選択した要素の設定メニューやパラメーターが右側の作業ウインドウに表示されます。

なお、グラフそのものが描かれるエリアを「プロットエリア」と言い、プロットエリアや軸、凡例などが含まれる全体を「グラフエリア」と言います。

● 「グラフのデザイン」タブ

● 「書式」タブ

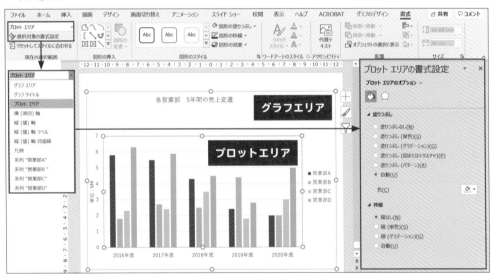

グラフは図形オブジェクトなどと同様、**「線は基本的に設定しない」「線を設定する場合は薄いグレーにする」「影などの効果は除去する」「色数はできるだけ減らす」**といった方針で設定を行います。

サイズと位置に関する設定は、グラフエリア全体に対してしか行うことができません。グラフのサイズは、のちほど紹介するPowerPointの自動調節機能によってグラフエリアにおけるプロットエリアのサイズが最大化されるように設定します。自動調

整を行うまでは、**グラフの構成要素を絶対に手動で触らない**ようしましょう。また、グラフエリア内の文字は「文字の配置」と「文字列の方向」のみ設定可能で、上下左右の余白は設定できません。

このように、グラフの機能だけに頼ろうとすると、テキストボックスや図形よりも設定できる内容はかなり限られます。こうしたことからも、PowerPointのグラフ機能だけでは完全任意のものは作れないということがわかります。

02 グラフの要素を作り直す

グラフを作成したら、グラフのサイズが自動調整で最大化されるよう、ただちにグラフ以外の要素を非表示にしましょう。その上でグラフ以外の要素は作り直すようにしましょう。

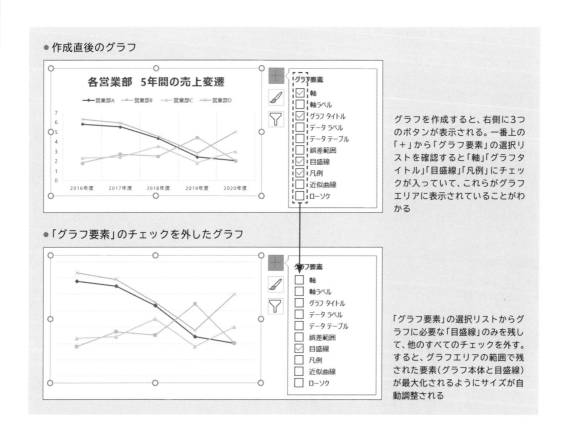

グラフを作成すると、右側に3つのボタンが表示される。一番上の「＋」から「グラフ要素」の選択リストを確認すると「軸」「グラフタイトル」「目盛線」「凡例」にチェックが入っていて、これらがグラフエリアに表示されていることがわかる

「グラフ要素」の選択リストからグラフに必要な「目盛線」のみを残して、他のすべてのチェックを外す。すると、グラフエリアの範囲で残された要素（グラフ本体と目盛線）が最大化されるようにサイズが自動調整される

◉ グラフを作成したら、「グラフ要素」でグラフ以外のものはただちに非表示にする

前のページでは「PowerPointによるグラフの作成は、グラフ機能だけに頼るのではなく、グラフ本体以外の要素はPowerPoint上で作り直すようにしましょう」と説明しました。そのためには、グラフを作成したらただちにグラフの右側に表示される「＋」のボタンから「グラフ要素」の選択リストを表示させ、グラフ以外のすべての要素のチェックを外しましょう。そうすれば、グラフエリアのサイ

ズの範囲でグラフのサイズが最大化されるようにPowerPointが自動調整してくれ、グラフのサイズや位置を数値で精緻に調整しやすくなるのです。**グラフを作成したあとに、手動でグラフエリアのサイズの縦横比を変えてしまったり、プロットエリアなどのグラフの要素にむやみに変更を加えてしまうと、自動調整の機能は適用されなくなります。絶対に触らないようにしましょう。**

● グラフ作成の過程

P.342の◎のスライドを例に、グラフを作成する手順を紹介します。

1 最初に、ベースとなるグラフを作ります。Power
Point上でグラフを挿入するか、Excelで
作成したグラフを貼り付けます。ここでは
PowerPoint上でグラフを作成するため、「挿
入」タブ→「グラフ」をクリックします。

2 「グラフの挿入」ダイアログボックスで、「折れ線」
の「マーカー付き折れ線」を選択します。グラフ
の種類は、任意のものを選択してください。

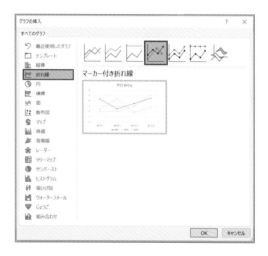

3 サンプルとして、値の入ったグラフが表示されます。「Microsoft PowerPoint内のグラフ」に、表示させた
いグラフの値を入力します。すると、その値が下のグラフに反映されます。

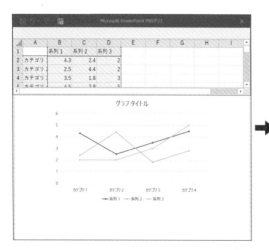

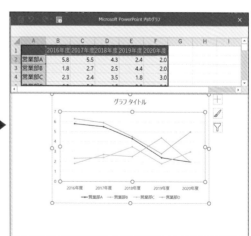

4 グラフを選択した状態で、「グラフエリアの書式設定」の「縦横比を固定する」にチェックを入れ、グラフ全体の形状が歪まないようにします。この段階では、グラフのサイズやプロットエリアなど、グラフの要素を手動で触ってはいけません。

グラフが表示されたらすぐに「縦横比を固定する」にチェックを入れておいた方が無難

5 選択した状態のグラフには、右側に「＋」ボタンが表示されます。これをクリックすると、「グラフ要素」の選択リストが表示されます（Excelから貼り付けたグラフは「貼り付けのオプション」で「図」を選択しない限り、同様に「＋」ボタンが表示されます）。この中から、「目盛線」のみを残して他のすべてのチェックを外します。これで、グラフ以外の要素を非表示にすることができます。場合によっては「目盛線」も非表示にした方

がスッキリしてよい場合もあるので、自身の目で都度確認することが必要です。

なお、**グラフ以外の要素を非表示にすると、グラフエリアのサイズの範囲内で残された要素が最大になるよう、プロットエリアのサイズが自動調整されます。**

ただし、**グラフ作成後にグラフエリアの縦横比を変えたり、プロットエリアなどグラフの要素に手動で変更を加えてしまうと、自動調整は適用されなくなります。いたずらに変更しないようにしましょう。**

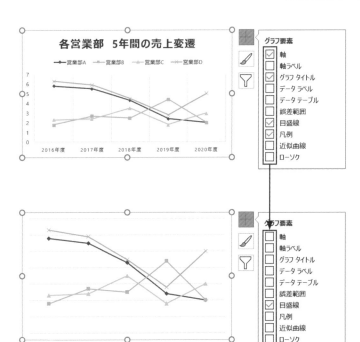

不要な要素は「グラフ要素」でチェックを外し、非表示にする。非表示にした要素は、チェックを入れ直せば再度表示される

6 縦横比やグラフの要素に手を入れていない状態であれば、グラフエリアのサイズに対するプロットエリアなどの占める割合はグラフの種類を問わず一定なので、複数のグラフをほぼ同じ大きさに揃えることができます。そのため、グラフのサイズを変える際には必ず**「縦横比を固定する」にチェックを入れてから高さと幅の数値を調節する**ようにします。

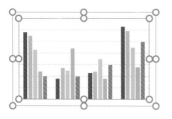
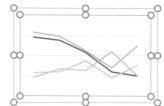
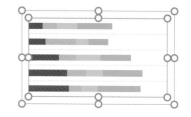

グラフエリアに対するプロットエリアの割合が同じなので、種類の異なるグラフであってもサイズを整えやすい

7 「グラフエリアの書式設定」でグラフのサイズと位置を設定、調整し、グラフの上に、タイトル、X軸の「年度」、Y軸の目盛の数値、数値の単位、凡例などをPowerPoint上で丁寧に作り込んでいきます。

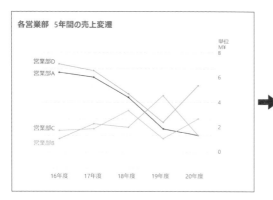
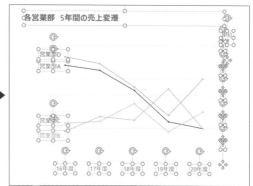

グラフ以外の要素はすべてPowerPoint上であらためて作り直している

8 この時、例えば折れ線グラフであれば凡例を別に作るのではなく、個別の折れ線グラフの近くに直接書き込む、円グラフであればパイの中に直接書き込むなど、読み手が直感的にわかるような工夫をすると、より魅力的なグラフになります。

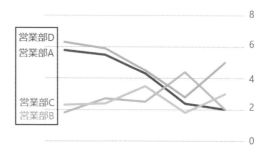

凡例を個別に作るのではなく、折れ線の横に色を揃えて配置すれば、読み手にわかりやすいグラフになる

03 円グラフは「円弧」で作り直す

円グラフは、元になるデータからグラフを作り、その上を円弧でなぞることによってきれいに作り直しましょう。

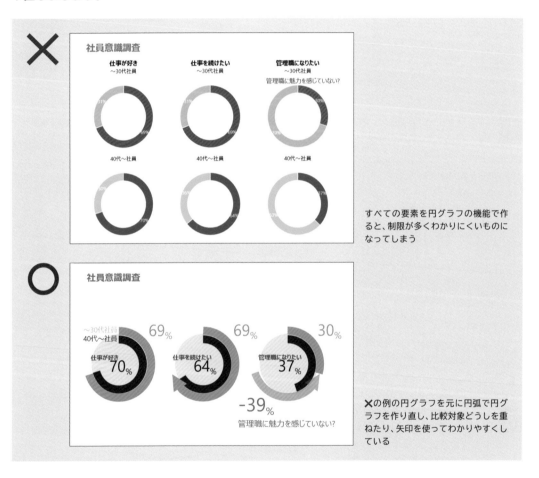

すべての要素を円グラフの機能で作ると、制限が多くわかりにくいものになってしまう

✕の例の円グラフを元に円弧で円グラフを作り直し、比較対象どうしを重ねたり、矢印を使ってわかりやすくしている

◉ 円グラフはグラフ機能を使わず円弧で作ってしまう方が手軽できれい

円グラフは、その他のグラフ以上にデータの見せ方を工夫しないと、✕の例のように視力検査のような意味のわからない円が羅列されるだけということになり、読み手がグラフのメッセージを読み取ることができない事態にもなりかねません。
円グラフのデータの整合性を担保するため、元になるグラフはグラフ機能で作るとしても、スライド上での「魅せるグラフ」はP.210で解説した「円弧」の機能を使って作る方が、ずっと簡単で柔軟なカスタマイズができます。読み手が見ただけで直感的に理解できる、魅力的な円グラフの作り方を身につけましょう。

● 円弧と正円とテキストを組み合わせているだけ

筆者の私が❶の例のようなスライドを作った時に、まわりの人から「どうやって作ったのですか?」と聞かれることがあります。しかし、これらはExcelやPowerPointのグラフの機能で原型を作り、そ

の上を円弧でなぞって組み合わせただけの簡単なものです。作り方を明かすと、皆さん一様に「そういう選択肢があるとは思いつかなかった」と驚きます。

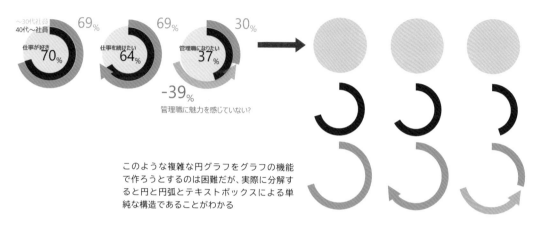

このような複雑な円グラフをグラフの機能で作ろうとするのは困難だが、実際に分解すると円と円弧とテキストボックスによる単純な構造であることがわかる

● 円弧を使った円グラフ作成の過程

円弧を使った円グラフは、次のような方法で作成します。

1 元になるデータから、グラフの機能を使って円グラフを作成します。

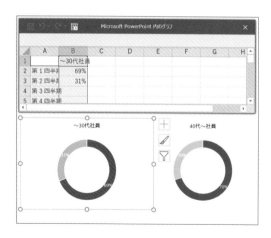

2 作成した円グラフの上をなぞるように、円弧でグラフの形を作ります。例のように円弧どうしを重ねたり、大きさを調整したりして並べ、メッセージを加えれば完成です。

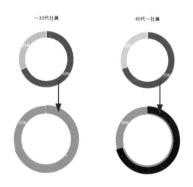

3 円弧は線なので、始点と終点に矢印を設定できます。また、円弧を重ねて一方を点線にし、予測や目標値などの値を表現することもできます。

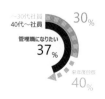

読み手にグラフのメッセージを読み取ってもらうための細かい演出はグラフでは不可能だが、円弧だと簡単に設定できる

◉ 究極はグラフも図形とテキストで1から作った方が確実

グラフをわかりやすく、美しく見せるには、グラフの機能を用いつつ、ここまでに紹介したような丁寧な作り込みの作業が必要になります。そうであれば、いっそのことデータの管理はExcelにまかせて、PowerPointでは読み手に伝わるように美しく「魅せる」ことに徹するといったようにそれぞれの役割を分けて考え、前ページで行ったようにPowerPoint上で図形やテキストを使って1からグラフを作り直してしまった方が、修正するより楽な場合もあります。

「そんなバカな」と思う人もいるかもしれませんが、複雑なグラフでなければ四角や線（フリーフォーム）を使ってサイズのパラメーターを正確に設定すれば、グラフ機能に頼らなくてもグラフは作れます。筆者の私は、簡単なグラフであればグラフ機能を使うよりも図形で作る方がずっと簡単に作ることができ、条件に応じていくらでもカスタマイズの融通が利くので、データの割合に応じてオブジェクトのサイズを変えるなどして1から作ってしまいます。ただし、データの整合性や正確さを担保するのは大前提であり、恣意的にデータを改ざんするという意味では決してありません。

「グラフだから必ずグラフの機能を使わなければいけない」という先入観を取り払い、「読み手に伝わる魅力的な資料を手間をかけずに作るにはどのような方法がよいか」という観点で、もっと臨機応変に考えるようにしましょう。

CHAPTER 09 グラフのルール&テクニック

━◉ HINT

グラフを選択した際に表示される残り2つのボタン

グラフを選択した際に表示される「+」ボタンの下には、「グラフスタイル」と「グラフフィルター」という2つのボタンが表示されています。どちらのボタンも、クリックすると「グラフのデザイン」タブにある機能の一部が表示されます。

真ん中のペンのアイコンの「グラフスタイル」ボタンでは、「スタイル」でグラフの全体的な視覚イメージを、「色」でグラフの色のバリエーションを選択できます。

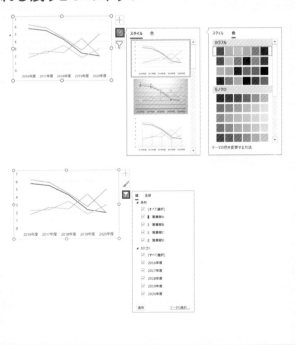

下の漏斗のアイコンの「グラフフィルター」ボタンは、「グラフのデザイン」タブにある「データの編集」の簡易メニューとして使うことができます。

04 円グラフで箇条書きを 魅力的に装飾する〜円チャート

円グラフを活用したテクニック「円チャート」を利用して、インパクトのある魅力的な箇条書きを作りましょう。

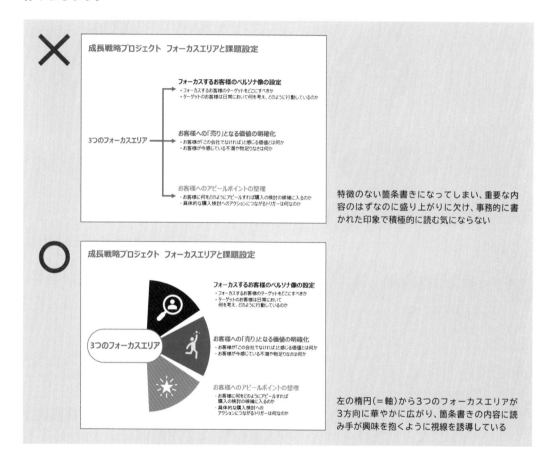

円グラフで箇条書きを華やかに魅せる

上の2つの資料を同時に出されたら、ほとんどの人が下の○の例を先に読み始めるでしょう。2つの例を見比べると、読み手に読んでもらう資料は内容だけでなく、見た目の印象も非常に重要だということがあらためてよくわかると思います。これは円グラフを応用しているだけのもので、皆さんも簡単に作ることができます。筆者の私はこれを「円チャー

ト」と呼んでいます。
円グラフを応用して箇条書きをより魅力的なものにするテクニックを実践できると、ビジュアルとして表現しにくい内容の資料でも、グラフィカルなものに作り上げることができるようになります。P.332と合わせて、箇条書きを魅せるテクニックを身につけましょう。

● 円チャートの作り方

円チャートは、以下のように赤枠で示した形状の円グラフを作り、その一部に色を塗ってパーツとします。最初に、情報の単位に合わせて円グラフの割り振りを考えます。円グラフの割り振りが左右対称になるように羽の大きさを均等にして、余白のバランスがちょうどよくなるように数を割り振ります。

例では、円グラフの右半分を50として、羽を15、余白を上から順に0.8→1.7→1.7→0.8として、合計50になるように割り振っています。この値は、それぞれの要素が必要な大きさになるよう、ご自身で計算してください。

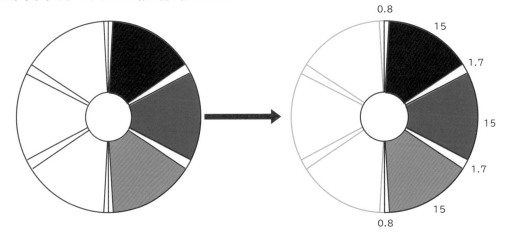

半円を50として、各要素の値を割り振る

1 最初に円グラフを挿入します。円グラフは「挿入」タブの「グラフ」から、「円グラフ」の「ドーナツ」を選択します。

2 初期設定の「ドーナツ」の円グラフが表示されます。

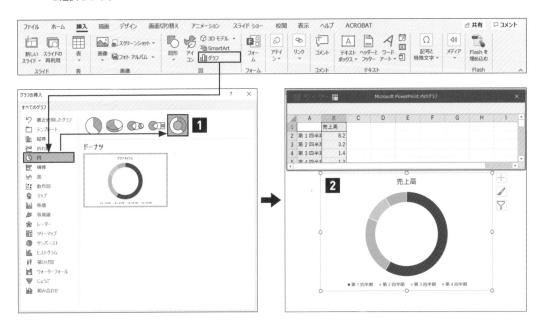

3 表示される「Microsoft PowerPoint内のグラフ」に、前ページで計算した数値を1列、14行で入力します。

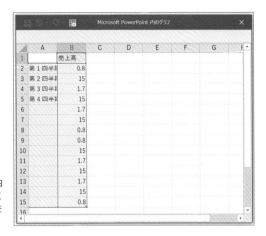

初期設定では「売上高」「第1四半期」といった項目が出てくるが、気にせず計算した値を入力する

4 円グラフが表示されたら、グラフを選択すると右側に表示される「+」ボタンをクリックして、すべてのチェックを外します。これで、グラフのみが表示されます。

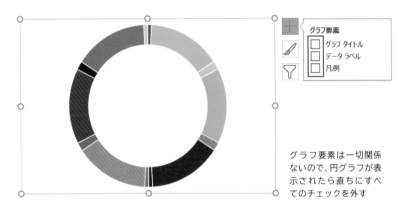

グラフ要素

- グラフ タイトル
- データ ラベル
- 凡例

グラフ要素は一切関係ないので、円グラフが表示されたら直ちにすべてのチェックを外す

5 円グラフの中心にある「ドーナツの穴」の大きさを小さくします。円グラフのデータ系列を右クリックし、「データ系列の書式設定」をクリックします。「ドーナツの穴の大きさ」の値を小さくして、サイズを調節します。例では75%→25%に設定しています。

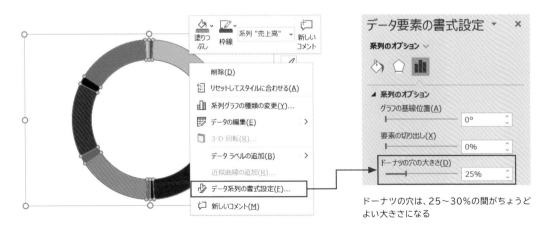

ドーナツの穴は、25〜30%の間がちょうどよい大きさになる

6 構成要素を1つずつ丁寧に選んで、色を塗っていきます。データ系列は、1回クリックしただけではデータ系列全体が選択されてしまいます。設定したい箇所をもう一度クリックし、「データ要素の書式設定」の「系列のオプション」から丁寧に色を設定していきます。ここで慌てるとPowerPointが不安定になりやすくなるので、落ち着いて作業しましょう。

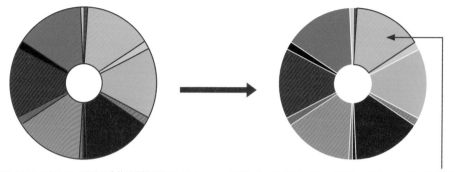

データ系列をクリックすると、1回目は全体が選択されてしまう

設定したい箇所のみもう一度クリックすると、正しく選択できる

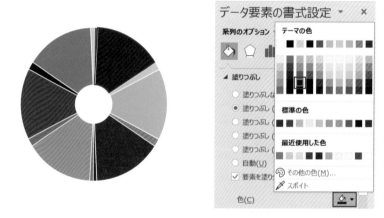

設定したい箇所で右クリック→「データ系列の書式設定」で色を設定する。各要素で、これを丁寧にくり返す

7 「テーマの色」から、❶～❸の順番にデータ系列に色を塗っていきます。
余白の部分は「塗りつぶしなし」を選択します。

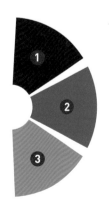

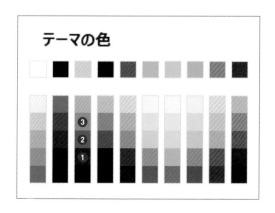

8 かなり完成に近づいてきましたが、データ要素に線が設定されているので「枠線」の設定を「線なし」に変更して、線を除去します。この時、スライドの背景色も白なので線はそのままでもよいのではないかと思うかもしれませんが、線を 残しておくと白黒印刷の際に線が黒く表示され、正しく印刷されないので注意が必要です。線が引かれているかどうかの確認は、「表示」タブ→「グレースケール」で確認することができます。

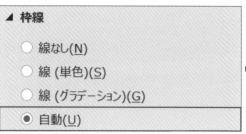

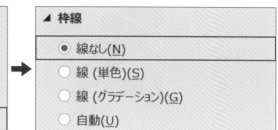

「表示」タブ→「グレースケール」で白黒印刷の結果を確認できる

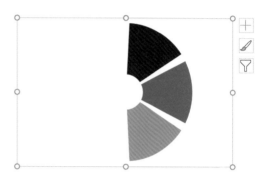

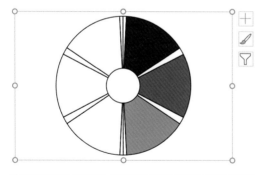

線が設定されたままだと、白黒印刷の際に線が黒く印刷されてしまう

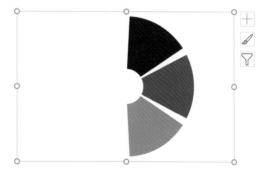

「線なし」に設定することで、白黒印刷でも線が印刷されなくなる

9 グラフの線の設定でさらにいやらしいのが、データ要素の一部にだけ線が設定されている場合に、円グラフ全体を選択すると書式設定の表示では「線なし」になってしまうということです。

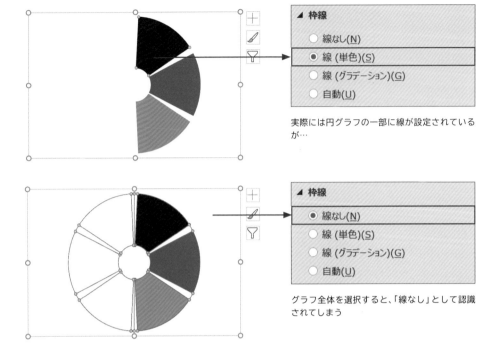

実際には円グラフの一部に線が設定されているが…

グラフ全体を選択すると、「線なし」として認識されてしまう

10 このように PowerPoint のグラフの線の認識機能は当てになりません。必ず最初に「線 (単色)」で円グラフ全体に強制的に線を設定した上であらためて「線なし」を設定し直し、確実に線を取り除くようにしましょう。

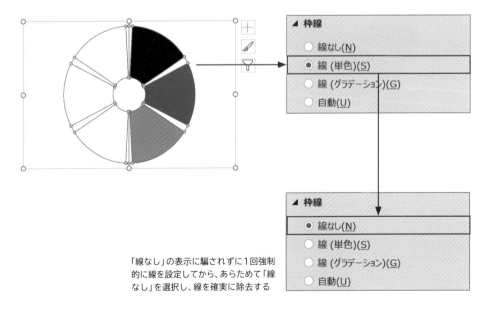

「線なし」の表示に騙されずに1回強制的に線を設定してから、あらためて「線なし」を選択し、線を確実に除去する

11 仕上げとして、角丸四角の角の丸みを、左右がほぼ円になるように調整ハンドルで設定し、円チャートの中心に添えます（角丸四角を有効に使う数少ない例外です）。

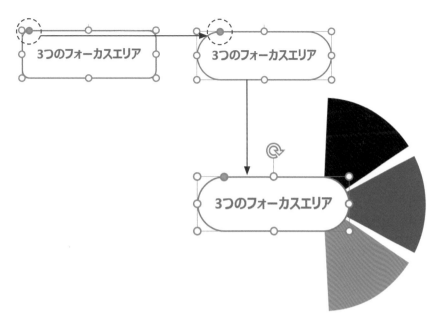

12 「挿入」タブ→「アイコン」から、適切なピクトグラムなどを乗せて完成です。

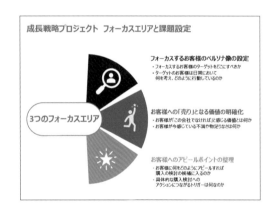

13 アイコンではポップすぎる、という場合はフォントサイズの大きい数字を段落番号のように使うと締まりが出ます。

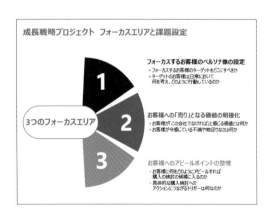

● 箇条書きの項目数に合わせた円チャートを作る

円チャートは、円グラフのデータの値を変えれば羽の数を増やすことができるので、情報の構造に応じて作り替えることができます。値は左右対称になるように、左右の半円全体を50として考えます。

なお、以下の例を見てわかる通り円チャートは項目数が6個以上の箇条書きには向きません。項目数が多い箇条書きでは無理に円チャートを作らず、別の表現方法を検討しましょう。

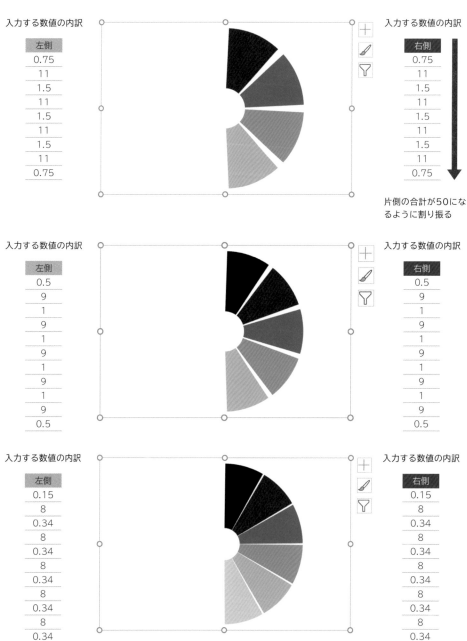

入力する数値の内訳

左側
0.75
11
1.5
11
1.5
11
1.5
11
0.75

入力する数値の内訳

右側
0.75
11
1.5
11
1.5
11
1.5
11
0.75

片側の合計が50になるように割り振る

入力する数値の内訳

左側
0.5
9
1
9
1
9
1
9
1
9
0.5

入力する数値の内訳

右側
0.5
9
1
9
1
9
1
9
1
9
0.5

入力する数値の内訳

左側
0.15
8
0.34
8
0.34
8
0.34
8
0.34
8
0.34
8
0.15

入力する数値の内訳

右側
0.15
8
0.34
8
0.34
8
0.34
8
0.34
8
0.34
8
0.15

❍ データ要素の列数を増やして「ギザギザ」の円チャートを作る

円チャートの派生形で、右の例のようにデータ要素の羽が下側に向かってギザギザになっているものを作ることができます(筆者の私は安直に「ギザギザ」と呼んでいます)。

円チャートに比べて若干凝ってはいますが、基本的な作り方は同じです。こちらも、作れるようになるとこじゃれたオブジェクトとして使うことができ、重要な内容ではあるが文字数がそれほど多くないチャートを華やかにしたい、という時に役に立ちます。

円チャートでは、元になるグラフを作る際にデータ要素の列数が1列のみだったのに対して、ギザギザでは列数を6列に増やし、複雑な形状を作っています。入力する値は、円チャートの時のように羽と羽の間の余白を考慮する必要がないため、簡単に作る

ことができます。初期設定の状態では色がものすごいことになってしまうので、線をデータ要素ごとに除去し、1つずつ丁寧に色を塗っていきます。根気のいる作業なので、時間のある時に落ち着いて作っておくとよいでしょう。

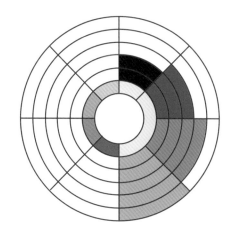

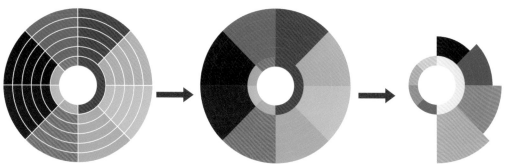

円チャートは1列のみだったのに対し、ギザギザでは6列に渡って値を入力する

数値を入力してドーナツ型の円グラフを作ると、初期設定の状態ではものすごいことになっている

線をすべて除去する

丁寧に色を塗っていく。塗りつぶしなしのスペースが大きいため、できあがりは実際の円グラフよりも小さくなる

◉ 柔軟な発想と工夫次第でさまざまな用途に応用できる

これまで紹介した円チャートとギザギザは、元の形
状が左右対称になるように作ってあります。その
ため、左右を逆に作り替えることも簡単です。左か
ら右に情報が派生する構図だけでなく、左から右に
情報が集約するというパターンにも使うことがで
きます。

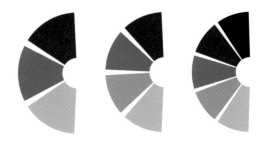

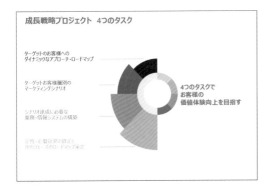

左右を組み替えることで、左から右に情報が集約するイメージ
を作ることができる

成長戦略プロジェクト　4つのタスクとフォーカスエリア

P.332で紹介した「リボンチャート」と組み合わせれば、左の情
報がいったん集約され、右でまた発展的に拡散するというイメー
ジを作ることもできる

円チャートは、左右パターンだけでなく上下パター
ンも作っておくと、さらにバリエーションが広がり
ます。いずれも、箇条書きの項目数によって3つパ
ターン、4つパターン、5つパターンと作り置きして
おくとよいでしょう。そうすれば、項目数に応じて
色の設定を変える程度の簡単な作業ですぐに使える
ので、とても便利です。

なお、**これらのチャートはスライド上のスペースを
かなり使ってしまいます。小さく使うと余計なス
ペースを食うばかりか、チャートのよさを損ねてし
まうので注意しましょう。**できるだけスライドの
スペースを多めに取り、ここぞというキーとなる要
素で、大胆に使うようにしましょう。

入力する数値の内訳

上側	下側
7.6	7.6
1.6	1.6
15	15
0.8	0.8
0.8	0.8
15	15
1.6	1.6
7.6	7.6
7.6	7.6
1.6	1.6
15	15

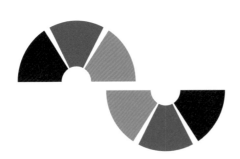

CHAPTER 09 グラフのルール&テクニック

360

CHAPTER 09
05 円チャートを結合の図に応用する〜コンバイン

円チャートを応用して、2つの情報が合わさって次の情報につながる「結合の図」を作りましょう。

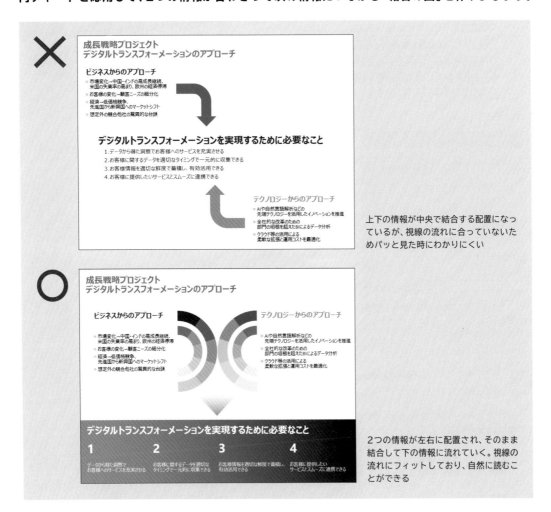

上下の情報が中央で結合する配置になっているが、視線の流れに合っていないためパッと見た時にわかりにくい

2つの情報が左右に配置され、そのまま結合して下の情報に流れていく。視線の流れにフィットしており、自然に読むことができる

● 円チャートで結合の図を魅力的に見せる

皆さんの中にも、大きい2つの情報の塊が結合して1つの結論に至る、という構造のチャートを作ったことがある人は多いと思います。

このような時に円グラフによる「円チャート」を応用すると、例のように視線の流れにフィットする、洗練されたビジュアルの図を作ることができます。筆者の私はこの円チャートを「コンバイン（Combine＝結合）」と呼んでいます。この節では「コンバイン」の作り方と、円チャートの応用のバリエーションを紹介します。

● 大小の円チャートを2つ組み合わせる

「コンバイン」は、同じ形の円チャートを2つずつ組み合わせることによって作られています。

1 最初に、外側の青のグラフを作ります。「挿入」
タブ→「グラフ」→「円」→「ドーナツ」を選択し、
データ要素の値を入力します。円グラフは「グラ
フ要素」の「+」ボタンをクリックし、すべての
チェックを外します。「ドーナツの穴の大きさ」は、
初期設定の75%のままにします。グラフのサイ
ズは、「グラフ要素」を非表示にして自動調整が
行われたあとに「グラフエリアの書式設定」の「サ
イズ」のパラメーターで調整します。絶対に手動
で触らないようにしましょう。

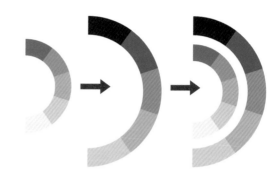

円グラフのデータの値は、必要なデータ要素
の個数分「1」を入力し、最後に1の合計値を
入れる単純なものでよい

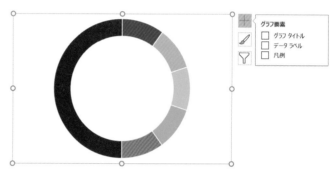

グラフが作成できたら、初期設定の状態のまま「グラフ要素」のチェックを外すと、
円グラフがグラフエリア内で最大の大きさになるように自動調整される

2 線を「線なし」にして除去し、データ要素を1つずつ選択して色を設定します。
同じ要領で、グレーの円グラフも作ります。

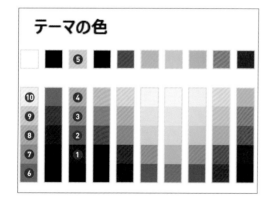

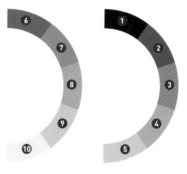

3 それぞれの円グラフの大きさを整えます。**最初に必ず「縦横比を固定する」にチェックを入れて**から、「高さ」の値を基準に調整します。例では、大きい青い円グラフを高さ8cm、小さいグレーの円グラフを5.3cmに設定しました。

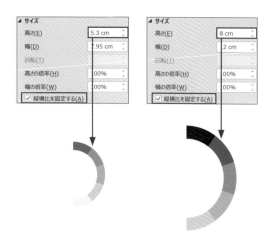

4 それぞれの円グラフを、「配置」→「上下中央揃え」→「左右中央揃え」で重ね合わせます。

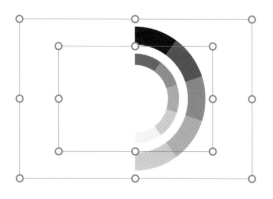

5 小さいグレーの方の円グラフの「ドーナツの穴の大きさ」が大きいので、バランスがよくなるように調整します。例では65%に設定しました。

全体の大きさを見て、バランスがよくなるように上下ボタンで1%ずつ調節していく

6 同じ手順で、反対側のグリーンの円グラフも作ります。データ要素の値は青の円グラフと同じですが、入力する順番を逆にします。

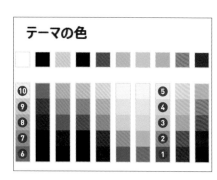

青の円グラフとは反対に、先に各データ要素の「1」の合計を入力する

7 双方の円グラフを合わせて完成です。グラフは表と違いグループ化ができるので、形が崩れないようにグループ化しておくとよいでしょう。

8 円チャートと同様、データ要素の値の設定によって色の数を自由に変えられます。3個パターン、4個パターンも作ってストックしておくと、さまざまなシーンで使い分けができて便利です。

● 「コンバイン」以外にも使い回しができる

「コンバイン」以外にも、片方の円グラフを使って円チャートの派生形として活用することもできます。円チャートに比べてスペースを多少節約できるのと、円チャートよりもビジュアルから与える印象が落ち着いた感じになります。

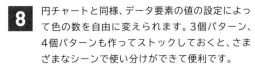

「3つのフォーカスエリア」から各ポイントが展開されるアイキャッチとして、片方の円グラフを使用した

円チャートは、円グラフをベースにした抽象的なオブジェクトです。アイキャッチとして上手に応用すれば、読み手に「何が書いてあるのだろう?」と興味を抱かせる、視覚的なインパクトの強いスライドを作ることができます。

発信する情報の内容と視覚からのインパクトがシンクロすれば、ただのテキスト情報から得られる以上の強い印象を読み手に与えることができます。

また右の例のように行長を長くしたいという場合にも、箇条書き記号の代わりに円チャートをアイキャッチとして大胆に使うことで、見た目の印象を大きく変えることができます。

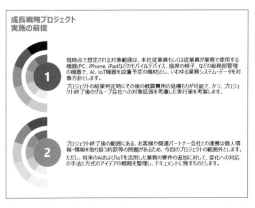

箇条書き記号の変化球として使うことで、インパクトの強い資料にすることができる

例えば以下のような資料を見た時に、左と右のどちらを先に読みたいと思うでしょうか。同じ内容でも円チャートを上手に活用することで、ただのテキスト情報が読み手の印象に残る魅力的なものに生まれ変わります。

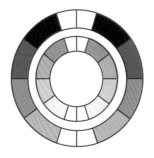

上の円チャートは、2つの円グラフを左右対称になるように割り振り色を塗ったもので、段組みと併用することでさらに印象的なビジュアルになる

また、円チャートと円チャートの間に半円にした円弧を装飾線として丁寧に乗せることによって、さらに凝った演出ができます。円チャートは、入力するデータの値を組み替えれば無限にパターンを作り出せるので、どのように活用するかは資料の作り手のアイデア次第です。円チャートは、インパクトに欠ける資料が「読ませる」「魅せる」という難しい条件をクリアするための強力な飛び道具になります。ぜひ、柔軟な発想で魅力的なスライドを作るための試行錯誤をしてみましょう。

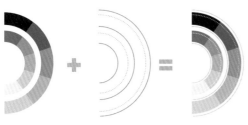

円弧の「塗りつぶし」を「なし」にして、薄いグレーの線を設定する。円チャートの周辺を覆うように、サイズを整えながら丁寧にかぶせていく

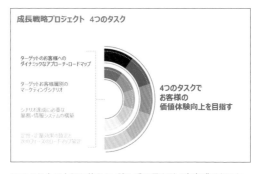

スライド上で大胆に使うと、読み手の目を引く存在感のあるキーチャートに仕上がる

●「涙形」で「コンバイン」の派生形を作る

円チャートではありませんが、図形の「涙形」を使って右のようなコンバインの図を作ることができます。単純な形ですが、円チャートのコンバイン同様、頻繁に使える便利なものなので、いざという時のためにストックとして用意しておくとよいでしょう。

1 「図形」→「基本図形」から「涙形」を選択します。

基本図形

2 涙形の図形を45度回転させます。

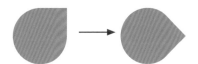

3 回転させた涙形をもう1つ作り、左右反転させます。

4 双方の涙形を、「図形の結合」で1つの図形にします。ただし、このままでは45度の回転がかかったままなので、P.170で紹介した「図形の結合を応用して、回転したオブジェクトを強制的に垂直に戻す裏技」で垂直にします。

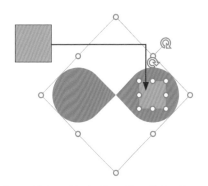

「図形の結合」を実行する際の図形の選択は、グレーの四角形→水色の涙形の順に選択する

5 「塗りつぶし」を「なし」に設定し、薄いグレーの線を設定します。

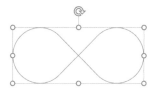

6 双方の中心に正円を配置します。テキスト情報だけでなく、アイコンを置いても印象的になります。

スライドマスターの
ルール&テクニック

CHAPTER 10

01 スライドマスターの基本を理解する

PowerPointの神髄とも言える、「スライドマスター」とは何かを理解しましょう。

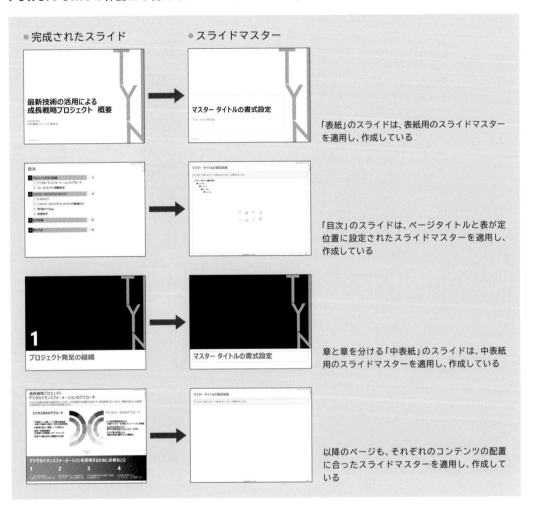

● PowerPointの神髄「スライドマスター」とは何かを理解する

第10章では、PowerPointの神髄とも言えるスライドマスターについて紹介します。**スライドマスター**とは、いわば「**スライドの骨組み**」であり、「**スライドの設計図**」と言えるものです。すべてのスライドに共通した背景を設定したり、任意のレイアウトや

書式を一括して設定・管理・変更したりする時に利用する、非常に便利な機能です。これまでスライドマスターを使ったことがなく、スライドの編集作業を1枚1枚手作業で行っていたという人は、ぜひこの章で正しい使い方を身につけましょう。

● スライドマスターとは「スライドの定型フォームのセット」のこと

PowerPointで新規ファイルを開くと、最初に「表紙用のスライド」（PowerPointの表示では「タイトルスライド」）が表示されます。この「表紙用のスライド」には、あらかじめ表紙用の定型フォームが適用されています。「タイトルを入力」と表示されている欄には、資料のタイトルとして目立つように大きいフォントサイズが設定されています。同様に「サブタイトルを入力」と表示されている欄にも、資料のサブタイトルや日付、資料作成者の名前など、

補足情報を入力するための書式があらかじめ設定されています。

これらの書式は、すべてPowerPointにあらかじめ用意されている「Officeのテーマ」という定型フォームのセットが適用されたものです。この**定型フォームのセットを上手に活用することが、スライドを読みやすく、効率的に作るための最短コース**なのです。そして、このスライドの定型フォームのセットのことを「スライドマスター」と言います。

表紙用のスライドには、「タイトル」と「サブタイトル」の書式があらかじめ設定されている

「タイトル」と「サブタイトル」の欄に情報を入力すれば、表紙のスライドが一応完成する

● スライドマスターを正しく設定してからスライドを作り始めるのが正しい使い方

もし「今回の資料では表紙は必要ない」という場合でも、最初に表示される表紙用スライドの「タイトルを入力」「サブタイトルを入力」のテキストボックスを削除し、新たにテキストボックスを追加して資料を作り始めるというようなことは絶対にしてはいけません。**PowerPointはこのスライドを依然「表紙用スライド」として認識しているため、このような作り方ではその後の作業に不具合が生じやすくなる**からです。

例えば、作成したスライドを自分が作った別のPowerPointのファイルや人から送られてきたPowerPointのファイルに移し替えた時に、最初に削除したはずの「タイトルを入力」「サブタイトルを入力」のテキストボックスが再び表示されてしまっ

たり、きれいに作ったはずのレイアウトが崩れてしまったという経験のある人は、スライドマスターを無視してスライドを作ってしまったことが原因と考えてほぼまちがいありません。

最初にスライドマスターを正しく設定してからスライドを作り始めるのが、PowerPoint本来の正しい使い方だということを理解しましょう。スライドマスターは、この本で第1章から紹介している「良質なPowerPoint資料」を作る上でとても便利な機能が実装されており、効率的に資料を作る上で必要不可欠なものです。スライドマスターを使いこなすことは、いわばPowerPointの神髄であると言えるのです。

● 1スライドごとにスライドマスターを選択しながら作っていく

「今回の資料では表紙は必要ない」という場合に「タイトルを入力」「サブタイトルを入力」のテキストボックスを消してはいけないということなら、いったいどうすればよいのか？　と思う人もいるでしょう。この場合は「表紙用スライド」を開いたまま、「ホーム」タブ→「レイアウト」で表示される「レイアウトギャラリー」の中から、自分が作りたいスライドに最適な定型フォームを選択するのです。すると、選択した定型フォームがスライドに適用されます。あとは、適用した定型フォームに沿ってスライドの

内容を作り込んでいくだけです。

PowerPointで特別な設定を行わずに新規ファイルを作成すると、「Officeのテーマ」という名称の11種類の定型フォーマットのセット、つまりスライドマスターがあらかじめ適用されます。そして、1スライドごとにこれらの中から適切なレイアウトを選択してスライドを作成していきます。このように、スライドを作成する上では、常に定型フォームのセットであるスライドマスターを意識することが重要なのです。

「ホーム」タブ→「レイアウト」で「レイアウトギャラリー」を開くと、表紙用の定型フォームである「タイトルスライド」が適用されていることがわかる。必要に応じて、任意の定型フォームを選んで適用し直す

ここでは「Officeのテーマ」の中から、「タイトルとコンテンツ」を選んでスライドに適用した

● 新しいスライドを追加する時もスライドマスターを選択する

新たにスライドを追加する時は、「ホーム」タブにある「新しいスライド」をクリックします。すると、先ほど「ホーム」タブ→「レイアウト」を選択した時と同様、11種類の定型フォームが表示されます。この中から、自分が作りたい新しいスライドに最適なレイアウトを選択します。

新しいスライドを作成するたび、自身の作りたいスライドの情報の性質に合わせて定型フォームの一覧から任意のレイアウトを選択し、そのフォームに沿ってスライドを作っていくのです。

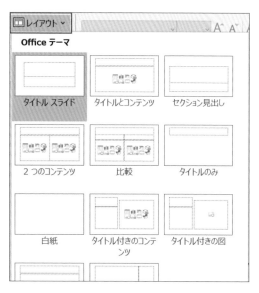

新しいスライドを作るたびに、定型フォームの一覧から適切なレイアウトを選択し、作り込んでいくのが正しいPowerPoint資料の作り方である

また、サムネイルウィンドウ上で任意のスライドを右クリック→「新しいスライド」をクリックすると、選択しているスライドと同じ定型フォームのスライドを新たに追加することができます(ただし、「表紙用スライド」を選択した状態で「新しいスライド」をクリックした時のみ、同じ「表紙用スライド」ではなく「タイトルとコンテンツ」の定型フォームの

スライドが追加されます)。

この方法で追加したスライドで別の定型フォームを使用したい場合は、前ページで紹介した手順で「ホーム」タブ→「レイアウト」の「レイアウトギャラリー」から任意の定型フォームを選択し、スライドを作り始めるようにしましょう。

サムネイルウィンドウ上で右クリック→「新しいスライド」で、現在選択しているスライドと同じ定型フォームのスライドを追加することができる

追加したスライドで別の定型フォームを使用したい場合は、「レイアウト」の「レイアウトギャラリー」から任意の定型フォームを選択し、適用する

◎ スライドマスターではオリジナルの定型フォームのセットを作ることができる

ここまでは、スライドマスターとしてPowerPointにあらかじめ用意されている「Officeのテーマ」を使用することを前提として解説してきました。しかし、スライドマスターはあらかじめ用意されているものを使うだけではなく、「Officeのテーマ」をベースに設定を変更して、オリジナルの定型フォームのセットを作成することができます。

また、皆さんが普段使っているPowerPointのファイルには、「Officeのテーマ」以外にもさまざまなスライドマスターが使用されていると思います。それらのスライドマスターについても、丁寧に設定を確認・修正し、使いやすいものにカスタマイズすることができます。

第10章では、初期設定の「Officeのテーマ」をカスタマイズして、オリジナルのスライドマスターを設定する方法を解説していきます。

初期設定の「Officeのテーマ」をカスタマイズして、「TYNテンプレート」という名称で新たに保存したスライドマスターの定型フォームの一覧

● 初期設定の「Officeのテーマ」をカスタマイズしてオリジナルのスライドマスターを作成する

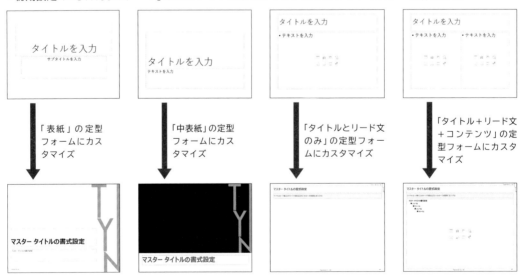

CHAPTER
10
スライドマスターのルール&テクニック

● すべてのスライドにはスライドマスターが設定されている

PowerPointのすべてのスライドには、必ずなんらかのスライドマスターの設定が適用されています。皆さんが普段作成しているスライド（以降の説明では、このスライドを便宜的に「通常スライド」と呼びます）の裏側には、必ず「スライドマスター」の領域があると考えてください。
スライドマスターが正しく設定されている

PowerPointファイルであれば、「表紙」の通常スライドの裏には「表紙用のスライドマスター」が存在します。同様に「目次」「中表紙」「本編」の通常スライドの裏側にも、それぞれの情報に即したスライドマスターが必ず存在しています。
通常スライドとスライドマスターは、常にセットの関係にあるということを意識しましょう。

● 裏にあるスライドマスター　　　　● 通常スライド

「表紙」スライドには、「表紙用のスライドマスター」が設定されている

「目次」スライドには、ページタイトルと表を定位置に設定できるスライドマスターが設定されている

章と章を分ける「中表紙」には、中表紙用のスライドマスターが設定されている

以降のページも、それぞれのコンテンツの配置に合ったスライドマスターが設定されている

● オリジナルのスライドマスターを作るためのステップ

PowerPointにスライドマスターとしてあらかじめ用意されている「Officeのテーマ」から、本当にオリジナルのスライドマスターが作れるのだろうか？と不安に思う人もいるかもしれません。ここでは、オリジナルのスライドマスターを作るための作業の流れをまとめました。

最初に「スライドのサイズ」を設定し、適用する「テーマのフォント」「テーマの色」を決め、スライド上に「ガイド」を設定します。ここまでが前準備です。

準備を終えたら、スライドマスターの親となる「マスター」を設定し、個々のスライドに適用する「レイアウト」を作り込みます。最後にオリジナルの「テーマ」として保存します。

これらの作業はこのあとの各ページで1つずつじっくり解説していくので、自分が今どこの位置にいるのかを確認しながら読み進めてください。

1

「スライドサイズ」を設定する

P.394

10-6「スライドサイズ」を設定する

2

「テーマのフォント」「テーマの色」を設定する

P.50

2-6「テーマのフォント」を設定する

P.264

7-6 PowerPointの色は「テーマの色」で決まる

P.400

10-7「テーマのフォント」「テーマの色」「ガイド」を設定する

3

「ガイド」を設定する

P.400

10-7「テーマのフォント」「テーマの色」「ガイド」を設定する

4

「マスター」を
設定する

P.408

10-8 「マスター」を設定する

- 「タイトル」のプレースホルダーを設定する
- スライド番号を「背景」として設定する
- その他の「背景」を設定する

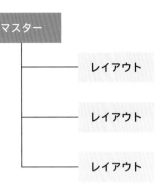

5

「レイアウト」を
設定する

P.418

10-9 「レイアウト」を設定する

- 目的に応じた
  プレースホルダーを設定する

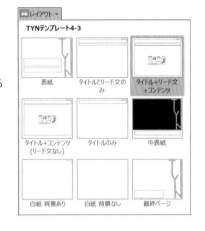

6

スライドマスターを
保存する

P.426

10-10 スライドマスターを
保存する

設定したスライドマスターを保存して、
再利用できるようにする

第10章で使用するスキルは、これまでにすでに紹介したものであり、新しいものは登場しません。つまり、ここまでに解説してきたテクニックを身につけていればスライドマスターを扱うことは難しいことではなく、むしろ作業効率を大幅に上げてくれる強力な味方になるということです。

CHAPTER 10
02
スライドマスターと 「テーマ」の関係を理解する

スライドマスターの設定を始める前に、スライドマスターと「テーマ」の関係について理解しておきましょう。

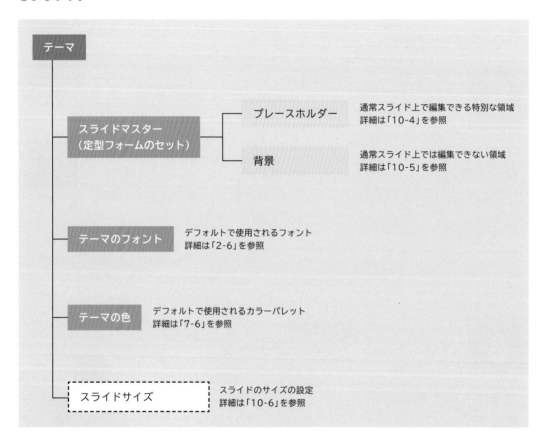

● スライドマスターと「テーマ」の関係は複雑

ここまでは、スライドマスターは「定型フォームのセット」であること。定型フォームのセットの一覧から、1スライドごとに自身が使用したい定型フォームを選択し適用しましょう、という説明をしてきました。ここでは、スライドマスターの設定を始める前に、「2-6」で解説した「テーマのフォント」や「7-6」で解説した「テーマの色」とスライドマスター

がどのような関係になっているかを解説します。上の図にあるように、スライドマスターと「テーマ」の関係は複雑な構成になっており、また紛らわしい用語が使われています。そのためあらかじめ構成要素を整理し、その関係を理解しておかないと、のちのち混乱することにもなりかねないので注意が必要です。

● 「テーマのフォント」「テーマの色」「定型フォーム」のセットを「テーマ」と呼ぶ

PowerPointでは、「テーマのフォント」「テーマの色」「定型フォーム」の3つをセットにしたものを「テーマ」と呼びます。なお、「テーマ」という単語は一般的に広く浸透していて機能の名称としては紛らわしいので、この書籍ではPowerPointの機能を指す時はかぎ括弧をつけて「テーマ」と表記することにします。

これまで説明してきたように、スライドマスターは「定型フォームのセット」です。「テーマ」は、この定型フォームとしてのスライドマスターに、「テーマのフォント」と「テーマの色」をセットにしたもの

と言えます。

「テーマのフォント」は、スライドで使用される既定のフォントです（P.50）。「テーマの色」は、あらかじめ組み合わされた色のセットのことです（P.264）。また定型フォームとしてのスライドマスターは、「背景」（P.392）と「プレースホルダー」（P.382）の2つの要素によって構成されています。なお、厳密には「テーマ」には含まれませんが、P.394で紹介するスライドサイズも重要な要素なので、左ページの図に含めています。

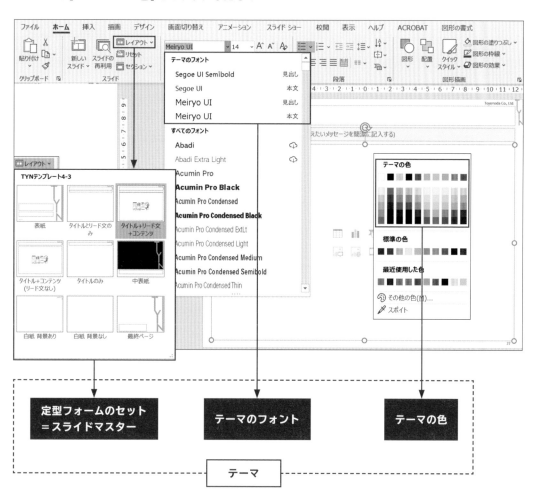

CHAPTER 10
03 「マスター」と「レイアウト」の しくみを理解する

「スライドマスター」は、「マスター」と「レイアウト」によって構成されています。これらの構造と しくみを理解しましょう。

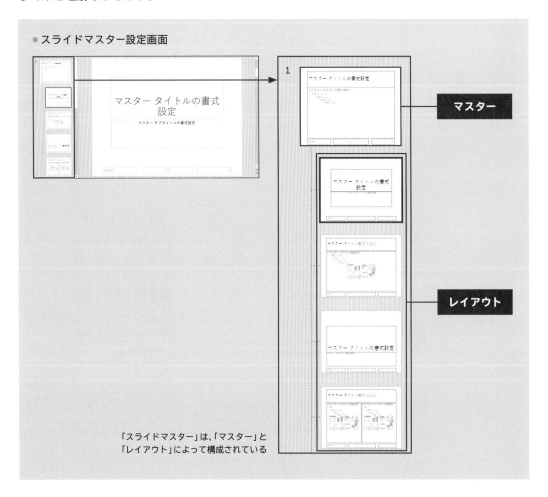

スライドマスター設定画面

マスター

レイアウト

「スライドマスター」は、「マスター」と 「レイアウト」によって構成されている

◎ スライドマスターの構造としくみを理解する

この節では、スライドマスターの構造としくみについて解説します。スライドマスターを使いこなすには、スライドマスターを構成する「マスター」+「レイアウト」の構造としくみを理解しておくことが重要です。ここでしっかりと学習しておきましょう。

また、スライドマスターの設定は入口がわかりにくいところにあります。設定しようとするたびに場所がわからず右往左往することのないように、この節で理解し、覚えておくようにしましょう。

● スライドマスターの入口はわかりにくい

スライドマスターの設定は、「表示」タブにある「スライドマスター」をクリックすると表示される専用の設定画面から行います。PowerPoint の根幹とも言える重要な機能であるにも関わらず、入口がわかりにくいので確実に覚えておくようにしましょう。なおスライドマスター上で行うテキストや図形などの設定は、通常のスライドと同じように該当のタブや作業ウィンドウから行います。

スライドマスターの設定は、スライドマスター
専用の設定画面から行う

1 「表示」タブの「スライドマスター」をクリックすると、「スライドマスター」タブが表示されます。「スライドマスター」のすべての設定は、この「スライドマスター」タブから行います。

2 スライドマスター上の「プレースホルダー」や「背景」の配置、選択、移動などの操作は、通常のスライドと同じように中央のスライド上で行います（「プレースホルダー」の詳細はP.382、「背景」の詳細はP.392を参照）。

3 P.408から解説する「マスター」と「レイアウト」の追加、順番の入れ替え、選択などはサムネイルウィンドウから行います。基本的な操作は、通常スライドと同じです。

4 スライドマスターの設定画面から通常スライドに戻るには、「マスター表示を閉じる」をクリックします。このボタンを押さない限りスライドマスターの設定画面から通常スライドには戻れないので、注意してください。

● 「マスター」+「レイアウト」＝スライドマスター

スライドマスターは、画面左側のサムネイルの一番上に表示される「マスター」と、その下に連なって表示される「レイアウト」の2種類の要素で構成されています。通常「スライドマスター」という言葉が登場する時は、一連の「マスター」と「レイアウト」のセットのことを指します。「マスター」も「レイアウト」も一般的に使われる用語ですが、この書籍ではPowerPointの機能を指す時はかぎ括弧をつけて、「マスター」「レイアウト」と表記することにしま

す。

「マスター」は、一連の「レイアウト」の親となる定型フォームです。マスター上に「背景」として設定された要素は、「レイアウト」に鏡のように反映されます。そのため、**すべてのスライドに共通する要素は「マスター」に配置し、個別のスライドに適用する要素はそれぞれの「レイアウト」に配置する**ようにします。「背景」について、詳しくはP.392で解説します。

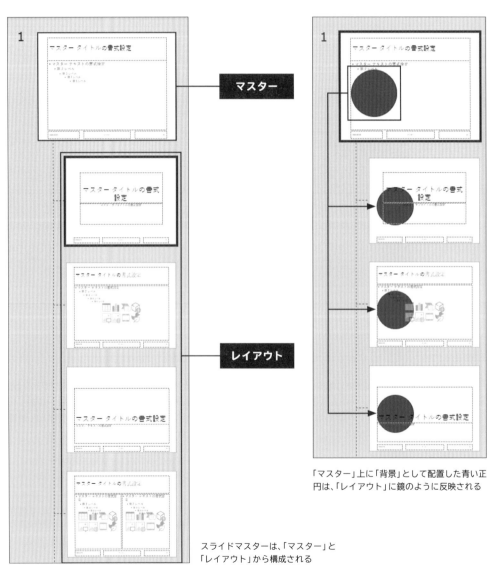

「マスター」上に「背景」として配置した青い正円は、「レイアウト」に鏡のように反映される

スライドマスターは、「マスター」と「レイアウト」から構成される

◉「レイアウト」はスライドの定型フォーム

スライドマスターの「レイアウト」には、スライドに適用するための一連の定型フォームを設定します。例えば表紙スライドのために表紙用の定型フォームを、本編スライドのために本編用の定型フォームをというように、自身が作る資料で利用頻度が高いと思われる定型フォームを、「レイアウト」上に作成しておくのです。

その際、表紙用の定型フォームは「タイトル」と「日付やサブタイトル」、本編用の定型フォームは「スライドタイトル」と「リード文」というように、それぞれのスライドに必要な情報を必要な場所に配置するようにします。

スライドマスターの「レイアウト」を整備することで、資料を効率よく作成できるようになります。また、常に一定の設定が保たれることで資料の統一感が生まれます。そして、資料を作るたびにいちいち情報の配置に悩むことがなくなるので、安心して資料が作れるようになります。

資料を作る前にスライドマスターの「レイアウト」を整備するということは、これから**自身が作る資料の情報の配置や設定をあらかじめ計画しておく**ということです。それは**「スライドマスターを整備する」**ことによって**「スライドの設計図を作る」**ということにつながっていきます。

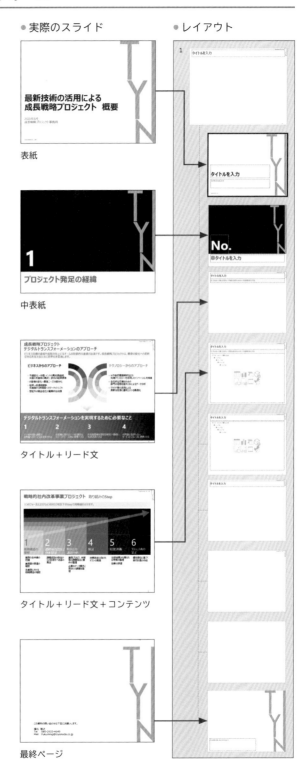

●実際のスライド　　●レイアウト

表紙

中表紙

タイトル＋リード文

タイトル＋リード文＋コンテンツ

最終ページ

CHAPTER 10
04
「プレースホルダー」の特性を理解する

スライドマスター上で設定する「プレースホルダー」の特性を理解しましょう。

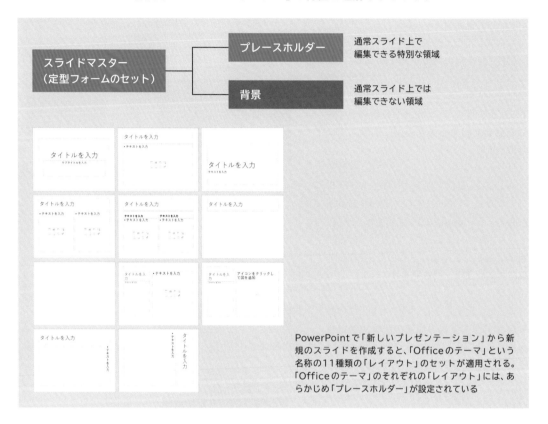

PowerPointで「新しいプレゼンテーション」から新規のスライドを作成すると、「Officeのテーマ」という名称の11種類の「レイアウト」のセットが適用される。「Officeのテーマ」のそれぞれの「レイアウト」には、あらかじめ「プレースホルダー」が設定されている

◉ 「プレースホルダー」とは?

P.369で解説したように、PowerPointを新規で開くと、表紙用のスライドが表示されます。スライドにはあらかじめ「タイトルを入力」「サブタイトルを入力」という入力欄が表示され、テキストの書式もあらかじめ設定されています。

これらの入力欄を、「プレースホルダー」と言います。一見すると通常のテキストボックスのようにも見えるので、邪魔だと言わんばかりに削除してしまったことのある人もいると思います。しかしPowerPointを正しく使いこなしていくうえで、

プレースホルダーは非常に重要なものであり、削除するなどぞんざいに扱ってはいけません。

プレースホルダーの特別な性質を理解し、いかにスライドマスターの設定において上手に使いこなすかが、PowerPointで資料を作成するうえでの明暗を分けるといってよいほど、プレースホルダーの設定は重要なものです。

この節では、皆さんがこれまで何となく使っていたであろうプレースホルダーについて、徹底的に解説していきます。

● プレースホルダーはスライドマスターでのみ設定できる特別な領域

通常スライドやスライドマスター上に、「マスタータイトルの書式設定」などの表示で配置されているボックスを「プレースホルダー」といいます。スライドマスターに配置したプレースホルダーは、通常スライド上で文字や表、グラフ、画像などのコンテンツを入力できる、特別な領域として利用することができます。

それに対して、スライドマスターにプレースホルダー以外のオブジェクト（テキスト、図形、画像など）を配置すると、通常スライド上では編集することので

きない「背景」として設定されます。この2つの違いは非常に重要なので、必ず覚えるようにしましょう。

なお、プレースホルダーはスライドマスター上でしか設定ができません。プレースホルダーを通常スライド上にコピー＆ペーストしても、それはただの四角形のオブジェクトとして扱われます。また、プレースホルダーはプレースホルダーどうしや他のオブジェクトとグループ化することができないので、注意が必要です。

● プレースホルダーには入力・設定の指示が表示される

初期設定のプレースホルダーは、スライドマスター上では「マスタータイトルの書式設定」「マスターテキストの書式設定」「表」など、プレースホルダーの種類や設定を指示する内容があらかじめ記入されています。通常スライド上のプレースホルダーでは、「タイトルを入力」「テキストを入力」「表を追加」など、対象のプレースホルダーに設定・入力できる内容を指示する記述に変更されます。

初期設定のプレースホルダーは、スライドマスター上では「マスター〜〜の書式設定」と表示される

通常スライド上のプレースホルダーは、「タイトルを入力」「テキストを入力」のように入力できる内容を指示する記述に変更される

● スライドマスター上の設定が通常スライド上にも反映される

スライドマスター上のプレースホルダーに対して行った設定は、そのまま通常スライド上のプレースホルダーに反映されます。たとえばスライドマスター上で「表紙」スライドのタイトルのプレースホルダーのフォントの設定を変更すると、その設定がそのまま通常スライド上の「表紙」スライドのタイトルのプレースホルダーに反映されます。

● スライドマスター

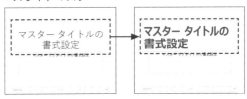

● 通常スライド

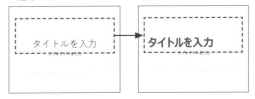

表紙のスライドマスター上でタイトルのプレースホルダーのフォントの設定を変えると、その設定がそのまま通常スライド上に反映される

◉ プレースホルダーの表示は任意の記述に書き換えられる

プレースホルダーに表示されている「マスタータイトルの書式設定」「マスターテキストの書式設定」といったテキストは、スライドマスター上で任意のテキストに書き換えることができます。書き換えた内容は、そのまま通常スライド上のプレースホルダー

に反映されます。

複数人のグループで分担して資料を作成する際、それぞれのプレースホルダーに入力する内容をあらかじめ記入しておけば、メンバー間で認識を共有することができます。

初期設定のプレースホルダーは「マスタータイトルの書式設定」もしくは「マスターテキストの書式設定」と表示される

スライドマスター上で、任意の記述に変更することができる

スライドマスター上でプレースホルダーの記述を変えると、通常スライド上のプレースホルダーにも変更が反映される

◉ 「マスター」で設定できるプレースホルダー

スライドマスターの「マスター」と「レイアウト」では、設定できるプレースホルダーの種類が異なります。「マスター」を選択して「マスターのレイアウト」をクリックすると、プレースホルダーを選ぶ小ウィンドウが表示されます。「マスター」では、このウィンドウに表示される5種類のプレースホルダー（タイトル、テキスト、日付、スライド番号、フッダー）

のみを設定できます。これは、「マスターは一連のスライドのベースとして、すべてのスライドに共通するものしか配置しない」という考えに基づいています。「マスター」と「レイアウト」の詳細な設定方法は、後で紹介します。ここでは、「マスター」に設定できるプレースホルダーには制限があるということだけ理解しておいてください。

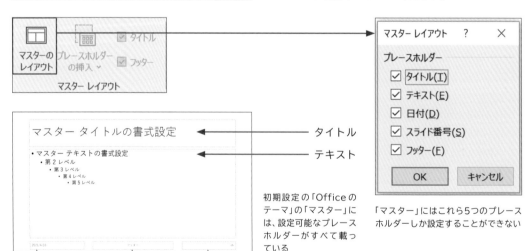

初期設定の「Officeのテーマ」の「マスター」には、設定可能なプレースホルダーがすべて載っている

「マスター」にはこれら5つのプレースホルダーしか設定することができない

◉「レイアウト」で設定できるプレースホルダー

スライドマスターのサムネイルで「レイアウト」を選択すると、「スライドマスター」タブで「プレースホルダーの挿入」を選択できるようになります。このボタンをクリックするとメニューが表示され、「レ イアウト」に設定できる10種類のプレースホルダーが選択できます。以下に、「レイアウト」に設定できるそれぞれのプレースホルダーについて解説していきます。

① コンテンツ

「レイアウト」に「コンテンツ」のプレースホルダーを配置すると、ほぼすべてのオブジェクトを挿入できるボックスが通常スライド上に表示されます。ボックス内には挿入するオブジェクトの属性を指定するためのアイコンが表示され、それぞれのアイコンをクリックすると、対応するコンテンツを入力 するための画面が表示されます。

「コンテンツ」のプレースホルダーには、テキストも入力することができます。通常スライド上で「コンテンツ」プレースホルダーにテキストを入力すると、「レイアウト」上のプレースホルダーに設定したテキストの設定がそのまま反映されます。

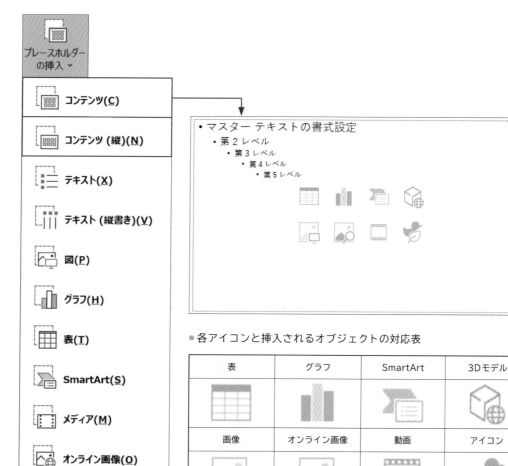

② テキスト

「レイアウト」に「テキスト」のプレースホルダーを配置すると、通常スライド上では設定、サイズ、位置が固定されたテキストボックスとして使用できるようになります。初期設定では箇条書きやインデントが設定されているので、必要に応じて設定を変更したり、箇条書き記号やインデントを除去して任意の設定にしたりします。

「コンテンツ」と「テキスト」のプレースホルダーには、初期状態で「マスターテキストの書式設定」のテキストの下に「第2レベル」「第3レベル」「第4レベル」「第5レベル」と記述されています。これは「コンテンツ」と「テキスト」のプレースホルダーに、箇条書きの各階層におけるテキストがあらかじめ設定されていることを表しています。この箇条書きの階層の深さを、「レベル」と言います。初期設定では第1レベルから第5レベルまで設定されていますが、以降のレベルも追加することができます。

例えば「テキスト」のプレースホルダーに箇条書きのテキストを記入する場合、1行目を入力したあとに Enter キーを押して Tab キーを押すと箇条書きの「レベル」が1つ下がります（レベルの番号は上昇しますが、ここでは便宜的に「下げる」と表現します）。逆にレベルを上げたい場合は、 Shift キーを押しながら Tab キーを押します。

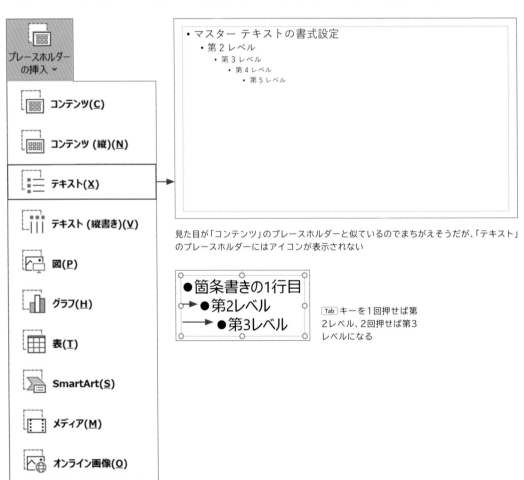

見た目が「コンテンツ」のプレースホルダーと似ているのでまちがえそうだが、「テキスト」のプレースホルダーにはアイコンが表示されない

Tab キーを1回押せば第2レベル、2回押せば第3レベルになる

なお「テキスト」のプレースホルダーでは、箇条書きの1行目、つまり第1レベルだけを設定しても、第2レベル以降にはその設定が反映されないので注意が必要です。例えば通常のテキストボックスで箇条書きを作る時に1行目のフォントサイズを14ptに設定すると、2行目以降も1行目の設定がそのまま適用されます。そのため1行目の第1レベル→ Tab キー→第2レベルと続いても、フォントのサイズは意識的に設定を変えない限り、変わることはありません。

通常のテキストボックスでは Enter キーで改行（改段落）しても、1行目（第1レベル）のテキストの設定が2行目（第2レベル）以降にも引き継がれる

ところが、プレースホルダーの「マスターテキストの書式設定」の行（第1レベル）のフォントサイズを21→14ptに設定し、第2レベル以降はフォントサイズの設定を行わないものとします。

● プレースホルダー

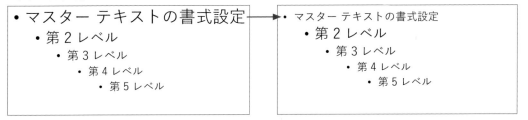

初期設定では、フォントサイズは第1レベルから順に21→18→15→13.5→13.5で設定されている。これを14→18→15→13.5→13.5に変更する

この状態で通常スライドに戻り、箇条書きの1行目（第1レベル）にテキストを入力し、改行して Tab キーを押すと、第2レベルのテキストは第1レベルの設定を引き継がず、テキストのサイズはプレースホルダーの初期設定である18ptになってしまいます。こうなると、通常スライド上では1行ずつ14ptに設定し直さなければなりません。

● 通常スライド

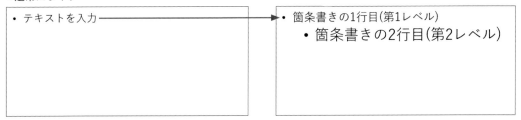

箇条書きの1行目（第1レベル）のフォントサイズが14ptで、2行目（第2レベル）のフォントサイズが18ptとなり、逆転現象が起きている

このように、プレースホルダーの「テキスト」は通常のテキストボックスに比べて厳密な設定が要求されます。これは、スライドマスターがスライドの定型フォームとしての正確さを担保しなければならないからです。「テキスト」のプレースホルダーの設定は、箇条書きや Tab キーを使用することも想定し、必要なレベルの設定をもれなく行うようにしましょう。

❸ 図

「レイアウト」に「図」のプレースホルダーを配置すると、プレースホルダーで設定されたサイズで通常スライドに画像を挿入できます。なお、画像は「コ ンテンツ」と「図」の両方のプレースホルダーで挿入できますが、挿入後の挙動が両者で異なるので注意が必要です。詳細はP.449を確認してください。

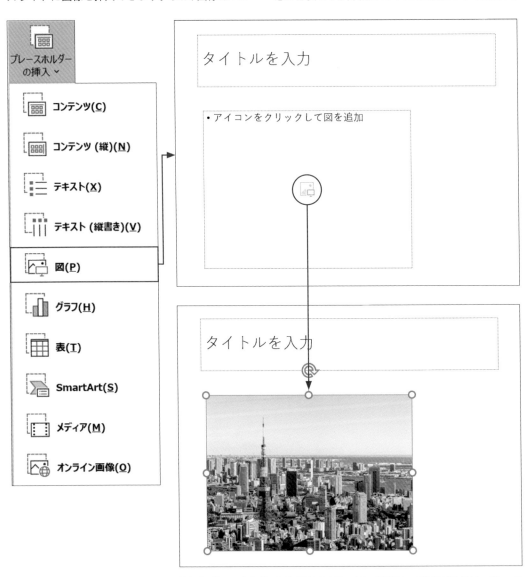

「図」のプレースホルダーのアイコンをクリックして画像ファイルを選択すると、プレースホルダーに設定されたサイズで画像が挿入される

④ その他

「レイアウト」に「グラフ」「表」「SmartArt」「メディア（動画）」「オンライン画像」のプレースホルダーを配置すると、通常スライド上でアイコンをクリックするとそれぞれのコンテンツの設定画面が表示され、指定したコンテンツを挿入できるようになります。ただし、「表」のプレースホルダーで挿入される表は常に初期設定の状態なので、毎回表の設定をやり直す必要があるので注意が必要です。

なお、通常スライド上で「オンライン画像」をクリックすると、インターネットで検索した「クリエイティブ・コモンズ・ライセンス」という著作権ルールに基づいた画像を挿入できます。筆者の私は使用したことがありませんが、作者の条件を満たせばさまざまな用途で利用できます。それぞれの作品に個別の条件が設定されているので、使用する際には配布元のライセンス条件を必ず確認しましょう。

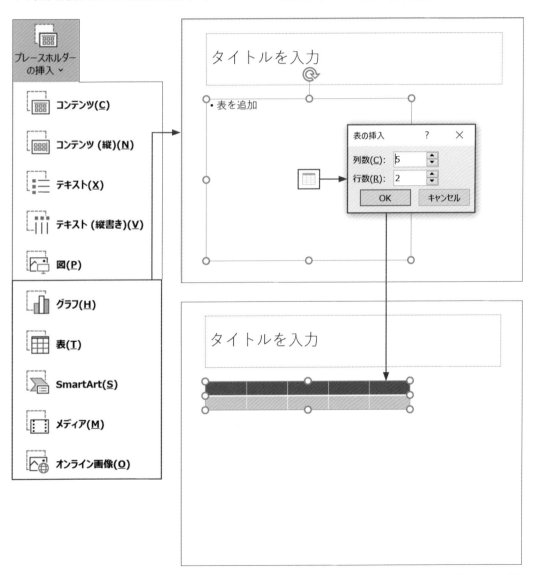

「表」のプレースホルダーでアイコンをクリックすると、表の列／行数を指定する画面が表示され、表を挿入できる

● プレースホルダーに入力したテキスト情報はアウトラインに表示される

プレースホルダーに入力したテキストは、「表示」タブ→「アウトライン表示」で左側に表示される「アウトライン」のウィンドウにそのまま表示されます。この性質をうまく応用すると、例えばページ数が大量にある資料の目次をすばやく作らなければいけない時などに、すべてのページのタイトルが「タイトル」用のプレースホルダーにきちんと入力されていれば、アウトラインの情報をコピー＆ペースト

するだけで簡単に目次の原型を作ることができます。また、「各スライドのタイトルとリード文のみをテキスト情報として通しで読み、資料全体のストーリーの骨格を把握する」というような、資料全体の構成を推敲する時にも役立ちます。

プレースホルダーではない、通常のテキストボックスや図形などに入力されているテキストは、アウトラインには表示されません。

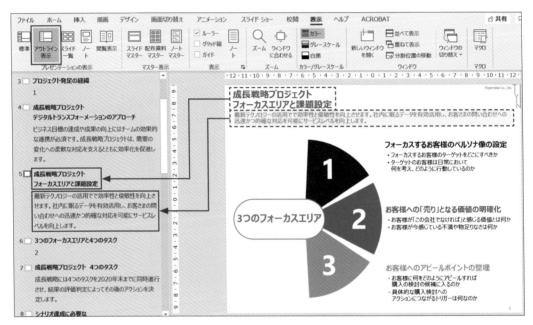

上の例では、「タイトル」用のプレースホルダーと「リード文」用のプレースホルダーに入力されているテキスト情報が、アウトラインに表示されている。これら以外のテキスト情報はプレースホルダーに入力されていないので、アウトラインには表示されない

仮にスライド上の情報をすべてプレースホルダーに入力すれば、すべての情報がアウトラインに表示されることになります。しかし、それではアウトライン＝おおまかなあらすじとして成立していません。アウトラインに表示させる情報は、資料の骨組みとなる「ストーリーライン」に該当するものになります。そのため骨組みとなる情報をあらかじめ逆算してプレースホルダーを構成しておけば、アウトライン

に表示される情報はその名の通り「アウトライン＝資料のあらすじ」になります。

上の例では、スライドの「タイトル」とスライドの内容を簡潔に記す「リード文」をプレースホルダーとして「レイアウト」に設定し、アウトラインとして表示させています。それによって、アウトラインに表示させる情報の取捨選択が確実に行われるようにしています。

● アウトラインに入力したテキスト情報はプレースホルダーに反映される

また、「アウトライン」のウィンドウ上でテキストを編集すると、スライド上のプレースホルダー内のテキストにもその内容が反映されます。
この機能を応用すると、例えば資料の内容が閃いた時に、キーワードと補足内容をアウトライン上でスライドごとに書き出せば、一連のスライドのストーリーラインの骨組みを一気に作ることができます。あとは、書き出したストーリーラインを元にスライドを作っていけばよいということになります。

1 アウトラインに直接入力したテキストは、スライド上では「タイトル」のプレースホルダーに反映されます。アウトラインにテキストを入力したスライドがプレースホルダーのない白紙スライドだった場合は、「タイトル」のプレースホルダーが自動的に設定されます。「タイトル」のプレースホルダーに入力されたテキストは、アウトライン上では太字で表示されます。

2 タイトルではないテキスト情報をアウトラインに入力したい場合は、入力したあとに Tab キーを押すと、インデントが増え、階層が1段階下がります。階層を下げたテキストは、スライド上に「コンテンツ」もしくは「テキスト」のプレースホルダーがあればその中に、プレースホルダーのない白紙スライドでは「テキスト」のプレースホルダーが自動的に設定され、その中に入力されます。反対に階層を上げる時には、Shift キーを押しながら Tab キーを押します。この操作をくり返しながら、入力するテキスト情報に上下関係をつけていきます。

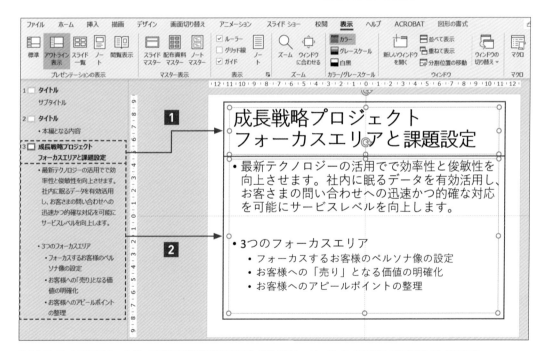

アウトライン上で Tab キーを使って情報の階層を管理すれば、資料のストーリーラインをすばやく作成することができる

CHAPTER 10

05 「背景」の特性を理解する

スライドマスター上で設定する「背景」の特性を理解しましょう。

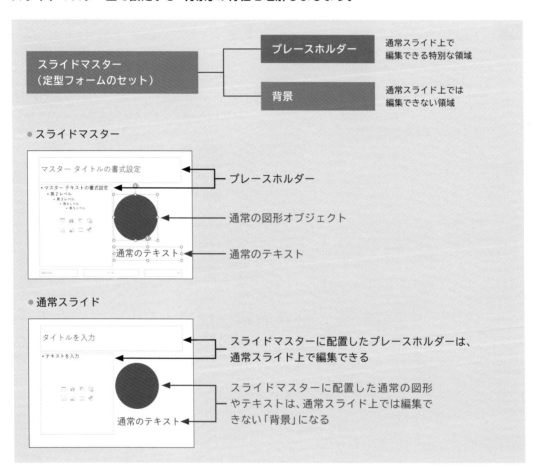

スライドの「背景」とは?

スライドマスターの定型フォームは、「背景」と「プレースホルダー」によって構成されています。PowerPointでは、通常スライド（スライドマスターの設定画面ではなく、普段私たちが使用するスライド）に表示されているにも関わらず移動や編集ができない要素のことを、スライドの「背景」と言います。

スライドマスター上に通常の図形やテキスト、画像などを配置すると、それらのオブジェクトは通常スライド上では編集できない「背景」として扱われるようになります。この節では、「背景」と「プレースホルダー」の違いと「背景」の特性について理解しましょう。

●「背景」はプレースホルダー以外のオブジェクト

スライドマスター上に配置された「プレースホルダー」以外のすべてのオブジェクト(テキストボックス、図形、画像など)は、通常スライド上ではすべて「背景」として扱われるようになります。「背景」として設定されたオブジェクトは、通常スライド上では編集することのできない領域となります。「背景」を適切に設定することで、例えばスライド番号や企業のロゴなど全ページに共通して載せ、かつ通常スライド上では編集できないように固定したいものを用意することができます。

なお通常スライドでは、スライドマスターで配置した「背景」のオブジェクトよりも後ろにオブジェクトを置くことはできません。

  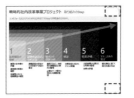 

スライド番号や企業ロゴなど、通常スライド上で編集できないように固定して配置したいものは「背景」として設定する

●「マスター」「レイアウト」は「構成要素」、プレースホルダーと「背景」は「配置する要素」

P.380ではスライドマスターは「マスター」と「レイアウト」の2種類の要素で構成されていると説明し、かたやP.382からはスライドマスターは「プレースホルダー」と「背景」によって構成されているという解説に、いったいどっちがどっちなんだ? と混乱してしまった人もいるかもしれません。

スライドマスターは、「マスター」とそれに紐づく「レイアウト」によって構成されています。これら2つを、ここでは便宜的にスライドマスターの「構成要素」と呼ぶことにします。それに対して「プレースホルダー」と「背景」は、「マスター」と「レイアウト」の上に用途に応じて「配置する要素」であると言えます。

スライドマスターは「マスター」と「レイアウト」によって構成され、「マスター」と「レイアウト」は「プレースホルダー」と「背景」を配置することによって(意図的に配置しない場合も含めて)成立する、という構造を理解しておきましょう。

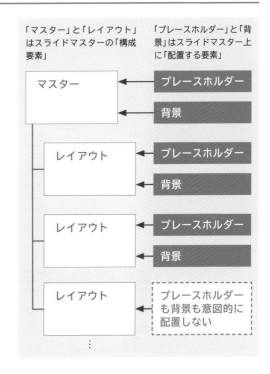

06 「スライドサイズ」を設定する

オリジナルのスライドマスターを作成する上で、最初に「スライドサイズ」を設定しましょう。

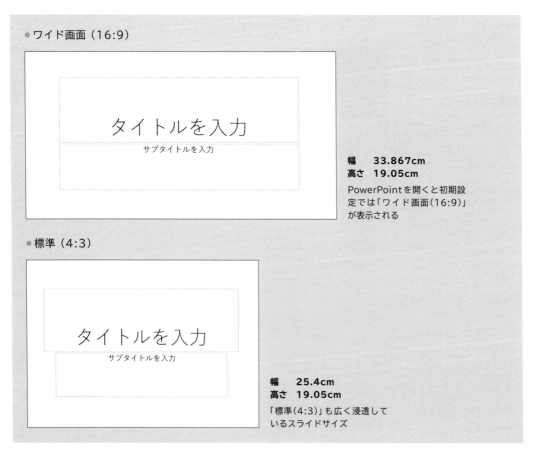

●ワイド画面（16:9）

タイトルを入力
サブタイトルを入力

幅　　**33.867cm**
高さ　**19.05cm**

PowerPointを開くと初期設定では「ワイド画面(16:9)」が表示される

●標準（4:3）

タイトルを入力
サブタイトルを入力

幅　　**25.4cm**
高さ　**19.05cm**

「標準(4:3)」も広く浸透しているスライドサイズ

◉ スライドのサイズを任意のものに設定する

ここまでは、初期設定の「Officeのテーマ」が適用された例を使用して解説してきました。ここからは「Officeのテーマ」の定型フォームをベースに、**自身が作りたい資料の任意のフォームへと設定をカスタマイズしていく作業に入っていきます**。つまり、オリジナルのスライドマスターの作成です。スライドマスターの作成では、最初に必ず「スライドサイズ」を設定します。スライドは、資料に必要

な情報を配置するための、いわば「カンバス」です。カンバスの大きさや比率をどのように設定するかによって、資料の構造が変わってきます。スライドマスターを設定する際には、必ず最初にスライドのサイズを設定するようにしましょう。

この節では、「スライドサイズ」の設定方法、実寸との関係、あとから「スライドサイズ」を変更する際の注意点について紹介します。

●「ワイド画面（16:9）」と「標準（4:3）」

PowerPoint 2013以降のバージョンでは、新規でスライドを開くと、スライドのサイズが横に広い「ワイド画面（16:9）」が既定の設定になっています。このサイズは昨今のプロジェクターやモニターなどのワイド画面に対応するものですが、A4サイズの紙などに印刷する資料の場合は「標準（4:3）」の方が適していることもあります。

また送られてきたファイルを開いた時に、PCの画

面上では「ワイド画面（16:9）」に見えたスライドが、16:9の比率であることは正しかったのに実寸のサイズが違っていたということもあります。資料を印刷する場合は、印刷する際のサイズに合わせてスライドのサイズを正しく設定しておく必要があるので注意が必要です。

スライドのサイズは、以下の方法で設定できます。

1 「デザイン」タブ→「スライドのサイズ」から「ユーザー設定のスライドサイズ」をクリックします。

2 「スライドのサイズ」ダイアログボックスが表示されます。

3 「スライドのサイズ指定」から、既定のスライドサイズを選択できます。

4 「幅」と「高さ」に任意の値を入力することで、ドロップダウンリストにないサイズを設定することができます。

5 スライドの縦横の向きを設定できます。

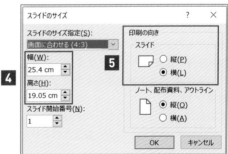

6 「表示」タブから確認できる「ノート、配布資料、アウトライン」の縦横の向きも設定できます。

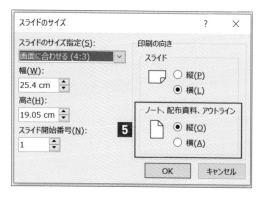

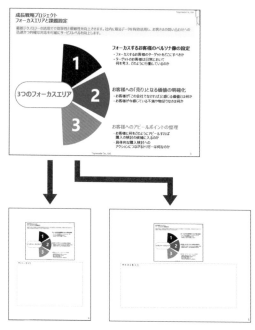

「ノート、配布資料、アウトライン」の縦横の向きを変えることができる。例では「ノート」の縦横の向きを変えた

● 実寸とは異なるサイズが設定される

PowerPointのスライドサイズは、「スライドのサイズ指定」のドロップダウンリストに表示される定型サイズの中から選択することができます。しかし定型サイズを指定した場合、実際のスライドに**設定されるサイズはその定型サイズの実寸よりも一回り小さいサイズで設定される**ので注意が必要です。例えば「A4」を選択した場合、A4サイズの実寸が「210mm（21cm）×297mm（29.7cm）」であるのに対し、スライドのサイズは「19.05cm×27.517cm」に設定されます。これは、スライドをプリンターで印刷する際の余白を考慮しているのだと思われます。正確なスライドサイズを指定したい場合は、数値で設定するようにした方が確実です。

右の表は、ドロップダウンリストに表示される定型サイズ（左）と、実際に設定されるサイズ（右）の一覧表です。

定型サイズ	設定されるサイズ（幅×高さ）
画面に合わせる(4:3)	25.4×19.05cm
レターサイズ 8.5×11インチ	25.4×19.05cm
Ledger Paper 11×17インチ	33.831×25.374cm
A3 297×420mm	35.56×26.67cm
A4 210×297mm	27.517×19.05cm
B4(ISO) 250×353mm	30.074×22.556cm
B5(ISO) 176×250mm	19.914×14.936cm
B4(JIS) 257×364mm	30.48×22.86cm
B5(JIS) 182×257mm	20.32×15.24cm
はがき 100×148mm	12.7×8.255cm
35mmスライド	28.575×19.05cm
OHP	25.4×19.05cm
バナー	20.32×2.54cm
画面に合わせる(16:9)	25.4×14.288cm
画面に合わせる(16:10)	25.4×15.875cm
ワイド画面	33.867×19.05cm

◎ 既存ファイルのスライドのサイズを変更する

既存ファイルのスライドサイズを変える際には、「ワイド画面（16:9）」から「標準（4:3）」へスライドサイズを小さくする時と、反対に「標準（4:3）」から「ワイド画面（16:9）」へ大きくする時とではPowerPointの挙動が異なるので注意が必要です。いずれの場合も、スライド上のオブジェクトの調整を行う必要が出てくるため、スライド作成後のサイ

ズ変更はできるだけ避けたいところです。
ここでは「ワイド画面（16:9）」と「標準（4:3）」の2つのサイズを例に解説を行いますが、基本的な挙動はどのようなサイズでも変わりません。小さくする場合は「ワイド画面（16:9）」→「標準（4:3）」、大きくする場合は「標準（4:3）」→「ワイド画面（16:9）」と同じ挙動になります。

●「ワイド画面（16:9）」→「標準（4:3）」

●「標準（4:3）」→「ワイド画面（16:9）」

◎「ワイド画面（16:9）」から「標準（4:3）」へスライドサイズを小さくする

最初に、「ワイド画面（16:9）」から「標準（4:3）」へスライドサイズを小さくする場合の操作、挙動を紹介します。

1 「ワイド画面（16:9）」から「標準（4:3）」へ小さくするには、「デザイン」タブ→「スライドのサイズ」から「標準（4:3）」を選択します。

2 「標準（4:3）」を選択すると、スライド上のコンテンツが縮小するスライドに収まりきらなくなります。そのため、コンテンツのサイズを維持したままスライドサイズのみを小さくするか（最大化）、「標準（4:3）」のスライドサイズに合わせてコンテンツのサイズを自動調整するか（サイズに合わせて調整）を選択するダイアログボックスが表示されます。

3 「最大化」をクリックすると、元の資料のサイズを維持したままスライドのサイズだけが変更されます。スライドサイズを変えても、フォントサイズやオブジェクトの大きさをPowerPointに自動調整されたくないという場合は「最大化」をクリックして、自身でサイズ調整を行ってください。

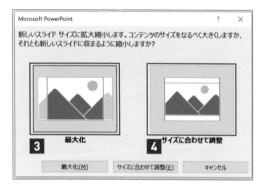

「最大化」を選択すると、元の資料のサイズを維持したままスライドサイズのみが変更される。上の例では16:9の資料がスライドサイズだけ4:3に変わったので、オブジェクトがスライドの外にはみ出してしまった

4 「サイズに合わせて調整」をクリックすると、スライドのサイズに合わせてスライドマスター上の「背景」も含めたすべてのオブジェクトのサイズが自動調整されます。例えば「ワイド画面（16:9）」のスライドを「標準（4:3）」へ小さくした場合、オブジェクトのサイズは高さ、幅ともに、元のサイズの75％に強制的に縮小されます。この時、スライド上のフォントサイズもPowerPointの機能で自動変換されることがあります（16:9から4:3への場合も75％でサイズ変換されます）。

「サイズに合わせて調整」を選択すると、変更後のスライドサイズに合わせてスライドマスター上の背景やスライド上のオブジェクト、フォントのサイズが自動調整され、スライドの中央に寄った配置になってしまう

● 「標準（4:3）」から「ワイド画面（16:9）」へスライドサイズを大きくする

続いて、「標準（4:3）」から「ワイド画面（16:9）」へスライドサイズを大きくする場合の操作、挙動を紹介します。

1 「標準（4:3）」から「ワイド画面（16:9）」へ大きくするには、「デザイン」タブ→「スライドのサイズ」から「ワイド画面（16:9）」を選択します。

2 「ワイド画面（16:9）」を選択すると、スライドのサイズだけが大きくなり、スライド上のオブジェクトはそのままのサイズが維持されます。サイズや配置は、自身で直していくしかありません。

3 ただし、スライドマスターに設定されている「背景」の画像やオブジェクトは、スライドのサイズに合わせて幅が広げられるので注意が必要です。例えば「標準（4:3）」から「ワイド画面（16:9）」へスライドサイズを大きくすると、「背景」の画像やオブジェクトの幅が約130%のサイズに広げられます。自動的に調整されるのは幅のみで、高さは変わりません。

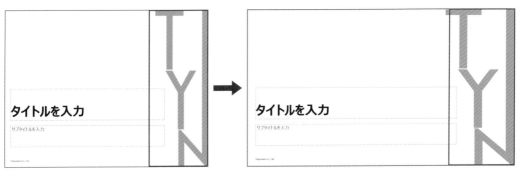

スライドマスター上に「背景」として配置したロゴの画像が、スライドサイズの変更に合わせて横に広がってしまう

07 「テーマのフォント」「テーマの色」「ガイド」を設定する

オリジナルのスライドマスターを作成するための前準備として、「テーマのフォント」「テーマの色」「ガイド」の設定を行いましょう。

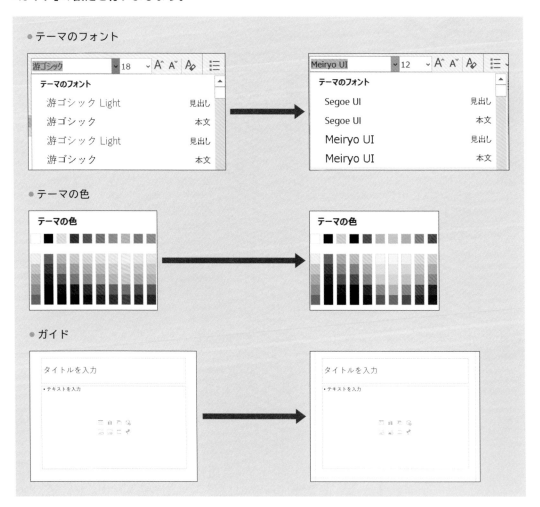

◎ スライドマスター設定前の3つの前準備

P.394の方法でスライドのサイズを設定できたら、いよいよ「Officeのテーマ」をカスタマイズし、オリジナルのスライドマスターを作成するための作業に入ります。最初に、「テーマのフォント」「テーマの色」「ガイド」の3つの設定を行います。あらかじめこの3つの設定を行っておくことで、このあとのスライドマスターの作成をスムーズに行うことができます。

● 「テーマのフォント」「テーマの色」を設定する

P.50「2-6「テーマのフォント」を設定する」と
P.264「7-6「テーマの色」を設定する」で紹介し
た「テーマのフォント」と「テーマの色」は、スライ
ドマスターからも設定することができます。
PowerPointで「新しいプレゼンテーション」か

ら新規ファイルを作成すると、「テーマのフォント」
「テーマの色」ともに初期設定の「Office」が適用
されています。これらを任意のものに設定し直し
ます。

1 「表示」タブ→「スライドマスター」をクリックして、スライドマスターの画面を表示します。

2 「配色」または「フォント」を
選択します。

3 以降の設定方法は、P.50「2-6「テーマのフォ
ント」を設定する」とP.264「7-6「テーマの色」
を設定する」で紹介している内容とまったく同じ
なので、それぞれの節を参照してください。

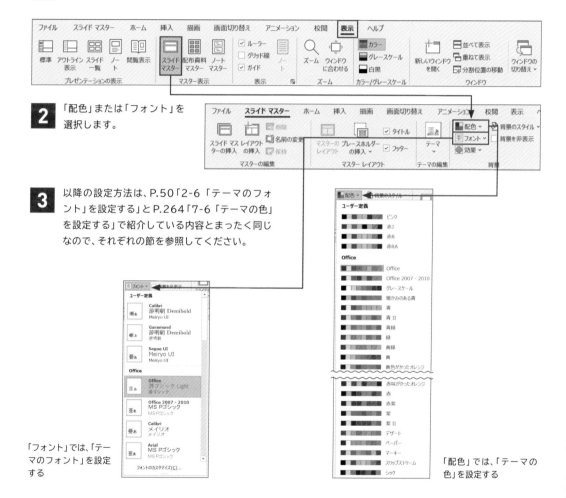

「フォント」では、「テー
マのフォント」を設定
する

「配色」では、「テーマの
色」を設定する

スライドマスター上のすべてのプレースホルダーに
は、あらかじめ「テーマのフォント」が設定されてい
ます。タイトルのプレースホルダーには「見出しのフォ
ント」が、その他のプレースホルダーには「本文のフォ
ント」が英数字、日本語ともに設定されています。よっ
て「テーマのフォント」の設定を変えれば、プレー

スホルダーのフォントも設定されたフォントに変
わります。
「テーマの色」は、初期設定では「Office」が設定さ
れています。「テーマの色」の設定を変えれば、カラー
パレットの色は設定した「テーマの色」の色に変更
されます。

◎「ガイド」を設定する

続いて、スライド上に「ガイド」を設定します。ガイドは、複数のオブジェクトを配置する時に、オブジェクトの上端や左端など特定の位置を揃える時の目安になるものです。

ガイドは通常スライドでも設定できますが、通常スライドで設定したガイドはマウスで移動させることができてしまうため、ガイドを固定するにはスライドマスター上で設定する必要があります。

慣れないうちはスライド上にガイドが引いてあるとうっとうしく感じることもあるかもしれません。しかし、この本の全編を通じてしつこく紹介している「オブジェクトのサイズや位置をパラメーターの数値や整列の機能で徹底的に揃える」ことが条件反射のように体にしみついて習慣化してくると、ガイドの機能なしでは作業ができないようになります。確実に設定方法を理解しましょう。

1 「表示」タブ→「スライドマスター」で、スライドマスターの画面を表示します。スライドマスターの画面を表示した直後は、それまで表示していた通常スライドに適用されていた「レイアウト」が表示されます。最初に「マスター」のガイドを設定するので、サムネイルウィンドウの一番上にある「マスター」をクリックします。

2 「表示」タブをクリックします。

3 「ガイド」にチェックを入れます。

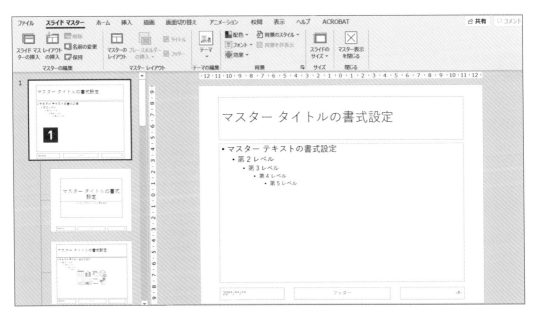

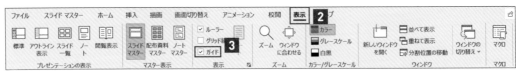

4 「マスター」上に、垂直方向と水平方向の2本の
ガイドが表示されます。表示されたガイドは、ド
ラッグして任意の場所に移動できます。ルーラー
の目盛を目安にして、例えば上下左右のここか
ら先にはオブジェクトをはみ出させない、といっ
た意味のガイドを設定していきます。

5 ガイドの上にマウスカーソルを移動すると、垂
直方向、水平方向に合わせて形が変化するので、
この状態でドラッグします。垂直方向は左右、水
平方向は上下にのみガイドを移動できます。

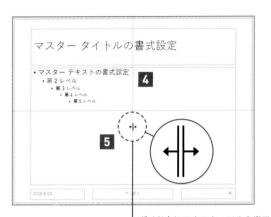

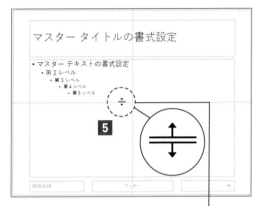

ガイド上にマウスカーソルを当てると、垂直方
向、水平方向でマウスカーソルの形が変化する

垂直方向のガイドを中心から左側に
12cmの位置に移動させた

水平方向のガイドを中心から
下に9cmの位置に移動させた

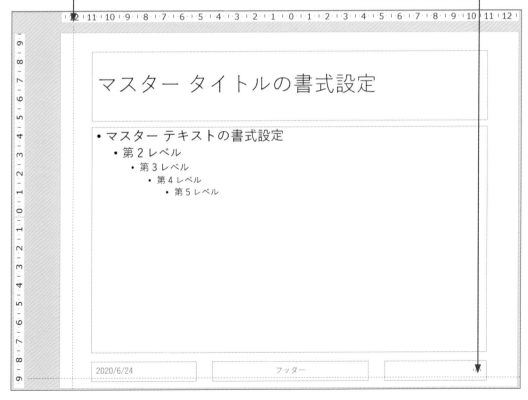

6 ガイドを追加するには、ガイドの上にマウスカーソルを移動し、右クリック→「垂直方向のガイドの追加」「水平方向のガイドの追加」を選択します。

すると、それぞれ1回につき1本ずつガイドを追加できます。この操作をくり返せば、ガイドを無制限に追加することができます。

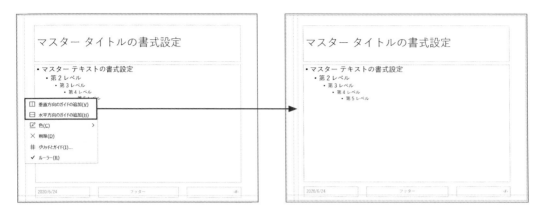

7 以下の例では、上下左右対称になるように、垂直方向のガイドは中心から左右ともに12cmの位置に、水平方向のガイドは中心から上下ともに9cmの位置に設定しました。

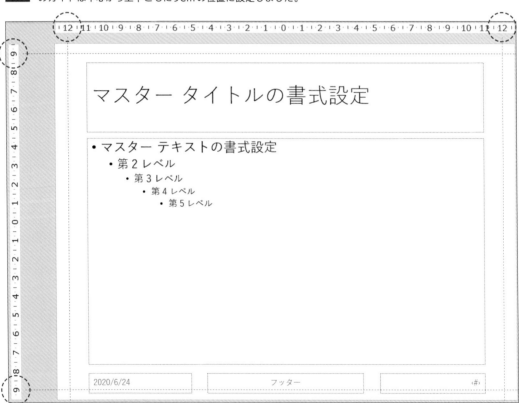

8 「マスター」上に設定されたガイドは、一連の「レイアウト」上にも同様に表示されます。しかし、ガイドの編集は「マスター」上でしかできません（マスターとレイアウトの関係はP.378を参照してください）。「マスター」では、全スライドに共通して表示するガイドのみを設定するようにします。

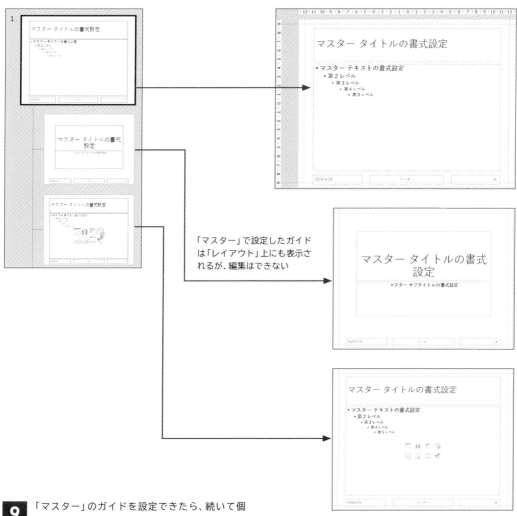

「マスター」で設定したガイドは「レイアウト」上にも表示されるが、編集はできない

9 「マスター」のガイドを設定できたら、続いて個別の「レイアウト」のガイドを設定します。「レイアウト」では、**スライド上で右クリック**→「グリッドとガイド」→「垂直方向のガイドの追加」「水平方向のガイドの追加」の選択をくり返すことで、ガイドを設定します。1回につき1本ずつ追加でき、くり返せば無制限で追加できます。

この方法で追加されるガイドは、「マスター」「レイアウト」ともに必ずスライドの中心に表示されます。スライドの中心にガイドがある状態で追加すると重ねて表示されてしまい、見分けがつかなくなるので注意が必要です。重ねて表示されたガイドをドラッグすると、あとに追加されたガイドから順に移動されます。

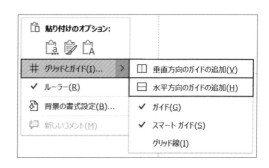

CHAPTER **10** スライドマスターのルール&テクニック

10 初期設定では、「マスター」に設定したガイドは赤、「レイアウト」に設定したガイドはオレンジの点線で表示されます。色が見分けにくいので注意が必要です。

11 この時、ガイドの上にマウスカーソルを移動し、右クリック→「色」でガイドの色を変更することができます。「マスター」上のガイドの色は赤で固定するとして、「レイアウト」上のガイドの色は確実に識別できるように色を変更しておくとよいでしょう。

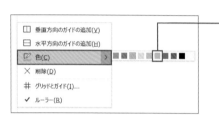

12 ガイドを削除したい時は、ガイドの上にマウスカーソルを移動し、右クリック→「削除」を選択するか、ガイドをスライドの外側にドラッグします。スライド上のすべてのガイドを削除し、あらためて「表示」タブの「ガイド」にチェックを入れ直すと、初期設定の状態に戻ります。

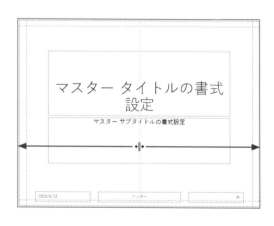

13 設定したガイドは、「表示」タブの「ガイド」のチェックを外せばいつでも非表示にできます。また、**ガイドの表示／非表示の切り替えは、Alt + F9 キーのショートカットキーでも実行できます**。これは通常スライド上でもスライドマスター上でも有効です。便利なショートカットなので覚えておきましょう。

作業中にガイドが一時的に邪魔になる時は Alt + F9 キーのショートカットで簡単に表示／非表示の切り替えができる

● まずは「マスター」のガイドのみ設定する

ここまでガイドの仕様と設定方法を細かく紹介してきましたが、どのスライドにどの情報を配置するかがはっきりと定まっていない段階でガイドを完璧に設定するのは困難でしょう。

そこで、**まずは基本となる「マスター」のガイドのみを設定し**、次の節で紹介する「背景」や「プレース

ホルダー」を設定していく過程で、随時「レイアウト」上のガイドを設定していくとよいでしょう。

ガイドのしくみはご紹介した通り簡単なものなので、資料作成の過程に応じて設定→削除をくり返しながら使いこなしていくようにしましょう。

🏷 HINT

通常スライド上でもガイドは設定できる

この節の最初の方で「ガイドは通常スライド上でも設定できますが、通常スライド上で設定したガイドはマウスで移動させることができてしまう」と書きました。ここまで紹介したのと同じ方法で、通常スライド上でもガイドは設定できます。しかし、「マスター」や「レイアウト」で設定したガイドが通常レイアウト上では固定され、移動することができないのに対して、通常スライド上で設定したガイドは固定されないため、他の作業をしている際にマウス操作を誤ってガイドを移

動させてしまうリスクがあります。

筆者の私は、固定して定常的に表示させたいガイドは「マスター」「レイアウト」で設定し、作業の過程で一時的に使用したいガイドは通常スライド上で設定する、という使い分けをしています。

なお、通常スライド上でのガイドの削除や色の変更も、「マスター」や「レイアウト」上での設定と同じ方法で行えます。

1 通常スライド上で「表示」タブの「ガイド」にチェックを入れると、初期設定ではグレーのガイドが表示されます。

2 ガイドの追加はスライド上で右クリック→「グリッドとガイド」→「垂直方向のガイドの追加」「水平方向のガイドの追加」を選択すると、それぞれ1回につき1本ずつ追加できます。くり返せば、数は無制限で追加できます。

タイトルを入力

貼り付けのオプション:

📋 レイアウト(L) ＞
スライドのリセット(R)

＃ グリッドとガイド(I)... ＞ | □ 垂直方向のガイドの追加(V)
✓ ルーラー(R) | □ 水平方向のガイドの追加(H)
🖼 背景の書式設定(B)... | ガイド(G)
💬 新しいコメント(M) | ✓ スマート ガイド(S)

CHAPTER 10

08 「マスター」を設定する

スライドマスターのベースであり、それぞれの「レイアウト」の親になる「マスター」の設定をしていきましょう。

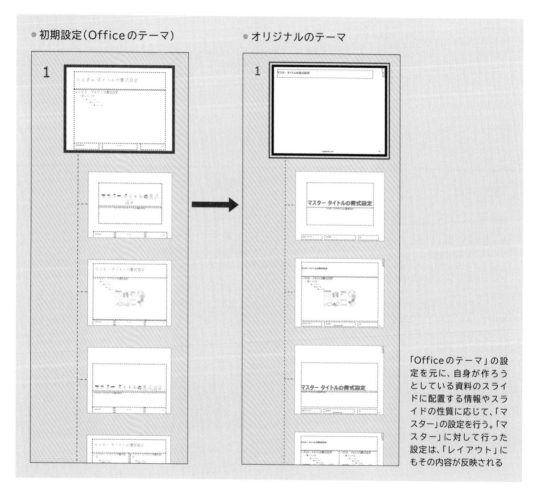

● 初期設定（Officeのテーマ）　　　● オリジナルのテーマ

「Officeのテーマ」の設定を元に、自身が作ろうとしている資料のスライドに配置する情報やスライドの性質に応じて、「マスター」の設定を行う。「マスター」に対して行った設定は、「レイアウト」にもその内容が反映される

◉ スライドマスターのベースとなる「マスター」を設定する

P.400では「テーマのフォント」「テーマの色」「ガイド」を設定し、スライドマスターを作り込むための準備を行いました。この節では、初期設定の「Officeのテーマ」を元に、スライドマスターのベースとなる「マスター」上にプレースホルダーを設定、

配置する方法を紹介します。
また「マスター」で設定できるプレースホルダーのうち、特に扱いに注意が必要な「タイトル」のプレースホルダーのしくみと設定方法についても掘り下げて紹介します。

◉「マスター」を設定する

P.378でも紹介したように、「マスター」はそれぞれの「レイアウト」の親になるものです。そのため、「マスター」には全スライドに共通する要素を配置し、各スライド固有の要素は個々の「レイアウト」に配置するようにします。「マスター」の設定さえできれば、「レイアウト」は通常のスライドを作る時と同じ要領でプレースホルダーを配置すればよいだ

けです。

ここでは、P.400で「テーマのフォント」「テーマの色」「ガイド」を設定した「Officeのテーマ」をベースに、オリジナルのスライドマスターを作っていきます。オリジナルのスライドマスターはゼロベースで作るのではなく、既存のテーマを上手に活用し、効率よく作成していきましょう。

1 P394で紹介した方法で、ベースとなるスライドサイズを設定しておきます。

2 「表示」タブ→「スライドマスター」で、スライドマスターの画面を表示します。

3 P.400で紹介した方法で、「テーマのフォント」「テーマの色」「ガイド」を設定します。

4 画面左側のサムネイルで「マスター」を選択し、「マスターのレイアウト」をクリックします。

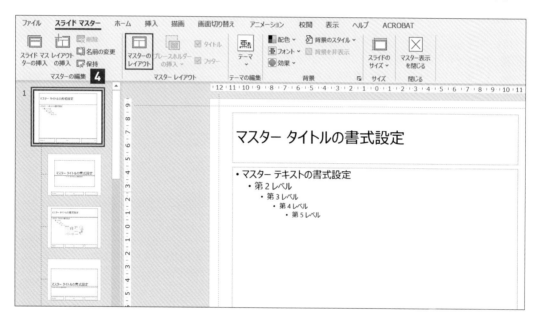

5 「マスター」上に配置できるプレースホルダーを選択するためのダイアログボックスが表示されます。「マスター」上のプレースホルダーで不要なものがあれば、Delete キーで削除するのではなく、このダイアログボックスのチェックを外して非表示にします。チェックを外したプレースホルダーは、チェックを入れ直すと再び表示されます。「マスター」には、このダイアログボックスに表示される**5種類のプレースホルダーしか配置することができません。**ここでは、ひとまず「テキスト」のチェックを外して設定を進めます。

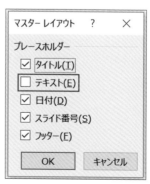

6 最初に、スライドの上部にある「タイトル」のプレースホルダーを設定します。通常のテキストボックスの設定と同様の手順で、フォントやフォントサイズ、色などを設定していきます。

7 続いて、会社のロゴなど、すべてのスライドに共通の「背景」として表示したいオブジェクトを配置します。

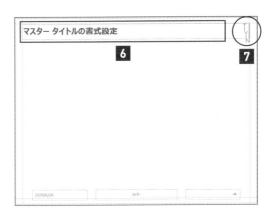

8 スライドの下部にある「日付」「フッター」「スライド番号」のプレースホルダーを設定します。一見、配置されているプレースホルダーの設定を行えばよいだけのように思われますが、**プレースホルダーのままでは通常スライド上で他のオブジェクトと同様に編集、消去、移動ができてしまいます。**通常スライド上で位置などを調整できるというメリットがある反面、誤って削除したり、移動させてしまったりする危険があります。また、他のページからコピー&ペーストした時に正しい番号が表示されないこともあるなど、不便です。

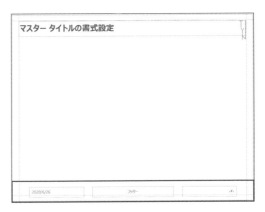

設定されているのはプレースホルダーなので、このままでは通常スライド上で他のオブジェクトと同様に編集ができてしまう

9 そこで、「スライド番号」や「フッター」は通常スライド上では編集ができないように、「マスター」上に「背景」として設定することにします。あらためて「マスターのレイアウト」をクリックし、「タイトル」を除くすべてのチェックを外します。

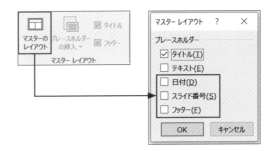

10 これで、「マスター」が「タイトル」のプレースホルダーのみの状態になりました。ここから、通常のテキストボックスを使って「フッター」と「スライド番号」を「背景」として設定していきます。「フッター」は「挿入」タブ→「テキストボックス」→「横書きテキストボックスの描画」で通常のテキストボックスを作成し、任意の文字列を入力して「マスター」の任意の位置に配置します。なお、作成しているのは通常のテキストボックスなので「ホーム」タブ→「図形」→「テキストボックス」で作成してもかまいません。

11 「スライド番号」も同様に、「挿入」タブ→「テキストボックス」→「横書きテキストボックスの描画」で通常のテキストボックスを作成します。

12 「スライド番号」のテキストボックスが入力モードになっている状態で、「挿入」タブの「スライド番号の挿入」をクリックします。「‹#›」の記号が表示されるので、「マスター」の任意の位置に配置します。「‹#›」には、通常スライド上では該当のスライド番号が表示されます。

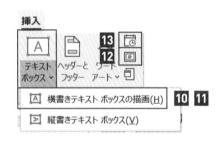

13 必要に応じて、同様の方法で「日付」も設定、配置してください。テキストボックスが入力モードになっている状態で「挿入」タブの「日付と時刻」をクリックすると、詳細設定のダイアログボックスが表示されます。「言語」は「日本語」と「英語」の2種類、「カレンダーの種類」では「グレゴリオ暦」（西暦）と「和暦」の2種類が選択できます。表示される日付と時刻は、設定した時点の日付と時刻です。「自動的に更新する」にチェックを入れると、ファイルを開いた時の日付と時刻が表示されます。設定した日時を既定値として固定したい場合は、「既定値に設定」をクリックします。設定した「マスター」の情報が「レイアウト」に反映されていれば、「マスター」の設定はこれで完了です。

「フッター」「スライド番号」ともに通常のテキストボックスに入力し、配置することで「背景」として扱われ、通常スライド上で編集ができなくなる

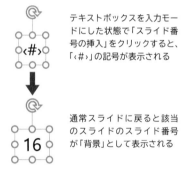

テキストボックスを入力モードにした状態で「スライド番号の挿入」をクリックすると、「‹#›」の記号が表示される

通常スライドに戻ると該当のスライドのスライド番号が「背景」として表示される

テキストボックスを入力モードにした状態で「日付と時刻」をクリックすると、設定のダイアログボックスが表示される

◎「タイトル」のプレースホルダーには要注意

「マスター」に配置できるプレースホルダーのうち、「タイトル」のプレースホルダーには次の2つの制約があるので注意が必要です。

「レイアウト」上で設定できるプレースホルダーの一覧には、「タイトル」のプレースホルダーが存在しない

・「マスター」上でしか設定できない
・1つのスライドに1つの「タイトル」しか設定できない

まず、「タイトル」のプレースホルダーは「マスター」上でしか設定ができない、つまり「レイアウト」上では設定ができないという制約があります。実際、「レイアウト」上に設定できるプレースホルダーの一覧を確認すると、「タイトル」のプレースホルダーが存在しません。つまり「レイアウト」上ではタイトルのプレースホルダーは新たに設定ができないということがわかります。

さらに、「タイトル」のプレースホルダーは1つのスライドに1つしか設定できません。試しに、スライドマスター上で「タイトル」のプレースホルダーをコピー＆ペーストしてもう1つ配置すると、コピーした方のテキストボックスは通常スライド上では「背景」として扱われてしまいます。

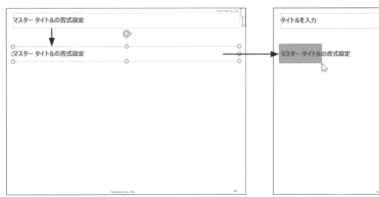

スライドマスター上で「タイトル」のプレースホルダーをコピー＆ペーストすると、見かけ上はまったく同じに見えるが…

通常スライド上ではコピーした方は「背景」として扱われ、編集できなくなる

● PowerPointにおける「タイトル」の特別な考え方

「タイトル」のプレースホルダーになぜこのような2つの制約があるのかというと、そこにはPowerPoint特有の「タイトル」の考え方があるからです。

私たちが資料の論理構造を考える場合、情報のレイヤーとしてまず「スライド全体のタイトル」(=表紙タイトル)があり、その下に各スライドごとのタイトルや内容が紐づいていると考えるでしょう。つまり、表紙タイトルは各スライドのタイトルよりも情報のレイヤーが上位に属すると考えるはずです。ところが、PowerPointにおいては「スライド全体のタイトル」(表紙タイトル)と「各スライドのタイトル」との間にこのような情報のレイヤーの上下関係が存在せず、同じ「タイトル」として並列に扱われるのです。

つまり、「スライド全体のタイトル」(表紙のタイトル)か「各スライドのタイトル」かの違いのない、スライド全体で1つの「タイトル」が存在するだけなのです。「マスター」で「タイトル」のプレースホルダーを設定すると、「スライド全体のタイトル」(表紙のタイトル)と「各スライドのタイトル」の両方に利用される「タイトル」が作成されます。そして、「各スライドのタイトル」は「マスター」で設定した「タイトル」のプレースホルダーを元に、各「レイアウト」で個別に設定し直す、という考え方をするのです。

このような「タイトル」に関するPowerPoint特有の考え方をしっかり理解した上で、次ページ以降の「レイアウト」における「タイトル」のプレースホルダーの設定作業を行いましょう。

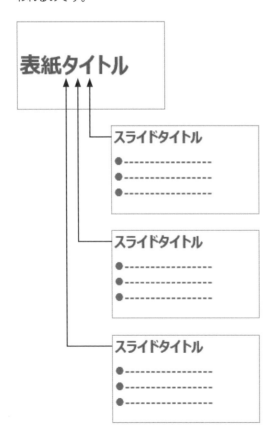

「表紙のタイトル」と「スライドのタイトル」では、同じ「タイトル」でも「表紙のタイトル」の方が情報のレイヤーが上位に属すると考えるのが通常である

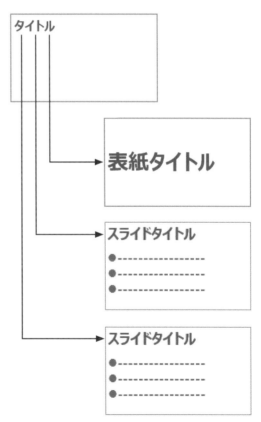

しかしPowerPointでは「表紙のタイトル」も「スライドのタイトル」も同じ「タイトル」として扱われ、あくまでも「マスター」で設定した「タイトル」のプレースホルダーが基準になる

「レイアウト」における「タイトル」プレースホルダーの考え方

PowerPointにおける「タイトル」の考え方を、実際に操作を行って確認してみましょう。「レイアウト」の一覧から「表紙レイアウト」を選択し、「スラ

イドマスター」タブを確認します。すると、「タイトル」と「フッター」にチェックが入っていることが確認できます。

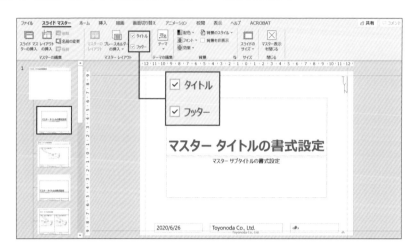

この時、「表紙レイアウト」に配置されている「タイトル」のプレースホルダーを削除してみます。すると、「スライドマスター」タブの「タイトル」のチェックも外れます。続いて、あらためて「タイトル」のチェックを入れてみてください。すると、「表紙レイアウト」にもともと配置されていた「タイトル」のプレースホルダーではなく、どういうわけか「マ

スター」で設定した「タイトル」のプレースホルダーが表示されるのです。このことから、**「表紙レイアウト」にあらかじめ表示されていた「タイトル」は、「マスター」で設定した「タイトル」のプレースホルダーが「表紙」用にカスタマイズされて配置されていたということがわかります。**

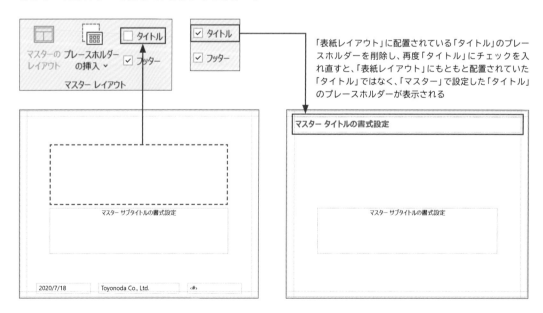

「表紙レイアウト」に配置されている「タイトル」のプレースホルダーを削除し、再度「タイトル」にチェックを入れ直すと、「表紙レイアウト」にもともと配置されていた「タイトル」ではなく、「マスター」で設定した「タイトル」のプレースホルダーが表示される

● 各「レイアウト」の最大公約数となるように「マスター」を設定する

このように、PowerPointの仕様では「タイトル」のプレースホルダーは「マスター」で設定したものがベースにあり、各「レイアウト」では「マスター」で設定されたものから各々の「レイアウト」の用途に応じてカスタマイズされたものが配置されている、ということがわかります。

このような仕様になっているのは、「レイアウト」の親である「マスター」にはすべてのスライドに共通する最大公約数になる要素だけを配置でき、その中に「タイトル」のプレースホルダーが含まれているからです。

このような仕様になっていることから、「マスター」での「タイトル」のプレースホルダーの設定は、資料の一連のスライドの中でもっとも多く使われる「スライドのタイトル」の設定にしておくことで、効率的に「レイアウト」の設定を行うことができます。仮に「マスター」の「タイトル」を「表紙のタイトル」

として設定してしまうと、個々のスライドで「スライドのタイトル」をいちいち設定し直さなくてはならなくなります。

さらに、「タイトル」のプレースホルダーはここまで紹介したように特殊な仕様になっているので、オリジナルの「テーマ」を作る際には初期設定の「Officeのテーマ」の設定をできるだけ上手に活用し、「表紙レイアウト」に配置されている「タイトル」のプレースホルダーを削除したり、「スライドマスター」タブの「タイトル」のチェックを外したりすることのないよう注意しましょう。

このような複雑な仕様を理解するのは面倒に感じるかもしれませんが、P.390で紹介したアウトラインでは、「タイトル」の文字列は「タイトル」のプレースホルダーに入力しない限りアウトラインに正しく表示されません。機能を正しく使うためにも、ここでしっかりと理解しておきましょう。

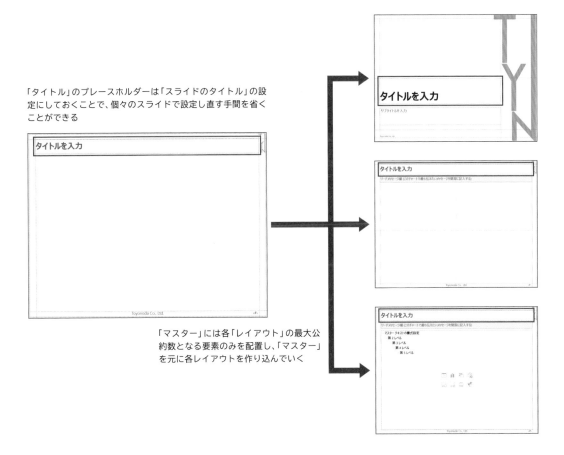

「タイトル」のプレースホルダーは「スライドのタイトル」の設定にしておくことで、個々のスライドで設定し直す手間を省くことができる

「マスター」には各「レイアウト」の最大公約数となる要素のみを配置し、「マスター」を元に各レイアウトを作り込んでいく

● 「日付」「フッター」「スライド番号」をプレースホルダーで設定する

「日付」「フッター」「スライド番号」を「マスター」上でプレースホルダーとして設定し、通常スライド上で移動、編集できるようにしたいという場合もあるかもしれません。その場合、単にこれらのプレースホルダーを「マスター」上に配置するだけでは、通常スライドにこれらの要素は表示されません。

通常スライドに「日付」「フッター」「スライド番号」を表示させるには、「挿入」タブ→「ヘッダーとフッター」からダイアログボックスを表示し、通常スライド上で表示させたい要素にチェックを入れます。「表紙」スライドに表示する必要がない場合は、「タイトルスライドに表示しない」にチェックを入れます。

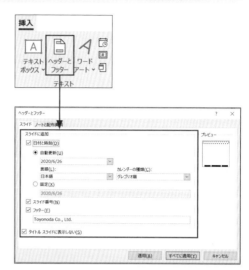

このダイアログボックスで「フッター」に会社名など表示させたい任意のテキストを入力すると、「マスター」上に表示される

● スライド番号を「0」からスタートさせる方法

「マスター」で設定したスライド番号は、原則はスライドの1ページ目をそのまま「1」と表示するようになっています。しかし1ページ目は表紙であることも多いので、表紙はスライド番号に数えず、2ページ目からスライド番号を「1」として表示したいという場合もあります。

この場合、「デザイン」タブ→「スライドのサイズ」で表示されるダイアログボックスで「スライド開始番号」を「0」にすると、1ページ目のスライド番号の表示を「0」にすることができます。

ただし、この設定だけでは1ページ目のスライド番号が「0」と表示されてしまいます。「表紙

レイアウト」で「背景を非表示」にチェックを入れることを忘れないようにしましょう（P.420）。なお、「スライド開始番号」に入力できるのは0から9999までで、マイナスの値は設定できません。よって、ページの3ページ目からスライド番号を「1」として開始させたい、というようなことはできません。

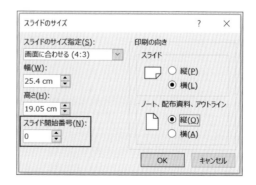

「テーマのフォント」「テーマの色」に加えて 「テーマの効果」がある

ここまで「テーマのフォント」「テーマの色」「スライドマスター」の3つのセットを「テーマ」として説明してきましたが、実は「テーマ」にはもう1つ「テーマの効果」というものがあります。「テーマの効果」には、SmartArtグラフィックで使用される

線と塗りつぶしの組み合わせが登録されていて、設定を変えることでSmartArtの印象を変えることができます。つまり、SmartArtにしか適用されない限定的な「テーマ」ということです。

1 スライドマスター上では「配色(テーマの色)」「フォント(テーマのフォント)」の下に「効果」のボタンがあり、クリックすると効果の一覧が表示されます。

2 通常スライド上では「デザイン」タブ→「バリエーション」の「その他」の下に「効果」の項目があり、クリックすると効果の一覧が表示されます。

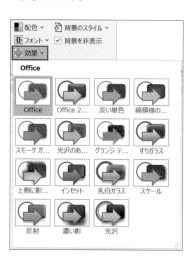

3 SmartArtを使用した時に、「テーマの効果」を例えば初期設定の「Office」から「上側に影付き」に変更すると、光の角度が変更されたことがわかります。

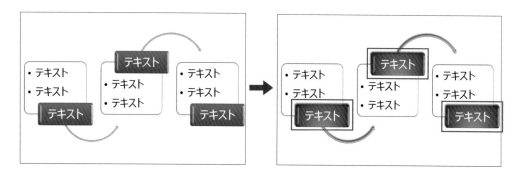

CHAPTER **10**
スライドマスターのルール&テクニック

09 「レイアウト」を設定する

資料作りの効率があがるよう、スライドの用途に応じて「レイアウト」の設定を行いましょう。

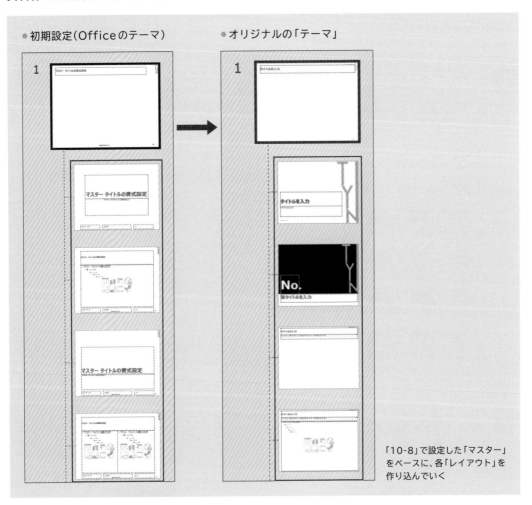

- 初期設定（Officeのテーマ）
- オリジナルの「テーマ」

「10-8」で設定した「マスター」
をベースに、各「レイアウト」を
作り込んでいく

◉ 「マスター」の設定をベースに各「レイアウト」を設定する

P.408の方法で「マスター」を設定したら、続いて各「レイアウト」を作り込んでいきます。スライドマスターの機能を最大限に活かして資料作りを効率的に進められるように、「レイアウト」は資料を構成する情報の構造や性質を洗い出し、丁寧に設定しましょう。「レイアウト」をどれだけしっかり作り込むかによって、資料を作るスピードや完成度に大きな差が出ます。なお、この節は「10-6」〜「10-8」の続編になります。必ずP.394の「10-6」から順を追って読み進めてください。

● 何をプレースホルダーに設定するか？

「レイアウト」を設定するにあたって最初に考えなければならないのは、スライド上に配置する予定の情報のうち、何をプレースホルダーとして設定し、何を通常のオブジェクトとして設定するかの設計です。

P.368で説明したように、スライドマスターはスライドの定型フォームです。そのため**自身が作る資料で頻繁に登場する「定番の要素」を洗い出し、それらをプレースホルダーとして設定する**ことで「レイアウト」の汎用性が増すことになります。

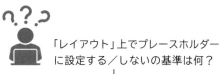

「レイアウト」上でプレースホルダーに設定する／しないの基準は何？

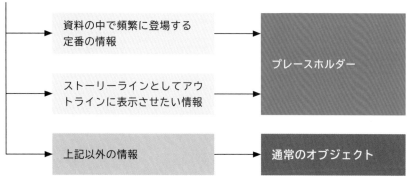

例えば筆者の私は、「レイアウト」上に必ず「リード文」のプレースホルダーを設定するようにしています。スライドで述べられている内容を簡潔に記す「リード文」があれば、読み手はスライドの主旨をあらかじめ確認しながら読み進めることができます。作り手である私たち自身も、「リード文」によってスライドの主旨を明確にしながら制作を進めることができます。それによって、いざスライドを完成させたら最初に述べようとしていたこととスライドの内容が乖離してしまった、というようなことが防げます。さらに「リード文」があることで、それぞれのスライドと資料全体のストーリーラインとの間に整合性をとりやすくなることが期待できます。

また自身が作る資料で毎回同じ位置にグラフ、表、画像などを挿入するという場合は、「レイアウト」上に「コンテンツ」のプレースホルダーを配置しておきます。それによってスライドの定位置に常に定番のコンテンツを配置できるので、コンテンツを配置し忘れたり、スライドを作るたびにコンテンツのサイズや位置をいちいち設定したりといった手間が省けます。

自身が作る資料のストーリーラインや扱う情報の性質を考慮しながら、各「レイアウト」上にプレースホルダーを設定、配置し、資料を効率的に作ることのできる定型フォームを作っていきましょう。

作成するスライドに主旨がない、ということはありえない

↓

「リード文」をプレースホルダーとして設定しておけば、ストーリーラインの整合性がとりやすくなる

スライドの定位置にグラフ、表、画像などを挿入するなら、「コンテンツ」のプレースホルダーを設定すると作業が効率的

◎「レイアウト」を設定する

プレースホルダーとして設定する内容が決まったら、いよいよそれぞれの「レイアウト」の設定を行っていきます。

1 最初に、「表紙レイアウト」の設定を行います。画面左のサムネイルウィンドウで「表紙レイアウト」を選択すると、「マスター」で設定したはずのロゴ、スライド番号、フッターなどが表示されていないことがわかります。これはPowerPointの初期設定で、「表紙レイアウト」では「スライドマスター」タブの「背景を非表示」にあらかじめチェッ

クが入れられているからです。このように、**選択した「レイアウト」で「背景を非表示」にチェックを入れると、「マスター」で設定した「背景」を非表示にすることができま**す。ここでは「表紙レイアウト」に「マスター」で設定したロゴ、スライド番号、フッターは不要なので、「背景を非表示」のチェックはそのままにしておきます。

「表紙レイアウト」では、PowerPointの初期設定で「背景を非表示」にチェックが入れられている

「背景を非表示」のチェックを外すと、「マスター」で設定したロゴ、スライド番号、フッターなどの「背景」が「レイアウト」上に表示される

2 ここで「表紙スライド」の下部に注目すると、「マスター」の設定の際にチェックを外して非表示にした「日付」「スライド番号」「フッター」のプレースホルダーが各「レイアウト」にゴミとして残っていることがわかります。

3 そこで、不要なプレースホルダーをそれぞれ選択して削除します。そして、「スライドマスター」タブの「フッター」のチェックが外れていることを確認します（本来は「フッター」のチェックを外せばこれらのプレースホルダーの表示は消える仕様になっているのですが、PowerPointのエラーでチェックを外せないこともあるため、ここでは不要なプレースホルダーそのものを直接削除しています）。

不要なプレースホルダーは「表紙レイアウト」だけでなく、各「レイアウト」に個別に残っているので、すべての「レイアウト」で同様の操作をもれなく行います。

不要なプレースホルダーを削除したのち、「フッター」のチェックが外れていることを必ず確認する

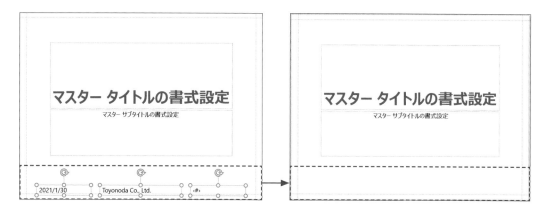

4 「タイトル」と「サブタイトル」のプレースホルダーに対して、「表紙レイアウト」用の設定を行い、任意の場所に配置します。この時、「表紙レイアウト」用のガイド（青）を設定しておくと便利です。また、プレースホルダーに入力する内容がわかりやすくなるように、入力指示の内容を書き直します。ここでは「マスタータイトルの書式設定」を「タイトルを入力」に、「マスターサブタイトルの書式設定」を「サブタイトルを入力」に変更しています。

5 新たに「表紙レイアウト」に固有の「背景」として「社名」と「ロゴ画像」を配置すれば、「表紙レイアウト」の完成です。

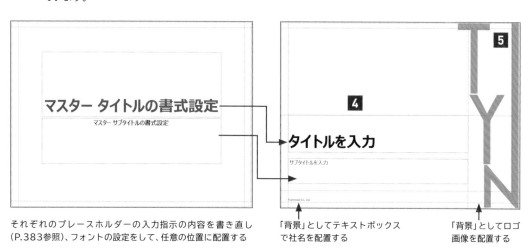

それぞれのプレースホルダーの入力指示の内容を書き直し（P.383参照）、フォントの設定をして、任意の位置に配置する

「背景」としてテキストボックスで社名を配置する

「背景」としてロゴ画像を配置する

6 同じ要領で、以降に続く「レイアウト」も設定していきます。新たに「レイアウト」を作成する場合は、「スライドマスター」タブの「レイアウトの挿入」をクリックします。

7 「レイアウト」上で新しいプレースホルダーを作成するには、「プレースホルダーの挿入」から、挿入するコンテンツの性質に応じたプレースホルダーを選択し、配置します。

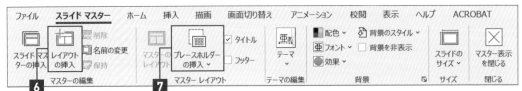

8 「中表紙用」の「レイアウト」には、この「レイアウト」に固有の「背景」としてネイビーの四角形、ロゴ画像を配置します。さらに、章タイトルを記入する「テキスト」のプレースホルダーと、章番号を記入する「テキスト」のプレースホルダーを設定、配置します。それぞれ、「No.」や「章タイトルを入力」など、それぞれのプレースホルダーに適切な入力指示を入力していきます。

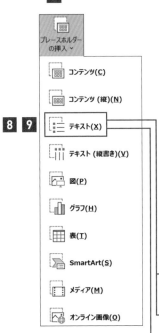

9 資料の中でもっとも頻繁に使用する「タイトル＋リード文」のスライドでは、リード文の入る「テキスト」のプレースホルダーを設定し、配置します。「タイトル」のプレースホルダーは、P.410で設定したものをそのまま利用できます。

HINT

「背景」の日付、フッター、スライド番号は「レイアウト」でも設定できる

「マスター」だけでなく、個々の「レイアウト」でも個別にスライド番号やフッターを「背景」として配置したい場合は、「マスター」と同様の方法で設定することができます。ただし「レイアウト」上に配置された「背景」は、対象の「レイアウト」が適用されたスライドにのみ反映されることには留意しておく必要があります。

ビジネスシーンにおいては、大量のスライドで構成される資料のスライド番号は重要な共通の要素としてスライドの定位置に表示されるのが望ましく、あくまでも「マスター」に配置した要素をベースに、「マスター」にない要素を「レイアウト」で個別に作り込む、という考え方でスライドマスターを構成するようにしましょう。

10 以降の「レイアウト」についても、「レイアウトの挿入」で新規「レイアウト」を作成し、「プレースホルダーの挿入」からそれぞれの用途に適した任意のプレースホルダーを設定、配置していきます。

白紙の「レイアウト」は、「スライドマスター」タブにある「タイトル」のチェックを外し、「タイトル」のプレースホルダーを削除することで作成します。同様に「背景を非表示」にチェックを入れると、「マスター」上に配置されている「背景」を非表示にすることができます。

● タイトル＋リード文＋コンテンツ

「タイトル」と「リード文」に加え、「コンテンツ」のプレースホルダーを設定、配置した。あらゆるオブジェクトを定位置に配置できる万能レイアウト

● タイトル＋コンテンツ（リード文なし）

「タイトル」と「コンテンツ」のプレースホルダーのみのレイアウト

● タイトルのみ

「タイトル」のプレースホルダーのみのレイアウト

● 白紙　背景あり

「タイトル」のプレースホルダーは非表示だが、「マスター」の「背景」は残してロゴのみ表示させた白紙レイアウト

● 白紙　背景なし

「タイトル」のプレースホルダー、「マスター」の「背景」ともにチェックを外した完全に白紙のレイアウト

● 最終ページ

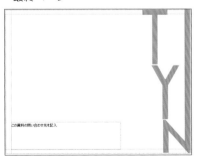

最終ページ（裏表紙）として、「背景」にロゴを配置し、資料の作成者の連絡先などを記入する欄として「テキスト」を配置したレイアウト

「マスター」「レイアウト」に名前を付ける

設定した「マスター」と「レイアウト」には、固有の名前を設定し、識別しやすくすることができます。対象の「マスター」か「レイアウト」を選択し、「スライドマスター」タブの「名前の変更」をクリックします。名称変更のダイアログボックスが表示されるので、任意の名前を入力します。

設定した名前は、通常スライドの編集中に「ホーム」

タブ→「レイアウト」の「レイアウトギャラリー」の一覧に表示されます。名前があることで、任意の「マスター」や「レイアウト」を識別しやすくなります。また複数人で分担して資料作成を行う際などに、「マスター」や「レイアウト」の指定や識別をスムーズに行うことができます。

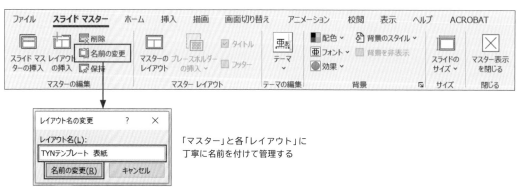

「マスター」と各「レイアウト」に
丁寧に名前を付けて管理する

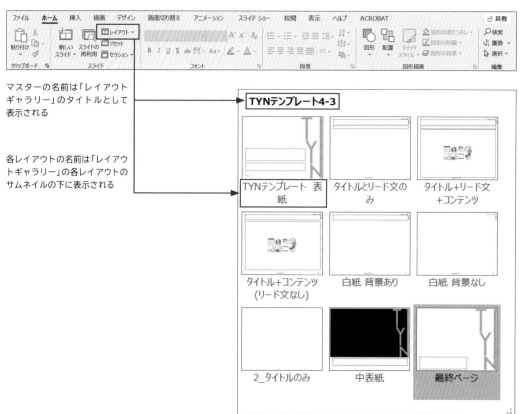

マスターの名前は「レイアウトギャラリー」のタイトルとして表示される

各レイアウトの名前は「レイアウトギャラリー」の各レイアウトのサムネイルの下に表示される

◉ サブタイトルは「テキスト」のプレースホルダーで設定する

P.413では、「タイトル」のプレースホルダーは1つのスライドに1つしか設定できないという制約があると説明しました。しかし、スライドの内容によってはタイトルの他にサブタイトルのプレースホルダーを設定したい、という場合もあるでしょう。

その場合、まずはサブタイトルも「タイトル」のプレースホルダー内になんとか収まるように、

通常スライド上でフォントサイズやフォントの色を変えるなどの設定を行うことになります。しかし通常スライド上でいくらプレースホルダーの設定を変えたとしても、P.437にあるように「ホーム」タブの「リセット」ボタンを押してしまうと、「レイアウト」で設定した既定のプレースホルダーのサイズ、位置、書式に強制的に戻されてしまうので注意が必要です。

通常スライド上で「タイトル」のプレースホルダーにサブタイトルを入力し、設定を変えれば対応できるが…

「リセット」ボタンを押すと、スライドマスター上で設定したサイズ、位置、書式に強制的に戻されてしまう

また、「タイトル」のプレースホルダーとサブタイトルに該当するプレースホルダーを別々に配置したいという場合は、各「レイアウト」上でサブタイトル用の「テキスト」のプレースホルダー

を配置、設定することになります。いずれの方法も一長一短な面がありますが、自身の作る資料に最適な方法を見極めて設定してください。

● スライドマスター

● 通常スライド

「タイトル」とサブタイトルのプレースホルダーを別々に配置したいという場合は、各「レイアウト」上でサブタイトル用の「テキスト」のプレースホルダーを配置、設定する

CHAPTER 10 スライドマスターのルール&テクニック

10 スライドマスターを保存する

設定したスライドマスターをオリジナルの「テーマ」として保存し、資料を作る時にはいつでも利用できるようにしておきましょう。

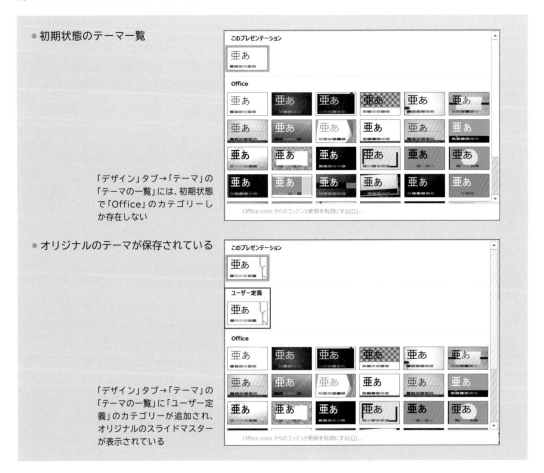

● 初期状態のテーマ一覧

「デザイン」タブ→「テーマ」の「テーマの一覧」には、初期状態で「Office」のカテゴリーしか存在しない

● オリジナルのテーマが保存されている

「デザイン」タブ→「テーマ」の「テーマの一覧」に「ユーザー定義」のカテゴリーが追加され、オリジナルのスライドマスターが表示されている

● 設定したスライドマスターをオリジナルの「テーマ」として保存する

P.394の「10-6」からここまで、スライドマスターの設定を行ってきました。この節では、設定したスライドマスターを「テーマ」として保存する方法を紹介します。オリジナルのスライドマスターを「テーマ」として保存することで、他のファイルを開いた時に、すでに設定してあるスライドマスターをすぐ

に適用できるようになります。

また、自身が作成したファイルを別のPCに送った際、そのファイルのスライドマスターを送付先のPCにも「テーマ」として保存することで、利用するPCに依存することなくオリジナルの「テーマ」を使えるようになります。

● スライドマスターをオリジナルの「テーマ」として保存する

1 「スライドマスター」タブの「テーマ」から、「現在のテーマを保存」をクリックします。

2 「ファイルの種類」が「Officeテーマ(*.thmx)」になっていることを確認し、任意のファイル名を指定して保存します。ファイルの保存先は、PowerPointが指定する初期設定のままにします。筆者の私はファイル名をP.425で設定した「マスター」の名前と同じにして、混乱しないようにしています。

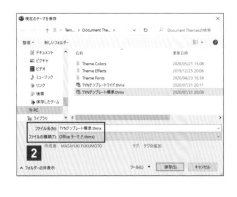

3 通常スライドに戻ります。「デザイン」タブの「その他」をクリックすると、「テーマの一覧」に新たに「ユーザー定義」というカテゴリーが追加されていることがわかります。サムネイルにマウス カーソルを乗せると、手順**2**で設定したファイル名が表示されます。このサムネイルをクリックすることで、オリジナルの「テーマ」を適用することができます。

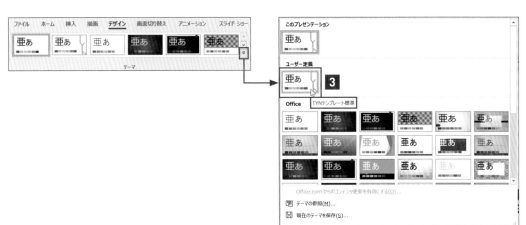

⊙ 1つのファイルに複数の「テーマ」を設定できる

1つのファイルには、複数の「テーマ」を設定することができます。以下の画面では、オリジナルのテーマのうしろに、「Officeのテーマ」と任意の「テーマ」が追加されています。また「マスター」をコピー＆ペーストすると、「マスター」とその下にぶら下がる「レイアウト」の一式をすべて貼り付けることができます。例えば他のファイルのスライドマスターの「マスター」をコピーして、自身のファイルのス

ライドマスターに貼り付けることで、「テーマ」を追加することができます。なお、1つのファイル内に複数のスライドのサイズを混在させることはできません。例えば最初のスライドマスターのスライドサイズは「標準(4:3)」、2番目のスライドマスターは「ワイド画面(16:9)」というような設定はできません。

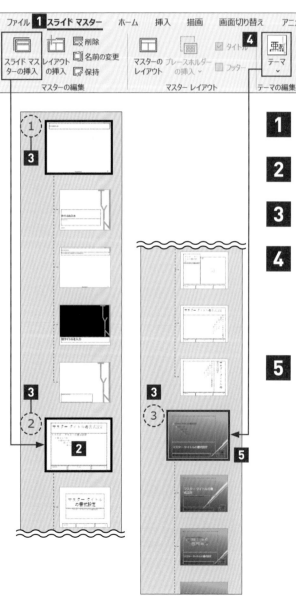

1 「スライドマスター」タブで、「スライドマスターの挿入」をクリックします。

2 サムネイルの最後尾に、新しいスライドマスターが追加されます。

3 各「マスター」の左側には、このファイルに設定されているスライドマスターの順番が表示されます。

4 「スライドマスターの挿入」によって追加されるスライドマスターには、常に初期設定の「Officeのテーマ」が適用されています。新たに挿入するスライドマスターに任意の「テーマ」を適用したい場合は、続いて「テーマ」から任意の「テーマ」を選択します。

5 すると、手順**1** **2**で追加した「Officeのテーマ」のうしろに、選択した「テーマ」のスライドマスターが追加されます。つまり、1つのファイルに任意の「テーマ」を追加するには、「Officeのテーマ」をいったん追加してからでないと新しい「テーマ」を適用できない、ということです。その上で先に追加した「Officeのテーマ」のスライドマスターを削除すれば(P.429)、必要なスライドマスターのみを残すことができます。

● スライドマスター上でもスライドのサイズは変えられる

「スライドマスター」の設定画面でも、「スライドのサイズ」の設定を行うことができます。設定方法はP.394で紹介したものと同じです。またスライドマスターで設定しても、通常スライドで設定しても、その後の挙動は同じです。

なお、**スライドマスター上でのスライドサイズの変更は、必ず先に「テーマ」の保存を行ってから実施するようにしましょう。**「テーマ」として保存せずにスライドサイズを変えてしまうと、初期設定の「Officeのテーマ」が強制的に設定し直されてしまうので注意が必要です。

さらに、**自身が頻繁に使用する定番の「テーマ」については、事前に「標準（4:3）」と「ワイド画面（16:9）」の両方を作り、「テーマ」に登録しておきましょう。**そうすることで、スライドサイズの変更がスムーズに行えます。

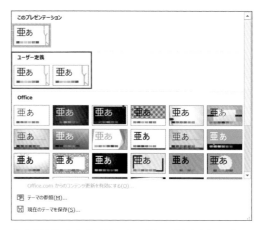

サイズ変更にもすぐに対応できるように、「オリジナルの「テーマ」は標準（4:3）」と「ワイド画面（16:9）」の両方を登録しておくとよい

● 不要になった「テーマ」を削除する／オリジナルの「テーマ」を既存のテーマにする

不要になった「テーマ」は、右クリック→「削除」で削除することができます。削除された「テーマ」は、「テーマ」の一覧に表示されなくなります。削除できるテーマは、標準で設定されている以外のものに限ります。

なお、保存していた「テーマ」を削除すると、他のファイルに適用することはできなくなりますが、すでに「テーマ」が適用されているファイルにはスライドマスターの設定がそのまま残っています。残っているスライドマスターの設定をあらためて「テーマ」として保存し直せば、復活させることができます。

またオリジナルの「テーマ」上で右クリック→「既定のテーマとして設定」を選択すると、新規でファイルを作成する際に、選択したオリジナルの「テーマ」が適用されるようになります。

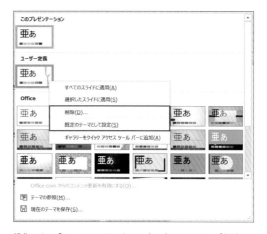

操作したい「テーマ」のサムネイル上で右クリックし、「削除」や「既存のテーマとして設定」を選択する

11 新しいスライドに
スライドマスターを適用する

新規スライドを開いたら、最初に任意の「テーマ」を適用しましょう。そして「新しいスライド」→「レイアウトギャラリー」で適切な「レイアウト」を選択してから作業を始めましょう。

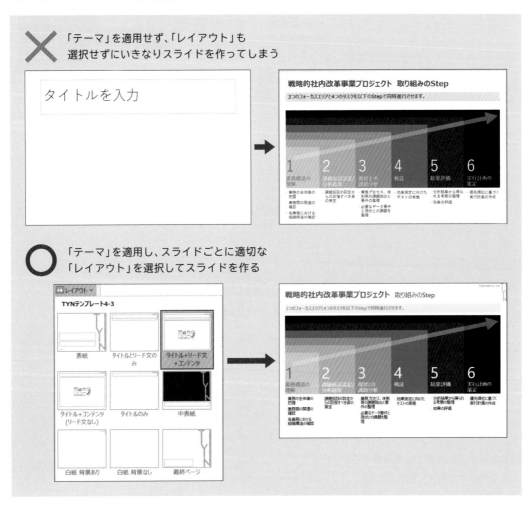

● スライドマスターを適用しながら、実際にスライドを作る

スライドマスターを設定してオリジナルの「テーマ」として保存したら、いよいよ新しいスライドに「テーマ」を適用し、スライドごとに適切な「レイアウト」を選択しながら、資料を作成していきます。ここで

は、新規スライドにオリジナルの「テーマ」と適切な「レイアウト」を選択し、適用するためのひと通りの手順を紹介します。PowerPointの正しいスライドの作り方を確認しましょう。

● スライドに「テーマ」を適用する

新規スライドを開き、P.394の手順で「スライドサイズ」を設定します。続いて「デザイン」タブ→「テーマ」からオリジナルの「テーマ」を選択し、現在開いているファイルに適用します。

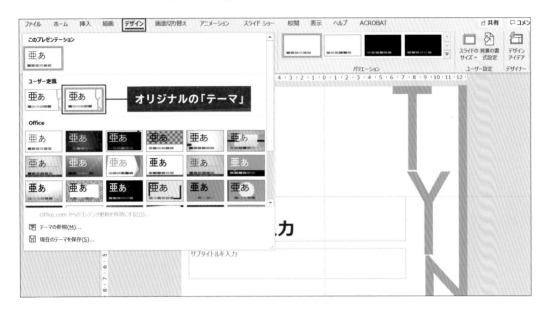

● スライドに「レイアウト」を適用する

「テーマ」の適用が完了したら、通常スライド上でそれぞれのスライドに適切な「レイアウト」を選択し、適用していきます。

1 新しくスライドを追加する場合は、「ホーム」タブ→「新しいスライド」をクリックします。

2 一覧から、任意の「レイアウト」を選択します。ここでは「タイトル＋リード文＋コンテンツ」を選択します。

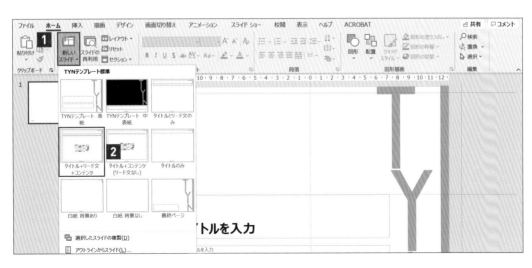

3 選択した「レイアウト」が適用されたスライドが作成されます。

4 プレースホルダーの内容に沿って、スライドを作り込んでいきます。

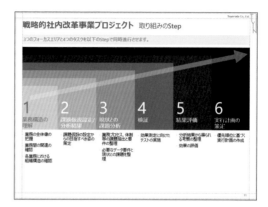

5 すでに表示しているスライドに別のレイアウトを適用するには、「ホーム」タブ→「レイアウト」で「レイアウトギャラリー」を表示し、適用したいレイアウトを選択します。

6 例では「白紙 背景なし」の「レイアウト」を適用しました。

HINT

「テーマ」には「既定の〜〜に設定」も保存できる

P.176では「既定の〜〜に設定」は同一ファイル内のみ有効なもの、と説明しましたが、「テーマ」には「既定の〜〜に設定」の設定も保存することができます。保存している「テーマ」を他のファイルに適用すると「既定の〜〜に設定」の設定も「テーマ」と同様に適用されます（「テーマ」の適用方法はP.431を参照してください）。一度設定した「既定の〜〜に設定」を使いまわしたい場合にも「テーマ」の保存は有効な方法なので覚えておきましょう。

CHAPTER 10
12 既存のスライドに スライドマスターを適用する

設定した「テーマ」と「レイアウト」を既存のスライドに適用する場合、うまくいかないことが多くあります。特性を理解して、スムーズに再利用できるようになりましょう。

1

「Officeのテーマ」で作られた元の資料

2

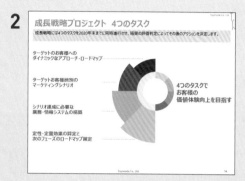

「テーマ」の設定を変更すると、「テーマのフォント」と「テーマの色」の設定が置き換わり、フォントと色が変わってしまった

3

さらに「レイアウト」を適用すると、元の資料が「レイアウト」を無視して作られていたため、プレースホルダーが表示されてしまった

4

フォントや色を1つずつ変更し、適用した「レイアウト」に沿ってスライドを修正して完成させる

● 既存のスライドに「テーマ」「レイアウト」を適用する

この節では、既存のファイルやスライドに適切な「テーマ」や「レイアウト」を適用し、再利用する方法を紹介します。既存の資料に任意の「テーマ」と

「レイアウト」を適用する場合、気をつけなければいけないポイントが複数あります。確実に実行できるようになりましょう。

● 地味だが、結果に差が出る重要な作業

PowerPointで資料を作成しようとする際に、自身が過去に作ったスライドや、人からもらったスライドを編集して再利用した経験がある人は多いと思います。このような場合、それぞれのファイルやスライドに適用されている「テーマ」や「レイアウト」は、ほぼまちがいなくバラバラです。急いで資料を作らなければならず、かき集めた既存の資料をつなぎ合わせて1つのファイルにしたらフォントも色味もバラバラで、レイアウトも大きく崩れてしまって途方に暮れた、という人も多いでしょう。

既存のスライドの「テーマ」の設定がバラバラということは、「テーマのフォント」や「テーマの色」も

バラバラということです。筆者の私の経験では、このような資料はスライドマスターがまったく意識されずに作られたものがほとんどだと断言してもよいくらいです。

このような資料に任意の「テーマ」を適用し、それぞれのスライドに1つずつ丁寧に「レイアウト」を設定して修正していくというのは、地味で負荷がかかる作業です。しかし、**この作業で手を抜くか、それとも労力を惜しまずやり抜くかによって、結果に歴然とした差が出ます**。ここから先は、既存のスライドに「テーマ」と「レイアウト」を適用し、修正を行うプロセスを順を追って解説していきます。

● 既存のスライドに「テーマ」を適用する

既存のスライドに自分が使用したい「テーマ」を適用するには、「デザイン」タブ→「テーマ」から任意の「テーマ」を選択し、現在開いているファイルに

適用します。ここでの例では、この章でこれまで設定してきた「TYNテンプレート」を適用することにします。

● スライドタイトルのフォントの設定に着目する

既存のスライドに新しいテーマを適用すると、フォントの種類や色が元の資料から変わってしまいます。これは、「テーマ」を変更したことで「テーマのフォント」と「テーマの色」の設定も変わってしまったことが原因です（反対に、元の資料で使用されていたフォントと色が「テーマのフォント」「テーマの色」でなければ、「テーマ」を変えても設定が変わることはありません）。

例では、元のスライドに適用されている「Officeのテーマ」から「TYNテンプレート」に「テーマ」を変更した結果、「テーマのフォント」は英数字、日本語ともに游ゴシックだったものが、英数字はSegoe UI、日本語はMeiryo UIに変更されます。また、「テーマの色」も「Office」から「スリップストリーム」に変わります。これにともなって、スライド上のフォントや色が変化します。

「テーマ」を変えることによって、フォントの種類や色が変わってしまう

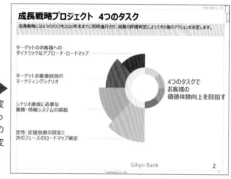

しかし、「テーマのフォント」「テーマの色」が変更されたとしても、**適切な「レイアウト」が適用され、スライドのタイトルが「タイトル」のプレースホルダーに、リード文が「リード文」のプレースホルダーに正しく入力されていれば、それぞれのフォントの種類、サイズ、色は「テーマ」の変更にともなって正**しく反映されるはずです。しかし、「テーマ」を変えてもスライドのタイトルのフォントは「TYNテンプレート」で設定したスライドタイトルのフォントの設定にはなっていません。ここで、元スライドには適切な「レイアウト」が適用されていないのでは？という疑いが生じます。

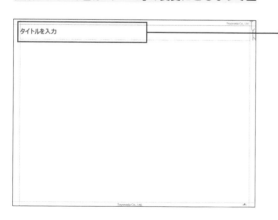

「テーマ」を変えることによってフォントの種類や色が変わっても、適切な「レイアウト」が適用されていればプレースホルダーに設定したタイトルやリード文欄はスライドマスターを設定した時の状態で表示されるはず

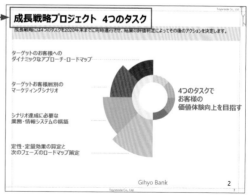

しかし、タイトルのフォントは「タイトル」のプレースホルダーのフォントの設定と同じ状態になっていない

● 既存のスライドに適切な「レイアウト」を適用し直す

そこで、対象のスライドを選択した状態で「ホーム」タブ→「レイアウト」からレイアウトギャラリーを表示します。すると、そのスライドに適用されている「レイアウト」を確認することができます。適用されている「レイアウト」の背景はグレーで表示されるので、現在適用されている「レイアウト」は「白紙　背景あり」だということがわかります。

しかし対象となっているスライドは、本来は「タイトルとリード文のみ」のレイアウトが適用されるのが正しい状態です。そこで、レイアウトギャラリーから正しい「レイアウト」として、「タイトルとリード文のみ」を選択し直します。

 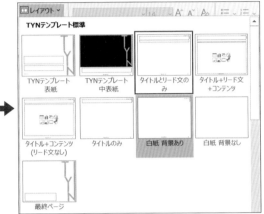

「タイトルとリード文のみ」の「レイアウト」を適用すると、右のようにタイトルの文字列やリード文が既存のスライド上に存在しているにも関わらず、プレースホルダーが別に表示されました。

これは元のスライドを作る際に、タイトルは「タイトル」のプレースホルダーに、リード文は「リード文」のプレースホルダーに正しく入力して資料を作っていなかったことを示しています。このような場合は、1つずつ丁寧に**コピー&ペースト**するなどして、**適切なプレースホルダーにテキストを入力し直していく必要があります。**

このような状態になったら、色についても同様に、設定されている「テーマの色」から丁寧に選択し直していくしかありません。

面倒な作業のように感じるかもしれませんが、この作業を地道に進めていくと、堅固な構造に沿った一貫性のある資料に仕上がっていくので、手間を惜しまずに取り組みましょう。

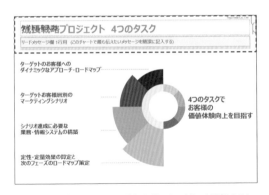

「レイアウトギャラリー」から適切な「レイアウト」を選択すると、「タイトル」や「リード文」のプレースホルダーが表示されてしまった。これは元の資料がスライドマスターに沿って作られていないからである

◉「リセット」でスライドマスターの初期設定状態に強制的に戻す

タイトルやリード文を1つずつコピー＆ペーストして適切なプレースホルダーに移し替え、色も修正していくと、コピー＆ペーストではうまく書式を指定できなかったり、プレースホルダーの位置がずれてしまうことがあります。このような場合は手作業で調整するのではなく、「ホーム」タブの「リセット」をクリックしましょう。すると、スライド上のプレースホルダーに入力されているすべてのオブジェクトが、「レイアウト」で設定した既定のプレースホルダーのサイズ、位置、書式に強制的に戻され

ます。反対に、プレースホルダーではなく通常のテキストボックスやオブジェクトとして配置されているものは、「リセット」を押しても反応しません。この機能を上手に活用すれば、修正の過程でレイアウトが崩れてしまったスライドを、一瞬で元の設定の状態に戻すことができます。いわば、**スライドマスターはスライドのレイアウトの形状記憶のような機能も備えている**、ということになります。

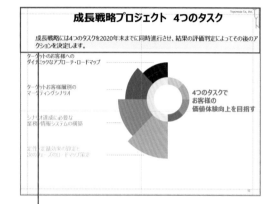

コピー＆ペーストでは書式の指定がうまくいかなかったり、プレースホルダーの位置がずれてしまうこともある

「ホーム」タブの「リセット」をクリックすると、ずれていた「タイトル」と「リード文」のプレースホルダーが既定の位置に戻り、テキストの設定もプレースホルダーに設定してあった既定のフォントの設定に戻される

● それぞれのプレースホルダーにおける「リセット」の特性

前のページでは「リセット」をクリックすると、「レイアウト」で設定した既定のプレースホルダーのサイズ、位置、書式に強制的に戻される、と一言で説明しました。しかし、プレースホルダーに入力するコンテンツの性質に応じて、その挙動は若干異なります。

例えば高さ1cm、幅10cmの「テキスト」（もしくは「コンテンツ」）のプレースホルダーに、通常スライド上で元のサイズを上回る量のテキストを入力し、サイズや位置を変更していたとします。

この時、「レイアウト」のプレースホルダーの設定で「文字のオプション」を「自動調整なし」にしていれば、「リセット」を押すとテキストの設定は変更されずサイズと位置のみが初期状態に戻されます。それに対して「文字のオプション」の設定を「はみ出す場合だけ自動調整する」にしていると、プレースホルダーの大きさに合わせてフォントサイズも自動調整されます。このように、対象となるプレースホルダーの「レイアウト」上での設定内容に応じて、「リセット」による挙動が変わります。

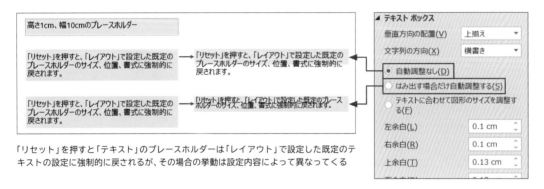

「リセット」を押すと「テキスト」のプレースホルダーは「レイアウト」で設定した既定のテキストの設定に強制的に戻されるが、その場合の挙動は設定内容によって異なってくる

また、「コンテンツ」のプレースホルダーに入力できる「グラフ」「SmartArt」「メディア」（動画）「オンライン画像」の場合、「リセット」を押すと「レイアウト」で設定した既定のプレースホルダーのサイズ、位置に強制的に戻されますが、書式だけは通常スライド上で設定したものが優先されます。「グラフ」「SmartArt」「メディア」（動画）「オンライン画像」の各プレースホルダーも、同様の仕様になっています。

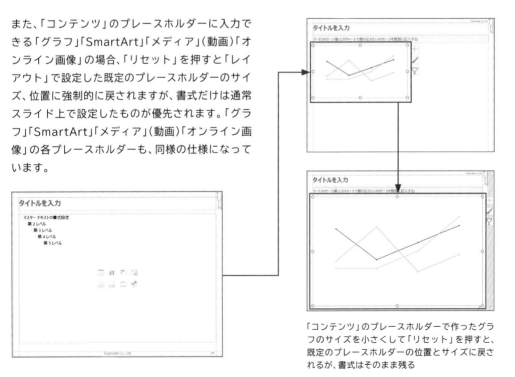

「コンテンツ」のプレースホルダーで作ったグラフのサイズを小さくして「リセット」を押すと、既定のプレースホルダーの位置とサイズに戻されるが、書式はそのまま残る

「表」のプレースホルダーは、「リセット」を押すと左位置と縦位置だけが既定の設定に戻されます。サイズと書式は、通常スライド上の設定が優先されます。

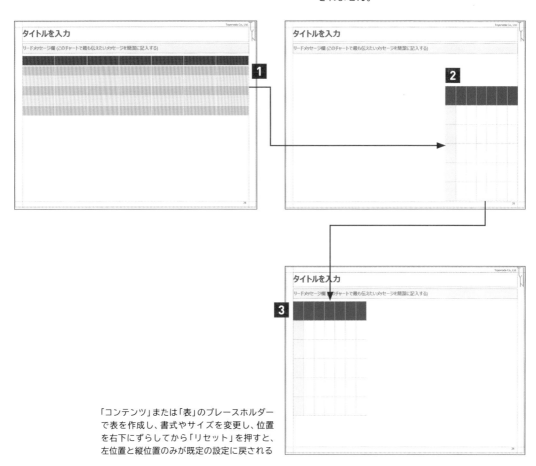

1 「コンテンツ」または「表」のプレースホルダーから、任意の列数、行数を指定し、表を作成します。

2 表の書式やサイズを任意の設定に変更し、位置をスライドの右下にずらしてみます。

さらに「図（画像）」は「コンテンツ」と「図」の両方のプレースホルダーに挿入できますが、「リセット」ボタンを押した際のそれぞれの挙動が異なるので注意が必要です。詳細はP.449を確認してください。

3 この状態で「リセット」を押すと、表の左位置と縦位置のみがプレースホルダーの既定の設定に戻されます。この時、サイズと書式は通常スライド上の設定が優先され、初期設定の状態には戻されません。

「コンテンツ」または「表」のプレースホルダーで表を作成し、書式やサイズを変更し、位置を右下にずらしてから「リセット」を押すと、左位置と縦位置のみが既定の設定に戻される

● 他のファイルからコピー＆ペーストしたスライドに「貼り付けのオプション」を適用する

他のファイルから任意のスライドだけをコピーして自身のファイルに貼り付け、再利用することがあります。この時、テキストやオブジェクトの貼り付けと同様、「貼り付けのオプション」が表示されます。

スライドの貼り付け時、特に指定をしなければ「貼り付けのオプション」左側の「貼り付け先のテーマを使用」が設定され、貼り付け先の「テーマ」の設定が適用されます。その結果、スライドのレイアウトが崩れたり、色が変わってしまう場合があります。このような場合はいったん「リセット」を押し、適用している「レイアウト」のプレースホルダーに元のスライドのどの情報が入力されているかを確認し、設定されているプレースホルダーに適切な情報をスライド上から探して入力し直すようにしましょう。色が変わってしまった場合は、「テーマの色」の設定が元のスライドと貼り付け先のスライドで食い違っていることを意味するので、貼り付け先の「テーマの色」から元のスライドで使われていた色に近いものを探して地道に適用していきます。

「貼り付けのオプション」で「元の書式を保持」を選択すると、元のスライドの書式が維持されます。「レイアウトギャラリー」を確認すると、貼り付け先のスライドマスターに加え、元のスライドのスライドマスターのセットが一式追加されていることがわかります。これは、元のスライドの「テーマ」の設定ごと貼り付けられていることを意味します。
「貼り付け先のテーマを使用」を選択すると、せっかく作ってあった元のスライドが崩れてしまい、設定し直すのが面倒だからと、ついこちらの方法を選択しがちです。しかし、このようなその場しのぎの対応をしてしまっては、スライドマスターをわざわざ整備した意味がありません。かつ、このように1つのファイルにいたずらにスライドマスターのセットがいくつも設定されてしまうのは、読みやすい資料を作る上で好ましいことではありません。
「元の書式を保持」を選択するのはなるべく避け、面倒でも「貼り付け先のテーマを使用」を選択して、スライドマスターの設定とスライドの情報を合わせるようにしましょう。

ここに表示される3つのボタンのうち、どれを適用するかによってスライドのレイアウトは大きく変わってきます。ここではそれぞれの挙動について、詳しく見ていきましょう。

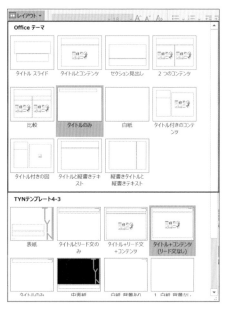

「貼り付けのオプション」で「元の書式を保持」を選択すると、貼り付け先に設定されていた「TYNテンプレート」に加えて、元のスライドに設定されていた「テーマ」（例では「Officeのテーマ」）が一式追加されてしまう

「貼り付けのオプション」で「図」を選択すると、コピーしたスライドが画像として貼り付けられます。ただし、新たにスライドが追加されるのではなく、サムネイルウィンドウ上で選択していた貼り付け先のスライド上にコピー元のスライドの画像が添付されます。

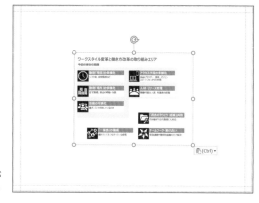

「図」を選択すると、スライドの画像が選択したスライド上に貼り付けられる

● 不要な「レイアウト」はこまめに削除する

スライドマスター上にある不要な「レイアウト」はこまめに削除し、**現在通常スライド上で使用しているものと今後使用する可能性のあるもののみを残す**ようにしましょう。

スライドマスター設定画面のサムネイルウィンドウ上で不要な「レイアウト」を選択し[Delete]キーを押すと、通常スライド上で使用されていない「レイアウト」を削除することができます。通常スライド上で使用されている「レイアウト」は、[Delete]キーを押しても削除することができません。

サムネイルウィンドウ上にマウスカーソルを当てると、その「レイアウト」が通常スライド上のどこに使用されているかのメッセージが表示されます。通常スライド上で使用されていない「レイアウト」には、「どのスライドでも使用されていない」旨の

メッセージが表示されます。

また「マスター」を選択して[Delete]キーを押すと、選択したスライドマスターが一式丸ごと削除されます。ただし、その中に通常スライド上で使用されているレイアウトがある場合は、残っているマスターの下に統合され残ります。マスターが1つしかない場合、マスターを削除することはできません。

なお、「マスター」や「レイアウト」の削除は対象のファイル内でのみ有効で、保存されている「テーマ」には影響がありません。よって、対象のファイル内では使用されていないからと今後使用する可能性のある「レイアウト」まで誤って消してしまったとしても、「デザイン」タブ→「テーマ」からあらためて同じ「テーマ」を適用し直すと、削除した「マスター」や「レイアウト」は復活します。

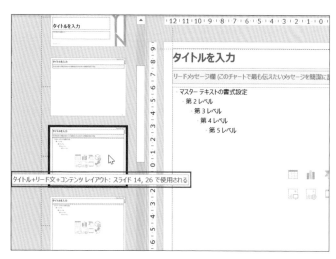

「レイアウト」にマウスカーソルを当てると、そのレイアウトがどのスライドに適用されているかがメッセージで表示される

◉ 「レイアウト」→「リセット」→スライドを作り込む→「レイアウト」→「リセット」をくり返す

ここまで、スライドマスターを活用しながら実際のスライドを作り込んでいく方法を詳細に解説してきました。通常スライド上ではいきなり内容を作り込むのではなく、以下の5つの手順をしっかり守ることが重要です。これらの5つのアクションは、新規スライドや既存のスライドを開いたら条件反射的に行えるように、ルーティーンとして習慣づけるようにしましょう。

1 「デザイン」タブ→「テーマ」で、現在開いているファイルに任意のテーマを適用する

2 適切な「レイアウト」をスライドに適用し、「レイアウト」の構成に沿って作り込む

3 必要に応じて「リセット」を押して設定を初期化し、各オブジェクトの位置や設定を整える

4 次のスライドでも、適切な「レイアウト」を選択してから作り込む

5 スライドごとに2→3を毎回必ずくり返す

HINT

「リセット」を押してもリセットできないテキストは「メモ帳」を使う

「リセット」は、テキストをコピー&ペーストしてプレースホルダーに貼り付ける時に、「貼り付けのオプション」を気にせずに貼り付けさえすれば、あとは「リセット」を押すだけで設定が是正されるという、とても便利な機能です。しかし、「段落前」「段落後」の間隔やインデントなど、「リセット」を押しても設定が解除できずに残ってしまうものもあります。
このような時には、いったんテキストごと「メモ帳」にコピー&ペーストして移し、メモ帳に貼り付けたテキストをあらためてコピーしプレースホルダーに貼り直すことで、書式をいったんリセットさせることができます。

設定を解析して丁寧に直していくこともできなくはないですが、ゴミのように残っている設定の中にはパラメーター上に正しく表示されないものもあります。そのようなものに時間をとられるよりは、割り切って「メモ帳」に移し替えてしまった方が手っ取り早いです。
「メモ帳」にテキストを貼り付けると、設定が削ぎ落とされた純粋なテキストのみの状態になります。その状態でプレースホルダーに貼り付け直し、その上で「リセット」をクリックすると、テキストがプレースホルダーの既定の設定に戻ります。

● リード文の行数に合わせてプレースホルダーを個別に設定する

リード文の記入欄として「テキスト」のプレースホルダーを設定する際、「文字のオプション」の設定を「自動調整なし」にしておくと、「リセット」を押した場合にプレースホルダーのサイズと位置が「レイアウト」で設定している初期状態に戻されます（書式は変更されません）。

リード文の長さはスライドの内容に応じて変化するので、当然ながら必ずしも一定ではありません。そのため、プレースホルダーの元のサイズを上回る量のテキストをリード文として入力し、テキストの量に合わせてプレースホルダーの高さを変更するような場合もあると思います。しかし、「リセット」を押すと「レイアウト」で最

初に設定したサイズに強制的に戻されてしまうので、そのたびごとにプレースホルダーのサイズ（特に高さ）をテキストの量に合わせて調整し直さなければいけなくなるのは不便です。

テキストの量に応じてプレースホルダーの高さを調節しても、「リセット」を押すと最初の設定に強制的に戻されてしまう

このような場合に、筆者の私はスライドサイズが「標準（4:3）」の時のリード文の記入欄のプレースホルダーを以下の表のように設定し、1行、2行、3行とリード文の行数に応じて、高さのルールを定めています。例えばリード文の記入欄の高さをリード文が1行で収まる場合は1cm、2行だと1.3cm、それ以降は1行増える

ごとに0.5cm足して、3行なら1.8cm、4行なら2.3cm、5行なら2.8cm…と等間隔で増やしていくと、きれいに収まります。以下の図の数値は、筆者の私が実際に検証してこの値がもっとも収まりがよいと判断したリード文の行数と、それに応じた高さの一覧です。参考にしてください。

サイズ	高さ	1cm
	幅	24cm
テーマの フォント	日本語	Meiryo UI
	英数字	Segoe UI
フォント サイズ		14pt
左右余白		0.1cm
上下余白		0.13cm
文字揃え		左揃え／上下中央揃え
間隔	段落前／ 段落後	0pt 0pt
	行間	倍数0.9

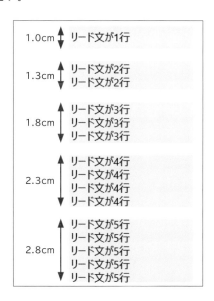

私はさらに、1行用、2行用、3行用、4行用、5行用と文字列の行数に応じて高さの異なるリード文のプレースホルダーを用意して、テキストの量に応じて適用する「レイアウト」を使い分けています。筆者の私はこれまでの経験から、リード文は180〜300文字程度のボリュームに収めるのが望ましいと考えています。紹介した設定ではリード文1行あたりの文字数が60前後になり、最大の5行でも300字前後で収まるので、リード文としては適切なボリュームを保つことができます。リード文が6行以上になる場合、その文章はスライドの主旨を簡潔に表すリード文としての体をもはやなしていないので、よりスリムな文章になるように書き直した方がよいでしょう。リード文の行数は、このような判断の目安にもなります。

● 1行用

● 2行用

● 3行用

● 4行用

● 5行用

●「背景の書式設定」でスライドの地色を設定する

P.393で紹介した「背景」の設定に加えて、「背景の書式設定」の作業ウィンドウではスライドの地色の設定ができます。

「背景の書式設定」の作業ウィンドウは、通常スライド上でもスライドマスター上でもオブジェクトを選択していない状態でスライド上を右クリック→「背景の書式設定」で表示されます。

スライドの地色を任意の色に変更するには、「背景の書式設定」で「塗りつぶし（単色）」を選択し、「色」から任意の色を選択します。

オブジェクトを選択していない状態でスライド上を右クリック→「背景の書式設定」で作業ウィンドウを開く

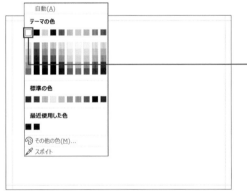

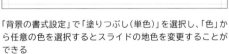

「背景の書式設定」で「塗りつぶし（単色）」を選択し、「色」から任意の色を選択するとスライドの地色を変更することができる

「背景の書式設定」は、基本的に通常のオブジェクトや図（画像）の色の設定と同じ仕様です。「塗りつぶし（グラデーション）」はP.272、「塗りつぶし（図またはテクスチャ）」と「塗りつぶし（パターン）」はP.278を参照してください。

また「背景グラフィックを表示しない」にチェックを入れると、該当のスライドのみスライドマスター上で設定した「背景」を一時的に表示しないようにすることができます。スライドマスターの「背景を非表示」の簡易的な機能です。

● スライドマスターでの「背景の書式設定」

スライドマスターでの「背景の書式設定」によるスライドの地色の変更は、スライドマスターの仕様に従って行われます。「マスター」でスライドの地色を変更すると、「マスター」に紐づいている「レイアウト」の地色もすべて変更されます。

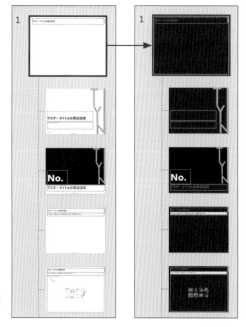

「マスター」上でスライドの地色を変えると「マスター」に紐づく「レイアウト」の地色ももれなく変更される

もちろん任意の「レイアウト」の地色のみを変えることもできます。この場合、通常スライド上では、スライドの地色を変えた「レイアウト」が適用されているスライドのみ地色が変更されます。

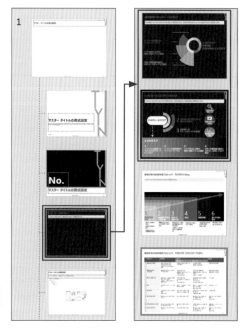

任意の「レイアウト」の地色を変えると、通常スライド上では該当の「レイアウト」が適用されているスライドのみ地色が変更される

地色を変えた「レイアウト」を選択した状態で
「背景の書式設定」の下にある「すべてに適用」
をクリックすると、「マスター」を含めたすべて
のスライドマスターの地色が選択した「レイア
ウト」の地色に変わります。

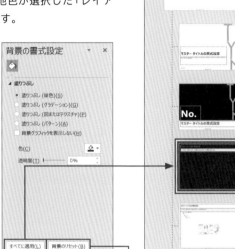
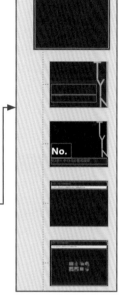

「すべてに適用」をクリッ
クすると、選択したスライ
ドの地色がすべてのスライ
ドに適用される

● 通常スライドでの「背景の書式設定」

一方、通常スライドで任意のスライドを選択し、
「背景の書式設定」からスライドの地色を変更す
ると、対象のスライドの地色のみが変更されま
す。この状態では、地色を変更したスライドに
適用されている「レイアウト」のスライドの地
色は変更されていません。この時、「背景の書式
設定」の下にある「背景のリセット」をクリック
すると、変更したスライドの地色が「レイアウト」
のスライドの地色に戻されます。「ホーム」タブ
の「リセット」をクリックしても、スライドの地
色はスライドマスターの設定には戻らないので
注意してください。

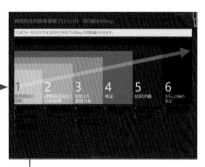

通常スライド上でスライドの地色は設定
したスライドのみに反映され、「レイア
ウト」には影響を及ぼさない

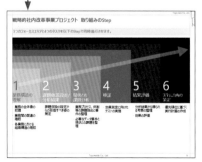

「背景のリセット」をクリックすると、適用されている「レ
イアウト」のスライドの地色に強制的に戻される。「ホー
ム」タブの「リセット」を押しても戻らないので注意

◉ 通常スライドでの「すべてに適用」は要注意

通常スライドで任意のスライドの地色を変更した上で、「背景の書式設定」の「すべてに適用」をクリックすると、通常スライド上のすべてのスライドの地色が変わるだけでなく、スライドマスター上のスライドの地色まですべて指定した色に変更されてしまうので注意が必要です。

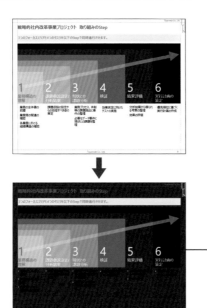

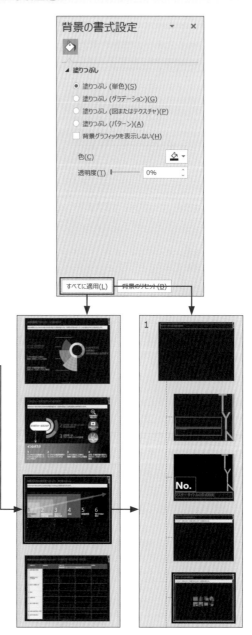

筆者の私はスライドの地色を変える時にも、よほどの特別な事情がない限り、通常スライド上では設定せず、スライドマスター上で設定するようにしています。「背景の書式設定」という名の通り、スライドの地色もスライドマスターにおける「背景」の1つと考え、スライドマスターの設定と通常スライドの設定に齟齬がないように丁寧に設定、管理していくことが重要だと考えるからです。
基本的に通常スライド上では「背景の書式設定」は触らないようにし、スライドマスターの設定で管理するようにしましょう。

通常スライド上で任意のスライドの地色を変更し、「すべてに適用」をクリックすると、「マスター」を含むスライドマスター全体のスライドの地色まですべて変えられてしまう

● 「コンテンツ」と「図」のプレースホルダーでは画像の挙動が違う

P.385とP.388では、「コンテンツ」と「図」の
プレースホルダーに画像を挿入できると紹介し
ました。しかし、挿入した画像は「コンテンツ」
と「図」とでは挙動が異なるので、その違いを理
解しておきましょう。

例えば「コンテンツ」のプレースホルダーに画
像を挿入すると、プレースホルダーの枠内に画
像全体が納まるようにサイズが自動調整され、
プレースホルダーの中心に配置されます。

左下の例では、赤の点線で表示されている「コ
ンテンツ」のプレースホルダーの枠に対して、

画像全体がプレースホルダーに収まるように自
動調整され、プレースホルダーの上下に余白が
できてしまいます。

また右下の例のように挿入する画像が縦長のも
のであれば、プレースホルダーの高さに調節さ
れて配置されるので、左右に余白ができてしま
います。

よって、画像全体が収められたとしても、設定
しているプレースホルダーのサイズや位置の通
りに画像が挿入されるとは限らないということ
に留意しておく必要があります。

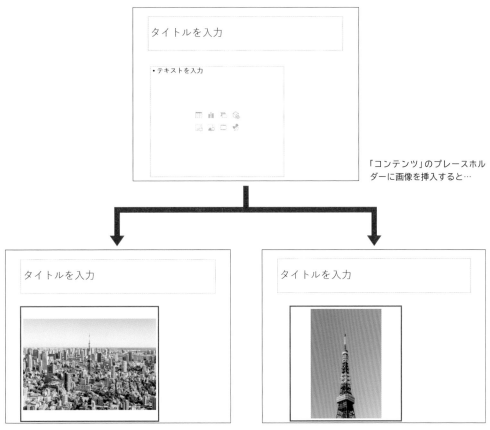

一方、「図」のプレースホルダーに画像を挿入すると、プレースホルダーの枠の高さいっぱいに画像が納まるように配置されます。プレースホルダーの枠からはみ出た画像は、自動的にトリミングされます。画像が縦長の場合は、プレースホルダーの枠の幅にあわせて挿入されます。「コンテンツ」と「図」いずれのプレースホルダー

を選択した場合でも、P.230で紹介した「画像のトリミング」によって切り出しなどの調節は可能です。それならばどちらを選択しても結果は同じではないか、と思うかもしれません。
ところが次のページから紹介する「リセット」の機能を使うと、「コンテンツ」と「図」ではまた異なる挙動をするので、さらに厄介です。

図のプレースホルダーに画像を挿入すると…

プレースホルダーの枠の高さまたは幅いっぱいに画像が配置される

横長の画像の場合は、左右がトリミングされる

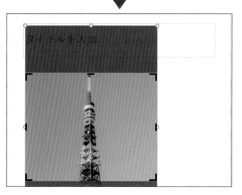

縦長の画像の場合は、上下がトリミングされる

● 「コンテンツ」と「図」では画像の「リセット」の挙動も異なる

「コンテンツ」と「図」それぞれのプレースホルダーに画像を挿入した場合、「ホーム」タブの「リセット」を押した際の挙動が異なるので注意が必要です。例えば「コンテンツ」のプレースホルダーに、画像を挿入してみます。さらにここからP.230で紹介した「画像のトリミング」の機能を用いて、画像の東京タワーだけがフォーカスされるように切り出した上で、画像のサイズを大きくしてみます。

この状態で「リセット」を押すと、画像はトリミングされた状態を保持したまま、もともと設定されていた「コンテンツ」のプレースホルダーの中心に配置されます。この時、上下と左右の辺から等しいサイズの余白ができるように、サイズが自動調整されてしまいます。

つまり、「コンテンツ」のプレースホルダーにあるトリミングされた画像では、「リセット」を押しても「レイアウト」で設定した既定のプレースホルダーのサイズ、位置、書式に強制的に戻されないということです。

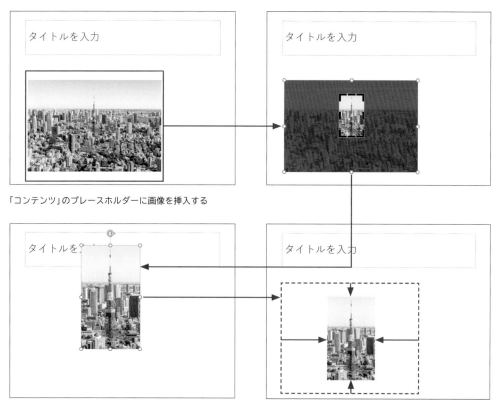

「コンテンツ」のプレースホルダーに画像を挿入する

画像をトリミングし、サイズを大きくした

「リセット」を押すと、画像はトリミングされた状態を保持しつつも、「コンテンツ」のプレースホルダーの高さ、もしくは幅のサイズいっぱいに自動調整されるのではなく、上下と左右の辺から等しい距離の余白ができるように調整されてしまう

一方、「図」のプレースホルダーに画像を挿入した場合はどうなるでしょうか。前ページと同様、「画像のトリミング」機能を用いて、画像の東京タワーだけがフォーカスされるように切り出した上で、画像のサイズを大きくしてみます。

この状態で「リセット」を押すと、トリミングの設定は解除され、最初に挿入した画像のサイズと位置、プレースホルダーの初期設定の状態に強制的に戻されます。つまり「図」のプレースホルダーの方が、「リセット」の本来の機能に沿った仕様になっているということです。

「図」のプレースホルダーに画像を挿入する

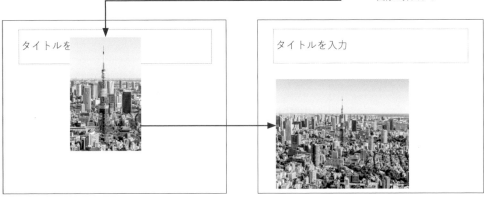

画像をトリミングし、サイズを大きくした

「リセット」を押すと、トリミングが解除され、設定も元に戻された

筆者の私はプレースホルダーに画像を挿入することは滅多にありませんが、やむを得ずプレースホルダーを設定する場合は、「図」のプレースホルダーを選択するようにしています。なぜなら設定したプレースホルダーのサイズと位置に正確に画像が挿入でき、「リセット」を押したあとの挙動もわかりやすいからです。

また、トリミングした画像を「図」のプレースホルダーに挿入する場合は、**プレースホルダーに画像を挿入してからトリミングするのではなく、**トリミングした画像を事前に作っておき、それ

をプレースホルダーに挿入するようにします。そうすれば、「リセット」を押した場合もトリミング前のサイズに強制的に戻されてしまうことはなくなります。PowerPoint上でトリミングした画像をファイルとして保存する方法は、P.238を参照してください。

さらに、画像を挿入するプレースホルダーはトリミングした画像と同じサイズか縦横比に設定し、「リセット」を押した時に画像のサイズが変わらないようにしましょう。

スライドマスターによって
得られる3つのメリット

スライドマスターを活用することで得られる、3つのメリットを理解しましょう。

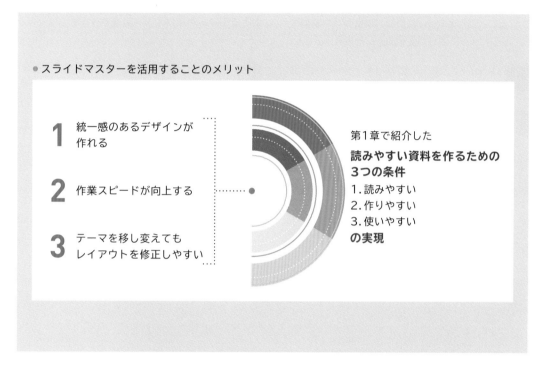

- スライドマスターを活用することのメリット

1 統一感のあるデザインが
　　作れる

2 作業スピードが向上する

3 テーマを移し変えても
　　レイアウトを修正しやすい

第1章で紹介した
読みやすい資料を作るための
3つの条件
1. 読みやすい
2. 作りやすい
3. 使いやすい
の実現

⦿ スライドマスターに基づいた資料作成によって第1章の条件がクリアできる

ここまで、スライドマスターの設定について詳細に説明してきました。しかし、PowerPointはスライドそのものの編集だけで完結できてしまうのに、なぜこのような手間をかけてスライドマスターの設定を丁寧にしなければいけないのか？ スライドマスターの設定をすると何がよいのか？ がはっきりと理解できていない人もいるかもしれません。第1章で、筆者の私が考える「よいPowerPoint資料の条件」として以下の3つを掲げました。

条件①　読みやすい
条件②　作りやすい
条件③　使いやすい（再利用しやすい）

これらの条件を自力で一気に満たすのは、なかなか難しいものがあります。自分の伝えたい情報が読み手に確実に伝わる資料を作るためには、扱う情報を分析・把握し、それを正確に表現するためにはスライドのどこにどの情報を配置するべきなのかを検討して、スライドの構造をあらかじめ設計しておくことが必要です。これらを実現するための補助的な機能として、「スライドマスター」の機能があるのです。

この節では「スライドマスターによって得られるメリット」を3つの観点から紹介し、なぜスライドマスターを設定しないといけないのか？ という疑問に答えていきたいと思います。

◉ メリット1　統一感のあるデザインが作れる

スライドマスターの「レイアウト」には、入力する情報の性質ごとに、プレースホルダーの書式や位置をあらかじめ設定しておきます。例えば以下のような手順で「レイアウト」で設定したプレースホルダーの構成に沿って情報を入力していけば、同じ性質の情報は常に決められた位置、書式で配置、表示されることになるため、スライド枚数が多い資料でもページによって表示が変化することがありません。

常に一貫した設定が適用されるので、統一感のあるデザインのスライドを作ることができます。
このように、スライドマスターを利用することで各要素の位置や設定が保持されます。さらに「テーマのフォント」「テーマの色」も設定通りに適用されるため、任意の設定が資料全体に適用され、統一感のあるスライドのデザインを実現できます。

1 スライドの「タイトル」は、「マスター タイトルの書式設定」のプレースホルダーに入力します。

2 スライドの「リード文」は、「リードメッセージ」のプレースホルダーに入力します。

3 表を活用したStep図は、「テキスト、表、グラフ、画像、動画」を挿入できるプレースホルダーに入力します。

4 ロゴ、企業名、スライド番号は「背景」として定位置に表示され、スライド上では触れないのでマウス操作の誤りなどでずれたりすることはありません。

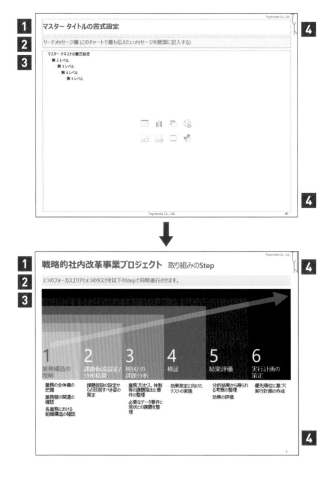

● メリット2　作業スピードが向上する

同じ「レイアウト」を適用したスライドが複数ある場合、元となる「レイアウト」上のプレースホルダーの設定を変更すると、その「レイアウト」が適用されているすべてのスライドに、変更された設定が反映されます。つまりスライドマスターを丁寧に設定、管理しておけば、大量にあるスライドの設定を一括で管理、修正することができ、作業の効率が大幅に上がるというわけです。

例えば、各スライドのタイトルの文字サイズをひと回り大きくしたいとか、すべてのスライドの右上に会社のロゴマークを入れたいといった場合に、1枚ずつ文字サイズを変更したりロゴ画像を挿入したりしていると、時間がかかってしまいます。また、うっかり修正し忘れたり、1枚だけ違うサイズに変更してしまったという時に、大量のスライドを1枚

1枚確認し、修正していくのは大変な作業です。このような時にも、適用されている「レイアウト」の設定をスライドマスター上で変更すれば、一括で修正ができます。これは、「テーマのフォント」や「テーマの色」と同じ性質がスライド全体のデザインにも適用されるということを意味しています。

さらに、任意のスライドを選択して「ホーム」タブの「リセット」をクリックすると、そのスライドに適用されている「レイアウト」の初期設定の状態に強制的に戻されます。この機能を上手に活用すると、プレースホルダーの位置や設定を誤って変更してしまった時などに、瞬時に元の位置や設定の状態に戻すことができます。このように、スライドマスターは作業効率化のための強力な武器となるのです。

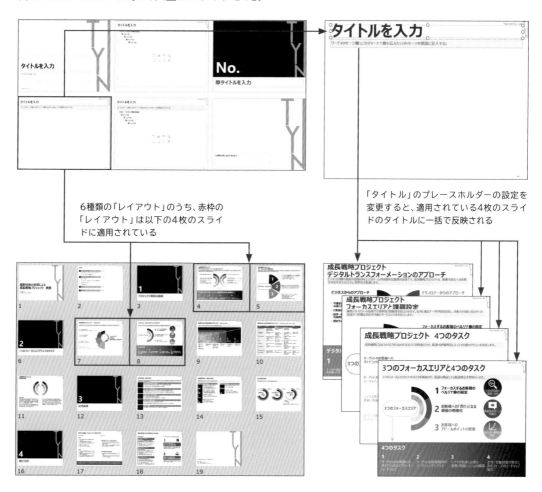

6種類の「レイアウト」のうち、赤枠の「レイアウト」は以下の4枚のスライドに適用されている

「タイトル」のプレースホルダーの設定を変更すると、適用されている4枚のスライドのタイトルに一括で反映される

● メリット3　テーマを移し変えてもレイアウトを修正しやすい

人からもらった資料のスライドを再利用しようと作成中のファイルにコピー＆ペーストで移し替えたら、スライドのレイアウトが大きく崩れ、フォントも色も変わってしまい、直すのに手間がかかったとか、そもそも使いものにならなかったという経験のある人は多いと思います。

下の例のように、左のファイルから右のファイルにスライドを移してみると、タイトルの位置やフォントの種類、色の塗りつぶしなどが変わってしまっています。これは、貼り付け元に設定されていた「テーマ」が、貼り付け先の「テーマ」である「インテグラル」に変更されてしまっていることが原因です。

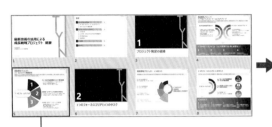
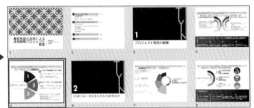

「テーマ」が「インテグラル」に変更されたことで、「テーマのフォント」「テーマの色」「マスター」「レイアウト」の設定が適切な状態になっていない

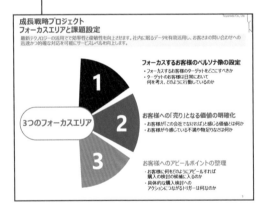

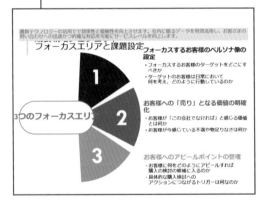

スライドマスターの設定を確認すると、「タイトルを入力」のボックスの位置がずれている

「テーマのフォント」の設定も、英数字が「Segoe UI」、日本語が「Meiryo UI」になっていないことがわかる。「テーマの色」も、「スリップストリーム」が選択されていない（「テーマのフォント」「テーマの色」の詳細はそれぞれ「2-6」「7-6」を参照）

この状態で、「レイアウト」で決められたプレースホルダーに適切な情報が設定されてさえいれば、「レイアウト」の設定を適切に修正することで、一発で

元に戻ります。スライドマスターを意識してスライドを作れば、「テーマ」を移し替えたあとのレイアウトの修正作業が効率的に行えるのです。

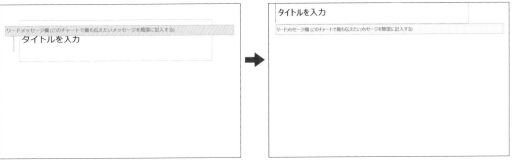

「レイアウト」の「タイトル」や「リード文」のプレースホルダーの設定や位置を適切な状態に修正する

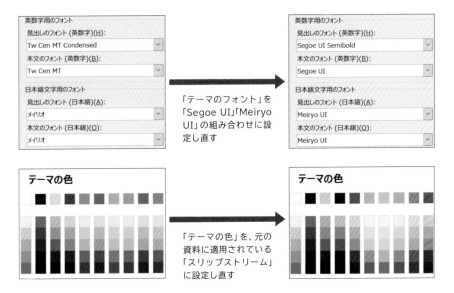

「テーマのフォント」を「Segoe UI」「Meiryo UI」の組み合わせに設定し直す

「テーマの色」を、元の資料に適用されている「スリップストリーム」に設定し直す

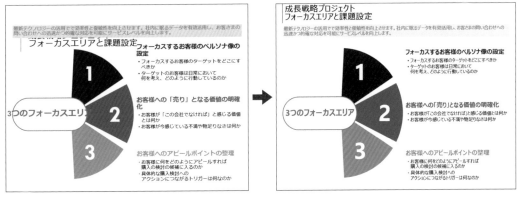

プレースホルダーに情報が正しく入力されていれば、「テーマ」を変えても、設定を修正することで簡単に使い回しができる

● スライドマスターを無視して資料を作ると余計な作業が増えてしまう

スライドマスターのプレースホルダーに適切に入力されている情報は、PowerPointがその性質を識別して、「テーマ」を移し替えた先の「レイアウト」に沿って配置を調整してくれます。例えばスライドの「タイトル」を入力するプレースホルダーにスライドのタイトルが正しく入力されていれば、PowerPointはそのテキスト情報を「タイトル」として認識し、「テーマ」を移した先の「タイトル」の位置に配置し直してくれます。

スライドマスターを無視し、「レイアウト」に設定されている「タイトル」のプレースホルダーをわざ

わざ削除し通常のテキストボックスで作ったスライドのタイトルは、PowerPointはそれをタイトルとしては認識してくれません。

以下の例の左のスライドで、「タイトル」や「日付」は一見すると問題なく入力されているように見えます。しかし「テーマ」を移し替えると、「レイアウト」に設定したプレースホルダーが別に表示されてしまいます。これは、これらの情報がプレースホルダーに正しく入力されていなかったことを意味しているのです。

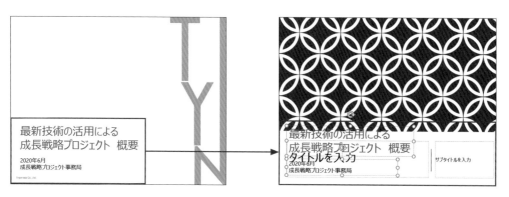

また、本来は「タイトル」を入力するためのプレースホルダーにタイトル以外の情報を入力してしまった場合、PowerPointはそれを「タイトル」として認識します。「テーマ」を移し替えた際に、元のスライドに配置していた情報が思いもよらないところ

に強制的に移動してしまうのは、これが原因であることがほとんどです。こうなると、プレースホルダーに正しい情報を移し替える作業が必要になってしまいます。

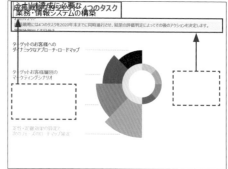

「タイトル」と「リード文」のプレースホルダーを誤って通常のテキストボックスとして使用していたため、赤い点線の位置にあったテキストが「レイアウト」の既定の位置に移動してしまっている

● スライドマスターは設計図であり、ビルの土台や骨組みのようなもの

かなり長く説明してきましたが、スライドマスターを意識せずに、いわば**その場しのぎのような資料の作り方**をしてしまうと、あとになってさまざまなところで「ひずみ」が発生し、資料そのものが再利用できない、使いものにならないという事態にもなりかねません。これではせっかく作った資料が台無しで、とても残念なことになってしまいます。

スライドマスターとは、いわば「スライドの骨組み」であり「スライドの設計図」と言えるものです。たとえば見た目はどんなに素敵で立派なビルでも、その設計図がでたらめだったり、基礎となる土台や骨組みとなる鉄骨が脆弱ならば、見た目とは裏腹に脆く崩れてしまうかもしれません。それと同じことが、スライドマスターを正しく設定した資料と、そうでない資料との比較においても言えるのです。

スライドの設計図としてスライドマスターを意識し、第1章にあげた条件を考慮しながら情報の配置を計画し、それに基づいて、2～9章までに培ったテクニックを用いて情報を緻密に組み立てた資料ならば、第1章で掲げた条件を自然にクリアできることは言うまでもありません。

大げさに書いてきてしまいましたが、要するに「**あらかじめ決められた場所に、決められた情報を入力する**」というルールを守りましょう、ということです。

これは、部屋の整理整頓と同じ考え方です。部屋を整理する時は、あらかじめ決められた場所に決められたものを仕舞うようにする。それと同じことをPowerPoint上でも実践するためのツールとして、スライドマスターがあるのです。

▶▶ HINT

オブジェクトを起点に表示倍率を拡大／縮小する

スライドの表示倍率を拡大／縮小したい時に、いちいち画面の右下にある「ズーム」にマウスカーソルを持っていき設定を変えるのはあまりにも面倒です。そこで任意のオブジェクトを選択し、Ctrl キーを押しながらマウスホイールを回転すると、**選択したオブジェクトを中心にして表示倍率を拡大／縮小**することができます。表示倍率は10%～400%の間で変更できます。使い慣れると便利な機能なので、ぜひ覚えるようにしましょう。

表示倍率を拡大／縮小するのに、毎回画面右下の「ズーム」にマウスカーソルを持っていくのは面倒なもの

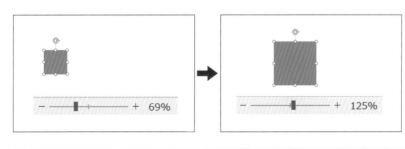

任意のオブジェクトを選択した状態でCtrl キーを押しながらマウスホイールを回転すると、選択したオブジェクトを中心に表示倍率を拡大／縮小できる

● アイコン（ピクトグラム）を使いこなす

筆者の私がこれまで作成してきた資料の中には、アイコン（ピクトグラム）を効果的に添えることによって、より読み手の理解を促し、スライドを魅力的にすることに成功しているものがあります。

アイコンは補助的な存在でありながら、テキストや図だけでは読み手に伝えきれない微妙なニュアンスを演出したり、視覚的にキャッチーな印象を与えたりする上で、資料には必要不可欠な存在です。

アイコンは読み手に視覚的な理解を促す上でとても有効な手段ですが、使いこなすのはなかなか難しいという声もよく耳にします。しかし、アイコンも「想像力」や「センス」といった属人的なものに頼ることなく、他のPowerPointのテクニックと同じように客観的な方法を身につければ、必ず適切に使えるようになります。アイコンを使いこなすためのノウハウやコツを体得し、視覚的にわかりやすい資料を作るためのテクニックを身につけましょう。

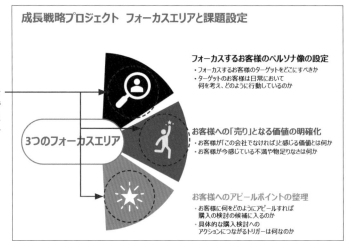

P.351「9-4 円グラフで箇条書きを魅力的に装飾する〜円チャート」で使用したアイコンは、右側のテキストに書かれている内容を一目でイメージできるものを選択している

P.331「8-8 表を「箇条書きのテンプレート」として使う」で使用したアイコンは、それぞれの項目に書かれている抽象的な内容から想像できるシンボルを探し選択している

● アイコンの挿入方法

PowerPointのアイコンは、「挿入」タブ→「アイコン」から挿入できます。

「挿入」タブの「アイコン」をクリックすると、アイコンを選択する画面が表示されます。アイコンは35のカテゴリーに分類され、Word、Excel、PowerPoint、Outlookの4つのアプリケーションで共通のものを使用できます。使用したいアイコンは、単体だけでなく、複数個を一度に選択し、同時に挿入することもできます。

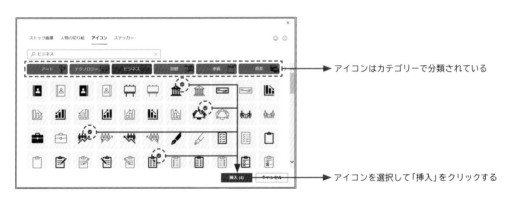

→ アイコンはカテゴリーで分類されている

→ アイコンを選択して「挿入」をクリックする

キーワードを入力して、アイコンを検索することもできます。この時のコツは、検索キーワードとしてできるだけ一般的に広く知られている単語を入力するということです。たとえば「アナリティクス」といった専門的な言葉は、「データ」や「分析」などのより一般的な単語に置き換えることで、より検索に引っかかりやすくなります。

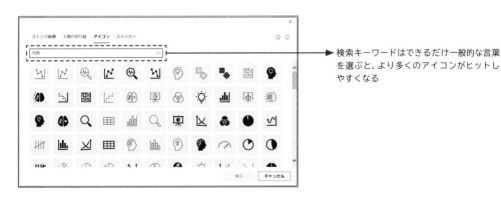

→ 検索キーワードはできるだけ一般的な言葉を選ぶと、より多くのアイコンがヒットしやすくなる

● アイコンの編集方法

スライド上に挿入したアイコンは、他の図形オブジェクトなどと同じように色を変えたり、枠線を設定したりすることもできます。対象のアイコンを選択し、右側の作業ウィンドウ「グラフィックスの書式設定」から図形オブジェクトなどと同じ要領で各種設定を変更できます。

アイコンも図形オブジェクトなどと同様、右側の書式設定で「塗りつぶし」「線」「サイズ」「位置」などの設定を変更できる

挿入された時点でのアイコンは、「図（画像）」として扱われます。しかし、右クリック→「図形に変換」で図形に変換し、グループ化を解除すると、アイコンの一部を取り出すことができます。

取り出したアイコンの一部と別のアイコンを組み合わせて、オリジナルのアイコンを作ることもできます。

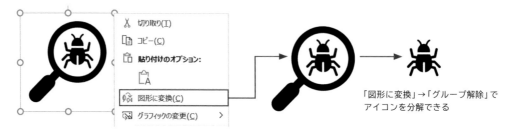

「図形に変換」→「グループ解除」でアイコンを分解できる

アイコンを使いこなすスキルは、一朝一夕に身につくものではありません。**日ごろからアイコンの一覧をよく観察しておき**、いざというときに「あ、そういえばあのアイコンのこのパーツをここに組み合わせて今回の資料に適したアイコンを作ろう」といった**インスピレーションがわくように記憶しておくこと**、またアイコンを観察しながら、「こういうシーンではこういうアイコンの応用ができそうだ」という思考の訓練をしておくことが重要です。

いざ資料を作る段階になってから、アイコンの一覧から行き当たりばったりで探し当てた既定のアイコンを使っているようでは、情報にマッチしたアイコンを的確に使いこなすスキルはなかなか身につきません。

アイコンを使いこなすスキルを伸ばすには、**常日頃から街中で使用されているピクトグラムやサインデザインを注意深く観察**したり、他の人の資料のよい例などを参考にして、**PowerPointのアイコンの一覧からどれを選ぶと自身の発する情報をより的確に表現できるのかをシミュレーション**しておくことが大切です。

● アイコンを使いこなすためのヒント① アイコンと言葉は1対1ではない

アイコンがうまく使いこなせないという人の話を聞くと、数あるアイコンの中からたった1つの正解を探し出そうとしているということがよくあります。しかし、アイコンに絶対の正解などありません。**アイコンと対になる言葉は、必ずしも1つとは限らないのです。**1つのアイコンにマッチする言葉はたくさんあるということを前提に、アイコンと言葉の対応関係を考えましょう。反対に、1つの単語にマッチするアイコンが複数存在する場合もあります。

アイコンにもっとも当てはめやすいのは、名詞表現

名詞だけでなく、動詞も当てはめることができる

同じ絵柄でも、付随する言葉によって異なるメッセージを伝えることができる。例えば同じ「人」のアイコンでも、「お客様」「社員」「市場」など当てはめる言葉を変えれば、読み手に伝わるメッセージも異なってくる

● アイコンを使いこなすためのヒント② アイコンの意味を補足する文章を添える

単語だけでなく、下記のようにアイコンに文章を添えて意味を補足すると、より読み手の理解を促すことができます。なお下記の例では、複数のアイコンを組み合わせることによってオリジナルのアイコンを作成しています。

● アイコンを使いこなすためのヒント③ 抽象表現もアイコンに置き換えられる

アイコンは具体的な事象だけでなく、抽象的なものにも適用できます。この時、対象となる事象についてすでに広く定着している絵柄のアイコンを使うと、より伝わりやすくなります。

拡張性

価値訴求
ポイント明確化

お客様
ロイヤリティ向上

左の「拡張性」のアイコンは、上のように四角形を2つ重ねて「図形の結合」で分割し、外側の四角形の輪郭を「線」の「フリーフォーム:図形」で描画して作っている

● アイコンを使いこなすためのヒント④ 無理してアイコンを使わない

アイコンを使いこなすための究極のヒントは、**無理してアイコンを使わない**ことです。スライドの情報に合わないアイコンを使ったせいでアイコンがノイズになり、読み手の理解を阻害してしまっては元も子もありません。読み手の立場に立った場合に違和感を感じないかを自身の素直な感覚を信じて判断し、自信がない時はアイコンの使用をやめるようにしましょう。

資料中に情報にそぐわないアイコンがあると、読み手はそれが気になり内容に集中できなくなってしまう恐れがある

情報に適合するアイコンがどうしても見つからない場合は、アイキャッチとして数字を配置する方法も有効です。数字に沿って読んでいけば読む順番で迷うことはなくなるので、読者をスムーズに誘導することができます。

この時、数字は大胆に大きいサイズを使うことがポイントです。筆者の私は、この方法で数字を使う時にはフォントサイズを40pt以上に設定しています。また、数字以外に四角や円をアイキャッチとして活用する方法も有効です。

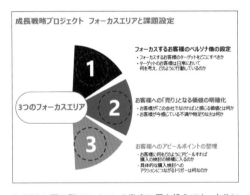

P.351と同じ例でアイコンを数字に置き換えても、十分にアイキャッチとしての機能を果たすことがわかる

APPENDIX-02

● 「セクション」でスライドを整理する

PowerPointには、多くのスライドによって作られている資料を内容や章立てに応じて管理するのに便利な、「セクション」という機能があります。「セクション」は、サムネイルウィンドウ上でスライドをグループ分けする機能です。「セクション」を設定するとグループ分けした単位で編集や印刷ができるようになり、スライドを効率的に管理することができます。

1 「セクション」の追加は、サムネイルウィンドウで任意のスライドを選択し、「ホーム」タブの「セクション」から「セクションの追加」を選択します。任意のスライドを右クリック→「セクションの追加」でも実行できます。「セクション」は、スライド1枚ごとに設定できます。

2 「セクションの追加」を選択すると、「セクション名の変更」ダイアログボックスが表示されます。管理しやすい名称を入力します。

3 追加したセクションを選択して「セクション」をクリックすると、セクションを編集・管理するためのメニューを選択できます。

3 「セクション名の変更」「セクションの削除」「すべてのセクションの削除」「すべて折りたたみ」「すべて展開」の操作が実行できる

4 セクションを右クリックしても同様のメニューを選択できますが、「セクション」をクリックした時に表示されるメニューとは内容が若干異なります。

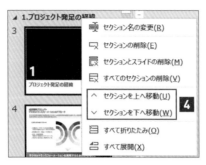

「セクション」をクリックして表示されるメニューに加えて、「セクションを上へ移動」「セクションを下へ移動」が表示される

6 追加したセクションを閉じると、サムネイルウィンドウ上には「セクション名」と、「セクション」に含まれるスライドの数が表示されます。

6
> 表紙+目次 (2)
> 1.プロジェクト発足の経緯 (3)
> 2.3つのフォーカスエリアと4つのタスク (6)
> 3.社内改革 (4)
> 4.実行方針 (4)
> 背表紙 (3)

5 サムネイルウィンドウ上の任意のセクションを選択し、メニューから「セクションの削除」を選択するとセクションを削除することができます。

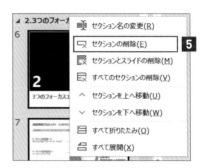

7 セクション単位で印刷する場合は、「ファイル」タブ→「印刷」の「設定」から任意のセクションを選択することができます。

「印刷」の「設定」から任意のセクションを選択すると該当のセクションのみを印刷できる

● APPENDIX-03

●オブジェクトをロックする新機能

これまでのPowerPointでは、複雑に重なり合うオブジェクトに対して編集を行おうとする時に「オブジェクトの選択と表示」ウィンドウから編集したいオブジェクトを選択しようとして、うっかり編集の対象ではないオブジェクトまで選択してしまってイライラする、ということがありました。

ところが2021年4～5月ごろの最新バージョンで、オブジェクトを一時的にロックできる新機能が実装されました。この機能を使えば編集したくない／動かしたくないオブジェクトを一時的にロックできるので、これまでよりも編集作業をスムーズに進めることができます。

ロックしたいオブジェクトを選択し、右クリック→「ロック」でオブジェクトを一時的にロックすることができる

●「ロック」の仕様

「ロック」の機能では、ロックしたいオブジェクトを選択し、右クリック→「ロック」を選択するとオブジェクトをロックできます。ロックされたオブジェクトは、通常は回転ハンドルが表示されるところに鍵のマークが表示されます。このマークが表示されたオブジェクトは、サイズの変更や移動が一切できなくなります。

ロックされるのはオブジェクトのサイズと位置のみで、オブジェクトの選択やオブジェクトの塗りつぶしや線、効果の設定は可能です。また「オブジェクトの選択と表示」ウィンドウ上でオブジェクトの上下の重なりを移動させることもできます。あくまでも編集の過程で使う一時的な機能として活用しましょう。

ロックされたオブジェクトは「オブジェクトの選択と表示」ウィンドウ上でも鍵マークが施錠された状態で表示されます。

ロックされたオブジェクトは、通常は回転ハンドルが表示されるところに鍵マークが表示される

AutoShape 18	
Rectangle 22	
Rectangle 22	
Rectangle 19	
AutoShape 18	
AutoShape 18	

「オブジェクトの選択と表示」ウィンドウでは、ロックされたオブジェクトは施錠された状態のアイコンが表示される

ロックの解除は対象のオブジェクトを選択し、右クリック→「ロック解除」で実行できる

▶ APPENDIX-04

◉ PowerPointのショートカットキーの一覧をダウンロードできるWebページ

本書では、各章で解説する内容とあわせて筆者の私が必要だと思うショートカットキーを紹介していますが、すべてのショートカットキーをカバーできているわけではありません。そこで、PowerPointのショートカットキーの一覧を PDFでダウンロードすることができるWebページを紹介します。パワポ師のホリさんが製作されているnoteで、PowerPointだけでなく、Excelのショートカットキーについても親切丁寧に紹介、解説されています。

https://note.com/present_create/
n/n7cde2ea909c2#w43Az

ショートカットキーの他にも、ホリさんのTwitter、Instagram、noteにはこの本では解説されていないPowerPointやExcelに関するテクニック、ノウハウが宝箱のようにぎっしりと紹介されています。ぜひ「パワポ師」で検索してみてください。

ホリさんのTwitterやInstagramでは、有用な情報が毎日盛んに発信されている

Twitter	https://twitter.com/YuU_Holy	
Instagram	https://www.instagram.com/hori_materialing/	
note	https://note.com/present_create/	

APPENDIX-05

● 画像編集や特殊効果のノウハウを徹底的に学べるWebページ

本書は、あくまでもビジネスシーンにおける資料作りのルールとテクニックにフォーカスして書かれています。そのため、基本的にオブジェクトやテキストに余計な設定や効果をかけないというポリシーで解説しています。しかし、こうした資料作成の基本的なテクニックを身につけた上で、自身の資料にオリジナリティを出すために応用技としての「あしらい」をかけたいという人もいると思います。このページで紹介するネスコプラズムさんのWebページには、高度なPowerPointの応用技が豊富に掲載されています。

本来であればこの本では絶対にやってはいけない、と書いてあるような効果のかけ方や画像の編集方法が載っていますが、この本の内容を十二分に理解し、その上でさらなる高度な技を身につけたいという人にとっては必ずや貴重な情報源になるはずです。

パワポ八景
https://8viewsppt.net/

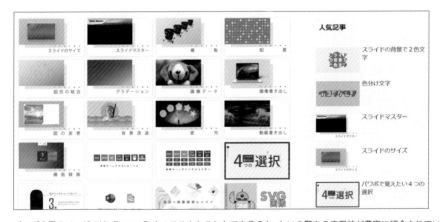

パワポ八景のページでは、PowerPointでこんなこともできるのか、という驚きの応用技が豊富に紹介されている

ネスコプラズムさんのTwitterでも、感嘆せずにはいられない「あしらい」の高度なテクニック、ノウハウが豊富に紹介されていますので、ぜひチェックしてみてください。

Twitter @nesscoplasm
https://twitter.com/nesscoplasm

PowerPointの高度な技を身につけたい人は必ずフォローしておくべきTwitterアカウント

● ワードアート

ワードアートは、任意のテキストに設定できる、影、反射、光彩、ぼかしなどの設定のセットです。任意のテキストボックス、またはテキストを選択し、「図形の書式」タブ→「ワードアートのスタイル」の「その他」をクリックすると、ワードアートの一覧が表示されます。

表の場合は、任意の表全体、または表の中の任意のテキストを選択し「テーブルデザイン」タブ→「ワードアートのスタイル」から一覧を表示できます。用意されている設定から任意のものを適用することで、対象のテキストを目立たせることができます。

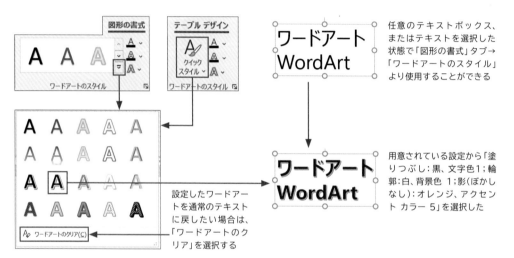

任意のテキストボックス、またはテキストを選択した状態で「図形の書式」タブ→「ワードアートのスタイル」より使用することができる

設定したワードアートを通常のテキストに戻したい場合は、「ワードアートのクリア」を選択する

用意されている設定から「塗りつぶし：黒、文字色1；輪郭：白、背景色 1；影（ぼかしなし）：オレンジ、アクセント カラー 5」を選択した

設定したワードアートに対する詳細な設定は、「図形の書式設定」作業ウィンドウの「文字のオプション」→「文字の効果」から行うことができます。「効果」の詳細は、P.130「各種効果の仕様」を参考にしてください。

ここでは本の内容の網羅性を高めるために、ワードアートの一通りの機能を紹介しました。しかし、あくまでも基本はP.47で紹介しているように、無計画に文字を飾ることはノイズになるだけです。ワードアートの使用は極力避けるようにしましょう。

ワードアートの詳細な設定は「図形の書式設定」→「文字のオプション」の「文字の効果」から行う

◉ 文字の変形

「図形の書式」タブの「ワードアートのスタイル」には、「文字の効果」→「変形」の中にテキストに様々な効果をかけられる機能が用意されています。

「変形」は「図形の書式」タブ→「文字の効果」の一番下にひっそりとある

◉ 枠線に合わせて配置

以下の例のように円にテキストを入力し、「変形」の「枠線に合わせて配置」から任意の形状を選択すると、正円の円周に沿ってテキストを配置することができます。テキストの位置は、円周の線上に表示される調整ハンドルによって手動で調節できます。

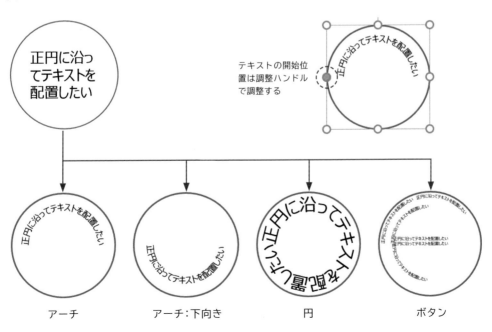

「枠線に合わせて配置」は一見便利そうな機能ですが、フォントのサイズが図形の大きさとテキストの量によって自動調整されてしまう（任意のサイズに調節できない）こと、また円以外の図形では、指定した図形に収まる円周上にテキストが配置されてしまう（つまり円以外の形状にテキストが配置できない）ことから、いまひとつの仕様です。

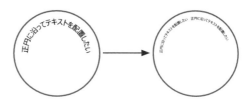

フォントのサイズは図形の大きさとテキストの量によって自動調整される。手動でフォントのサイズを変更しても強制的に戻されてしまう

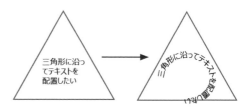

三角形に沿ってテキストを配置しようとすると、三角形の内部に収まる楕円の形にテキストが配置されてしまう

〇 形状

「文字の効果」→「変形」の「形状」のカテゴリーには、36種類の変形パターンが用意され、任意の図形に収まる範囲内で指定の形状にテキストを変形させることができます。フォントの左右方向を縮める「長体」や、上下方向を縮める「平体」は、「形状」の「四角」を選択することで設定

できます。これらの機能は、むやみに使用すると資料を読みにくくしてしまうだけなので、基本的には使用しないようにしましょう。**あくまでも「あしらい」としての機能であり、資料の内容によっては上手に活用することで資料の印象を大きく変えることができます。**

フォントが縦長になる長体
↓
フォントが縦長になる長体

「形状」の「四角」を選択し、四角形の幅を狭めると「長体」になる

フォントが扁平になる平体
フォントが扁平になる平体

「形状」の「四角」を選択し、四角形の高さを狭めると「平体」になる

INDEX

■ 参考文献

この本を執筆する際に参考にした書籍を紹介します。

書籍名	著者	出版社	年
伝わるデザインの基本 よい資料を作るためのレイアウトのルール	高橋 佑磨 片山 なつ	技術評論社	2016
パワーポイント スライドデザインのセオリー	藤田 尚俊	技術評論社	2017
ビジネス教養としてのデザイン 資料作成で活きるシンプルデザインの考え方	佐藤 好彦	インプレス	2015
デザイン・ルールズ [新版] デザインをはじめる前に知っておきたいこと	伊達 千代 内藤 タカヒコ	エムディエヌ コーポレーション	2018
半分の時間で3倍の説得力に仕上げる PowerPoint活用 企画書作成術	小湊 孝志	宣伝会議	2017
How to Design いちばん面白いデザインの教科書　改訂版	カイシ トモヤ	エムディエヌ コーポレーション	2017
「デザイン」の力で人を動かす！プレゼン資料作成 「超」授業	宮城信一	SBクリエイティブ	2019
タイポグラフィの基本ルール	大崎善治	SBクリエイティブ	2010
伝わるプレゼンの法則100	吉藤智広 渋谷雄大	大和書房	2019

[著者略歴]

福元雅之（ふくもと　まさゆき）

ビジネス・ドキュメント・デザイナー

1976年5月生まれ。1999年、日本IBM入社。2014年、提案書作成に特化した部署の立ち上げに関わる。同部署では、営業やコンサルの作成した資料のデザインを改善することで営業活動を支援する。年間約100冊前後の提案書の作成に関わり、現在では、その経験、ノウハウをもとに後進の指導、育成にも携わっている。多くの社内表彰の実績を有し、2019年には社内約1000チームが参画する業務の改善内容を競うトーナメントにおいて、「提案書の品質向上」のテーマで金賞を受賞する。同年、資料作成スキルのエキスパートとしてThe king of proposal賞も受賞し、近年ではエグゼクティブの外部講演資料のデザインにも携わっている。

■お問い合わせについて

本書の内容に関するご質問は、下記の宛先までFAXまたは書面にてお送りください。なお電話によるご質問、および本書に記載されている内容以外の事柄に関するご質問にはお答えできかねます。あらかじめご了承ください。

〒162-0846

新宿区市谷左内町21-13

株式会社技術評論社　書籍編集部

「PowerPoint「最強」資料のデザイン教科書」質問係

FAX番号　03-3513-6167

なお、ご質問の際に記載いただいた個人情報は、ご質問の返答以外の目的には使用いたしません。また、ご質問の返答後は速やかに破棄させていただきます。

● ブックデザイン　　　　　小口翔平＋三沢稜（tobufune）
● レイアウト・本文デザイン　吉田進一（株式会社ライラック）
● 編集　　　　　　　　　　大和田洋平
● 技術評論社Webページ　https://book.gihyo.jp/116

■本文使用フォント

・DIN　　　　　・DIN Schirif　・TBUDゴシック　・TBゴシック
・見出しゴ　　　・太ゴ　　　　　・中ゴ　　　　　　・ヒラギノ角ゴ
・Keyboard-JP　・Consolas　　・小塚ゴシック　　・秀英角ゴシック金

■カバー使用フォント

・たづがね角ゴシック　・Gotham

PowerPoint「最強」資料のデザイン教科書

2021年10月20日　初版　第1刷発行
2024年 8月20日　初版　第6刷発行

著　者 ─────　福元雅之
発行者 ─────　片岡　巌
発行所 ─────　株式会社技術評論社
　　　　　　　　東京都新宿区市谷左内町21-13
　　　　　　　　電話 03-3513-6150　販売促進部
　　　　　　　　　　　03-3513-6160　書籍編集部
印刷／製本 ── TOPPANクロレ株式会社

ISBN978-4-297-12357-4 C3055
Printed in Japan